U0352904

高职高专"十二五"规划教材

炉外精炼操作与控制

高泽平　贺道中　主编

北　京
冶 金 工 业 出 版 社
2024

内 容 提 要

本书以炉外精炼操作工艺与控制为主线，重点介绍了“必要的精炼技术基础、主要的精炼操作工艺、重要钢种的质量控制”，重点突出，先进实用。

本书为高职高专冶金技术专业（钢铁冶金方向）基本教材，可作为本科院校冶金工程专业的教学参考书，也可作为钢铁冶金企业培训教材，还可供从事炼钢生产的工程技术人员参考。

图书在版编目(CIP)数据

炉外精炼操作与控制/高泽平，贺道中主编．—北京：冶金工业出版社，2013.8（2024.8 重印）

高职高专“十二五”规划教材

ISBN 978-7-5024-6301-4

Ⅰ.①炉… Ⅱ.①高… ②贺… Ⅲ.①炉外精炼—高等职业教育—教材 Ⅳ.①TF114

中国版本图书馆 CIP 数据核字(2013)第 159209 号

炉外精炼操作与控制

出版发行 冶金工业出版社　**电　话** (010)64027926
地　址 北京市东城区嵩祝院北巷 39 号　**邮　编** 100009
网　址 www. mip1953. com　**电子信箱** service@ mip1953. com

责任编辑 马文欢 杨 敏 美术编辑 彭子赫 版式设计 葛新霞
责任校对 李 娜 责任印制 禹 蕊
北京虎彩文化传播有限公司印刷
2013 年 8 月第 1 版，2024 年 8 月第 6 次印刷
787mm×1092mm 1/16；17.75 印张；425 千字；271 页
定价 38.00 元

投稿电话 (010)64027932 投稿信箱 tougao@cnmip. com. cn
营销中心电话 (010)64044283
冶金工业出版社天猫旗舰店 yjgycbs. tmall. com
（本书如有印装质量问题，本社营销中心负责退换）

前　言

随着社会的不断发展和进步，市场对钢材纯净度的要求日益增加。超纯净、高均匀度和高性能是21世纪钢铁产品质量发展的主要技术方向。高效、合理、经济地发挥各种炉外精炼技术装备的作用，对钢铁企业建立高效、低成本纯净钢生产技术平台，促进钢铁企业调整品种结构具有十分重要的意义。

为了适应炉外精炼技术发展的需要，更好地满足教学与生产的需要，按照高职高专“十二五”国家级教材建设规划，根据冶金技术专业课程教学大纲的要求，我们编写了本书。

本书设置了【学习目标】、【相关知识】、【技术操作】、【问题探究】、【技能训练】五个栏目。【学习目标】指导学习者明确学习内容和学习要求；【相关知识】涵盖了与精炼操作任务密切联系的基本原理、生产工艺及主要生产设备；【技术操作】主要体现精炼岗位的核心操作任务及其技术操作规程；【问题探究】提出了一些学习过程中需要思考的问题；【技能训练】列出了精炼操作的实用而可行的实训项目，学生通过模拟实训、案例分析，可以体验各种精炼方法的操作过程，从而缩短与生产实践的距离。

全书共分为6章，内容包括：绪论，炉外精炼的技术基础，炉外精炼操作工艺，炉外精炼与炼钢、连铸的合理匹配，纯净钢生产与质量控制，炉外精炼用耐火材料。本书以炉外精炼操作工艺与控制为主线，重点介绍了“必要的精炼技术基础、主要的精炼操作工艺、重要的钢种质量控制”，重点突出，先进实用。编写过程中，精心组织内容，力求打造精品教材。本书由湖南工业大学高泽平教授、贺道中教授任主编，湖南华菱湘潭钢铁有限公司炼钢首席专家田志国、湖南工业大学苏振江、宝钢集团新疆八一钢铁有限公司精炼工程师廖红军参与了部分章节的编写。全书由高泽平汇总定稿。

本书由武汉科技大学博士生导师李光强教授担任主审，李光强教授提出了许多宝贵意见，在此谨致谢意。在编写过程中，得到了武汉科技大学薛正良教授的指导与大力支持，在此表示衷心的感谢。编写本书时参阅了有关炼钢、精炼等方面的文献，在此向有关作者致谢。

由于编者水平所限，书中不足之处，诚请读者批评指正。

编　者
2013年6月

目 录

1 绪论

【学习目标】

(1) 了解炉外精炼技术的发展。
(2) 初步掌握炉外精炼的分类及特点。
(3) 掌握炉外精炼的概念、任务与手段。
(4) 会描述炉外精炼在炼钢工序中的功能。

【相关知识】

炉外精炼可以与电炉、转炉配合，已成为炼钢工艺中不可缺少的一个环节。通过渣洗、真空（或气体稀释）、搅拌、喷粉（或喂线）和加热（调温）等炉外精炼手段，采用LF、RH等精炼方法，为钢铁企业建立高效、低成本纯净钢生产技术平台。炉外精炼技术正朝着多功能化、高效化方向发展。

1.1 认识炉外精炼

1.1.1 炉外精炼的定义

所谓炉外精炼，也称为二次精炼（secondary refining），就是把常规炼钢炉（转炉、电炉）初炼的钢液倒入钢包或专用容器内，进行脱氧、脱硫、脱碳、去气、去除非金属夹杂物和调整钢液成分及温度，以达到进一步冶炼目的的炼钢工艺。炉外精炼亦即将在常规炼钢炉中完成的精炼任务，如去除杂质（包括不需要的元素、气体和夹杂）和夹杂变性、成分和温度的调整和均匀化等任务，部分或全部地移到钢包或其他容器中进行，把一步炼钢法变为二步炼钢法，即初炼加精炼。

炉外精炼可以与电炉、转炉配合，通过炉外精炼，转炉和电炉失去了原有的炼钢功能：转炉主要起到铁水脱碳和提温的作用；电炉操作也只有熔氧期，主要完成熔化、升温和必要的精炼（脱磷、脱碳）。炉外精炼使钢的纯净度不断提高，可以满足连铸要求，更重要的是容易与连铸－连轧匹配。

1.1.2 炉外精炼技术的发展原因

早在1986年，日本转炉钢的二次精炼比已达到70.8%，特殊钢生产的二次精炼比高达94%。现在日本、欧美等先进的钢铁生产国家，炉外精炼比皆超过90%。2004年，日本转炉钢真空处理比达到72.7%，而新建电炉短流程钢厂和转炉炼钢厂100%采用二次精炼。

炉外精炼起初仅限于生产特殊钢和优质钢，后来扩大到普通钢的生产上，现在已基本上成为炼钢工艺中必不可少的环节，它是连接冶炼与连铸的桥梁，用以协调炼钢和连铸的正常生产。未来的钢铁生产将向着近终形连铸和后步工序高度一体化的方向发展。这就要求浇注出的钢坯无缺陷，并且能在操作上实现高度连续化作业。因此，要求钢水具有更高的质量特性。钢水质量，包含钢水温度、钢水成分、钢水可浇性、钢水纯净度（S、P、N、H、TO）、钢水夹杂物（数量、尺寸、形态、类型）等因素。

根据钢种和产品用途，对连铸钢水质量有不同的要求。一般通过炼钢和炉外精炼来达到上述要求，得到良好的铸坯质量。所谓铸坯质量包括：

（1）铸坯纯净度（夹杂物数量、类型、尺寸、分布）。

（2）铸坯表面质量（如裂纹、夹渣）。

（3）铸坯内部质量（如裂纹、夹杂物、疏松、偏析）。

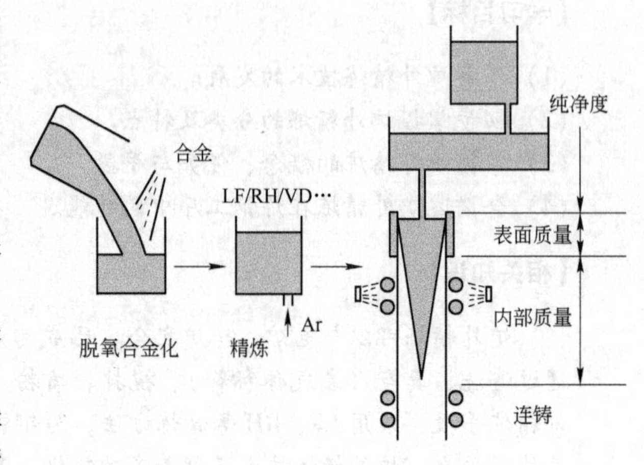

图 1－1　炼钢生产流程示意图

如图 1－1 所示，从炼钢生产流程来看，铸坯纯净度主要取决于钢水进入结晶器之前的炼钢精炼工序，铸坯表面质量主要取决于钢水在结晶器的凝固过程，铸坯内部质量主要取决于二冷区的凝固过程。

综上所述，炉外精炼技术的主要发展原因是：

（1）提高了炼钢生产率，降低了成本。

（2）适应连铸生产对优质钢水的严格要求，大大提高了铸坯的质量，而且在温度、成分及时间节奏的匹配上起到了重要的协调和完善作用，定时、定温、定品质地提供连铸钢水，成为稳定连铸生产的因素。

（3）开发品种、提高质量，与调整产品结构、优化企业生产的专业化进程紧密结合，提高了产品的市场竞争力。

1.2　炉外精炼的任务

在现代化钢铁生产流程中，炉外精炼的任务主要是：

（1）降低钢中氧、硫、氢、氮和非金属夹杂物含量，改变夹杂物形态，以提高钢的纯净度，改善钢的力学性能。

（2）深脱碳，满足低碳或超低碳钢的要求。

（3）微调合金成分，把合金成分控制在很窄的范围内，并使其分布均匀，尽量降低合金的消耗，以提高合金收得率。

（4）调整钢液温度到浇注所要求的温度范围内，最大限度地减小包内钢液的温度梯度。

（5）作为炼钢与连铸间的缓冲，提高炼钢车间整体效率。

为完成上述任务，一般要求炉外精炼设备具有熔池搅拌功能、钢水升温和控温功能、精炼功能、合金化功能、生产调节功能。

完成上述任务就能达到提高质量、扩大品种、降低消耗和成本、缩短冶炼时间、提高生产率、协调好炼钢和连铸生产的配合等目的。但是，到目前为止，还没有任何一种炉外精炼方法能完成上述所有任务，某一种精炼方法只能完成其中一项或几项任务。由于各厂条件和冶炼钢种不同，一般是根据不同需要配备一至两种炉外精炼设备。

1.3 炉外精炼的手段

1.3.1 对精炼手段的要求

作为一种精炼方法的精炼手段，必须满足以下要求：

（1）独立性。精炼手段必须是一种独立的手段，它不能依附于其他冶金过程，而成为伴随其他冶金过程而出现的一种现象。例如，出钢过程中，由于钢流的冲击，会导致钢包内钢液的搅拌。但是不能认为出钢是一种搅拌手段，因为这种搅拌是伴随出钢而出现的，一旦出钢过程完成，这种搅拌很快就停止，不可能按照搅拌的要求来改变出钢过程，所以出钢时造成的搅拌是从属的、非独立的。

（2）作用时间可以控制。作为一种手段其作用时间必须可以根据该手段的目的而控制。例如，电磁搅拌和吹氩搅拌之所以被认为是搅拌手段，原因之一就是它们的作用时间可以人为地控制。

（3）作用能力可以控制。精炼手段的能力或强度，如真空的真空度、搅拌的搅拌强度、加热的升温速率等，必须是可以按照精炼的要求进行控制和调节的。

（4）精炼手段的作用能力再现性要强。也就是说，影响精炼手段能力的因素不宜太多，这样才能保证能力的再现性。例如，吹氩搅拌或电磁搅拌的搅拌强度影响因素就比较单一，分别控制吹氩量或工作电流，就能对应地调节搅拌强度，且有较强的再现性。

（5）便于与其他精炼手段组合。一种精炼手段的装备和工艺过程，应该尽可能地不阻碍其他精炼手段的功能的发挥，这样才能为几种手段组合使用创造条件。例如，燃料燃烧可以加热钢液，但是一般不用它作为加热手段，特别是同时应用真空手段时，因为燃烧产生的大量烟气，将会妨碍真空的冶金功能的发挥。

（6）操作方便，设备简单，基建投资和运行费用低。

1.3.2 精炼手段的种类

虽然各种炉外精炼方法各不相同，但是无论哪种方法都力争创造完成某种精炼任务的最佳热力学和动力学条件，使得现有的各种精炼方法在采用的精炼手段方面有共同之处。炉外精炼手段主要有渣洗、真空（或气体稀释）、搅拌、喷粉（或喂线）和加热（调温）等五种，此外还有连铸中间包的过滤。当今，名目繁多的炉外精炼方法都是这五种精炼手段的不同组合，采用一种或几种手段组成的一种炉外精炼方法。

（1）渣洗。将事先配好（可在专门炼渣炉中熔炼）的合成渣倒入钢包内，借出钢时钢流的冲击作用，使钢液与合成渣充分混合，从而完成脱氧、脱硫和去除夹杂等精炼任务。

（2）搅拌。通过搅拌扩大反应界面，加速反应过程，提高反应速度。搅拌方法主要有吹氩搅拌、电磁搅拌。

（3）加热。这是调节钢水温度的一项重要手段，使炼钢与连铸更好地衔接。加热方法主要有电弧加热、化学热法。

（4）真空。将钢水置于真空室内，真空作用使反应向生成气相方向移动，从而达到脱气、脱氧、脱碳等目的。

（5）喷粉（或喂线）。这是将反应剂加入钢液内的一种手段，其冶金功能取决于精炼剂的种类，可完成脱碳、脱硫、脱氧、合金化和控制夹杂物形态等精炼任务。

1.4 炉外精炼方法的分类

各种炉外精炼方法如图 1－2 所示。可以看出，精炼设备通常分为两类：一是基本精炼设备，在常压下进行冶金反应，可适用于绝大多数钢种，如 LF、AOD、CAS－OB 等；另一类是特种精炼设备，在真空下完成冶金反应，如 RH、VD、VOD 等只适用于某些特殊要求的钢种。目前广泛使用并得到公认的炉外精炼方法是 LF 法与 RH 法，一般可以将 LF 与 RH 双联使用，可以加热、真空处理，适于生产纯净钢与超纯净钢，也适于与连铸

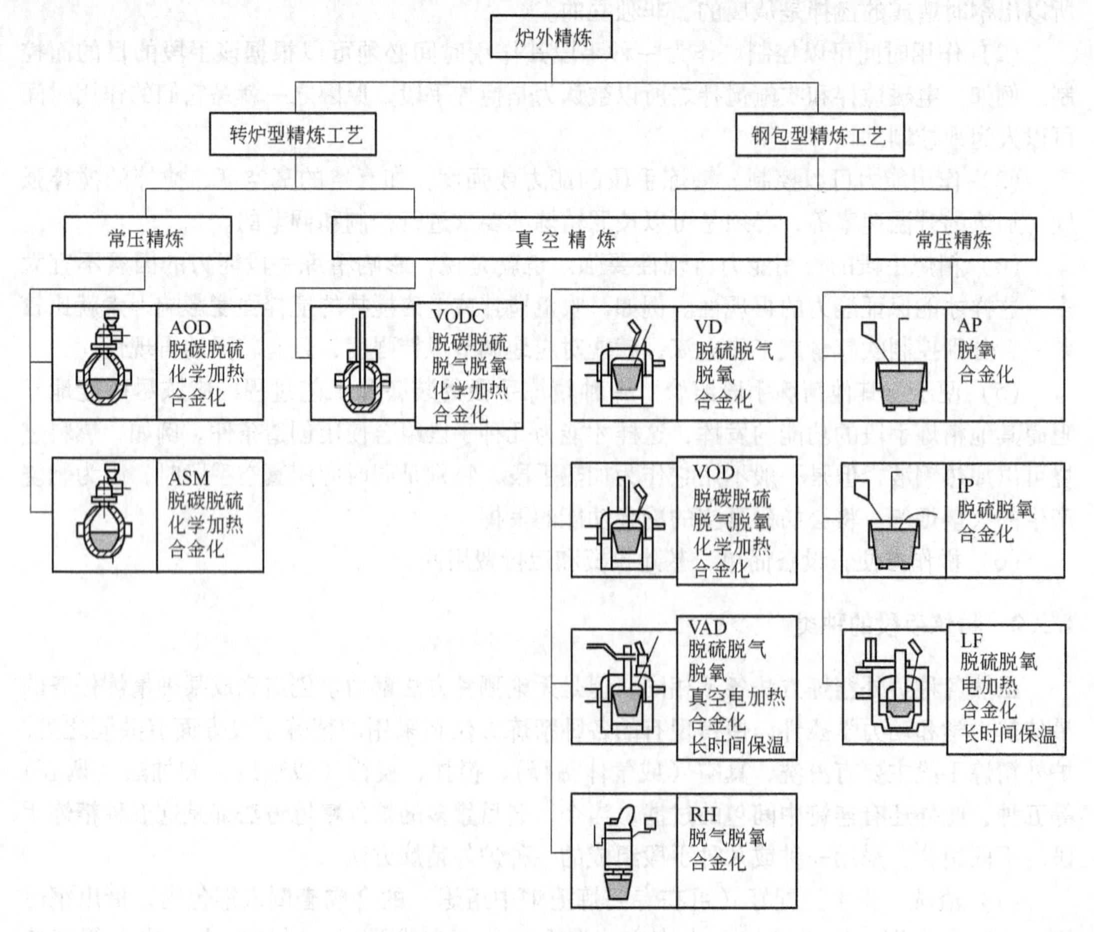

图 1－2 各种炉外精炼方法

机配套。为了便于认识至今已出现的40多种炉外精炼方法，表1－1给出了主要炉外精炼方法的大致分类情况。

表1－1　主要炉外精炼方法的分类、名称、开发与适用情况

分类	名称	开发年份	国别	适用
合成渣精炼	液态合成渣洗（异炉） 固态合成渣洗	1933 —	法国 —	脱硫，脱氧，去除夹杂物
钢包吹氩精炼	GAZAL（钢包吹氩法） CAB（带盖钢包吹氩法） CAS（封闭式吹氩成分微调法）	1950 1965 1975	加拿大 日本 日本	去气，去夹杂，均匀成分与温度。CAB、CAS还可脱氧与微调成分，如加合成渣，可脱硫，但吹氩强度小，脱气效果不明显。CAB适合30～50t容量的转炉钢厂；CAS适用于低合金钢种精炼
真空脱气	VC（真空浇注） TD（出钢真空脱气法） SLD（倒包脱气法） DH（真空提升脱气法） RH（真空循环脱气法） VD（真空罐内钢包脱气法）	1952 1962 1952 1956 1957 1952	联邦德国 联邦德国 联邦德国 联邦德国 联邦德国 联邦德国	脱氢，脱氧，脱氮。RH精炼速度快，精炼效果好，适于各钢种的精炼，尤其适于大容量钢液的脱气处理。现在VD法已将过去脱气的钢包底部加上透气砖，使这种方法得到了广泛的应用
带有加热装置的钢包精炼	ASEA－SKF（真空电磁搅拌，电弧加热法） VAD（真空电弧加热法） LF（埋弧加热吹氩法）	1965 1967 1971	瑞典 美国 日本	多种精炼功能。尤其适于生产工具钢、轴承钢、高强度钢和不锈钢等各类特殊钢。LF是目前在各类钢厂应用最广泛的具有加热功能的精炼设备
不锈钢精炼	VOD（真空吹氧脱碳法） AOD（氩、氧混吹脱碳法） CLU（汽、氧混吹脱碳法） RH－OB（循环脱气吹氧法）	1965 1968 1973 1969	联邦德国 美国 法国 日本	能脱碳保铬，适于超低碳不锈钢及低碳钢液的精炼
喷粉及特殊添加精炼	IRSID（钢包喷粉） TN（蒂森法） SL（氏兰法） ABS（弹射法） WF（喂线法）	1963 1974 1976 1973 1976	法国 联邦德国 瑞典 日本 日本	脱硫，脱氧，去除夹杂物，控制夹杂形态，控制成分。应用广泛，尤其适于以转炉为主的大型钢铁企业

1.5　炉外精炼技术的特点

各种炉外精炼法所采用的手段与功能见表1－2。

表1－2　各种炉外精炼法所采用的手段与功能

名称	精炼手段					主要冶金功能							
	造渣	真空	搅拌	喷粉	加热	脱氧	去气	去除夹杂	控制夹杂物形态	脱硫	合金化	调温	脱碳
钢包吹氩			√					√				√	
CAB	√		√			√		√		√	√		
DH		√					√						
RH		√					√						

续表1-2

名称	精炼手段					主要冶金功能							
	造渣	真空	搅拌	喷粉	加热	脱氧	去气	去除夹杂	控制夹杂物形态	脱硫	合金化	调温	脱碳
LF	√		√		√	√		√		√	√	√	
VD		√	√			√	√	√					√
ASEA - SKF	√	√	√		√	√	√	√		√	√	√	√
VAD	√	√	√		√	√	√	√		√	√	√	√
CAS - OB			√		√	√		√			√	√	
VOD	√	√	√			√	√	√		√			√
RH - OB		√					√						√
AOD	√		√			√	√			√	√		√
TN				√		√				√			
SL				√		√			√	√	√		
喂线						√			√	√	√		
合成渣洗	√		√			√		√	√	√			

各种炉外精炼技术至少有以下三个共同特点:

(1) 在不同程度上完成脱碳、脱氧、脱硫、去除气体、去除夹杂、调整温度和成分等冶金任务。

(2) 创造良好的冶金反应的动力学条件，如真空、吹氩、脱气、喷粉，增大界面积，应用各种搅拌增大传质系数，扩大反应界面。

(3) 二次精炼容器具有浇注功能。为了防止精炼后的钢液再次氧化和吸气，一般精炼容器（主要是钢包）除可以盛放和传送钢液外，还有浇注功能（使用滑动水口），精炼后钢液不再倒出，直接浇注，避免精炼好的钢液再污染。

1.6 炉外精炼技术的发展

1.6.1 炉外精炼技术的发展历程

1933年，法国派林（Perrin）应用专门配制的高碱度合成渣，在出钢过程中对钢液进行“渣洗脱硫”，这是炉外精炼技术的萌芽。1950年，联邦德国用真空处理脱除钢中的氢以防止产生“白点”。此后，各种炉外精炼方法相继问世。1956~1959年，研究成功了钢液真空提升脱气法（DH）和钢液真空循环脱气法（RH）。1965年以来，真空电弧加热脱气炉（VAD）、真空吹氧脱碳炉（VOD）和氩氧精炼炉（AOD）以及喂线法（WF）和LF、钢包喷粉法等先后出现。到20世纪90年代，已有几十种炉外精炼方法用于工业生产，世界各国的炉外精炼设备已超过500台。1970年以前，炉外精炼主要用于电炉车间的特殊钢生产，其产量尚不足钢总产量的10%。20世纪70年代中期以后，工业技术进步对钢材质量提出了更高的要求，进一步推动了炉外精炼技术的应用，工业先进国家的转炉车间拥有炉外精炼设备的占50%以上，逐步形成了一批“高炉—铁水预处理—复吹转炉

—钢水精炼—连铸”、“超高功率电弧炉—钢水精炼—连铸”的现代化工艺流程。

1.6.2 我国炉外精炼技术的发展与完善

我国炉外处理技术的开发应用始于20世纪50年代中后期，至70年代，我国特钢企业和机电、军工行业钢水精炼技术的应用和开发有了一定的发展，并引进了一批真空精炼设备，还试制了一批国产的真空处理设备，钢水吹氩精炼在首钢等企业首先投入生产应用。80年代，国产的钢包精炼炉、喂线设备与技术、钢水喷粉精炼技术得到了初步发展。这期间，宝钢引进了现代化的大型RH装置（并进而实现了RH－OB的生产应用）及KIP喷粉装置；首钢引进了KTS喷粉装置；齐齐哈尔钢厂引进了SL喷射冶金技术和设备。在开发高质量的钢材品种和优化钢铁生产中，它们发挥了重要的作用。90年代，与世界发展趋势相同，我国炉外精炼技术随着现代电炉流程的发展，以及连铸生产的增长和对钢铁产品质量要求的提高，得到了迅速的发展，不仅装备数量增加，处理量也由过去的占钢水的2%以下，持续增长，到1998年达20%以上。此外，经吹氩、喂线处理的钢水已占65%。2000年，冶金系统不包括吹氩和喂线的钢水精炼比为28%。到2002年，我国已拥有不包括吹氩装置在内的各种炉外精炼设备275台。2007年，国内大、中型骨干企业钢水二次精炼的比例迅速增长到64%，精炼设备474台（见表1－3）。

表1－3 2007年国内二次精炼设备能力汇总（不包括吹氩）

精炼种类	台数	总公称吨位/t
RH	61	9040
AOD	43	1712
VOD	27	1475
LF	295	23440
VD	32	2510
CAS－OB	16	2190
合计	474	40367

1991年，我国首次召开了炉外精炼技术工作会议，明确了“立足产品、合理选择、系统配套、强调在线”的发展炉外处理技术基本方针，对我国炉外精炼技术从“八五”开始直至现在的发展起到了重要的推动作用。

1992年初，炼钢连铸工作会议召开，明确了连铸生产的发展必须实现炼钢、炉外精炼与连铸生产的组合优化。1992年底，首次炉外精炼学术工作会议召开，深入研究了我国炉外处理技术发展的方向和重点。1998年炼钢轧钢工作会议，又明确提出要把发展炉外精炼技术作为一项重大的战略措施，放到优先位置上，促进流程工艺结构和装备的优化。

进入新世纪，适应连铸生产和产品结构调整的要求，炉外精炼技术得到迅速发展。钢水精炼中RH多功能真空精炼发展迅速，另外LF不但在电炉厂而且在转炉厂也大量采用，并配套有高效精炼渣。到2003年，包括RH、LF在内的主要钢水精炼技术，均具备了完全立足于国内并可参与国际竞争的水平。

多年来，我国从事炉外精炼技术装备研究、设计和制造的企业，通过自主创新，使我国炉外精炼技术装备实现大型化、系列化、精细化发展，加快了我国纯净钢工艺生产向高端化迈进的步伐。虽然成绩显著，但还有很多问题，如钢水精炼比仍较低，与我国连铸生产飞速发展的形势不适应；中小钢厂炉外精炼的难题还没有从根本上取得突破；炉外精炼装备核心配件和软件研制水平与国外差距更大，尚未形成自主的过程控制技术；对环境友好的炉外精炼技术开发尚未引起足够的重视。这些都有待进一步解决。

1.6.3 炉外精炼技术的发展趋势

当前炉外精炼技术的主要发展趋势是：

（1）呈现多功能化。多功能化是指由单一功能的炉外精炼设备发展成为多种处理功能的设备和将各种不同功能的装置组合到一起，建立综合处理站。如 LF－VD、CAS－OB、IR－UT、RH－OB、RH－KTB，上述装置中分别配了喂合金线（铝线、稀土线）、合金包芯线（Ca－Si、Fe－B 等）等。这种多功能化的特点，不仅适应了不同品种生产的需要，提高了炉外精炼设备的适应性，还提高了设备的利用率、作业率，缩短了流程，在生产中发挥了更加灵活、全面的作用。

（2）提高精炼设备生产效率和二次精炼比。表 1－4 给出了常用二次精炼设备生产效率的比较。影响二次精炼设备生产效率的主要因素是：钢包净空高度、吹氩强度和混匀时间、升温速度和容积传质系数以及冶炼周期和包衬寿命。

表 1－4 常用二次精炼设备的生产效率

精炼设备	钢包净空高度/mm	吹氩流量/L·(min·t)$^{-1}$	混匀时间/s	升温速度/℃·min^{-1}	容积传质系数/cm^3·s^{-1}	精炼周期/min	钢包寿命/次
CAS－OB	150～250	6～15	60～90	5～12		15～25	60～100
LF	500～600	1～3	200～350	3～4		45～80	35～70
VD	600～800	0.25～0.50	300～500	—		25～35	17～35
VOD	1000～1200	2.4～4.0	160～400	0.7～1.0		60～90	40～60
RH	150～300	5～7	120～180	—	0.05～0.50	15～25	底部槽 420～740 升降管 75～120 钢包 80～140

显然 RH 和 CAS 是生产效率比较高的精炼设备，一般与生产周期短的转炉匹配使用。为了提高二次精炼的生产效率，国外采用以下技术：

1）提高反应速度，缩短精炼时间。如 RH 通过提高吹氩强度、扩大下降管直径、顶吹供氧等技术，使容积传质系数从 0.15cm^3/s 提高到 0.3cm^3/s，可缩短脱碳时间 3min。AOD 采用顶吹 O_2 技术后，升温速度从 7℃/min 提高到 17.5℃/min，脱碳速度从 0.055%/min 上升到 0.087%/min。

2）采用在线快速分析钢水成分，缩短精炼辅助时间。将元素的分析周期从 5min 降至 2.5min，一般可节约辅助时间 5～8min。

3）提高钢包寿命，加速钢包周转。二次精炼钢包的寿命和炉容量有关。美国 WPSC 钢厂，290t 转炉配 CAS－OB 生产 LCAK 钢板，采用以下技术提高钢包寿命：①包衬综合砌筑，根据熔损机理对易熔损部位选择合适的耐火材料；②关键部分采用高级耐火材料，如包底钢流冲击区采用高铝砖（$w(Al_2O_3)\geqslant 96.3\%$），寿命可提高20～30炉；③每个包役对侵蚀严重部位（如渣线和钢水冲击区）进行一次修补。采用上述工艺后，平均包龄从60炉提高到120炉，最高包龄达到192炉，降低耐火材料总成本的20%。

4）采用计算机控制技术，提高精炼终点命中率。二次精炼的自动化控制系统，通常包括以下功能：①精炼过程设备监控与自动控制；②精炼过程温度与成分在线预报；③数据管理与数据通信；④车间生产调度管理。

5）扩大精炼能力。北美新建的短流程钢厂，生产能力一般为120～200万吨/年，多数采用一座双炉壳电炉或竖炉电炉，平均冶炼周期为45～55min。为了提高车间的整体生产能力，采用1台电炉配2台LF（或1台LF、1台CAS），使平均精炼周期达到20min，以保证炼钢车间的整体能力。

（3）炉外精炼技术的发展不断促进钢铁生产流程优化，不断提高过程自动控制水平。例如，LF精炼技术促进了超高功率电弧炉生产流程的优化，AOD、VOD实现了不锈钢生产流程优质、低耗、高效化的变革等。

目前炉外精炼技术已发展成为门类齐全、功能独到、系统配套、效益显著的钢铁生产主流技术，发挥着重要的作用。但炉外精炼技术仍处在不断完善与发展之中。未来炉外精炼技术装备发展应注重将更新现有工艺装备与研发新一代技术相结合，在完善炉外精炼技术现有功能的基础上，开发新一代相关工艺控制软件和配件，掌握关键核心技术，形成自主的过程控制技术。

【问题探究】

1. 何谓炉外精炼，炉外精炼技术的主要发展原因是什么？
2. 炉外精炼的任务是什么，一般要求炉外精炼设备具备哪些功能？
3. 对精炼手段有何要求，炉外精炼常用的手段有哪些？
4. 精炼设备通常可分为哪几类？
5. 炉外精炼技术有何特点？
6. 炉外精炼技术的发展趋势如何？

2 炉外精炼的技术基础

【学习目标】

(1) 了解减压下的脱气、脱碳、脱氧热力学与动力学。

(2) 初步掌握不锈钢精炼的“去碳保铬”原理。

(3) 重点掌握挡渣技术、顶渣控制及五大精炼手段。

(4) 会描述氩气的精炼作用、喂线操作要点与钙处理原理。

【相关知识】

做好出钢时的挡渣操作，尽可能地减少钢水初炼炉的氧化渣进入钢包内是发挥精炼渣精炼作用的基本前提。通过吹氩搅拌或电磁搅拌，改善反应条件。通过电弧加热或化学热法，调节钢水温度。将钢水置于真空室内，可达到脱气、脱氧、脱碳等目的。通过喷粉或喂线，将依精炼剂的种类实现相应的冶金功能。采用钙处理或稀土处理技术，既可以减少非金属夹杂物的数量，还可以改变它们的性质和形状。

2.1 顶渣控制

2.1.1 挡渣技术

在出钢过程后期，当炉内钢水降低至一定深度时，出钢口上方的钢水内部会产生漩涡，它能将表面的炉渣抽引至钢包中。此外，在出钢临近结束时，也会有炉渣随着钢水流进钢包内。这个过程被称为出钢带渣或下渣。

出钢下渣的原因有：

(1) 炉渣过氧化严重，出钢过程钢渣分不清。

(2) 出钢时转炉未及时下摇，导致钢渣夹流。

(3) 出钢口内口形状不规则，挡渣效果差。

(4) 挡渣塞加入失败。

(5) 钢水出完时钢包车开不动。

(6) 后大面过空，钢水未出净就下渣。

做好出钢时的挡渣操作，尽可能地减少钢水初炼炉的氧化渣进入钢包内是发挥精炼渣精炼作用的基本前提。因为在氧气转炉或电弧炉炼钢终点的炉渣中，含有诸如 Fe_tO、SiO_2、P_2O_5 和 MnO 等氧化物，其中 Fe_tO 的含量通常在 15% ~25%，这些氧化物不稳定，会带来如图 2－1 所示的危害。

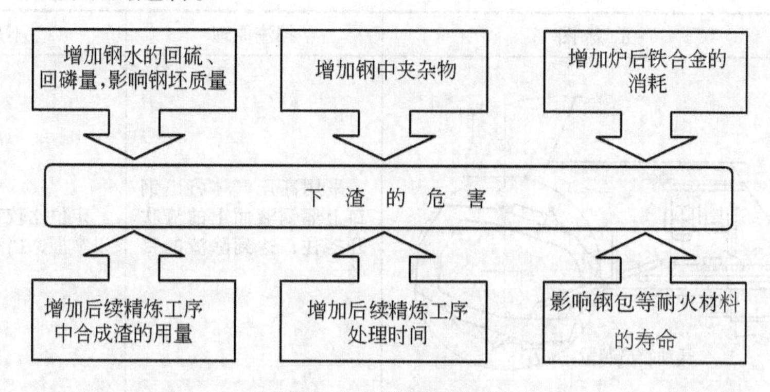

图 2－1 下渣的危害

为消除或把带入钢包内的渣量降至最低，目前常用表 2－1 所示的挡渣技术；不同挡渣方式的挡渣效果见表 2－2。此外，电弧炉采用偏心炉底出钢技术，此种方式挡渣效果好，可实现无渣出钢和留钢留渣操作。

表 2－1 常用挡渣技术比较

挡渣方法	示 意 图	挡渣原理	不足之处
挡渣球法	转炉；挡渣球；渣；钢水	利用挡渣球密度介于钢渣之间，在出钢结束时，堵住出钢口以阻断渣流入钢包内	投入的准确性及投入时机难以把握，同时还受炉渣黏度大小、出钢口侵蚀情况的影响，挡渣效果不稳定
挡渣塞法	挡渣塞；转炉；挡渣塞；钢水；出钢口	其密度与挡渣球相近，伴随着出钢过程逐渐堵住出钢口，实现抑制涡流和挡渣的作用	
气动挡渣法	渣；高压空气；高压空气；滑动水口	出钢将近结束时，由机械装置从转炉外部用挡渣器喷嘴向出钢口内吹气，阻止炉渣流出	此法对出钢口形状和位置要求严格，设备处于炉口极为恶劣的高温状态下，易于损坏，不便维修，且费用较高，同时，气源、管线在炉身、耳轴中布置不便

续表 2－1

挡渣方法	示 意 图	挡渣原理	不足之处
气动吹渣法	气动吹渣装置	采用高压气体将出钢口上部钢液面上的渣吹开挡住，达到除渣的目的	定位比较难，吹渣时机难以掌握，挡渣效果不理想
电磁挡渣法		通过电磁泵产生的磁场使钢流的直径变细，达到挡渣的目的	出钢时间过长，影响冶炼节奏

表 2－2　不同挡渣方法的挡渣效果

挡 渣 工 艺	挡渣成功率/%	转炉出钢下渣到钢包平均渣厚/mm
锥形铁皮挡渣帽＋挡渣球挡渣	60	100～120
锥形铁皮挡渣帽＋气动挡渣	60	90～100
锥形铁皮挡渣帽＋挡渣塞挡渣	80	70～80
滑动水口＋AMEPA 红外下渣检测技术	100	≤40

预防措施：

（1）摇炉工和大班长必须时刻关注出钢口形状，在遇到出钢口里口不规则时必须采取溜渣或者喷补的方式维护。

（2）加强挡渣塞操作培训，每班对挡渣塞位置交接班，挡渣塞连续失败 2 次，必须空炉试挡渣塞加入的具体位置。

（3）为了减少下渣量，应尽量减少渣量，并降低终点炉渣的流动性。

目前挡渣较好的钢厂，出钢后其钢包内的渣层厚度可以控制在 30～50mm。

2.1.2　顶渣改质

钢包顶渣（覆盖渣）主要由转炉出钢过程中流入钢包的炉渣和铁合金脱氧产物所形成的渣层组成。当转炉内的渣大量流入钢包内时，所形成的覆盖渣氧化性强，渣中（FeO＋MnO）含量会达到 8%～30%；当转炉渣流入钢包的量较少时，会因为硅铁脱氧产物 SiO_2 在渣中比例增大而导致覆盖渣碱度降低，甚至覆盖渣碱度小于 2.0。

钢包顶渣改质是当今炼钢行业普遍应用的一种钢包顶渣调质工艺，对钢包顶渣脱氧并改变其成分，降低氧化性。

顶渣改质的目的有：适当提高覆盖渣碱度；降低覆盖渣氧化性；改善覆盖渣的流动性；适当提高夹杂物去除率。

顶渣改质的方法，主要是在转炉出钢过程中向钢包内加入改质剂（或称脱硫剂、脱氧剂等），利用钢水的流动冲刷和搅拌作用促进钢－渣反应并快速生成覆盖渣。

关于顶渣改质剂的种类，通常采用 $CaO - CaF_2$、$CaO - Al_2O_3 - Al$ 和 $CaO - CaC_2 - CaF_2$ 等系列。

顶渣改质后，碱度大于3.0或3.5，甚至大于5，渣中（FeO + MnO）含量低于2% ~ 5%。

据马春生教授的文献介绍，本钢开发的钢包顶渣改质剂（见表2-3），具有很强的脱氧能力，撒到渣面上后能迅速铺开、熔化，形成高黏度、低熔点、还原性渣，并具有较强吸附 Al_2O_3 夹杂的能力。顶渣改质剂加入量为0.5 ~ 1.0kg/t，根据下渣量的多少适当调整。

表2-3 顶渣改质剂的理化指标

$w(B)/\%$								粒度/mm
CaO	Al_2O_3	MgO	SiO_2	CaF_2	烧减	金属铝	H_2O	
20 ~ 40	10 ~ 25	5 ~ 8	2 ~ 4	4 ~ 7	8 ~ 10	25 ~ 50	≤0.5	15 ~ 20

对于不同精炼目的，应有其最佳顶渣成分。例如，为了深度脱氧及脱硫，应该使渣碱度 R 达到3 ~ 5（$R = w(CaO)/w(SiO_2)$），$w(\sum FeO) < 0.5\%$，而且使渣的曼内斯曼指数 $M = R : w(Al_2O_3) = 0.25 \sim 0.35$。对于低铝镇静钢，采用CaO饱和的顶渣与低铝（$w[Al] \leqslant 0.005\%$）钢水进行搅拌，使最终的氧活度不高于0.0005%。最佳顶渣成分如表2-4所示。

表2-4 炉外精炼的最佳顶渣成分

精炼目的	炉外精炼最佳顶渣成分（w）/%				
	CaO	Al_2O_3	SiO_2	MgO	FeO
脱 硫	50 ~ 55	20 ~ 25	10 ~ 15	≤5	<0.5
脱 氧	50 ~ 55	10 ~ 15	10 ~ 15	≤5	<0.5
脱 磷	45 ~ 55	（MnO） 6	（$SiO_2 + P_2O_5$） 6 ~ 10	Na_2O ≥2，约4	30 ~ 40

2.2 合成渣洗

所谓合成渣洗，就是由炼钢炉初炼的钢水再在钢包内通过钢液对合成渣的冲洗，进一步提高钢水质量的一种炉外精炼方法。渣洗的主要目的是降低钢中的氧、硫和非金属夹杂物含量，可以把 $w[O]$ 降至0.002%、$w[S]$ 降至0.005%；为使渣洗能够获得满意的效果，渣量一般为钢液重量的6% ~ 7%。

合成渣有液态渣、固态渣和预熔渣。根据液态合成渣炼制的方式不同，渣洗工艺可分为异炉渣洗和同炉渣洗。所谓异炉渣洗就是设置专用的炼渣炉，将配比一定的渣料炼制成具有一定温度、成分和冶金性质的液渣，出钢时钢液冲进事先盛有这种液渣的钢包内，实现渣洗。同炉渣洗就是渣洗的液渣和钢液在同一座炉内炼制，并使液渣具有合成渣的成分与性质，然后通过出钢最终完成渣洗钢液的任务。异炉渣洗效果比较理想，适用于许多钢种，然而工艺复杂，生产调度不便，且需一台炼渣炉相配合。同炉渣洗效果不如异炉渣洗，只用于碳钢或一般低合金钢上，因此在生产上还是应用异炉渣洗的情况较多，通常所说的渣洗也是指异炉渣洗。

将固体的合成渣料在出钢前或在出钢过程中加入钢包中，这就是所谓的固体渣渣洗工艺。固态合成渣有机械混合渣、烧结渣。机械混合渣制备是指直接将一定比例和粒度原材料进行人工或机械混合，或者直接将原材料按比例加入钢包内；机械混合渣价格便宜、使用方便，但熔化速度慢、成分不均匀、易吸潮。烧结渣制备是指将原料按一定比例和粒度混合后，在低于原料熔点的情况下加热，使原料烧结在一起的过程；烧结渣成分较机械混合渣均匀、稳定，但由于烧结渣密度小，气孔多，易吸气。

预熔渣制备是指将原料按一定比例混合后，在专用设备中利用高温将原料熔化成液态，冷却凝固后机械破碎成颗粒状，再用于炼钢精炼过程。预熔渣生产方法有竖炉法、电熔法等。采用竖炉法，熔化温度低，产品纯度低；采用电熔法，熔化温度高，产品纯度高，适于纯净钢冶炼使用，但成本高。预熔型精炼渣的主要组成是 $12CaO \cdot 7Al_2O_3$，具有熔化温度低，成渣速度快，脱硫效果十分稳定等特点，国内外实践证明，在不同操作条件下，转炉出钢采用预熔渣渣洗的脱硫率可以达到 30% ~50%。

2.2.1 合成渣的物理化学性能

为了达到精炼钢液的目的，合成渣必须具有较高的碱度、高还原性、低熔点和良好的流动性；此外要具有合适的密度、扩散系数、表面张力和导电性等。

2.2.1.1 成分

渣洗常用合成渣的成分列于表 2-5 中。合成渣主要有 $CaO-Al_2O_3$ 系，$CaO-SiO_2-Al_2O_3$ 系，$CaO-SiO_2-CaF_2$ 系等。目前常用的合成渣系主要是 $CaO-Al_2O_3$ 碱性渣系，化学成分大致为：50% ~55% CaO、40% ~45% Al_2O_3、≤5% SiO_2、<1% FeO。由此可知，$CaO-Al_2O_3$ 合成渣中，$w(CaO)$ 很高，CaO 是合成渣中用于达到冶金反应目的的化合物，其他化合物多是为了调整成分、降低熔点而加入。$w(FeO)$ 较低，因此对钢液的脱氧、脱硫有利。除此之外，这种渣的熔点较低，一般波动在 1350 ~1450℃之间，当 $w(Al_2O_3)$ 为 42% ~48% 时最低。这种熔渣的黏度随着温度的改变，变化也较小。当温度为 1600 ~1700℃时，黏度约为 0.16 ~0.32Pa·s；当温度低于 1550℃时仍保持良好的流动性。这种熔渣与钢液间的界面张力较大，容易携带夹杂物分离上浮。但当渣中 $w(SiO_2)$ 和 $w(FeO)$ 增加时，将会降低熔渣的脱硫能力，然而 SiO_2 是一种很好的液化剂，如不超过 5%，对脱硫的影响不大。

表 2-5 渣洗常用合成渣的成分

渣类型	主要成分 (w)/%								R	$w(CaO)_u$ /%	使用场合
	CaO	MgO	SiO_2	Al_2O_3	FeO	Fe_2O_3	CaF_2	S			
电炉渣	42 ~58	11 ~21	14 ~22	9 ~20	0.4 ~0.8	0.05 ~0.20	1.0 ~5.0	0.2 ~0.3		29.96	炉内
石灰-黏土渣	51.0	1.88	19.0	18.3	0.6	0.12	3.0	0.48	3.64	11.54	包内
石灰-黏土合成渣	51.65	1.95	17.3	19.9	0.34	—	—	0.04	2.07	11.28	炉内
石灰-黏土合成渣	50.91	3.34	16.14	22.27	0.52	—	—	0.18	2.82	13.34	包内
石灰-氧化铝合成渣	50.95	1.88	4.02	40.66	0.36	—	—	0.12	2.02	23.78	炉内
石灰-氧化铝合成渣	48.94	4.0	6.5	37.83	0.74	—	—	0.62	2.02	21.66	包内
脱氧渣	57.7	5 ~8	13.4	6.0	1.78	1.06	9.25	0.54	3.5	38.59	包内
自熔混合物	40 ~50	—	9 ~12	22 ~26	—	—	—	—	3.8 ~5.1	17.87	包内

渣洗目的不同，选用的合成渣系也不同：为了脱氧、脱硫多选用 $CaO-CaF_2$ 碱性渣系，成分为45%~55% CaO、10%~20% CaF_2、5%~15% Al 和 0~5% SiO_2；如果不需脱硫，只需去除氧化物夹杂，合成渣可以有较多的 Al_2O_3 和 SiO_2；对于有特殊要求的还可以选用特殊的合成渣系，如 $CaO-SiO_2$ 中性渣等。

当无化渣炉时也可以使用发热固态渣代替液态合成渣，其配方为：12%~14%铝粉，21%~24%钠硝石，20%萤石，其余为石灰。合成渣用量约为钢水量的4%。

因所列各合成渣中 SiO_2 含量差别较大，各种渣碱度 R 的定义如下：

用于石灰-黏土渣

$$R=\frac{n_{CaO}+n_{MgO}-n_{Al_2O_3}}{n_{SiO_2}} \tag{2-1}$$

用于石灰-氧化铝渣

$$R=\frac{n_{CaO}+n_{MgO}-2n_{Al_2O_3}}{n_{SiO_2}} \tag{2-2}$$

上两式中，n 代表下角标成分的物质的量。

用于自熔性混合物：

$$R=\frac{w(CaO)+0.7w(MgO)}{0.94w(SiO_2)+0.18w(Al_2O_3)} \tag{2-3}$$

除可用碱度表示合成渣的成分特点外，还可用游离氧化钙量 $w(CaO)_u$ 来表示能参与冶金反应的氧化钙的数量，其计算式如下：

$$w(CaO)_u=w(CaO)+1.4w(MgO)-1.86w(SiO_2)-0.55w(Al_2O_3) \tag{2-4}$$

2.2.1.2 熔点

在钢包内用合成渣精炼钢水时，渣的熔点应当低于被渣洗钢液的熔点。合成渣的熔点，可根据渣的成分利用相应的相图来确定。

在 $CaO-Al_2O_3$ 渣系中，当 $w(Al_2O_3)=48\%\sim56\%$ 和 $w(CaO)=52\%\sim44\%$ 时，其熔点最低（1450~1500℃）。当这种渣存在少量 SiO_2 和 MgO 时，其熔点还会进一步下降。SiO_2 含量对 $CaO-Al_2O_3$ 系熔点的影响不如 MgO 明显。该渣系不同成分合成渣的熔点见表2-6。当 $w(CaO)/w(Al_2O_3)=1.0\sim1.15$ 时，渣的精炼能力最好。

表2-6 不同成分的 $CaO-Al_2O_3$ 渣系合成渣的熔点

成分 (w)/%				熔点/℃
CaO	Al_2O_3	SiO_2	MgO	
46	47.7		6.3	1345
48.5	41.5	5	5	1295
49	39.5	6.5	5	1315
49.5	43.7	6.8		1335
50	50			1395
52	41.2	6.8		1335
56~57	43~44			1525~1535

当 $CaO-Al_2O_3-SiO_2$ 三元渣系中加入6%~12%的 MgO 时，就可以使其熔点降到

1500℃甚至更低一些。加入 CaF_2、Na_3AlF_6、Na_2O、K_2O 等也能降低熔点。

$CaO-SiO_2-Al_2O_3-MgO$ 渣系具有较强的脱氧、脱硫和吸附夹杂的能力。当黏度一定时，这种渣的熔点随渣中 $w(CaO+MgO)$ 总量的增加而提高（见表2-7）。

表2-7　不同成分的 $CaO-SiO_2-Al_2O_3-MgO$ 渣系合成渣的熔点

成分 (*w*)/%						熔点/℃
CaO	MgO	CaO+MgO	SiO_2	Al_2O_3	CaF_2	
58	10	68.0	20	5.0	7.0	1617
55.3	9.5	65.8	19.0	9.5	6.7	1540
52.7	9.1	61.8	18.2	13.7	6.4	1465
50.4	8.7	59.1	17.4	17.4	6.1	1448

2.2.1.3　流动性

用作渣洗的合成渣，要求有较好的流动性。在相同的温度和混冲条件下，提高合成渣的流动性，可以减小乳化渣滴的平均直径，从而增大渣-钢间的接触界面。

在炼钢温度下，不同成分的 $CaO-Al_2O_3$ 渣的黏度如表2-8所示。有研究认为，温度为1490~1650℃、$w(CaO)=54\%\sim56\%$、$w(CaO)/w(Al_2O_3)=1.2$ 时，该渣系合成渣的黏度最小。加入不超过10%的 CaF_2 和 MgO，也能降低渣的黏度。对于大部分合成渣，在炼钢温度下，其黏度小于0.2Pa·s。

对于 $CaO-MgO-SiO_2-Al_2O_3$ 渣系（20%~25% SiO_2；5%~11% Al_2O_3；$w(CaO)/w(SiO_2)=2.4\sim2.5$），当 $w(CaO+MgO)=63\%\sim65\%$ 和 $w(MgO)=4\%\sim8\%$ 时，渣的黏度最小（0.05~0.06Pa·s）。随着 MgO 含量的增加，渣的黏度急剧上升，当 $w(MgO)$ 为25%时，黏度达0.7Pa·s。

表2-8　不同成分的 $CaO-Al_2O_3$ 渣的黏度

成分 (*w*)/%			不同温度（℃）下渣的黏度/Pa·s					
SiO_2	Al_2O_3	CaO	1500	1550	1600	1650	1700	1750
	40	60	—	—	—	0.11	0.08	0.07
	50	50	0.57	0.35	0.23	0.16	0.12	0.11
	54	46	0.60	0.40	0.27	0.20	0.15	0.12
10	30	60	—	0.22	0.13	0.10	0.08	0.07
10	40	50	0.50	0.33	0.23	0.17	0.15	0.12
10	50	40	—	0.52	0.34	0.23	0.17	0.14
20	30	50	—	—	0.24	0.18	0.14	0.12
20	40	40	—	0.63	0.40	0.27	0.20	0.15
30	30	40	0.92	0.61	0.44	0.38	0.24	0.19

对于炉外精炼，推荐采用下述成分的渣：50%~55% CaO，6%~10% MgO，15%~20% SiO_2，8%~15% Al_2O_3，5.0% CaF_2。其中 SiO_2、Al_2O_3、CaF_2 三组元的总量控制在35%~40%。

2.2.1.4 表面张力

表面张力也是影响渣洗效果的一个较为重要的参数。在渣洗过程中，虽然直接起作用的是钢－渣之间的界面张力和渣与夹杂之间的界面张力（如钢－渣间的界面张力决定了乳化渣滴的直径和渣滴上浮的速度，而渣与夹杂间的界面张力的大小影响着悬浮于钢液中的渣滴吸附和同化非金属夹杂的能力），但是界面张力的大小是与每一相的表面张力直接有关的。

渣中常见氧化物的表面张力见表2－9。

表2－9 渣中常见氧化物的表面张力

氧化物	CaO	MgO	FeO	MnO	SiO_2	Al_2O_3	CaF_2
表面张力/$N \cdot m^{-1}$	0.52	0.53	0.59	0.59	0.40	0.72	0.405

通常的熔渣都是由两种以上氧化物所组成，其表面张力可按式（2－5）估算：

$$\sigma_s = \sigma_1 x_1 + \sigma_2 x_2 + \cdots \tag{2-5}$$

式中 σ_s——熔渣的表面张力，N/m；

σ_1，σ_2——组元1和2的表面张力，N/m；

x_1，x_2——组元1和2的摩尔分数。

熔渣的表面张力受温度的影响，随着温度升高，表面张力减小。此外，还受到成分的影响。在合成渣的组成中，SiO_2 和 MgO 会降低渣的表面张力。

钢液的表面张力也受温度和成分的影响，随着温度的提高，表面张力下降。在炼钢温度下，一般为1.1～1.5N/m。

熔渣与钢液之间的界面张力可按式（2－6）求得。

$$\sigma_{m-s} = \sigma_m - \sigma_s \cos\theta \tag{2-6}$$

式中 σ_{m-s}——熔渣与钢液之间的界面张力，N/m；

σ_m，σ_s——钢液、熔渣的表面张力，N/m；

$\cos\theta$——钢渣之间润湿角的余弦。

选用的合成渣系要求熔渣与钢液之间的界面张力 σ_{m-s} 要小。σ_{m-s} 的值取决于温度和钢、渣的成分。除炼钢炉渣中常见的氧化物如 FeO、Fe_2O_3、MnO 等会降低 σ_{m-s} 值外，其他一些氧化物如 Na_2O、K_2O 等也会降低渣钢间的界面张力。

2.2.1.5 还原性

要求渣洗完成的精炼任务决定了渣洗所用的熔渣都是碱度高（$R>2$）、FeO 含量低，一般 $w(FeO)<0.3\%\sim0.6\%$。

2.2.2 渣洗的精炼作用

合成渣是为达到一定的冶金效果而按一定成分配制的专用渣料。使用合成渣可以达到以下效果：强化脱氧、脱硫；加快钢中杂质的排除、部分改变夹杂物形态；防止钢水吸气；减少钢水温度散失；形成泡沫性渣，达到埋弧加热的目的。

目前渣洗使用的合成渣主要是为提高夹杂物的去除速度、降低溶解氧含量、提高脱硫率、加快反应速度而配制的。

2.2.2.1　合成渣的乳化和上浮

盛放在钢包中的合成渣在钢流的冲击下，被分裂成细小的渣滴，并弥散分布于钢液中。粒径越小，与钢液接触的表面积越大，渣洗作用越强。这必然使所有在钢渣界面进行的精炼反应加速，同时也增加了渣与钢中夹杂接触的机会。乳化的渣滴随钢流紊乱搅动的同时，不断碰撞、合并、长大和上浮。在保证脱氧和去除夹杂的前提下，适当增大渣滴直径，有利于提高乳化渣滴的上浮速度。

2.2.2.2　合成渣脱氧

由于熔渣中的 $w(\mathrm{FeO})$ 远低于钢液中 $w[\mathrm{O}]$ 平衡的数值，即 $w[\mathrm{O}] > a_{\mathrm{FeO}}/L_{\mathrm{O}}$，因而钢液中的氧经过钢 - 渣界面向熔渣内扩散，而不断降低，直到 $w[\mathrm{O}] = a_{\mathrm{FeO}}/L_{\mathrm{O}}$ 的平衡状态。

当还原性的合成渣与未脱氧（或脱氧不充分）的钢液接触时，钢中溶解的氧能通过扩散进入渣中，从而使钢液脱氧。

当渣洗时，合成渣在钢液中乳化，使钢渣界面成千倍地增大，同时强烈的搅拌，都使扩散过程显著加速。

根据氧在钢液与熔渣间的质量平衡关系，降低熔渣的 a_{FeO} 及增大渣量，可提高合成渣的脱氧速率。

2.2.2.3　夹杂物的去除

图 2 -2 为钢中夹杂物进入熔渣并被吸收溶解的示意图。如果考虑界面能的作用，夹杂物应首先进入熔渣，然后在熔渣中溶解，这时可以忽略溶解过程自由能的变化而仅考虑界面能的变化，得到：

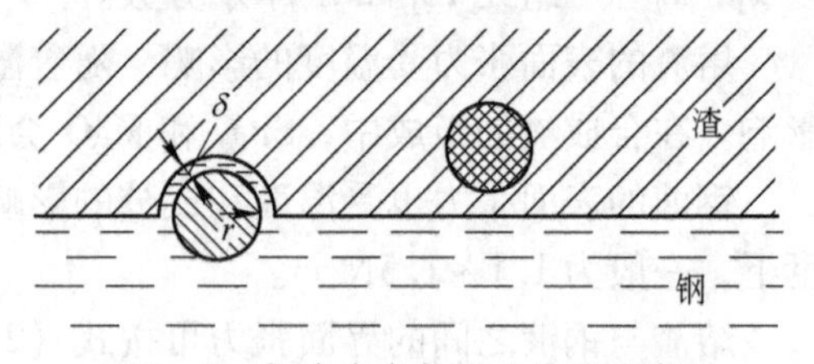

图 2 -2　钢中夹杂物进入熔渣示意图

$$4\pi r^2\left(\sigma_{\mathrm{i-s}} - \sigma_{\mathrm{m-i}} - \frac{1}{2}\sigma_{\mathrm{m-s}}\right) < 0 \tag{2-7}$$

式中　r——夹杂物颗粒半径，m；

$\sigma_{\mathrm{i-s}}$——夹杂物与熔渣间的界面张力，N/m；

$\sigma_{\mathrm{m-i}}$——钢液与夹杂物间的界面张力，N/m；

$\sigma_{\mathrm{m-s}}$——钢液与熔渣间的界面张力，N/m。

可见，$\sigma_{\mathrm{i-s}}$越小，$\sigma_{\mathrm{m-i}}$和 $\sigma_{\mathrm{m-s}}$越大，夹杂物颗粒尺寸越大时，脱氧产物进入熔渣的自发趋势越大。

渣洗过程中夹杂物的去除，主要靠两方面的作用：

（1）钢中原有的夹杂物与乳化渣滴碰撞，被渣滴吸附、同化而随渣滴上浮排除。渣洗时，乳化了的渣滴与钢液强烈地搅拌，这样渣滴与钢中原有的夹杂特别是大颗粒夹杂接触的机会就急剧增加。由于夹杂与熔渣间的界面张力 $\sigma_{\mathrm{i-s}}$远小于钢液与夹杂间的界面张力 $\sigma_{\mathrm{m-i}}$，所以钢中夹杂很容易被与它碰撞的渣滴所吸附。渣洗工艺所用的熔渣均是氧化物熔体，而夹杂大都也是氧化物，所以被渣吸附的夹杂比较容易溶解于渣滴中，这种溶解过程称为同化。夹杂被渣滴所同化而使渣滴长大，加速了渣滴的上浮过程。渣洗精炼时，乳化的渣滴对钢中夹杂物的吸收溶解作用，由于渣滴分布在整个钢液内部而大大加速。

（2）促进了脱氧反应产物的排出，从而使钢中的夹杂数量减少。在出钢渣洗过程中，乳化渣滴表面可作为脱氧反应新相形成的晶核，形成新相所需要的自由能增加不多，所以在不太大的过饱和度下脱氧反应就能进行。此时，脱氧产物比较容易被渣滴同化并随渣滴一起上浮，使残留在钢液内的脱氧产物的数量明显减少。这就是渣洗钢液比较纯净的原因。

2.2.2.4 合成渣脱硫

脱硫是合成渣操作的重要目的。如果操作得当，一般可以去除硫50% ~80%。

在渣洗过程中，脱硫反应可写成：

$$[S]+(CaO)=\!=\!=(CaS)+[O]$$

对铝脱氧钢水，脱硫反应为：

$$3(CaO)+2[Al]+3[S]=\!=\!=(Al_2O_3)+3(CaS)$$

硫的分配系数 $L_S=w(S)/w[S]$，随着钢中铝含量的增高，L_S 增大。这是因为钢中只有强脱氧物质如铝存在时，才能保证钢水的充分脱氧，而只有钢水充分脱氧时，才能保证合成渣脱硫的充分进行。为了达到钢液充分脱硫，需要残余铝量在0.02%以上。

渣的成分对硫的分配系数有很大的影响。有研究指出，当 $w(FeO)\leqslant 0.5\%$ 和 $w(CaO)_u=25\%\sim40\%$ 时，硫的分配系数最高（120~150）。随着 $w(FeO)$ 的增加，硫的分配系数大幅度降低。当 $w(SiO_2+Al_2O_3)=30\%\sim34\%$、$w(FeO)<0.5\%$、$w(MgO)<12\%$ 时，可达到较高的 L_S 值。

炉渣的流动性对实际所能达到的硫的分配系数也有影响，如向碱度为3.4~3.6的炉渣中加入13%~15%的 CaF_2，可将 L_S 值提高到180~200。在常用的合成渣中，CaF_2 仅作为降低熔点的成分加入渣内，而 Al_2O_3、SiO_2 等成分除了可以降低熔点外，可使熔渣保持与钢中上浮夹杂物相似的成分，减小夹杂与渣之间的界面张力，使之更易于上浮。而采用较高的温度保证硫在渣中能较快地传质更有意义。

加强精炼时的搅拌（如利用出钢过程中的“混冲”、钢包吹氩），可以加快脱硫、脱氧速度，所以出钢前加入包底的精炼剂，必须加在正对出钢口一侧，以强化钢水与脱硫剂的混冲效果，提高“渣洗”脱硫率。通过喷粉将合成渣吹入钢液也可大大加快脱硫反应。

2.3 搅拌技术

一般地说，搅拌就是向流体系统供应能量，使该系统内产生运动。为达到这目的，可以借助于气体搅拌、电磁搅拌、机械搅拌和重力引起的搅拌（如渣洗）等，而以气体搅拌和电磁搅拌较为常见，如图2-3所示。气体搅拌，也称为气泡搅拌，所完成的冶金过程称为气泡冶金过程。最常用的是在钢包底部装一个或几个透气砖（多孔塞），通过它可以吹入气体。另外，浸入式喷枪可靠，所以也常被采用。

2.3.1 氩气搅拌

喷吹气体搅拌是一种应用较为广泛的搅拌方法。氩气是用来搅拌钢水的最普通的气体，氮气的使用则取决于所炼钢种。因此喷吹气体搅拌主要是各种形式的吹氩搅拌。应用这类搅拌的炉外精炼方法有钢包吹氩、CAB、CAS、VD、LF、GRAF、VAD、VOD、AOD、SL、TN等方法。下面结合氩气搅拌工艺对钢包吹氩精炼方法一并介绍。

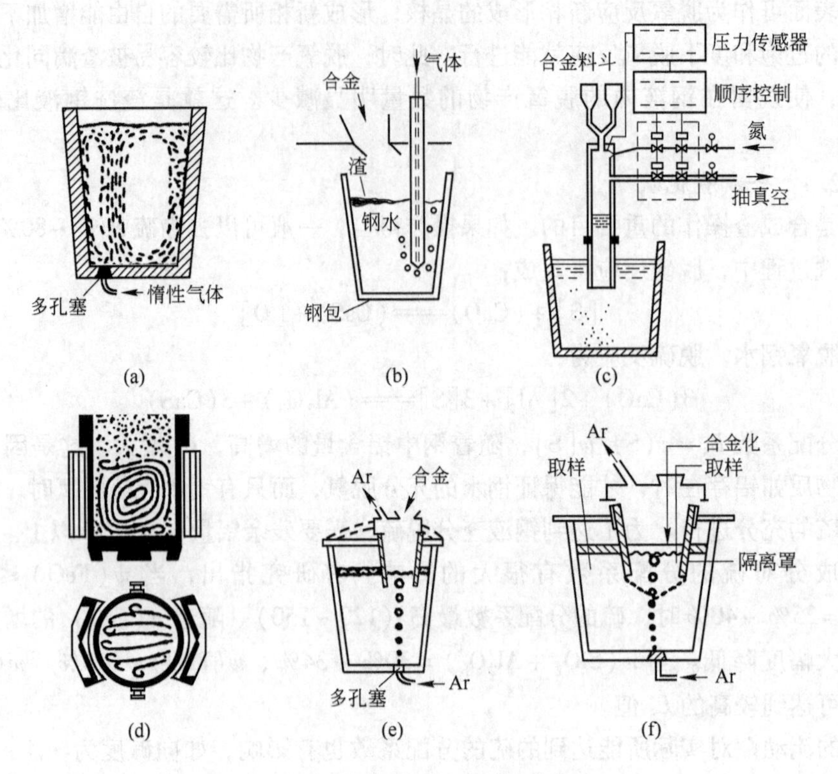

图 2-3 常用的搅拌清洗操作方法

(a) 钢包底部气体搅拌；(b) 浸入枪搅拌；(c) 脉动搅拌（PM）；(d) 电磁感应搅拌；
(e) 加盖氩气搅拌（CAB）；(f) 密封氩气搅拌（CAS）

2.3.1.1 钢包吹氩精炼原理

氩气是一种惰性气体，吹入钢液内的氩气既不参与化学反应，也不溶解，纯氩内含氢、氮、氧等量很少，可以认为吹入钢液内的氩气泡对于溶解在钢液内的气体来说就像一个小的真空室，在这个小气泡内其他气体的分压力几乎等于零。根据 Sieverts 定律，在一定温度下，气体的溶解度与该气体在气相中分压力的平方根成正比。钢中的气体不断地向氩气泡内扩散（特别是钢液中的氢在高温下扩散很快），气泡内的分压力增大，但是气泡在上浮过程中受热膨胀，因而氮气和氢气的分压力仍然保持在较低的水平，气泡继续吸收氢和氮，最后，氢和氮随氩气泡逸出钢液而被去除。

如果钢液未完全脱氧，钢液中有相当数量的溶解氧时，那么吹氩还可以脱除部分钢中的溶解氧，起到脱氧和脱碳的作用。如果加入石灰、萤石混合物（$CaO-CaF_2$）等活性渣，同时以高速吹入氩气加剧渣－钢反应，可以取得明显的脱硫效果。

未吹氩前，钢包上、中、下部的钢水成分和温度是有差别的。氩气泡上浮过程中推动钢液上下运动，搅拌钢液，促使其成分和温度均匀，钢液的搅拌还促进了夹杂物的上浮排除，同时又加速了脱气过程的进行。

大颗粒夹杂物比小颗粒夹杂物更容易被气泡捕获而去除，而小直径的气泡捕获夹杂物颗粒的概率比大直径气泡高。底吹氩去除钢中夹杂物的效率主要取决于氩气泡和夹杂物的尺寸以及吹入钢液的气体量。采用高强度吹氩，只能使气泡粗化而达不到有效去除夹杂物的目的。

钢包弱搅拌和适当延长低强度吹氩时间，更有利于去除钢中夹杂物颗粒；对于大钢包，可以增加底吹透气砖的面积，或使用双透气砖甚至多透气砖（如图2-4所示）。但在相同的氩气消耗量下，采用单透气砖吹氩比双透气砖吹氩能产生更大的搅拌能，所以，在实际生产中，容量小于100t的钢包炉大多采用单透气砖吹氩。

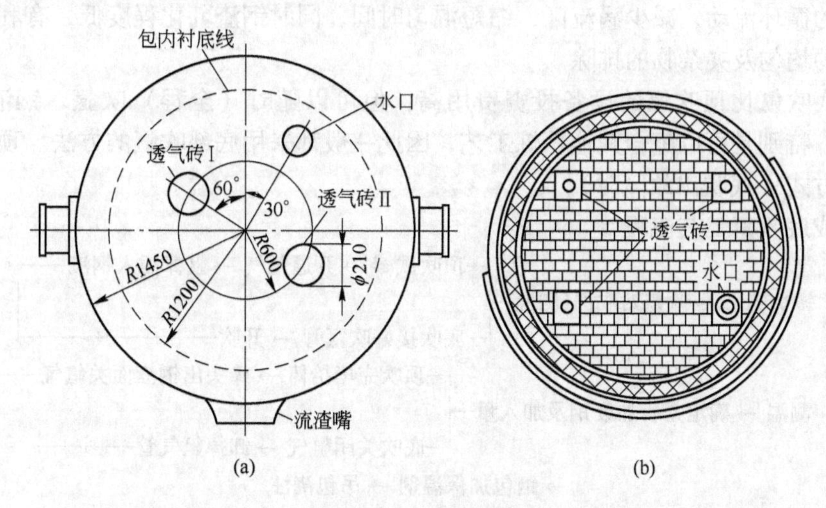

图2-4 透气砖的位置

（a）两个透气砖的位置；（b）三个透气砖的位置

可见，钢包吹氩的主要作用有：

（1）调温。主要是冷却钢液，对于开浇温度有比较严格要求的钢种或浇注方法，都可以利用吹氩将钢液温度降到规定的要求。

（2）混匀。在钢包底部适当位置安放透气砖，氩气喷入可使钢包中的钢液产生环流，用控制氩气流量的方法控制钢液的搅拌程度。实践表明，吹氩搅拌可促使钢液的成分和温度迅速趋于均匀。

（3）净化。搅动的钢液增加了钢中非金属夹杂物碰撞长大的机会。上浮的氩气泡不仅能够吸收钢中的气体，还会黏附悬浮于钢液中的夹杂，将黏附的夹杂物带至钢液表面而被渣层所吸收。

生产实践证明，脱氧良好的钢液经钢包吹氩精炼后，可去除钢中的氢约15%~40%，夹杂总量可减少50%，尤其是大颗粒夹杂含量更有明显降低，而钢中的氮含量虽然也降低，但不是特别稳定。

2.3.1.2 吹氩方式

（1）顶吹方式。从钢包顶部向钢包中心位置插入一根吹氩枪吹氩。吹氩枪的结构比较简单，中心为一个通氩气的钢管，外衬为一定厚度的耐火材料。氩气出口有直孔和侧孔两种，小容量钢包用直孔型，大包用侧孔型。插入钢液的深度一般在液面深度的2/3左右。顶吹方式可以实现在线吹氩，缩短时间，但效果比底吹差。

（2）底吹方式。在钢包底部安装供气元件，氩气通过底部的透气砖吹入钢液，形成大量细小的氩气泡。透气砖的个数依据钢包的大小可采用单个和多个布置，透气孔的直径为0.1～0.26mm。底吹氩时，在出钢过程及运送途中都要通入氩气。一般设有两个底吹氩操作点，一个在炼钢炉旁便于出钢过程中控制，一个在处理站便于控制处理过程。这两点之间送氩气管路互相联锁和自动切换，以保证透气砖不被堵塞。

吹气位置不同会影响搅拌效果，生产实践表明：吹气点最佳位置通常应当在包底半径方向（离包底中心）的1/3～1/2处；此处上升的气泡流会引起水平方向的冲击力，从而促进钢水的循环流动，减少涡流区，缩短混匀时间，同时钢渣乳化程度低，有利于钢水成分、温度的均匀及夹杂物的排除。

采用底吹氩比顶吹氩的设备投资费用高，但可以随时（全程）吹氩，钢液搅拌好，操作方便，特别是可以配合其他精炼工艺，因此一般都采用底部吹氩的方法。顶吹只用来作为备用方式（底吹出故障时）。

顶吹或底吹氩工艺流程：

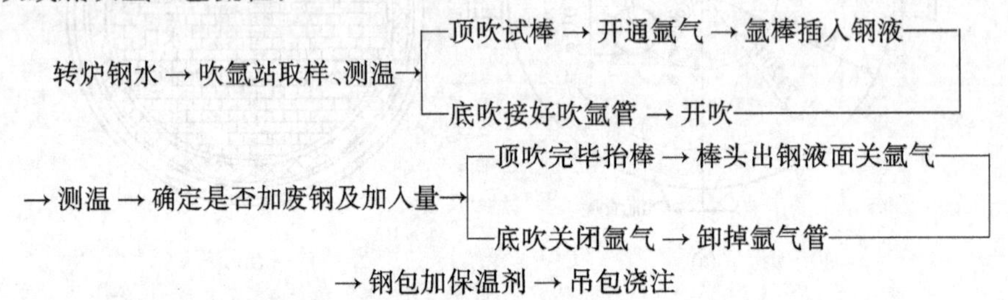

→ 钢包加保温剂 → 吊包浇注

2.3.1.3　影响钢包吹氩效果的主要因素

钢包吹氩精炼应根据钢液状态、精炼目的、出钢量等选择合适的吹氩工艺参数，如氩气耗量、吹氩压力、流量与吹氩时间及气泡大小等。

（1）氩气耗量的影响。从理论计算和生产实践得知，当吹氩量低于0.3m^3/t钢时，氩气在包中只起搅拌作用，而去气效率低且不够稳定，并对改善夹杂物的污染作用也不大。根据不同目的考虑耗氩量，一般在0.2～0.4m^3/t。如果真空与吹氩相结合，就可以收到十分显著的去气效果。因为吹氩量与系统总压力成正比，抽真空可使系统总压力降低，因此脱氢和脱氮所需的吹氩量可以显著减少。

（2）吹氩压力的影响。一般吹氩压力是指钢包吹氩时的实际操作表压，它不代表钢包中压力，但它应能克服各种压力损失及熔池静压力。吹氩压力越大，搅动力越大，气泡上升越快。但吹氩压力过大，氩气流涉及范围就越来越小，甚至形成连续气泡柱，而且容易造成钢包液面翻滚激烈，钢液大量裸露与空气接触造成二次氧化和降温，钢渣相混，被击碎乳化的炉渣进入钢水深处，使夹杂物含量增加，所以最大压力以不冲破渣层露出液面为限。压力过小，搅拌能力弱，吹氩时间延长，甚至造成透气砖堵塞，所以压力过大过小都不好。合适的压力应能克服各种压力损失和钢液静压力。通常吹氩一次压力为0.5～0.8MPa，二次压力0.2～0.5 MPa。理想的吹氩压力是使氩气流遍布整个钢包，氩气泡在钢液内呈均匀分布。

开吹压力也不宜过大，以防造成很大的沸腾和飞溅。压力小一些，氩气经过透气砖形成的氩气泡小一些，增加气泡与钢液接触面积，有利于精炼。一般要根据钢包内的钢液量、透气砖孔洞大小或塞头孔径大小和氩气输送的距离等因素，来确定开吹的初始压力。然后再根据钢包液面翻滚程度来调整，以控制渣面有波动起伏、小翻滚或偶露钢液为宜。

（3）流量和吹氩时间的影响。在系统不漏气的情况下，氩气流量是指进入包中的氩气量，它与透气砖的透气度、截面积等有关。因此，氩气流量既表示进入钢包中的氩气消耗量，又反映了透气砖的工作性能。在一定的压力下，如增加透气砖个数和尺寸，氩气流量就大，钢液吹氩处理的时间可缩短，精炼效果反而增加。根据不同的冶金目的，可采用不同的氩气流量：

吹氩清洗——均匀温度与成分，同时促进脱氧产物上浮；80～130L/min。

调整成分、化渣——促进钢包加入物的熔化；300～450L/min。

氩气搅拌——加强渣-钢反应，在钢包中脱硫；450～900L/min。

氩气喷粉——氩气作载气吹入脱硫剂，Ca-Si 粉等；900～1800L/min。

吹氩时间通常为5～12min，主要与钢包容量和钢种有关。吹氩时间不宜太长，否则温降过大，对耐火材料冲刷严重。但一般不得低于3min，若吹氩时间不够，碳-氧反应未能充分进行，非金属夹杂物和气体不能有效排除，吹氩效果不显著。

（4）氩气泡大小的影响。在吹氩装置正常的情况下，当氩气流量、压力一定时，氩气泡越细小、均匀及在钢液中上升的路程和滞留的时间越长，它与钢液接触的面积也就越大，吹氩精炼效果也就越好。透气砖的孔隙要适当细小，孔隙直径在0.1～0.26mm 范围时为最佳，如孔隙再减小，透气性变差、阻力变大。此外，也应及时检修或完善组合系统的密封问题。在操作过程中，为了获得细小、均匀的氩气泡，一定要控制吹氩的压力。

此外，钢液的脱氧程度也对钢包吹氩精炼的效果有影响。不经脱氧，只靠钢包中吹氩来脱氧去气，钢中的残存氧可达0.02%，也就是说，钢液仅靠吹氩是不能达到完全脱氧的目的。因此，钢液钢包吹氩精炼要在经过良好的脱氧处理后进行为宜。

2.3.2 电磁搅拌

利用电磁感应的原理使钢液产生运动称为电磁搅拌。为进行电磁感应搅拌，靠近电磁感应搅拌线圈的部分钢包壳应由奥氏体不锈钢制造。由电磁感应搅拌线圈产生的磁场可在钢水中产生搅拌作用。各种炉外精炼方法中，ASEA-SKF 钢包精炼炉采用了电磁搅拌，美国的 ISLD（真空电磁搅拌脱气法）也采用了电磁搅拌。

采用电磁搅拌（EMS）可促进精炼反应的进行，均匀钢液温度及成分，可以将非金属夹杂分离，提高钢液洁净度。电磁感应搅拌可提高工艺的安全性、可靠性，且调整和操作灵活，成本低。但是仅用合成渣脱硫时电磁搅拌效果不好，因为其渣-钢混合不够。另外，电磁感应搅拌不如氩气搅拌的脱氢效果好。因此在本质上电磁感应搅拌的应用是有限的。

2.3.3 循环搅拌

典型的循环搅拌，如 RH 与 DH 的搅拌方式，也有人称为吸吐搅拌。利用大气压力将钢包中被处理的钢液压入真空室，经处理的钢液再借助于重力作用重新返回钢包，并利用返回钢流的流动来搅动钢包中的其他钢液。增加吹氩流量，增大上升管直径和下降管直径均可增大吸吐搅拌能。

2.3.4 搅拌对混匀的影响

常用单位时间内，向1t 钢液（或1m^3 钢液）提供的搅拌能量作为描述搅拌特征和质量的指标，称为能量耗散速率，或称比搅拌功率，用符号 $\dot{\varepsilon}$ 表示，单位是 W/t 或 W/m^3。一般认为电磁搅拌器的效率是较低的，用于搅拌的能量通常不超过输入搅拌器能量的5%。钢包炉吹氩精炼过程，比搅拌功率太小，达不到精炼的目的；若比搅拌功率太大，则会引起钢、渣卷混，甚至喷溅。例如日本山阳特殊钢公司在超低氧轴承钢的炉外精炼（LF）中，就要求底吹氩的搅拌功率必须大于100W/t。

根本的混匀是指成分或温度在精炼设备内处处相同，但这几乎是做不到的。一般说来，成分均匀时，温度也一定是均匀的，可以通过测量成分的均匀度来确定混匀时间。混匀时间 τ 是另一个较常用的描述搅拌特征的指标。它是这样定义的：在被搅拌的熔体中，从加入示踪剂到它在熔体中均匀分布所需的时间。如设 C 为某一特定的测量点所测得的示踪剂浓度，按测量点与示踪剂加入点相对位置的不同，当示踪剂加入后，C 逐渐增大或减小。设 C_∞ 为完全混合后示踪剂的浓度，则当 $C/C_\infty=1$ 时，就达到了完全混合。实测发现当 C 接近 C_∞ 时，变化相当缓慢，为保证所测混匀时间的精确，规定 $0.95<C/C_\infty<1.05$ 为完全混合，即允许有 ±5% 以内的不均匀性。允许的浓度偏差范围是人为的，所以也有将允许的偏差范围标在混匀时间的符号下，如上述偏差记作 τ_5。

可以设想，熔体被搅拌得愈剧烈，混匀时间就愈短。由于大多数冶金反应速率的限制性环节都是传质，所以混匀时间与冶金反应的速率会有一定的联系。如果能把描述搅拌程度的比搅拌功率与混匀时间定量地联系起来，那么就可以比较明确地分析搅拌与冶金反应之间的关系。不同研究人员得到的研究结果之间有很大差别，这主要是因为钢液的混匀除了受搅拌功率的影响之外，还受熔池直径、透气元件个数等因素的影响。

中西恭二总结了不同搅拌方法的混匀时间（τ，单位：s），见图 2－5，并提出了统计规律，即：

$$\tau=800\dot{\varepsilon}^{-0.4} \tag{2-8}$$

由式（2－8）可知，随着 $\dot{\varepsilon}$ 的增加，混匀时间 τ 缩短，加快了熔池中的传质过程。可以推论，所有以传质为限制性环节的冶金反应，都可以借助增加 $\dot{\varepsilon}$ 的措施而得到改善。式（2－8）中的系数会因 $\dot{\varepsilon}$ 的不同计算方法和实验条件的改变而有所变化。

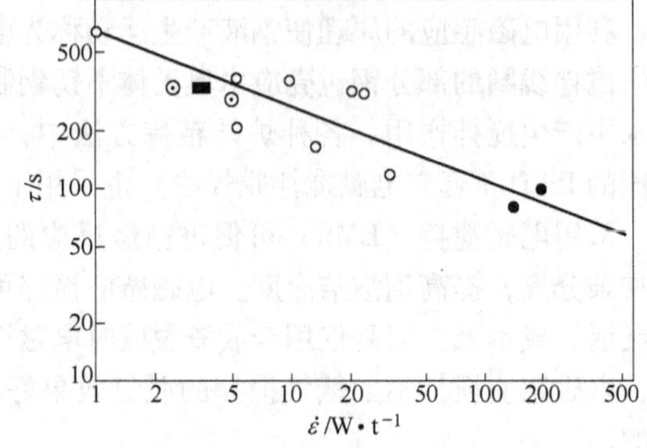

图 2－5 混匀时间 τ 与比搅拌功率 $\dot{\varepsilon}$ 之间的关系
○50t 吹氩搅拌的钢包 ●50tSKF 钢包精炼炉
■200tRH ⊙65kg 吹氩搅拌的水模型

由图 2－5 可看出，一般在 1～2min 内钢液即可混匀，而对于 20min 以上的精炼时间来说，混匀时间所占的精炼时间是很短的一段，混匀时间实质上取决于钢液的循环速度，而熔池直径太大是不易混匀的。

2.4 加热技术

在炉外精炼过程中，若无加热措施，则钢液不可避免地逐渐冷却。影响冷却速率的因素有钢包的容量（即钢液量）、钢液面上熔渣覆盖的情况、添加材料的种类和数量、搅拌的方法和强度、钢包的结构（包壁的导热性能，钢包是否有盖）和使用前的烘烤温度等。

在生产条件下，可以采取一些措施以减少热损失，但是如没有加热装置，要使钢包中的钢液不降温是不可能的。

为了充分完成精炼作业，使精炼项目多样化，增强对精炼不同钢种的适应性及灵活性，使精炼前后工序之间的配合能起到保障和缓冲作用，以及能精确控制浇注温度，要求精炼装置的精炼时间不再受钢液降温的限制。为此在设计一些新的炉外精炼装置时，都考虑采用加热手段。

至今，选用各种不同加热手段的炉外精炼方法有 SKF、LF、LFV、VAD、CAS－OB 等。所用的加热方法主要是电弧加热，以及后来发展起来的化学加热，即所谓化学热法。

2.4.1 电弧加热

图2－6为钢包电弧加热站示意图。在钢包盖上有3个电极孔、添加合金孔、废气排放孔、取样和测温孔，如果有必要，还需装设喷枪孔。它由专用的三相变压器供电。整套供电系统、控制系统、检测和保护系统，以及燃弧的方式与一般的电弧炉相同，所不同的是配用的变压器单位容量（平均每吨被精炼钢液的变压器容量）较小，二次电压分级较多，电极直径较细，电流密度大，对电极的质量要求高。通常，钢包内的钢水用合成脱硫渣覆盖。将电极降到钢包内，给电加热，同时进行氩气搅拌（或电磁搅拌），在再次加热过程中加入调整成分用的脱氧剂和合金。

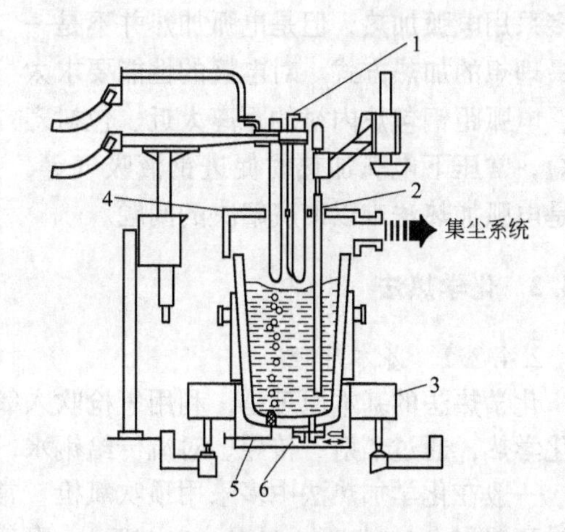

图2－6 带有喷枪和氩气搅拌的钢包电弧加热设备

1—电极；2—喷枪；3—钢包车；4—钢包盖；5—氩气管；6—滑动水口

常压下电弧加热的精炼方法，如 LF、VAD、ASEA－SKF 等，其升温速度为 3～4℃/min，加热时间应尽量缩短，以减少钢液二次吸气的时间。应该在耐火材料允许的情况下，使精炼具有最大的升温速度。图2－7为典型的钢包加热器的时间－温度曲线。加热速度随着时间的增加而逐渐增加。

在每次加热过程中，钢液的升温速度不是恒定的，开始时由于钢包炉炉壁吸热快，钢液升温速度比较小。为提高加热前期的升温速度，应该加强钢包炉的烘烤，提高烘烤温度，保证初炼炉在正常的温度范围内出钢，减少钢液在运输途中的降温等。这些措施对于提高加热前期钢液的升温速度是有效的，也是经济的。

精炼炉的热效率一般为 30%～45%。选取变压器容量时，还应考虑到电效率，所配变压器的额定单位容量一般是 120kV·A/t 左右。

精炼炉冶炼过程温度控制的原则是：

（1）初期——以造渣为主，宜采用低级电压，中档电流加热至电弧稳定。

（2）升温——采用较高电压，较大电流。

（3）保温——采用低级电压，中小电流。

（4）降温——停电，吹氩。

利用钢包加热站可获得许多效益，如钢水可以在较低的温度下出钢，从而节省炉子的耐火材料和钢水在炉内的加热时间，并且可以更精确地控制钢水温度、化学成分和脱氧操作；由于使用流态化合成渣和延长钢水与炉渣的混合时间，可额外从钢水中多脱硫。此外，可把钢包加热站作为一个在炼钢炉操作和连铸机运转之间的一个缓冲器来加以使用。由于钢水的精炼是在钢包内进行而不是在炼钢炉内进行的，因此可以提高生产率。

尽管当前有加热手段的炉外精炼装置，大多采用电弧加热，但是电弧加热并不是一种最理想的加热方式。对电极的性能要求太高、电弧距钢包炉内衬的距离太近、包衬寿命短，常压下电弧加热时促进钢液吸气等，都是电弧加热法难以彻底解决的问题。

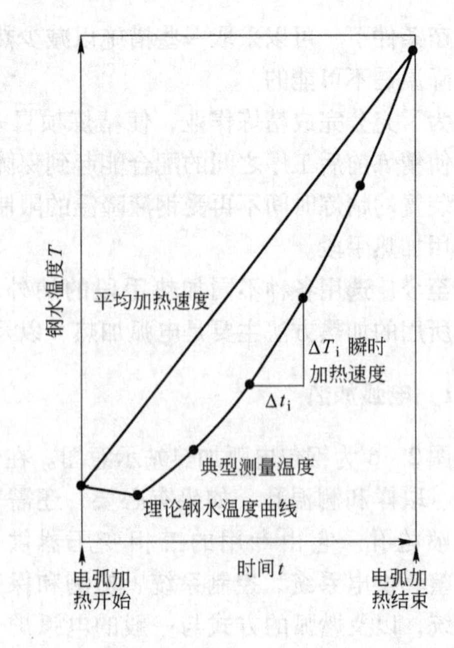

图2-7　在电弧加热过程中的时间-温度关系

2.4.2　化学热法

2.4.2.1　基本原理

化学热法的基本原理是，利用氧枪吹入氧气，与加入钢中的发热剂发生氧化反应，产生化学热，通过辐射、传导、对流传给钢水，借助氩气搅拌将热传向钢水深部。

一般在化学加热法中多采用顶吹氧枪。常见吹氧枪为消耗型，由双层不锈钢管组成。外衬高铝耐火材料（$w(Al_2O_3) \geqslant 90\%$），套管间隙一般为2~3mm。外管通以氩气冷却，氩气量大约占氧量的10%左右。氧枪的烧损速度大约为50mm/次，寿命为20~30次。

发热剂主要有两大类，一类是金属发热剂，如铝、硅、锰等；另一类是合金发热剂，如Si-Fe、Si-Al、Si-Ba-Ca、Si-Ca等。铝、硅是首选的发热剂。发热剂的加入方式，一般采用：一次加入或分批加入；连续加入。连续加入方式优于其他方式。

选择合理的粒度、位置和速度向高温钢水顶部投入铝（或硅），并同时吹氧时，下列反应可以快速而且充分地进行。

$$[Al] + \frac{3}{4}O_2(g) = \frac{1}{2}(Al_2O_3) \qquad \Delta H_{Al} = -833.23\text{kJ/mol} \tag{2-9}$$

$$[Si] + O_2(g) = (SiO_2) \qquad \Delta H_{Si} = -855.70\ \text{kJ/mol} \tag{2-10}$$

按每1t钢水加入1kg铝或硅计算，生成Al_2O_3和SiO_2的发热量分别为30860kJ和30560.7kJ。取钢水比热容为0.879kJ/(kg·℃)，则不同热效率下钢水升温的程度如表2-10所示。

表2-10　加铝或硅的升温效率

热效率/%	每吨钢水升温值/℃	
	加Al（1kg）	加Si（1kg）
100	35.1	34.8
90	31.6	31.3
80	28.1	27.8
50	17.6	17.4

2.4.2.2 铝－氧加热法

钢液的铝－氧加热法（AOH，Aluminum Oxygen Heating）是化学热法的一种，它是利用喷枪吹氧使钢中的溶解铝氧化放出大量的化学热，而使钢液迅速升温。这类加热方法的工艺安排主要由以下三个方面所组成：

（1）向钢液中加入足够数量的铝，并保证全部溶解于钢中，或呈液态浮在钢液面上。加铝方法可通过喂线，特别是喂薄钢皮包裹的铝线。通过控制喂线机，可以定时、定量地加入所需的铝量。CAS－OB 法是通过浸入罩上方的加料口加入块状铝。

（2）向钢液吹入足够数量的氧气。可根据需要定量地控制氧枪插入深度和供氧量，这样可使吹入的氧气全部直接与钢液接触，氧气利用率高，产生的烟尘少，由此可准确地预测铝的氧化量和升温的结果。

（3）钢液的搅拌是均匀熔池温度和成分、促进氧化产物排出的必不可少的措施。吹入的氧气不足以满足对熔池搅拌的要求，所以都采用吹氩搅拌。CAS－OB 在处理的全程，一直进行底吹氩。

一般地，加热 1 炉 260t 钢水时，如果升温速度为 5.6℃/min，那么升温 5.6℃ 需要 68kg 的铝和 48.14m^3 的氧气，热效率为 60%。

2.4.3 燃烧燃料加热

利用矿物燃料，例如较常用的是煤气、天然气、重油等，以燃烧发热作为热源，有其独特的优点：如设备简单，很容易与冶炼车间现有设备配套使用；投资省、技术成熟；运行费用较低。但是，燃料燃烧加热也存在着以下方面的不足：

（1）由于燃烧的火焰是氧化性的，而炉外精炼时总是希望钢液处在还原性气氛下，这样在给钢液加热时，必然会使钢液和覆盖在钢液面上的精炼渣的氧势提高，不利于脱硫、脱氧这样一些精炼反应的进行。

（2）用氧化性火焰预热真空室或钢包炉时，会使其内衬耐火材料处于氧化、还原的反复交替作用下，从而使内衬的寿命降低。

（3）真空室或钢包炉内衬上不可避免会粘上一些残钢，当使用氧化性火焰预热时，这些残钢的表面会被氧化，而在下一炉精炼时，这些被氧化的残钢就成为被精炼钢液二次氧化氧的来源之一。

（4）火焰中的水蒸气分压将会高于正常情况下的水蒸气分压，特别是燃烧含有碳氢化合物的燃料时，这样将增大被精炼钢液增氢的可能性。

（5）燃料燃烧之后的大量烟气（燃烧产物），使得这种加热方法不便于与其他精炼手段（特别是真空）配合使用。

瑞典一家钢厂首先在工业生产上推出了钢包内钢液的氧－燃加热法。这种加热方法，也可应用于真空室或钢包炉的预热烘烤。

2.4.4 电阻加热

利用石墨电阻棒作为发热元件，通以电流，靠石墨棒的电阻热来加热钢液或精炼容器的内衬。DH 法及少部分的 RH 法就是采用这种加热方法。石墨电阻棒通常水平地安置在真空室的上方，由一套专用的供电系统供电。

电阻加热的加热效率较低，这是因为这种加热方法是靠辐射传热。DH 法使用电阻加热后，可减缓或阻止精炼过程中钢液的降温，希望通过这种加热方法能获得有实用价值的提温速率是极为困难的。在炉外精炼方法中，应用电阻加热已有 40 多年的历史，这种加热方法基本上没有得到发展和推广，没有竞争能力。

可以作为加热精炼钢液的其他方法还有直流电弧加热、电渣加热、感应加热、等离子弧加热、电子轰击加热等。这些加热方法在技术上都是成熟的，移植到精炼炉上并与其他精炼手段相配合，也不会出现难以克服的困难。但是，这些加热方法将在不同程度上使设备复杂化，投资增加，这些都限制了其被大规模应用到炼钢生产中的可能性。

2.4.5　精炼加热工艺的选择

表 2 – 11 给出了不同精炼工艺热补偿技术的比较。正确选择精炼加热工艺，应结合工厂的实际情况（钢包大小、初炼炉特点、生产节奏和钢种要求等），重点考虑以下因素：

（1）加热功率，即能量投入密度 $\dot{\varepsilon}$（kW/t）。一般来说，$\dot{\varepsilon}$ 越大升温越快，加热效果越好。但由于钢包耐火材料磨损指数、吹炼强度、排气量和脱碳量的限制，$\dot{\varepsilon}$ 不可能很高。如何进一步提高加热功率是值得进一步研究的课题。

（2）升温幅度越大，精炼越灵活。通常，脱碳加热，升温幅度受脱碳量的限制，不可能很大。对电弧加热，由于炉衬的熔损，一般限制加热时间不大于 15min，升温幅度在 40 ~ 60℃。

（3）从降低成本出发，化学加热法的升温幅度不宜过大。

（4）对钢水质量的影响，应越小越好。

表 2 – 11　炉外精炼不同热补偿工艺的技术比较

精炼设备	加热原理	加热功率 /kW·t^{-1}	升温速度 /℃·min^{-1}	控温精度/℃	升温幅度/℃	热效率 /%	元素的烧损量
LF	电弧加热	130 ~ 180	3 ~ 4	±5	40 ~ 60	25 ~ 50	加热 15min，增碳 0.0001% ~ 0.00015%，增氮低于 0.0004%，增氢低于 0.0001%，回磷 0.0005% ~ 0.005%，Al 烧损 0.005%，Si 烧损 0.02%
CAS – OB	铝氧化升温	120 ~ 150	5 ~ 12	±5	15 ~ 20	50 ~ 76	C 烧损 0.02%，Mn 烧损 0.032%，Fe 烧损 0.019%，钢中 Al_2O_3 夹杂增加
AOD	脱碳升温		7 ~ 17.5	±10			C、Si、Mn、Fe、Cr 大量烧损
VOD	脱碳升温	69 ~ 74	0.7 ~ 1.0	±5	70 ~ 80	23	C 烧损 0.53%，Si 烧损 0.15%，Mn 烧损 0.5%，Fe 和 Cr 各烧损 0.1%
RH – KTB	脱碳二次燃烧	94.6	2.5 ~ 4	±5	15 ~ 26	80	C 烧损 0.03%，当 $w[Al] \geqslant 0.05\%$ 时，C、Si、Mn 基本不烧损；当 $w[Al] \leqslant 0.01\%$，元素烧损严重。钢中 Al_2O_3 略有增加
RH – OB	铝氧化升温		3	±5	40 ~ 100	68 ~ 73	

2.5 真空技术

2.5.1 真空技术概述

2.5.1.1 真空及其度量

在工程应用上，真空是指在给定的空间内，气体分子的密度低于该地区大气压的气体分子密度的状态。要获得真空状态，只有靠真空泵对某一给定容器抽真空才能实现。

对于真空区域的划分，国际上通常采用如下办法：

粗真空 $<(760\sim1)\times133.3$Pa
中真空 $<(1\sim10^{-3})\times133.3$Pa
高真空 $<(10^{-3}\sim10^{-7})\times133.3$Pa
超高真空 $<10^{-7}\times133.3$Pa

处于真空状态下的气体的稀薄程度称为真空度，它通常用气体的压强来表示。压强值的单位很多（见表2－12），国际单位制中压强的基本单位是Pa（帕）。

目前采用的40余种炉外精炼方法中，将近2/3配有抽真空装置。真空系统是真空炉外精炼设备的重要组成部分。目前真空精炼的主要目的是脱氢、脱氮、真空碳脱氧、真空氧脱碳。对于真空处理工序来说，必须尽快达到真空精炼所需真空度，在尽可能短的时间内完成精炼操作。这与真空设备的正确选择及组合关系密切。

表2－12 压强单位的换算表

压强单位	单位换算	Pa	mmHg 或 Torr	atm	bar
帕	1Pa	1	7.50062×10^{-3}	9.86923×10^{-6}	10^{-5}
毫米汞柱，托	1mmHg 或 1Torr	133.3224	1	1.31579×10^{-3}	133.3224×10^{-5}
标准大气压	1atm	101325	760	1	1.01325
巴	1bar	10^5	750.062	986.923	1

精炼炉内的真空度主要是根据钢液脱氢的要求来确定。通常钢液产生白点时的氢含量大于0.0002%，而将氢脱至0.0002%的氢分压是100Pa左右。若处理钢液时氢占放出气体的40%（未脱氧钢的该比例要小得多），折算成真空室压力约为700Pa。但从真空碳脱氧的角度来说，高的真空度更是有利的，因此现在炉外精炼设备的工作真空度可以在几十帕，而其极限真空度应该具有达到20Pa左右的能力。

真空计是测量真空度的仪器。它的种类很多，根据与真空度有关的物理量直接计算出压强值的真空计称为绝对真空计，如U形管和麦氏真空计；通过与真空度有关的物理量间接测量，不能直接计算出压强值的称为相对真空计，如热传导计和电离真空计。就钢液真空处理来说，属于低真空区域，一般使用U形管和压缩式真空计来测量。各种真空计的测量范围如表2－13所示。

表2－13 各种真空计的测量范围

真空计名称	测量范围/Pa	真空计名称	测量范围/Pa
水银压力计	$(760\sim1)\times133.3$	隔膜真空计	$(10\sim10^{-4})\times133.3$
油压力计	$(20\sim10^{-2})\times133.3$	电阻真空计	$(100\sim10^{-4})\times133.3$
麦氏计	$(0\sim10^{-5})\times133.3$	热偶真空计	$(1\sim10^{-3})\times133.3$
单簧管真空计	$(760\sim10)\times133.3$		

2.5.1.2　真空泵

控制真空度关键是选择合适的真空泵，目前真空精炼系统所采用的真空泵一般是蒸汽喷射泵。

A　真空泵的主要性能

（1）极限真空：真空泵在给定条件下，经充分抽气后所能达到的稳定的最低压强。

（2）抽气速度：在一定温度和压强下，单位时间内真空泵从吸气口截面抽除的气体容积（L/s）。

（3）抽气量：在一定温度下，单位时间内泵从吸气口（截面）抽除的气体量。因为气体的流量与压强和体积有关，所以用压强×容积/时间来表示抽气量单位，即 $Pa \cdot m^3/s$。

（4）最大反压强：在一定的负荷下运转时，其出口反压强升高到某一定值时，泵会失去正常的抽气能力，该反压强称为最大反压强。

（5）启动压强：泵能够开始启动工作时的压强。

对于真空精炼来说，选用泵的抽气能力时应考虑两方面的要求：其一，要求真空泵在规定时间内（通常3～5min）将系统的压力降低到规定的要求（一般为30～70Pa，常用工作真空度为67Pa），所规定的真空度根据精炼工艺确定；其二，要求真空泵有相对稳定且足够大的抽气能力，以保持规定的真空度。为了适应钢水处理时的放气特点，一般设计几个特定的真空度，并根据所设定的真空度确定不同的抽气能力。

B　蒸汽喷射泵的结构特点

蒸汽喷射泵由一个至几个蒸汽喷射器组成，其结构如图2－8所示。其原理是用高速蒸汽形成的负压将真空室中的气体抽走（如图2－9所示）。其中 p_P、G_P、W_P 分别表示工作蒸汽进入喷嘴前的压力、蒸汽流量、速度；p_H、G_H、W_H 分别表示吸入气体（一级喷射器吸入气体来自盛放钢水的真空室）进入真空室前的压力、流量、速度。蒸汽喷射泵由喷嘴、扩压器和混合室三个主要部分组成。

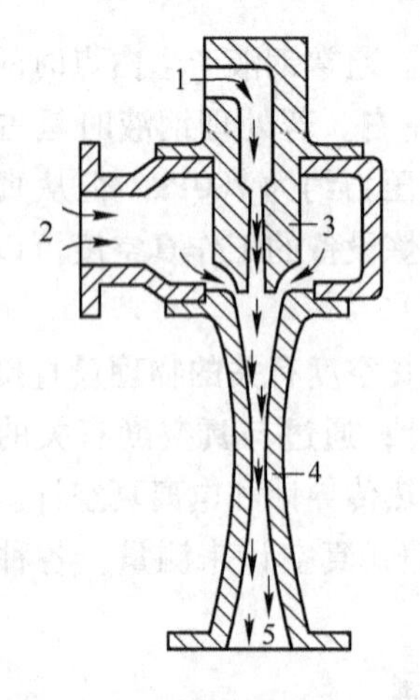

图2－8　蒸汽喷射泵的结构

1—蒸汽入口；2—吸气口；3—蒸汽喷嘴；4—扩散器；5—排气口

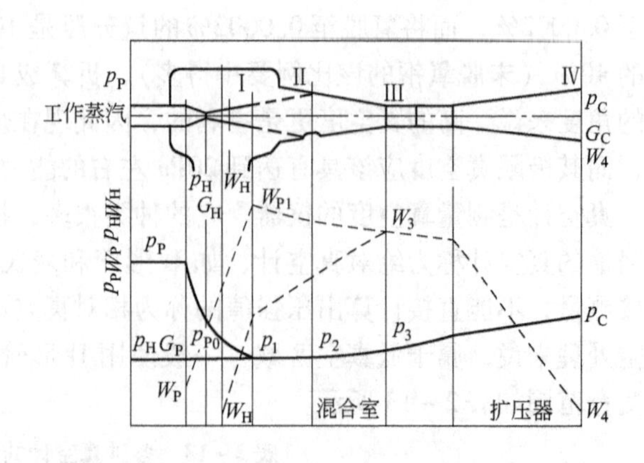

图2－9　蒸汽喷射泵的原理示意图

喷射泵的工作过程基本上可以分为三个阶段：第一阶段，工作蒸汽在喷嘴中膨胀；第二阶段，工作蒸汽在混合室中与被抽气体混合；第三阶段，混合气体在扩压器中被压缩。

概括地说，具有一定压力的工作蒸汽，经过拉瓦尔喷嘴在其喉口（F_0）达到声速，在喷嘴的渐扩口进行膨胀，压力继续降低，速度增高，以超声速喷出断面（F_1），并进入混合室的渐缩部分。根据物体冲击时动量守恒定律，工作蒸汽与被抽气体进行动量交换，其速度与流量的关系可用式（2－11）表示：

$$G_P W_P + G_H W_H = (G_P + G_H) W_3 \tag{2-11}$$

在动量交换过程中，两种气体进行混合，混合气流在混合室的喉部（F_3）达到临界速度（W_3），继而由于扩压器的渐扩部分的截面积逐渐增大，速度降低，压力升高，即被压缩到设计的出口压力 p_C。

C 蒸汽喷射泵的优点

蒸汽喷射泵的工作压强范围为 1.33Pa～0.1MPa，不能在全部真空范围内发挥作用。它抽吸蒸汽及其他可凝性气体时有突出的优点。蒸汽喷射泵具有下列优点：①在处理钢液的真空度下具有大的抽气能力；②适于抽出含尘气体；③构造简单，无运动部件，容易维护；④设备费用低廉；⑤操作简单。

D 蒸汽喷射泵的压缩比和级数

蒸汽喷射泵的排出压力和吸入压力的比值（即 p_C/p_H）称为压缩比，定义为β。一级蒸汽喷射泵的压缩比只能达到一定的限度，多级蒸汽喷射泵最后一级的排出压力应稍高于大气压。

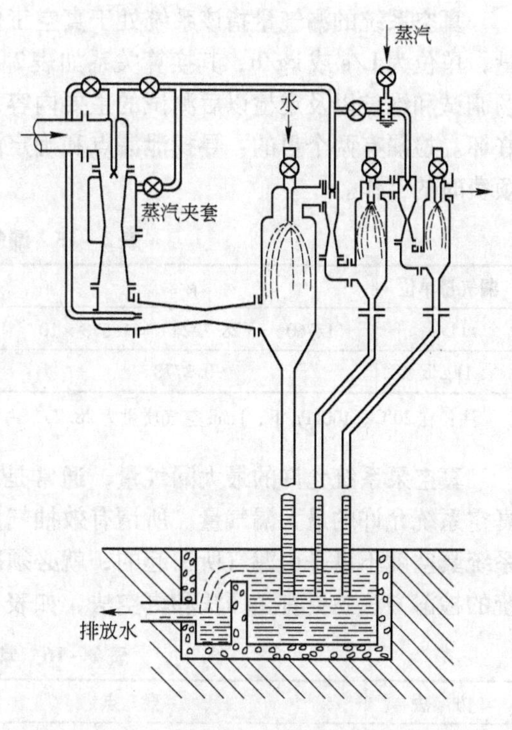

图 2－10 带中间冷凝器的四级水蒸气喷射泵

压缩比和吸入气体量成反比，考虑到经济效果，一般认为一级蒸汽喷射泵的压缩比取 3～12 之间比较适宜。当然，具体数值随不同进口压力而不同，当需要更大的压缩比时，要串联两个以上的蒸汽喷射泵，图 2－10 为带中间冷凝器的四级水蒸气喷射泵。表 2－14 表示在不同工作压强与极限压强下所必需的蒸汽喷射泵的级数。

表 2－14 在不同的工作压强或极限压强下所必需的蒸汽喷射泵级数

蒸汽喷射泵级数	工作压强/Pa	极限压强/Pa	蒸汽喷射泵级数	工作压强/Pa	极限压强/Pa
6	0.67～13	0.26	3	400～4000	200
5	6.7～133	2.6	2	2670～26700	1330
4	67～670	26	1	13300～100000	1330

从前级喷射泵喷出的气体，不仅有被抽气体，而且含有工作蒸汽，因此下级喷射泵的工作负荷比前级增加，蒸汽耗量也增加。当某一级喷射泵排出的压强比水蒸气的饱和蒸汽压高时，就会凝结成一部分水，这些凝结水与冷却水接触，使部分水蒸气被冷却水带走，

从而降低了下一级喷射泵的负荷，这就降低了蒸汽的消耗量。为了这种目的采用的水蒸气水冷系统称为冷凝器。直接接触式气压冷凝器是蒸汽喷射泵广泛采用的冷却器。冷却水量的大小及温度对泵的操作具有很大影响。水量、水温低会大大降低蒸汽消耗量。

真空泵应使用过热10～20℃的蒸汽，较低温度的湿蒸汽易引起喷射器的腐蚀、堵塞。

E 喷射泵的维护

抽气能力很大的增压喷射泵，特别是靠近真空室的1号、2号增压喷射泵，由于急剧绝热膨胀，泵体的扩散部分有冻结现象，使增压泵的性能变坏，要采取保温措施。

由于从钢水中产生的气体含有SO_2等，容易腐蚀排气系统的管网，喷射泵和冷凝器的内壁必须采取防腐措施。

真空系统的漏气量指该系统处于真空工作状态时，从大气一侧向真空系统漏入的空气量，单位为L/s或kg/h，其换算关系如表2－15所示。真空泵系统的检漏是蒸汽喷射泵现场调试和维护以及定检以后测试的主要内容，泄漏量的大小显示了真空泵系统设备状况的好坏。检漏有两个目的：寻找泄漏点和确定漏气量。在实际生产中，寻找漏气点是一个麻烦费时的工作。

表2－15 漏气量单位换算表

漏气量单位	g/s	kg/h	L/s
1L/s	$(1/760)\times(28.7/24)=1.573\times10^{-3}$	$1.573\times10^{-3}\times(3600/1000)=5.665\times10^{-3}$	1
1kg/h	0.2778	1	176.5

注：在20℃、100kPa下，1mol空气质量为28.7g，占有22.4L体积。

真空泵系统允许的最大漏气量，通常是取真空系统真空泵的有效抽气量的10%作为真空系统允许的最大漏气量。所谓有效抽气量是指真空泵的实际抽气能力。一旦确定真空系统真空度不良是由漏气所引起的，就必须准确地检出漏气部位并及时加以排除。真空系统的检漏方法主要有正压法和真空法，如表2－16所示。

表2－16 常用的检漏方法

方法		要点	仪器	特点
正压法	放置法	加压后放置于大气（或水槽）中视其压降	压力表	灵敏度取决于压力表
		在法兰、焊缝及动密封处，注意观察泡沫发生	肉眼	灵敏度较高，光线要好，细心
	充氨法	外部用HCl、CO_2作指示剂、泄漏点产生烟雾，用酚酞石蕊试纸观察颜色变化	肉眼	灵敏度较高，但要反应时间
	充氟法	外部用电子检漏仪，用丙烷火炬（呈蓝色），当与不燃氟气相遇时，火焰由蓝变绿	电子仪、肉眼	灵敏度高，较麻烦
真空法		灵敏度高，只需知道真空度差值，查找漏点难，需真空泵真空阀	真空计	灵敏度高，只需知道真空度差值，查找漏点难，需真空泵

2.5.2 钢液的真空脱气

钢液的真空脱气可分为三类：

（1）钢流脱气。下落中的钢流被暴露给真空，然后被收集到钢锭模、钢包或炉内。

（2）钢包脱气。钢包内钢水被暴露给真空，并用气体或电磁搅拌。

（3）循环脱气。在钢包内的钢水由大气压力压入抽空的真空室内，暴露给真空，然后流出脱气室进入钢包。

真空脱气系统的选择由许多因素决定，除真空脱气的主要目的外，还包括投资、操作费用、温度损失、处理钢水、场地限制和周转时间等。

2.5.2.1　钢液脱气的热力学

氧、氢、氮是钢中主要的气体杂质，真空的一个重要目的就是去除这些气体。但是，氧是一较活泼的元素，它与氢不一样，通常不是以气体的形态被去除，而是依靠特殊的脱氧反应形成氧化物而被去除。所以在真空脱气中，主要讨论脱氢和脱氮。

氢和氮在各种状态的铁中都有一定的溶解度，溶解过程吸热（氮在 γ－Fe 中的溶解例外），故溶解度随温度的升高而增加。气态的氢和氮在纯铁液或钢液中溶解时，气体分子先被吸附在气－钢界面上，并分解成两个原子，然后这些原子被钢液吸收。因而其溶解过程可写成下列化学反应式：

$$\frac{1}{2}H_2(g) = [H] \qquad \frac{1}{2}N_2(g) = [N]$$

氢和氮在铁中的溶解度不仅随温度变化，而且与铁的晶型及状态有关。1984 年日本学术振兴学会推荐的数据为：

$$\begin{aligned}
&\alpha-\text{Fe}:\ \lg K_H = -\frac{1418}{T} - 2.369 \qquad \lg K_N = -\frac{1520}{T} - 1.04\\
&\gamma-\text{Fe}:\ \lg K_H = -\frac{1182}{T} - 2.369 \qquad \lg K_N = \frac{450}{T} - 1.995\\
&\delta-\text{Fe}:\ \lg K_H = -\frac{1418}{T} - 2.369 \qquad \lg K_N = -\frac{1520}{T} - 1.04\\
&\text{Fe(l)}:\ \lg K_H = -\frac{1905}{T} - 1.591 \qquad \lg K_N = -\frac{518}{T} - 1.063
\end{aligned} \tag{2-12}$$

氢和氮在铁液中有较大的溶解度。1873K 时，$w[H] = 0.0026\%$，$w[N] = 0.044\%$。氮的溶解度比氢的高一个数量级。但在铁的熔点及晶型转变温度处，溶解度有突变。

在小于 10^5Pa 的压力范围内，氢和氮在铁液（或钢液）中的溶解度都符合平方根定律，用通式（$X_2(g)$表示 H_2、N_2 气体）表示为：

$$\frac{1}{2}X_2(g) = [X]$$

$$a_{[X]} = f_X w[X]_{\%} = K_X \sqrt{p_{X_2}/p^{\ominus}} \tag{2-13}$$

式中　$a_{[X]}$——气体（氢或氮）在铁液中的活度；

f_X——气体的活度系数；

$w[X]_{\%}$——气体在铁液中的质量百分数；

K_X——气体（氢或氮）在铁液中溶解的平衡常数，其数值可按式（2－12）计算；

p_{X_2}——气相中氢、氮的分压，Pa；

$p^{\ominus}$——标准态压力，100kPa。

温度和压力的增加，气体的溶解度增大，其他溶解元素 j 的影响可一级近似地利用相互作用系数表示：

$$\lg f_X = \sum e_X^j w[j]_{\%} \tag{2-14}$$

式中　e_X^j——相互作用系数；

$w[j]_{\%}$——溶解元素 j 在铁液中的质量百分数。

在 1600℃，j 组元对气体在铁中溶解的相互作用系数列于表 2－17。

表 2－17　j 组元对氢（或氮）在铁中溶解的相互作用系数

j	C	S	P	Mn	Si	Al	Cr	Ni	Co	V	Ti	O
e_H^j	0.06	0.008	0.011	－0.0014	0.027	0.013	－0.0022	0	0.0018	－0.0074	－0.019	－0.19
e_N^j	0.13	0.007	0.045	－0.02	0.047	－0.028	－0.047	0.011	0.011	－0.093	－0.53	0.05

决定钢中含氢量的是空气中的水蒸气的分压和炼钢原材料的干燥程度。空气中水蒸气的分压随气温和季节而变化，在干燥的冬季可低至 304Pa，而在潮湿的梅雨季节可高达 6080Pa，相差 20 倍。至于实际炉气中水蒸气分压有多高，除取决于大气的湿度外，还受到燃料燃烧的产物、加入炉内的各种原材料、炉衬材料（特别是新炉体）中所含水分多少的影响，其中主要是原材料的干燥程度的影响。炉气中的 H_2O 可进行如下反应：

$$H_2O(g) = 2[H] + [O]$$

$$K_{H_2O} = \frac{a_H^2 a_O}{p_{H_2O}/p^\ominus} \approx \frac{(w[H]_{\%})^2 \cdot w[O]_{\%}}{p_{H_2O}/p^\ominus}$$

$$\lg K_{H_2O} = -\frac{10850}{T} - 0.013 \tag{2-15}$$

设氢及氧的活度系数 $f_H \approx 1$，$f_O \approx 1$，则：

$$w[H]_{\%} = K'_{H_2O}\sqrt{\frac{p_{H_2O}/p^\ominus}{w[O]_{\%}}} \tag{2-16}$$

由此可见，钢液中氢的含量主要取决于炉气中水蒸气的分压，并且已脱氧钢液比未脱氧钢液更容易吸收氢。

脱气、脱氧后的钢液和水分接触后，几乎全部的水分都有可能被钢水所吸收，所以对于保温剂和钢包耐火材料及中间包耐火材料中水分的控制，要特别注意。

真空脱气时，因降低了气相分压，而使溶解在钢液中的气体排出。从热力学的角度，气相中氢或氮的分压为 100～200Pa 时，就能将气体含量降到较低水平。

2.5.2.2　钢液脱气的动力学

A　脱气反应的步骤

溶解于钢液中的气体向气相的迁移过程，由以下步骤所组成：

（1）通过对流或扩散（或两者的综合），溶解在钢液中的气体原子迁移到钢液－气相界面；

（2）气体原子由溶解状态转变为表面吸附状态；

（3）表面吸附的气体原子彼此相互作用，生成气体分子；

（4）气体分子从钢液表面脱附；

（5）气体分子扩散进入气相，并被真空泵抽出。

一般认为，在炼钢的高温下，上述（2）、（3）、（4）等步骤速率是相当快的。气体分子在气相中，特别是气相压力远小于0.1MPa的真空中，它的扩散速率也是相当迅速的，因此步骤（5）也不会成为真空脱气速率的限制性环节。所以真空脱气的速率必然取决于步骤（1）的速率，即溶解在钢中的气体原子向钢－气相界面的迁移。在当前的各种真空脱气的方法中，被脱气的钢液都存在着不同形式的搅拌，其搅拌的强度足以假定钢液本体中气体的含量是均匀的，也就是由于搅动的存在，在钢液的本体中，气体原子的传递是极其迅速的。控制速率的环节只是气体原子穿过钢液扩散边界层时的扩散速率。

B 真空脱气的速率

真空脱气的速率可写为：

$$-\frac{dw[X]}{dt}=\beta_X\frac{A}{V}(w[X]-w[X]_s) \tag{2-17}$$

式中 $w[X]$——钢液内部某气体X的质量分数；

$w[X]_s$——钢液表面与气相平衡的X的质量分数，可由气体溶解的平方根定律得出；

β_X——比例系数，又被称为传质系数，m/s；

A——接触界面积，m^2；

V——脱气钢液的体积，m^3。

在真空条件下（工作压力一般被控制在67～133Pa），经简化处理，可得：

$$\lg\frac{w[X]_t}{w[X]_0}=-\frac{1}{2.3}\beta_X\frac{A}{V}t \tag{2-18}$$

式中 $w[X]_t$——真空脱气t时间后钢液中的气体质量分数，%；

$w[X]_0$——脱气前钢液中气体的初始质量分数，即原始含量，%；

t——脱气时间，s。

式（2－18）表明经过t时间脱气后，钢液中残留的气体分数，实际上也代表了脱气的速率公式。由此可见，决定脱气效果的是传质系数和比表面积。为了提高$\beta_X(A/V)$的值，工业上采取了真空提升脱气法（DH法）、真空循环脱气法（RH法）、真空罐内钢包脱气法（VD法）等。

可在真空脱气过程中，每隔一定时间取样分析$w[X]_t$，然后以$\lg\frac{w[X]_t}{w[X]_0}$对t作图，而得一直线关系，求出直线的斜率，除以$0.434A/V$，就可以算出传质系数β_X值。亦可用表面更新理论得出：

$$\beta_X=2\sqrt{\frac{D}{\pi t_e}} \tag{2-19}$$

式中 D——扩散系数，m^2/s；

t_e——熔体内某一体积元在气液界面停留的时间，s。

熔体中气体的扩散系数D取决于熔体的黏度。随着温度的增加，黏度降低，气体的扩散系数增大。在1600℃时，$D_N=5.5\times10^{-9}\ m^2/s$，$D_H=3.51\times10^{-6}\ m^2/s$，$D_O=2.6\times10^{-9}\ m^2/s$。由于氮的扩散系数低，所以真空处理时，脱氮速度缓慢。而且氮的原子半径较大，同时气－钢表面又大部分被钢中表面活性元素硫、氧所吸附，因此氮的扩散速率小，氮在钢中的溶解度高。所以，钢液脱氮实际效果很差。

C　熔池沸腾时脱气的速率

在熔池沸腾时，脱气速率与钢中气体含量的平方及脱碳速率成正比。氢和氮的排出速率与脱碳速率的关系式为：

$$v_{H_2} = \frac{(w[H]_{\%})^2}{6K_H^2 p'_{CO}} v_C \tag{2-20}$$

$$v_{N_2} = \frac{7}{3} \times \frac{(w[N]_{\%})^2}{K_N^2 p'_{CO}} v_C \tag{2-21}$$

脱碳量与脱气量的关系为：

$$\Delta w[C]_{\%} = w[C]_{0\%} - w[C]_{\%} = \frac{12K_X^2 p'_{CO}}{M_{X_2}} \left(\frac{1}{w[X]_{\%}} - \frac{1}{w[X]_{0\%}} \right) \tag{2-22}$$

式中　K_X——气体 X_2 在钢液中溶解的平衡常数；

p'_{CO}——CO 气泡中 CO 的量纲一的分压，$p'_{CO} = p_{CO}/p^{\ominus}$；

M_{X_2}——气体 X_2 的摩尔质量，g/mol。

由式（2－22）可见，增大脱碳量有利于脱气的进行，因为它提供了反应界面并减少了 p'_{X_2}；降低 p'_{CO}（如在真空中或吹氩）时，又可进一步促进钢中气体的去除。

D　吹氩搅拌时脱气的速率

氩气泡通过钢液时，溶解于钢中的气体（[H]、[N]）会以气体分子的形式进入氩气泡中。假定气泡的总压等于外压 p'，通过推导可得出降低一定的气体量需要吹入钢液的氩气量（V_{Ar}，m^3/t）的表达式：

$$V_{Ar} = \frac{224}{M_{X_2}} \left[p' K_X^2 \left(\frac{1}{w[X]_{\%}} - \frac{1}{w[X]_{0\%}} \right) - (w[X]_{\%} - w[X]_{0\%}) \right] \tag{2-23}$$

由于式（2－23）中的（$w[X]_{\%} - w[X]_{0\%}$）项远小于它的前一项，可将此项忽略，则可得到如下的近似式：

$$V_{Ar} = \frac{224}{M_{X_2}} p' K_X^2 \left(\frac{1}{w[X]_{\%}} - \frac{1}{w[X]_{0\%}} \right) \tag{2-24}$$

式（2－22）和式（2－24）都说明，当钢液中有气体排出时，可促进钢液的脱气。但是，在推导它们之间的关系时，作了两项较为重要的假定：一是钢中溶解的气体与气泡达到了平衡；二是气泡内的总压等于外压。在实际生产中的钢液脱气，以上两项假设都不会被满足，特别是气泡在钢液内上浮这段时间内，平衡不可能达到，也就是实际的气体分压必然小于平衡的分压。这样，为了脱除同量的气体，就必须吹入较按式（2－24）计算值更多的氩气。对于碳氧反应则要有更大的脱碳量。这样就需要引入去气效率 f 以进行修正。由式（2－24）计算出的吹氩量除以 f 的商就是实际需要的吹氩量。去气效率 f 通常由实验确定。当脱氧钢进行吹氩时，f 波动在 0.44～0.75 范围内，对未脱氧的钢在大气下吹氩时，f 波动在 0.8～0.9 范围内。

2.5.2.3　降低钢中气体的措施

（1）使用干燥的原材料和耐火材料。

（2）降低与钢液接触的气相中气体的分压 p_{X_2}。

1）降低气相的总压，即采用真空脱气，使钢液处于低压的环境中；也可采用各种减小钢液和炉渣所造成的静压力的措施。

2）用稀释的办法来减小p_{X_2}，如吹氩、碳氧反应产生CO气体所形成的气泡中，p_{X_2}就极低。

（3）在脱气过程中增加钢液的比表面积（A/V）。使钢液分散是增大比表面积的有效措施。在真空脱气时使钢液流滴化，如倒包法、真空浇注、出钢真空脱气等，或使钢液以一定的速度喷入真空室，如RH法、DH法等。采用搅动钢液的办法，使钢液与真空接触的界面不断更新，也起到了扩大比表面积的作用，使用吹氩搅拌或电磁搅拌的各种真空脱气的方法都是属于这种类型。

（4）提高传质系数。各种搅拌钢液的方法都能不同程度地提高钢中气体的传质系数。

（5）适当地延长脱气时间。真空脱氢时，钢中氢含量的变化规律如图2－11所示，在开始的10min内脱氢速率相当显著，然后逐渐减慢。对于那些钢液与真空接触时间不长的脱气方法，如RH法或DH法，适当地延长脱气时间可以提高脱气效果。

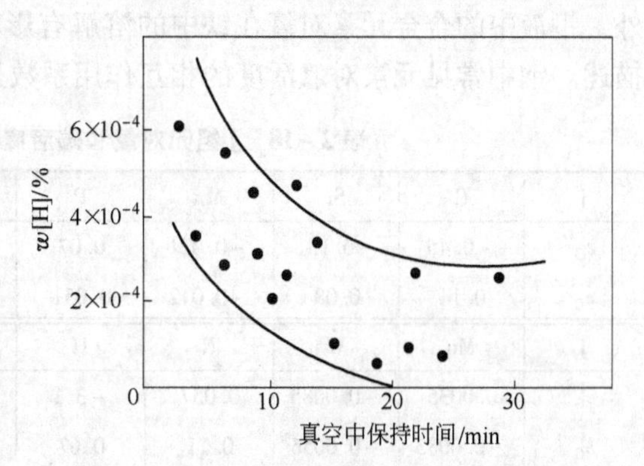

图2－11 真空脱氢时钢中氢含量的变化

2.5.3 钢液的真空脱氧

在常规的炼钢方法中，脱氧主要是依靠硅、铝等与氧亲和力较铁大的元素来完成。这些元素与溶解在钢液中的氧作用，生成不溶于钢液的脱氧产物，它们的浮出使钢中含氧量降低。这些脱氧反应全是放热反应，所以在钢液的冷却和凝固过程中，脱氧反应的平衡向继续生成脱氧产物的方向移动，此时形成的脱氧产物滞留在枝晶间不容易排出。所以，指望用通常的脱氧方法而获得完全脱氧的钢，在理论上也是不可能的。此外，常规的脱氧反应都是属于凝聚相的反应，所以降低系统的压力，并不能直接影响脱氧反应平衡的移动。

如果脱氧产物是气体或低压下可以挥发的物质，那么就有可能利用真空条件来促使脱氧更趋完全，而且在成品钢中并不留下以非金属夹杂形式存在的脱氧产物。在炉外精炼的真空条件下，有实用价值的脱氧剂主要是碳，故本节主要讨论碳的真空脱氧。

2.5.3.1 氧在钢液中的溶解

氧在钢液中有一定的溶解度，其溶解度的大小首先取决于温度。据启普曼对Fe－O系平衡的实验研究，在1520～1700℃范围内，纯氧化铁渣下，铁液中氧的饱和溶解度与温度的关系式为：

$$\lg w[\mathrm{O}]_{饱和\%} = -\frac{6320}{T} + 2.734 \qquad (2-25)$$

由式（2－25）计算可知，在温度为1600℃时，$w[\mathrm{O}] = 0.23\%$；而氧在固体铁中的溶解度很小，一般在γ－Fe中氧的溶解度低于0.003%。所以，如果不进行脱氧，则钢液在凝固过程中，氧会以CO气体或氧化物形式大量析出，这将严重地影响生产的顺行和钢材质量。当铁液温度由1520℃升高到1700℃时，氧的溶解度增加了一倍，达0.32%。由此可以认为，提高出钢温度对获得纯洁的钢是不利的。但是在实际的炼钢过程中，钢液中存在一些其他元素，液面覆盖有炉渣，四周又接触耐火材料，所以氧的溶解是极为复杂的。若以实测氧含量与式（2－25）计算结果相比较，可以认为氧在钢中的溶解远未达到平衡。

一般来说，实际的氧含量与炉子类型、温度、钢液成分、造渣制度等参数有关。此外，钢液中的合金元素对氧在铁中的溶解有影响，这种影响可用相互作用系数 e_O^j 来定量描述。钢中常见元素对氧活度的相互作用系数列于表 2－18。

表 2－18　j 组元对氧和碳活度的相互作用系数（1600℃）

j	C	Si	Mn	P	S	Al	Cr	Ni	V
e_O^j	-0.45	-0.131	-0.021	0.07	-0.133	-1.170	-0.04	0.006	-0.3
e_C^j	0.14	0.08	-0.012	0.051	0.046	0.043	-0.024	0.012	-0.077
j	Mo	W	N	H	O	Ti	Ca	B	Mg
e_O^j	0.0035	-0.0085	0.057	-3.1	-0.20	-0.6	-271	-2.6	-283
e_C^j	-0.0083	-0.0056	0.11	0.67	-0.34		-0.097	0.24	

2.5.3.2　碳脱氧的热力学

在真空下，碳脱氧是最重要的脱氧反应，可表示如下：

$$[C] + [O] \xlongequal{} \{CO\}$$

$$K_C = \frac{p_{CO}/p^\ominus}{a_C \cdot a_O} = \frac{p_{CO}/p^\ominus}{f_C \cdot w[C]_\% \cdot f_O \cdot w[O]_\%} \tag{2-26}$$

上式可改写成：

$$\lg\left(\frac{p_{CO}/p^\ominus}{w[C]_\% \cdot w[O]_\%}\right) = \lg K_C + \lg f_C + \lg f_O$$

对于 Fe－C－O 系，有：

$$\lg f_C = e_C^C w[C]_\% + e_C^O w[O]_\%$$

$$\lg f_O = e_O^O w[O]_\% + e_O^C w[C]_\%$$

平衡常数和温度的关系：

$$\lg K_C = \frac{1168}{T} + 2.07 \tag{2-27}$$

温度为 1600℃时，碳氧之间的平衡关系为：

$$\lg\left(\frac{p_{CO}/p^\ominus}{w[O]_\% \cdot w[C]_\%}\right) = 2.694 - 0.31w[C]_\% - 0.54w[O]_\% \tag{2-28}$$

由式（2－28）可以算出不同 p_{CO} 下碳的脱氧能力。

对于还含有其他元素的 Fe－C－O 系统，碳在真空下的脱氧能力仍可使用式（2－26），只不过在计算 f_C 和 f_O 时应考虑到其他元素的影响，即通过相互作用系数 e_C^j 和 e_O^j 来计算 f_C 和 f_O。在真空室内，钢液中的过剩的碳可与氧作用发生碳－氧反应，而使钢液的氧变成 CO 排出，这时碳在真空下成为脱氧剂，它的脱氧能力随真空度的提高而增强。在炉外精炼常用的工作压力（ <133Pa）下，碳的脱氧能力就超过了硅或铝的脱氧能力。

但是，实测的结果以及许多研究者的试验都表明：在真空下，碳的脱氧能力远没有像热力学计算的那样强。该氧含量只与钢中含碳量和精炼前钢液脱氧程度有关。真空精炼后，氧含量的降低幅度大约为50%～86%。真空精炼未脱氧钢，能最大限度地降低钢中氧含量。若将实测的真空精炼后的氧含量标于碳－氧平衡图上（如图2－12所示），发现真空精炼后（加入终脱氧剂之前），钢中的氧含量聚集在约10kPa的一氧化碳分压力的平衡曲线附近。因此实测值将大大高于与真空精炼的工作压力相平衡的平衡值。

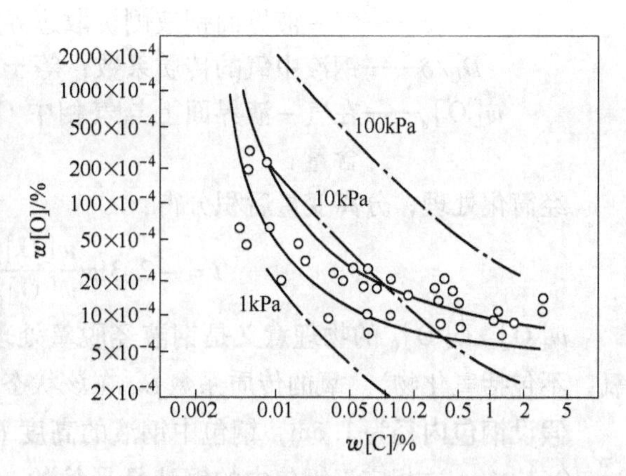

图2－12 钢液中碳的实际脱氧能力与压力的关系

在熔池内部，生成CO气泡要克服气相总压力、钢液及熔渣静压力和钢液表面张力形成的附加压力（毛细管压力）作用。在实际操作中由于向钢液吹入惰性气体或在器壁的粗糙的耐火材料表面上形成气泡核减小了表面张力的附加压力，有利于真空脱氧反应的进行。

向钢液吹入惰性气体后形成很多小气泡，这些小气泡内的CO含量很少，钢液中的碳和氧能在气泡表面结合成CO而进入气泡内。直到气泡中的CO分压达到与钢液中的$w[C]$、$w[O]$相平衡的数值为止。这就是吹氩脱气和脱氧的理论根据。

在真空处理钢液时，启动真空泵降低系统压力使反应平衡移动。钢液形成沸腾，大量气泡产生（最高峰），然后由于下部器壁停止生成气泡，沸腾又逐渐减弱，这就是在真空下碳脱氧过程中钢液沸腾的产生和停止原理。

2.5.3.3 碳脱氧的动力学

A 碳氧反应的步骤

在实际的炼钢条件下，与钢液接触的不光滑的耐火材料或吹入钢液的气体提供现成的液－气相界面。可以认为在炼钢过程中，总是存在着现成的液－气界面。因此，可以认为碳氧反应的步骤是：

（1）溶解在钢液中的碳和氧通过扩散边界层迁移到钢液和气相的相界面；

（2）在钢液－气相界面上进行化学反应生成CO气体；

（3）反应产物（CO）脱离相界面进入气相；

（4）CO气泡长大和上浮，并通过钢液排出。

步骤（2）、（3）、（4）进行得都很快，控制碳氧反应速率的是步骤（1）。碳在钢液中的扩散系数比氧大（$D_C=2.0\times10^{-8}\mathrm{m^2/s}$，$D_O=2.6\times10^{-9}\mathrm{m^2/s}$），一般碳含量又比氧含量高，因此氧的传质是真空下碳氧反应速度的限制环节。

B 碳脱氧的速率

可通过分析推导，得出碳脱氧的速率表达式：

$$-\frac{\mathrm{d}w[\mathrm{O}]}{\mathrm{d}t}=\frac{D_\mathrm{O}}{\delta}\frac{A}{V}(w[\mathrm{O}]-w[\mathrm{O}]_\mathrm{s}) \tag{2-29}$$

式中 $-\frac{\mathrm{d}w[\mathrm{O}]}{\mathrm{d}t}$——钢中氧浓度的变化速率；

D_O——氧在钢液中的扩散系数；

δ——气－液界面钢液侧扩散边界层厚度；

D_0/δ——钢液中氧的传质系数，等于β_0；

$w[O]_s$——在气－液界面上与气相中CO分压和钢中碳浓度处于化学平衡的氧含量。

经简化处理，分离变量后积分得：

$$t = -2.3\lg\frac{w[O]_t}{w[O]_0}\Big/\left(\beta_0\frac{A}{V}\right) \quad (2-30)$$

$w[O]_t/w[O]_0$的物理意义是钢液经脱氧处理t秒后的未脱氧率——残氧率（指溶解氧，不包括氧化物）。氧的传质系数β_0在该状态下取3×10^{-4}m/s。

假设钢包内径为1.6m，钢包中钢液的高度$H=1.5$m，所以A/V为0.67m^{-1}，$D_0/\delta=3\times10^{-4}$m/s，这相应于钢包中的钢液是平静的。将以上假设的数据代入式（2－30），计算结果列于表2－19。可见，在钢液平静的条件下，碳脱氧速率不大，所以无搅拌措施的钢包真空处理中，碳的脱氧作用是不明显的。

表2－19　脱氧时间的计算值

脱氧率/%	残氧率/%	脱氧时间/s	脱氧率/%	残氧率/%	脱氧时间/s
30	70	1550（约26min）	90	10	11500（约200min）
60	40	4550（约76min）			

当使钢液分散地通过真空时，如倒包法、真空浇注、RH等，碳的真空脱氧作用就截然不同。由于钢液在进入真空室后爆裂成无数小液滴，有人估计液滴的直径为0.001～10mm。为了计算方便，假定液滴直径为0.3、0.5、0.8cm，它们的A/V值分别是20、12、8cm^{-1}。液滴暴露在真空中的时间大约为0.5～1s。由于液滴是在钢液的剧烈运动下形成的，从而液滴内部的钢液也在运动着，因此D/δ值将大于上述计算所采用的数值。对于已脱氧的钢取0.05，未脱氧的钢取0.20。计算的结果列于表2－20。

表2－20　暴露在真空中的液滴脱氧率的计算结果

脱氧状况	液滴直径/cm	液滴在真空中暴露1s		液滴在真空中暴露0.5s	
		残氧率/%	脱氧率/%	残氧率/%	脱氧率/%
已终脱氧钢 $\frac{D}{\delta}=0.05$	0.3	37	63	61	39
	0.5	55	45	74	26
	0.8	69	31	83	17
未脱氧钢 $\frac{D}{\delta}=0.20$	0.3	2	98	14	86
	0.5	9	91	30	70
	0.8	22	78	47	53

由这些计算结果可以看出，在液滴暴露于真空的短时间内，脱氧率是相当可观的，液滴越小脱氧效果越好。钢液的脱氧程度也明显地影响着脱氧效果。这些结论与实际操作的结果是一致的。

2.5.3.4　有效进行碳的真空脱氧应采取的措施

在大多数生产条件下，真空下的碳氧反应不会达到平衡，碳的脱氧能力比热力学计算值要低得多，而且脱氧过程为氧的扩散所控制，为了有效地进行真空碳脱氧，在操作中可采取以下措施：

(1) 真空碳脱氧前尽可能使钢中氧处于容易与碳结合的状态，例如溶解的氧或Cr_2O_3、MnO等氧化物。为此要避免真空处理前用铝、硅等强脱氧剂对钢液脱氧，因为这样将形成难以还原的Al_2O_3或SiO_2夹杂，同时还抑制了真空处理时碳氧反应的进行，使真空下碳脱氧的动力学条件变坏。为了充分发挥真空的作用，应使钢液面处于无渣、少渣的状况。当有渣时，还应设法降低炉渣中FeO、MnO等易还原氧化物，以避免炉渣向钢液供氧。

(2) 为了加速碳脱氧过程，可适当加大吹氩量。

(3) 于真空碳脱氧的后期，向钢液中加入适量的铝和硅以控制晶粒、合金化和终脱氧。

(4) 为了减少由耐火材料进入钢液中的氧量，浇注系统应选用稳定性较高的耐火材料。

2.5.4 降低CO分压时的吹氧脱碳

把未脱氧钢和中等脱氧的钢暴露在真空下将促进［C］、［O］反应。在适当的真空条件下，钢水脱碳可达到低于0.005%的水平。

真空处理前后的$w[C]$、$w[O]$关系如图2-13所示。可见，当降低钢液上气相压力p_{CO}时，$w[C]$与$w[O]$的积也相应减小。利用真空条件下的碳氧反应，可使碳氧同时减少。当钢中含氧量降低某一数值$\Delta w[O]_{\%}$时，则含碳量也相应降低一定数值，由反应式：$[C]+[O]=\{CO\}$，可知它们之间存在以下关系：

$$\Delta w[C]_{\%}=12\Delta w[O]_{\%}/16=0.75\Delta w[O]_{\%} \quad (2-31)$$

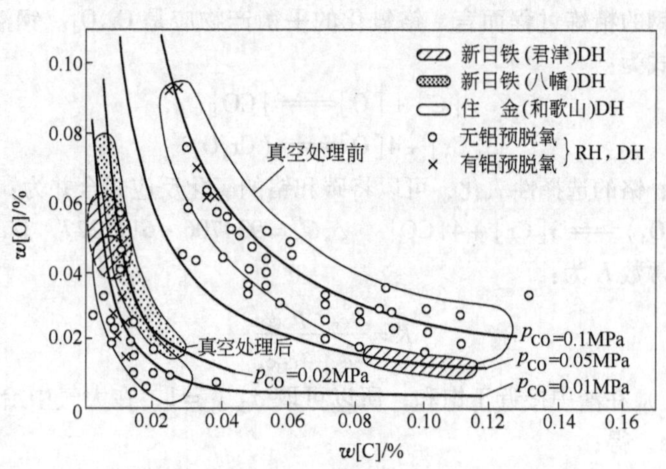

图2-13 真空处理前后的$w[C]$、$w[O]$关系

当碳的浓度不高，温度为1600℃，$p_{CO}=100kPa$时，$w[C]_{\%}\cdot w[O]_{\%}=2.5\times10^{-3}$，则当原始含碳量为$w[C]_{0\%}$时，其原始含氧量为：

$$w[O]_{0\%}=\frac{2.5\times10^{-3}}{w[C]_{0\%}} \quad (2-32)$$

假定在真空脱碳后，钢液中残余含氧量较之原始含氧量可以忽略不计，则可以认为$\Delta w[O]_{\%}$与原始含氧量$w[O]_{0\%}$相等，那么最大可能的脱碳量为：

$$\Delta w[C]_{\%}=0.75w[O]_{0\%}=\frac{0.75\times 2.5\times 10^{-3}}{w[C]_{0\%}}=\frac{1.875\times 10^{-3}}{w[C]_{0\%}} \quad (2-33)$$

由式（2－33）可知，只有当钢液原始含碳量较低时，才有希望大幅度地降低钢液中含碳量（与原始含碳量比较）。

在炉外精炼中，采用低压下吹氧大都是为了低碳和超低碳钢种的脱碳。而这类钢又以铬或铬镍不锈钢居多，所以在以下的讨论中，专门分析高铬钢液的脱碳问题。

2.5.4.1 高铬钢液的吹氧脱碳

A “脱碳保铬”的途径

不锈钢中的碳降低了钢的耐腐蚀性能，对于大部分不锈钢，其含碳量都是较低的。近年来超低碳类型的不锈钢日益增多，这样在冶炼中就必然会遇到高铬钢液的降碳问题。为了降低原材料的费用，希望充分利用不锈钢的返回料和含碳量较高的铬铁。在冶炼中希望尽可能降低钢中的碳，而铬的氧化损失却要求保持在最低的水平。这样就迫切需要研究Fe－Cr－C－O系的平衡关系，以找到最佳的“脱碳保铬”的条件。

在Fe－Cr－C－O系中，两个主要反应是：

$$[C]+[O]\longrightarrow \{CO\}$$

$$m[Cr]+n[O]\longrightarrow Cr_mO_n$$

对于铬的氧化反应，最主要的是确定产物的组成，即m和n的数值。希尔蒂（D. C. Hilty）发表了对Fe－Cr－O系的平衡研究，确定了铬氧化产物的组成有三类。当$w[Cr]=0\sim 3.0\%$时，铬的氧化物为$FeCr_2O_4$；当$w[Cr]=3\%\sim 9\%$时，为$Fe_{0.67}Cr_{2.33}O_4$；当$w[Cr]>9\%$时，为Cr_3O_4或Cr_2O_3。

对于铬不锈钢的精炼过程而言，铬氧化的平衡产物应是Cr_3O_4。钢液中同时存在碳、铬时的氧化反应式为：

$$[C]+[O]=\!=\!=\{CO\}$$

$$3[Cr]+4[O]=\!=\!=(Cr_3O_4)$$

为分析熔池中碳、铬的选择性氧化，可以将碳和铬的氧化反应式合并为：

$$4[C]+(Cr_3O_4)=\!=\!=3[Cr]+4\{CO\} \qquad \Delta_r G_m^{\ominus}=934706-617.22T \quad \text{J/mol} \quad (2-34)$$

反应的平衡常数K为：

$$K=\frac{a_{Cr}^3\cdot p'^4_{CO}}{a_C^4\cdot a_{Cr_3O_4}}$$

由于（Cr_3O_4）在渣中接近于饱和，所以可取$a_{Cr_3O_4}=1$，在大气中冶炼时，又可近似认为$p_{CO}=100\text{kPa}$，得：

$$a_C=p'_{CO}\sqrt[4]{\frac{a_{Cr}^3}{K}} \quad (2-35)$$

式（2－35）表明，只要熔池温度升高，K值增大，就可使平衡碳的活度降低。同理降低p'_{CO}（注：$p'_{CO}=p_{CO}/p^{\ominus}$）也可获得较低的碳活度。图2－14表示了$w[Cr]=18\%$时温度和$w[C]$以及$p_{CO}$的关系。根据D. C. Hilty的数据，按不同的$w[Cr]$和产物作了不同温度下的$w[C]-w[Cr]$平衡图（图2－15），并发现，在$w[Cr]=3\%\sim 30\%$时，$w[Cr]$和

$w[C]$ 的温度关系式如下：

$$\lg \frac{w[Cr]}{w[C]} = -\frac{15200}{T} + 9.46 \tag{2-36}$$

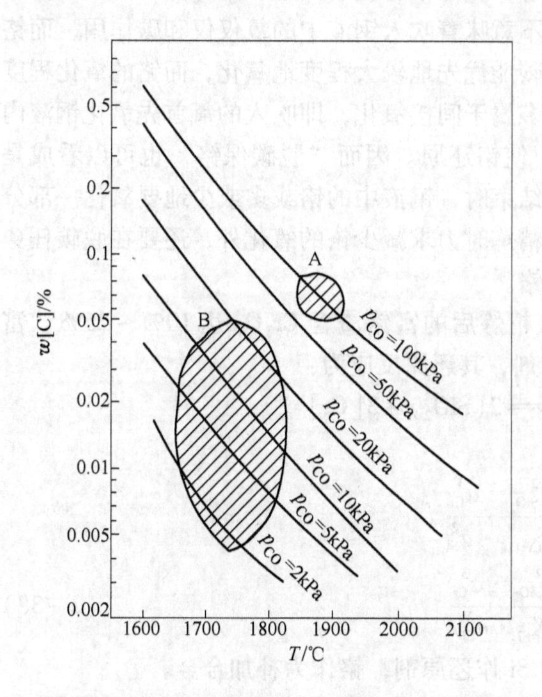

图 2-14 18% Cr 钢 $w[C]$-温度-p_{CO}的关系

A—用吹氧法的操作条件；

B—用减压 p_{CO}法的操作条件

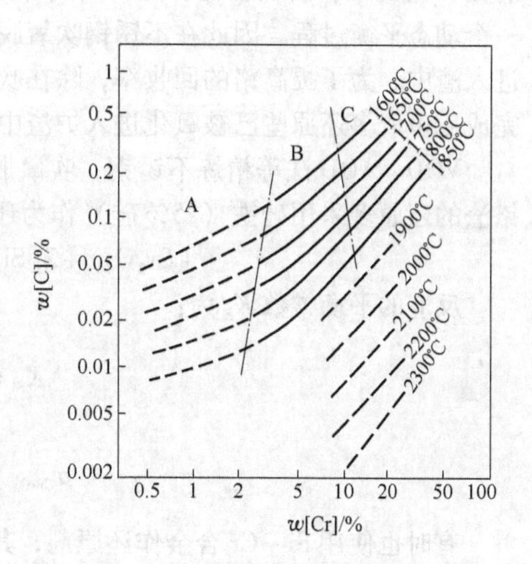

图 2-15 含铬钢液在氧化平衡时的 $w[C]$、$w[Cr]$ 关系

A—$FeCr_2O_4$ 区；B—尖晶石（$CrO \cdot Cr_2O_3$）区；

C—Cr_3O_4 区

后来又将此实验关系式修正为：

$$\lg \frac{w[Cr] \cdot p'_{CO}}{w[C]} = -\frac{13800}{T} + 8.76 \tag{2-37}$$

由此可见，“脱碳保铬”的途径有两个：

（1）提高温度。在一定的 p_{CO}下，与一定含铬量保持平衡的碳含量，随温度的升高而降低。这就是电弧炉用返回吹氧法冶炼不锈钢的理论依据，但是提高温度将受到炉衬耐火度的限制。对 18% 铬钢在常压下冶炼，如果碳含量要达到 0.03%，那么平衡温度要在 1900℃以上。由图 2-15 可见，与铬平衡的碳越低，需要的温度越高。但是，在炉内过高的温度也是不允许的，耐火材料难以承受。因此，采用电炉工艺冶炼超低碳不锈钢是十分困难的，而且精炼期要加入大量的微碳铬铁或金属铬，生产成本高。

（2）降低 p_{CO}。在温度一定时，平衡的碳含量随 p_{CO}的降低而降低。这是不锈钢炉外精炼的理论依据。降低 p_{CO}的方法有：

1）真空法，即降低系统的总压力，如 VOD 法、RH-OB 等法。利用真空使 p_{CO}大大降低进行脱碳保铬。

2）稀释法，即用其他气体来稀释，这种方法有 AOD 法、CLU 法等。吹入氩气或水蒸气等稀释气体来降低 p_{CO}进行脱碳保铬。从而实现在假真空下精炼不锈钢。

3）两者组合法，如AOD－VCR法、VODC法。

B 富铬渣的还原

不锈钢的吹氧脱碳保铬是一个相对的概念，炉外精炼应用真空和稀释法对高铬钢液中的碳进行选择性氧化。所谓选择性氧化，决不意味着吹入钢液中的氧仅仅和碳作用，而铬不氧化；确切地说是氧化程度的选择，即指碳能优先地较大程度地氧化，而铬的氧化程度较小。不锈钢的特征是高铬低碳。碳的氧化多属于间接氧化，即吹入的氧首先氧化钢液内的铬，生成Cr_3O_4，然后碳再被Cr_3O_4氧化，使铬还原。因而“脱碳保铬”也可以看成是一个动态平衡过程。因此在不锈钢吹氧脱碳结束时，钢液中的铬或多或少地要氧化一部分进入渣中。为了提高铬的回收率，除在吹氧精炼时力求减少铬的氧化外，还要在脱碳任务完成后争取多还原些已被氧化进入炉渣中的铬。

VOD、AOD法等精炼不锈钢，吹氧脱碳精炼后的富铬渣含Cr_3O_4达10%～25%。富铬渣的还原多采用硅铁（25%硅）作为还原剂，其还原反应为：

$$(Cr_3O_4)+2[Si]=2(SiO_2)+3[Cr]$$

反应的平衡常数K_{Si}为：

$$K_{Si}=\frac{a_{SiO_2}^2\cdot a_{Cr}^3}{a_{Cr_3O_4}\cdot a_{Si}^2}$$

$$a_{Cr_3O_4}=\frac{a_{SiO_2}^2\cdot a_{Cr}^3}{K_{Si}\cdot a_{Si}^2} \tag{2-38}$$

有时也使用Si－Cr合金作还原剂，其中Si作还原剂，铬作为补加合金。

由上述分析可知，影响富铬渣还原的因素有：

（1）炉渣碱度R。增大碱度，a_{SiO_2}降低，$a_{Cr_3O_4}$降低。

（2）钢液中的硅含量。当钢液中的硅含量增加，$a_{Cr_3O_4}$降低。

（3）温度的影响。K_{Si}是温度的函数，温度升高，硅还原Cr_3O_4能力增强。

2.5.4.2 粗真空下吹氧脱碳反应的部位

在生产条件下，真空吹氧时，高铬钢液中的碳有可能在不同部位参与反应，并得到不同的脱碳效果。碳氧反应可以在下述三种不同部位进行。

（1）熔池内部。在高铬钢液的熔池内部进行脱碳时，为了产生CO气泡，CO的分压p_{CO}必须如下关系式：

$$p_{CO}>p_a+p_m+p_s+\frac{2\sigma}{r} \tag{2-39}$$

式中 p_{CO}——气泡内CO的分压，Pa；

p_a——钢液面上气相的压力，认为等于真空系统的工作压力，Pa；

p_m——钢液的静压力，Pa；

p_s——熔渣的静压力，Pa；

σ——钢液的表面张力，N/m；

r——CO气泡的半径，m。

p_a可以通过抽真空降到很低，如果反应在吹入的氧气和钢液接触的界面上进行，那么$2\sigma/r$可以忽略，但是只要有炉渣和钢液，p_s+p_m就会有一确定的值，往往该值较p_a大，这显然就是限制熔池内部真空脱碳的主要因素。它使钢液内部的脱碳反应不易达到平衡，真空的作用不能全部发挥出来。若采用底吹氩增加气泡核心和加强钢液的搅拌，真空促进脱碳的作用会得到改善。

（2）钢液熔池表面。在熔池表面进行真空脱碳时，情况就不一样。这时，不仅没有钢或渣产生的静压力，表面张力所产生的附加压力也趋于零，脱碳反应主要取决于 p_a。所以真空度越高、钢液表面越大，脱碳效果就越好。钢液表面的脱碳反应易于达到平衡，真空的作用可以充分地发挥出来。

（3）悬空液滴。当钢液滴处于悬空状态时，情况就更不一样，这时液滴表面的脱碳反应不仅不受渣、钢静压力的限制，而且由于气-液界面的曲率半径 r 由钢液包围气泡的正值（在此曲率半径下，表面张力产生的附加压力与 p_a、p_m 等同方向）变为气相包围液滴的负值（$-r$），结果钢液表面张力所产生的附加压力也变为负值。这样，一氧化碳的分压只要满足：$p_{CO} > p_a - \left|\frac{2\sigma}{r}\right|$，反应就能进行。由此可见，在悬空液滴的情况下，表面张力产生的附加压力将促进脱碳反应的进行，反应容易达到平衡。

在液滴内部，由于温度降低，氧的过饱和度增加，有可能进行碳氧反应，产生 CO 气体。该反应有使钢液滴膨胀的趋势，而外界气相的压力和表面张力的作用使液滴收缩，当 p_{CO} 超过液滴外壁强度后，就会发生液滴的爆裂，而形成更多更小的液滴，这又反回来促进碳氧反应更容易达到平衡。

在生产条件下，熔池内部、钢液表面、悬空液滴三个部位的脱碳都是存在的，真空吹氧后的钢液含碳量取决于三个部位所脱碳量的比例。脱碳终了时钢中含铬量及钢液温度相同的情况下，悬空液滴和钢液表面所脱碳量越多，则钢液最终含碳量也就越低。为此，在生产中应创造条件尽可能增加悬空液滴和钢液表面脱碳量的比例，以便把钢中碳的含量降到尽可能低的水平。

真空脱碳时，为了得到尽可能低的含碳量，可采取以下措施：

（1）尽可能增大钢水与氧气的接触面积，加强对钢液的搅拌。

（2）尽可能使钢水处于细小的液滴状态。

（3）使钢水处于无渣或少渣的状态。

（4）尽可能提高真空处理设备的真空度。

（5）在耐火材料允许的情况下适当提高钢液的温度。

2.5.4.3 有稀释气体时的吹氧脱碳

用稀释的办法降低 CO 分压力的典型例子是 AOD 法的脱碳。当氩和氧的混合气体吹进高铬钢液时，将发生下列反应：

$$[C] + \frac{1}{2}\{O_2\} = \{CO\}$$

$$m[Cr] + \frac{n}{2}\{O_2\} = Cr_mO_n$$

$$x[Fe] + \frac{y}{2}\{O_2\} = Fe_xO_y$$

$$n[C] + Cr_mO_n = m[Cr] + n\{CO\}$$

$$y[C] + Fe_xO_y = x[Fe] + y\{CO\}$$

$$Cr_mO_n = m[Cr] + n[O]$$

$$Fe_xO_y = x[Fe] + y[O]$$

$$[C] + [O] = \{CO\}$$

根据对AOD炉实验结果的分析，可以认为氧气没有损失于所讨论的系统之外，吹入熔池的氧在极短时间内就被熔池吸收。当供氧量少时，碳向反应界面传递的速率足以保证氧气以间接反应或直接反应被消耗。可是随着碳含量的降低或供氧速率的加大，就来不及供给碳了，吹入的氧气将以氧化物（Cr_mO_n 和 Fe_xO_y）的形式被熔池所吸收。

在实验中发现，AOD炉的熔池深度对铬的氧化是有影响的，当熔池浅时，铬的氧化多，反之铬的氧化少。这现象表明，AOD法的脱碳反应不仅在吹进氧的风口部位进行，而且气泡在钢液熔池内上浮的过程中，反应继续进行。另外，当熔池非常浅时，例如2t的试验炉熔池深17cm，吹进氧的利用率几乎是100%。从而可以认为，氧气被熔池吸收，在非常早的阶段就完成了。

一般认为，AOD中的脱碳是按如下方式进行的：

（1）吹入熔池的氩氧混合气体中的氧，其大部分是先和铁、铬发生氧化反应而被吸收，生成的氧化物随气泡上浮。

（2）生成的氧化物在上浮过程中分解，使气泡周围溶解氧增加。

（3）钢中的碳向气－液界面扩散，在界面进行 $[C] + [O] \rightarrow \{CO\}$ 反应，反应产生的CO进入氩气泡中。

（4）气泡内CO的分压逐渐增大，由于气泡从熔池表面脱离，该气泡的脱碳过程结束。

2.6　喷粉和喂线

2.6.1　喷粉

2.6.1.1　喷射冶金的概念

喷吹即喷粉精炼，是根据流化态和气力传输原理，用氩气或其他气体作载体，将不同类型的粉剂喷入钢水或铁水中进行精炼的一种冶金方法，一般称之为喷射冶金（injection metallurgy）或喷粉冶金。

喷射冶金通过载气将反应物料的固体粉粒吹入熔池深处，既可以加快物料的熔化和溶解，而且也大大增加了反应界面，同时还强烈搅拌熔池，从而加速了传输过程和反应速率。喷射冶金常被用于以下几个方面：

（1）铁水的预处理。

（2）在电弧炉炼钢过程中，可强化氧化期的加速脱磷，以缩短冶炼时间，降低电耗。

（3）将易氧化元素（如Ti、B、V、Ca、RE等）的粉剂用氩气作载体喷入钢液后，可提高合金元素的利用率，减少烧损，稳定钢液的成分。

（4）对夹杂物的形态进行控制。向钢液中喷入Ca－Si系列粉或稀土金属RE粉时，一方面可取得良好的脱氧、脱硫效果；另一方面，还可以起到控制夹杂物形态的作用。

（5）喷粉增碳。

喷射冶金方法的缺点是，粉状物料的制备、贮存和运输比较复杂，喷吹工艺参数（如载气的压力与流量、粉气比等）的选择对喷吹效果影响密切，喷吹过程熔池温度损失较大，以及需要专门的设备和较大的气源。

喷粉的类型主要根据精炼的目的而确定。表2-21介绍了常用的几种脱磷、脱硫、脱氧和合金化粉剂。

表2-21 反应和合金化采用的喷粉材料

脱 磷	$CaO+CaF_2+Fe_2O_3$+氧化铁皮；苏打
脱 硫	钝化镁粉，Mg+CaO，$Mg+CaC_2$；CaC_2+CaCO_3+CaO；$CaO+(CaCO_3)$；CaO+Al；$CaO+CaF_2+(Al)$；苏打；CaC_2；混合稀土合金
脱 氧	Al，SiMn；采用CaSi、CaSiBa、Ca脱氧及控制夹杂物的形态
合金化	FeSi；石墨，碎焦；NiO，MnO_2；FeB，FeTi；FeZr，FeW，SiZr，FeSe，Te

至于喷粉的形式，可以通过浅喷射或深喷射喷枪喷入钢水中。图2-16为典型的深浸喷枪的喷射系统。这个设备由分配器、流态化器、挠性导管和深喷枪以及储存箱组成。

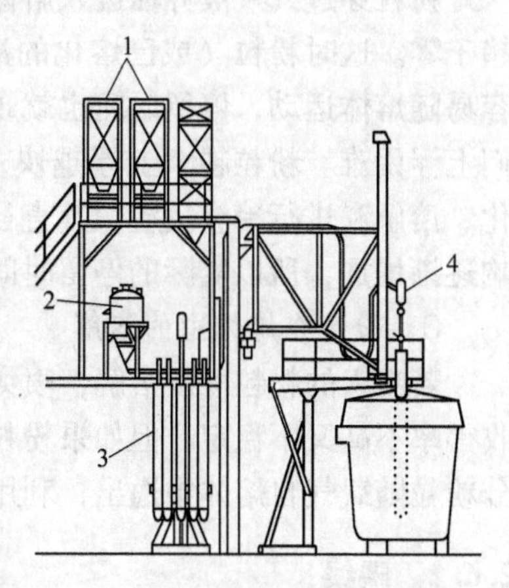

图2-16 深浸喷枪喷射系统
1—料斗；2—分配器；3—备用喷枪；4—喷枪喷射机械

一般根据粉气比（kg/kg）大小将气力输送分为稀相输送和浓相输送，浓相输送是指粉气比达80~150kg/kg的状况，而喷射冶金喷粉时粉气比一般为20~40kg/kg，故属于稀相输送。粉料只占混合物体积的1%~3%，出口速度在20m/s左右。浓相输送对喷射冶金有利，因为可以少用载气，减少由于载气膨胀引起的喷溅，不至于钢包中因喷粉而冲开顶渣，引起钢水裸露被空气氧化和吸氮。但浓相输送时单位长度管路的阻力损失比稀相大得多，所以浓相输送应用于喷射冶金还应加以研究。

2.6.1.2 喷粉中粉粒在熔池中的行为

A 喷吹粉料过程的组成环节

（1）以一定的速度向钢液喷吹粉料。

（2）溶解于钢液中的杂质元素向这些粉粒的表面扩散。

（3）杂质元素在粉粒内扩散。

（4）在粉粒内部的相界面上的化学反应。

此外，喷吹粉料的体系内常出现两个反应区，一个是发生在钢液内，上浮的粉粒与钢液作用的所谓瞬时反应，能加速喷粉过程的速率；另一个是发生在顶渣与钢液界面的所谓持久反应，它决定整个反应过程的平衡。但它与一般的渣-钢液界面反应不同，其渣量因钢液内上浮的已反应过的粉粒的进入而不断增多。但渣也有返回钢液内的可能性，所以顶渣量不是常数，如图2-17所示。

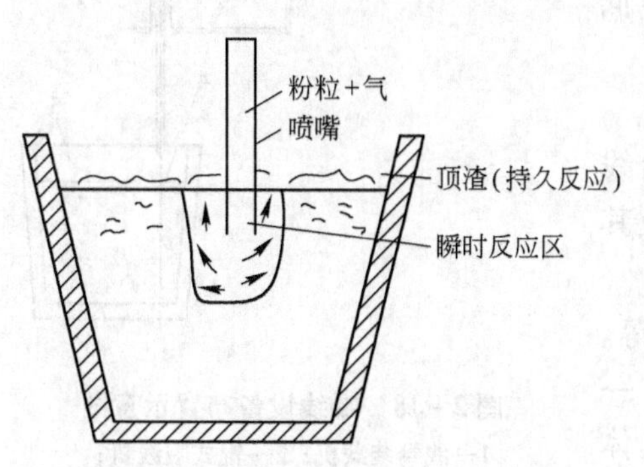

图2-17 钢液中喷粉时的两个反应区

因此，在喷粉条件下，反应过程的速率是瞬间反应和持久反应速率之和。但是瞬间反应的效率仅20%～50%。主要是因为进入气泡内的粉粒并未完全进入钢液中，并且还受“卷渣”的干扰，加之粉粒在强烈运动的钢液中滞留的时间极短，仅1～2s，就被环流钢液迅速带出液面。虽然如此，瞬间反应仍是加速反应的一种主要手段。

B　粉粒在熔体内的停留时间

粉粒进入熔体后的停留时间，将直接影响冶金粉剂的反应程度或溶解并被熔体吸收的程度。从精炼工艺要求出发，对于喷吹造渣剂，要求粉粒在熔体内的停留时间应该能够保证它们完全熔化，并充分进行冶金反应。对于喷吹合金化材料，则要求停留时间能使喷入的合金材料完全熔化并被吸收。

粉粒穿过气－液界面进入熔体内一段距离后，因为熔体阻力作用，粉粒速度变慢最后趋于零。这时粉粒（或已熔化的液滴）将受浮力作用上浮，或随熔体运动。粉粒越细越容易随熔体运动，停留时间也就越长。同时，粉粒的密度越大越容易随熔体运动，因为它们上浮困难。粉粒越大上浮越快，停留时间越短。实际上因为粉粒在上浮过程中同时熔化、溶解和进行冶金反应，其直径不断变小，上浮速度也随之变小，因而受熔体运动的影响逐渐增加，所以实际的停留时间比计算值长。

C　粉粒在熔体中的溶解

若喷入的粉粒可以溶解，喷太大的粉粒既不易随钢液流动，又来不及在上浮中溶解，收得率不高又不稳定。但如果粉粒过细，难以穿越气－液界面进入熔体内部，有相当一部分粉粒随载气自熔体中逸出，利用率也低。因此，每一种粉料都有相应的合适粒度范围。

2.6.2　喂线

喂线法（Wire Feeding，即WF法），即合金芯线处理技术。它是在喷粉基础上开发出来的，是将各类金属元素及附加料制成的粉剂，按一定配比，用薄带钢包覆，做成各种大小断面的线，卷成很长的包芯线卷，供给喂线机作原料，由喂线机根据工艺需要按一定的速度，将包芯线插入钢包底部附近的钢水中。包芯线的包皮迅速被熔化，线内粉料裸露出来与钢水直接接触进行化学反应，并通过氩气搅拌的动力学作用，能有效地达到脱氧、脱硫、去除夹杂及改变夹杂形态以及准确地微调合金成分等目的，从而提高钢的质量和性能。喂线工艺设备轻便，操作简单，冶金效果突出，生产成本低廉，能解决一些喷粉工艺难以解决的问题。

2.6.2.1　喂线设备

喂线设备的布置如图2－18所示。它由1台线卷装载机、1台辊式喂线机、1根或多根导管及其操作控制系统等组成。

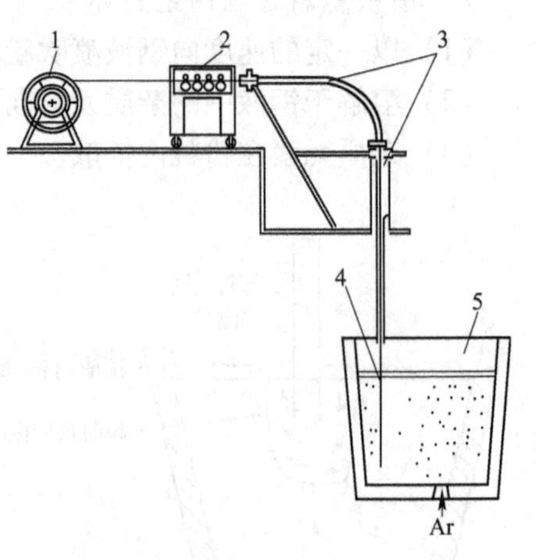

图2－18　喂线设备布置示意图
1—线卷装载机；2—辊式喂线机；3—导管系统；4—包芯线；5—钢包

喂线机的形式有单线机、双线机、三线机等。其布置形式有水平的、垂直的、倾斜的三种。一般是根据工艺需要、钢包大小及操作平台的具体情况，可选用一台或几台喂线机，分别或同时喂入一种或几种不同品种的线。

线卷装载机主要是承载外来的线卷，并将卷筒上的线开卷供给辊式喂线机，一般是由卷筒、装载机托架、机械拉紧装置及电磁制动器等组成。当开卷时，电子机械制动器分配给线适当的张力，进行灵敏的调节。在每次喂线处理操作后由辊式喂线机的力矩，把线反抽回来，线卷装载机的液压动力电机反向机械装置能自动地调节，保持线上的拉紧张力，便于与辊式喂线机联动使用。

辊式喂线机是喂线设备的主体，是一种箱式整体组装件。其内一般有6～8个拉矫输送辊，上辊3～4个，底辊3～4个。采用直流电机无级调速。设有电子控制设备，可控制无级转速、向前和向后运行，并能预设线的长度可编程序控制和线的终点指示。线卷筒上的制动由控制盘操作。标准喂线机备有接口，可以连接到计算机。

导管是一根具有恰当的曲率半径钢管，一端接在辊式喂线机的输出口，另一端支在钢包上口距钢水面一定距离的架上（导管端部离钢液面约400～500mm），将从辊式喂线机输送出来的线正确地导入钢包内，伸至靠近钢包底部的钢水中，使包芯线或实芯线熔化而达到冶金目的。

2.6.2.2　包芯线

钢包处理所使用的线有金属实心线和包芯线两种。铝一般为实心线，其他合金元素及添加粉剂则为包芯线，都是以成卷的形式供给使用。目前工业上应用的包芯线的种类和规格很多，见表2－22。通常包入的元素有：钙、硅钙、碳、硫、钛、铌、硼、铅、碲、铈、锰、钼、钒、硅、铋、铬、铝、锆等。

表2－22　国家发改委2007年制定的芯线工艺技术标准

芯线名称	直径/mm	芯粉质量（≥）/g·m⁻¹	芯线名称	直径/mm	芯粉质量（≥）/g·m⁻¹
Fe－Si	13	235（FeSi75）	Ca－Si（Ca31Si60，Ca28Si60）	10	125
Fe－Ti	13	370（FeTi70）		12	200
Fe－Mn		550		13	220
Fe－B		520（FeB18）		16	320
Ba－Si		280	钙铁30	13	250（30%Ca）
钙铝铁	13	158（30%Ca，15.5%Al）	钙铁40	13	220（40%Ca）
硅钙钡铝合金		220		16	330（40%Ca）

选用包芯线主要参数时，需要考虑的是其横断面、包皮厚度、包入的粉料量及喂入的速度。

包芯线一般为矩形断面，尺寸大小不等。断面小的用于小钢包，断面大的用于大钢包。包皮一般为0.2～0.4mm厚的低碳带钢。包皮厚度的选用需根据喂入钢包内钢水的深度和喂入速度确定。关于芯线质量，硅钙线约182g/m，碳芯线约130g/m，铝芯线约254g/m。喂入速度取决于包入材料的种类及其需要喂入的数量（例如每吨钢水喂入钙量的速度不宜超过0.1kg/(t·min)）。关于喂入速度，硅钙、铝芯线约为120m/min，碳芯线约为150m/min。喂入合金元素及添加剂的数量需根据钢种所要求微调的元素数量、钢包中钢水重量以及元素的回收率等来确定。

包芯线的质量直接影响其使用效果，因此，对包芯线的表观和内部质量都有一定要求。

（1）表观质量要求：

1）铁皮接缝的咬合程度。若铁皮接缝咬合不牢固，将使芯线在弯卷打包或开卷矫直使用时产生粉剂泄漏，或在贮运过程中被空气氧化。

2）外壳表面缺陷。包覆铁皮在生产或贮运中易被擦伤或锈蚀，导致芯料被氧化。

3）断面尺寸均匀程度。芯线断面尺寸误差过大将使喂线机工作中的负载变化过大，喂送速度不均匀，影响添加效果。

（2）内部质量要求：

1）质量误差。单位长度的包芯线的质量相差过大，将使处理过程无法准确控制实际加入量。用作包覆的铁皮的厚度和宽度、在生产芯线时芯料装入速度的均匀程度，以及粉料的粒度变化都将影响质量误差。一般要求质量误差小于4.5%。

2）填充率。单位长度包芯线内芯料的质量与单位包芯线的总质量之比用来表示包芯线的填充率。它是包芯线质量的主要指标之一。通常要求较高的填充率。它表明外壳铁皮薄芯料多，可以减少芯线的使用量。填充率大小受包芯线的规格、外壳的材质和厚薄、芯料的成分等因素影响。

3）压缩密度。包芯线单位容积内添加芯料的质量用来表示包芯线的压缩密度。压缩密度过大将使生产包芯线时难以控制其外部尺寸。反之，在使用包芯线时因内部疏松芯料易脱落浮在钢液面上，结果降低了其使用效果。

4）化学成分。包芯线的种类由其芯料决定。芯料化学成分准确稳定是获得预定冶金效果的保证。

2.6.2.3 工艺操作要点

A 喂线处理前

采用钢包喂线处理生产低氧、低硫及成分范围要求较窄的钢种时，需注意下列操作要点：

（1）钢包需采用碱性内衬，使用前钢包内衬温度需烘烤至1100℃以上。

（2）转炉或电弧炉的初炼钢水，应采用挡渣或无渣出钢，或钢包扒渣等操作，以去除钢水中的氧化渣，钢水中 $w(FeO)+w(MnO)$ 必须很低。

（3）大部分铁合金主要在出钢过程中以块状形式加入钢包中，并用硅铁、锰铁及铝进行脱氧。

（4）出钢时，往钢包中每吨钢水加入6～12kg的合成渣脱硫，并用此渣作为顶渣保护钢水。

（5）从出钢一开始就向钢包吹氩搅拌钢水，应缓慢均匀地搅拌持续10min左右，以便充分脱硫。吹氩的强度，要保证不要把钢水上面约100mm厚的顶渣吹开，以防止钢水与大气接触产生再氧化。

B 喂线操作

喂线操作，对于只经钢包炉（如LF）精炼的钢水，可在钢包炉精炼后，于钢包炉工位上进行。需经真空处理的钢水，则在真空处理后，于真空工位上大气状态下进行。不需经钢包炉精炼和真空处理的钢水，可在钢包中最终加铝脱氧后10min左右进行，以便提高回收率，准确地控制成分。

(1) 喂线点位置的确定。应选择丝线与钢水混匀时间最短的点作为喂线的最佳点。如果钢包底部装有两个透气砖，则可选择其连线中点位置；对单透气砖的钢包来说，喂线的位置沿着钢液的下降流区域，喂向抽引流的位置。

(2) 喂入线端部的最佳喂入深度。在包底上方100~200mm，喂入线在此熔化和反应。喂线最大深度可按表达式（2-40）计算。

$$L = H - 0.15 \qquad (2-40)$$

式中 H——钢包钢水深度，m。

(3) 喂线速度的控制。需根据钢包中钢水的容量、线的断面规格以及钢种所需微调合金的数量和回收率等决定喂线速度。一般按式（2-41）计算最佳喂线速度。

$$v = \frac{\gamma(H - 0.15)}{t} \qquad (2-41)$$

式中 v——喂线速度，m/s；

t——铁皮熔化时间，一般为1.5~2.0s；

γ——修正系数，为1.5~2.5。

(4) 喂线的终点控制。可采用可编程序控制器设定线的喂入长度（如含30%钙的硅钙粉，一般的喂入量为0.4~0.8kg/t)，在设定线的长度喂完后，便自动停止。

在喂线完成后，继续吹氩缓慢搅拌3min左右，良好地保护钢水，防止它与空气、耐火材料或其他粉料发生再氧化。取样分析最终成分后即可运去浇注。

C 喂线的优点

(1) 操作简单，不需要像喷粉那样复杂的监控装备水平，一个人就能顺利操作。

(2) 设备轻便，使用灵活。可以在各种大小容量的钢包内进行。而喷粉只有当钢包容量足够大时才能顺利进行。

(3) 消耗少，操作费用省。不需昂贵的喷枪，耐火材料消耗少。喂线的氩气消耗量约为喷粉的1/5~1/4（喂线为0.04~0.05m^3/t（标态)，喷粉为0.16~0.26m^3/t（标态))。喂线的硅钙粉耗量约为喷粉的1/3~1/2（喂线为0.6~0.8kg/t，喷粉为1.2~2.0kg/t)。

(4) 温降小。喂线操作时间短，且钢水与钢渣没有翻腾现象，一般80t左右的钢包喂入0.5~1.5kg/t的硅钙粉，钢水温度仅下降5~10℃，而喷粉则温降达30℃。

(5) 钢质好。经喂线处理的钢水，氢、氧、氮的污染少，而喷粉容易产生大颗粒夹渣和增氢。

(6) 功能适应性强。能有效地解决那些易氧化、易潮和有毒粉料储运及喂入钢水中的问题。用于钢中增碳、增铝方便可靠。

(7) 钢水浇注性能好，连铸时堵塞水口的机会比喷粉法少。

(8) 操作过程散发的烟气少，车间环保条件比喷粉生产时好。

2.6.2.4 冶金效果

以块状形式把铁合金加入钢包中微调成分，其收得率低，成分控制准确度差，容易出现钢水成分不合格的废品。而以包芯线的形式微调合金成分，收得率高，再现性强，喂入的元素准确，能把钢水成分控制在很窄的范围内。

用铝脱氧生产铝镇静钢时，会产生高熔点的 Al_2O_3 簇状或角状夹杂，轧制成型时形成带状夹杂，使钢的横向性能降低，呈各向异性。这种 Al_2O_3 夹杂在钢水浇注温度下为固态颗粒，连铸时容易堵塞水口。对其用钙进行处理，则会改变结构形态，呈球状化，使钢各向同性。同时，这种球状化夹杂在钢水浇注温度下为液态，不致堵塞水口。

喂包芯线钢包处理，不仅对铝镇静钢可以取得较好的冶金效果，而且对低碳硅脱氧钢的氧的活度调节也是非常有效的。

通过喂线可生产出化学成分范围很窄、用途重要的钢种，并能保证不同炉号的钢材力学性能的均一性。通过喂钙处理，钢中夹杂物能达到很高的球化率，使钢的冷热加工性能改善，薄板和带钢的表面质量提高，高速切削钢的力学性能增强，无缝钢管的氢裂现象减少。通过喂硼处理，可增加钢的淬透性。

2.7 夹杂物的形态控制

夹杂物控制技术在国外称为夹杂物工程（inclusion engineering），它是指根据对钢的组织和性能要求，对钢中夹杂物成分、形态、数量、尺寸及分布在一定工艺条件下进行定量控制。夹杂物控制包括：①夹杂物总量控制；②夹杂物成分、形态及尺寸分布控制。

夹杂物形态控制技术是现代洁净钢冶炼的主要内容之一，不同的钢种对夹杂物的性质、成分、数量、粒度和分布有不同的要求。夹杂物的形态控制就是向钢液加入某些固体熔剂，即变形（性）剂，如硅钙、稀土合金等，改变存在于钢液中的非金属夹杂物的存在状态，达到消除或减小它们对钢性能的不利影响。

众多的研究表明：钢中的氧化物、硫化物的状态和数量对钢的机械和物理化学性能产生很大的影响，而钢液的氧与硫含量、脱氧剂的种类以及脱氧脱硫工艺因素都将使最终残存在钢中的氧化物、硫化物发生变化。因此，通过选择合适的变形剂，有效地控制钢中的氧硫含量以及氧化物硫化物的组成，既可以减少非金属夹杂物的数量，还可以改变它们的性质和形状，从而保证连铸机正常运转，同时改善钢的性能。

实际应用的非金属夹杂物的变形剂，一般应具有如下条件：与氧、硫、氮有较强的相互作用能力；在钢液中有一定的溶解度，在炼钢温度下蒸气压不大；操作简便易行，以及收得率高，成本低。钛、锆、碱土金属（主要是钙合金和含钙的化合物）和稀土金属等都可作为变形剂。生产中大量使用的是硅钙合金和稀土合金，可采用喷吹法或喂线法，将其送入钢液深处。

2.7.1 夹杂物分类

2.7.1.1 根据化学成分分类

A 简单氧化物

这类氧化物包括 Al_2O_3、SiO_2、MnO、Cr_2O_3、TiO_2、Ti_2O_3、FeO 等。在铝脱氧钢中，钢中的非金属夹杂物主要为 Al_2O_3。在 Si－Mn 较弱脱氧钢中，可以观察到 SiO_2、MnO 等夹杂物。

B 复杂氧化物

这类氧化物主要包括各类硅酸盐、铝酸盐、尖晶石（$MgO \cdot Al_2O_3$）类复合氧化物。

硅酸盐类夹杂物的通用化学式可写成：$m\mathrm{MnO} \cdot n\mathrm{CaO} \cdot p\mathrm{Al_2O_3} \cdot q\mathrm{SiO_2}$，如锰铝榴石（$3MnO \cdot Al_2O_3 \cdot 3SiO_2$）、钙斜长石（$CaO \cdot Al_2O_3 \cdot 2SiO_2$）、莫来石（$3Al_2O_3 \cdot 2SiO_2$）；较多存在于弱脱氧钢和 Si－Mn 脱氧钢中。硅酸盐类夹杂物的成分较复杂，其中 MnO、CaO、Al_2O_3、SiO_2 的相对含量取决于脱氧剂、钢液氧含量、炉外精炼采用的炉渣成分等。

铝酸盐类夹杂物主要为钙或镁的铝酸盐，化学式可写为：$m\mathrm{CaO(MgO)} \cdot n\mathrm{Al_2O_3}$，这里 CaO 或 MgO 与 Al_2O_3 的组成比例变化较多，如钙铝酸盐即有 $3CaO \cdot Al_2O_3$、$12CaO \cdot 7Al_2O_3$、$CaO \cdot Al_2O_3$、$CaO \cdot 2Al_2O_3$、$CaO \cdot 6Al_2O_3$ 等多种形式。铝酸盐类夹杂物主要存在于各类铝脱氧钢、向钢液加入钙后形成的钙处理钢，以及采用高碱度炉渣进行炉外精炼的钢中。

尖晶石类氧化物常用化学式 $AO \cdot B_2O_3$ 来表示，其中，A 为二价金属，如 Mg、Mn、Fe 等；B 为三价金属，如 Fe、Cr、Al 等。属于尖晶石类的夹杂物有：$FeO \cdot Fe_2O_3$、$FeO \cdot Al_2O_3$、$FeO \cdot Cr_2O_3$，$MnO \cdot Al_2O_3$、$MnO \cdot Cr_2O_3$，$MnO \cdot Fe_2O_3$，$MgO \cdot Al_2O_3$、$MgO \cdot Cr_2O_3$、$MgO \cdot Fe_2O_3$ 等。这些复合化合物都有一个相当宽的成分变化范围，其中二价金属元素可以为其他二价金属元素所置换，对于三价金属元素来说也是这样。因此，实际遇到的尖晶石类夹杂物可能是多相的，在成分上或多或少会偏离理论上的化学式。尖晶石类夹杂物的熔点通常高于钢的冶炼温度，在热轧时不发生变形，在冷轧时，特别当轧制规格较薄的成品时，会造成钢材表面的损伤。

稀土铝氧化合物有：$REAl_{11}O_{18}$、$REAlO_3$、$RE(Al, Si)_{11}O_{18}$、$RE(Al, Si)O_3$。

C 硫化物

钢中的硫化物主要为 MnS、FeS、CaS 等。由于 Mn 与 S 具有强的亲和力，对非钙处理钢，向钢水中加入 Mn 时将优先生成 MnS。绝大多数钢种的 $w[\mathrm{Mn}]/w[\mathrm{S}]$ 在 7 以上，因此钢中的硫化物主要为 MnS。此外，对部分钢种需进行钙处理，这些钢中含 0.0010%～0.0035% 的 Ca。由于 Ca 与 S 之间具有更强的反应趋势，钙处理钢中的硫化物主要为 CaS 或 CaS 与钙铝酸盐等形成的复合化合物。对于部分加入稀土元素处理的钢种，钢中则可形成稀土氧硫化物（RE_2O_2S）或稀土硫化物（如 La_2S_3、Ce_2S_3 等）。

D 氮化物

当在钢中加入 Ti、Nb、V、Al 等与氮亲和力较大的元素时，能形成 TiN、NbN、VN、AlN 等氮化物。氮化物的尺寸与其生成温度有关，如 TiN 可以在较高温度（钢的凝固温度）附近生成，因此尺寸较大，可达数百微米；NbN 的析出高峰温度在 900～950℃左右，其尺寸大都在数十纳米；钢中 VN、AlN 的析出温度较低，颗粒通常很小，在数个纳米左右。

常见非金属夹杂物的特性见表 2－23。

表 2－23 常见非金属夹杂物的特性

类 型	夹杂物	特 性
氧化物夹杂	SiO_2	①炉料带入；②耐火材料被侵蚀；③炼钢中 Si 脱氧产物。多角形夹杂物，在钢液凝固过程中主要聚集在晶界，降低钢的强度和韧性
	MnO	炼钢中 Mn 的脱氧产物。①多面体型，在钢中分散分布；②在晶界上成棒形分布，降低钢的强度和韧性

续表 2－23

类　型	夹杂物	特　　性
氧化物夹杂	FeO	钢液中铁被氧化的产物，成条状在晶界分布，降低钢的强度和韧性
	Al_2O_3 系	Al_2O_3 的可能来源有：① [Al] 脱氧反应；② [Al] 被炉渣中 Fe_tO 氧化；③ [Al] 被空气中的 O_2 氧化；④ [Al] 与钢包、中间包耐火材料或覆盖渣中 SiO_2 作用。主要有簇群状、块状 Al_2O_3 夹杂物。容易堆积附着在浸入式水口内壁，改变水口内部形状，造成钢流偏流、冲击速度过大，增加结晶器保护渣的卷入；也会形成大颗粒夹杂物，被钢流冲入结晶器很容易被卷入铸坯。为了防止水口堵塞必须吹适量氩，氩气泡被凝固坯壳捕捉形成气孔。轧制后在钢中呈现带尖角的多角形，在晶界成链式分布，对钢的力学性能，特别是抗疲劳破坏性能影响较大
	TiO_2	炼钢中 Ti 脱氧产物，呈颗粒状在晶内分布，对钢的力学性能削弱作用比 Al_2O_3 小
硅酸盐夹杂	常见的有 $2MnO \cdot SiO_2$、$2FeO \cdot SiO_2$，等	硅酸盐类夹杂物的成分较复杂，较多存在于弱脱氧钢和 Si－Mn 脱氧钢中。一般呈颗粒状或球状孤立分布，削弱钢力学作用较小
硫化物夹杂	FeS	由炉料带入，在钢中成条状在晶界分布，它的存在能削弱钢的强度和韧性，在钢的凝固过程中易促使热裂
	MnS	钢液中 Mn 与 S 化合而成，颗粒状在晶内分布，削弱钢的力学作用较小
氮化物夹杂	AlN、ZrN	带尖角的多角形，在晶界成链式分布。含量少时，可以细化晶粒；含量多时，降低钢的强度和韧性
	TiN、NbN	成细小的多角形。含量少时，只在晶内分布，可以细化晶粒；含量多时，在晶内及晶界上分布，降低钢的强度和韧性等

2.7.1.2　根据夹杂物尺寸分类

通常将尺寸大于 50μm 的夹杂物称为大型夹杂物；尺寸在 1～50μm 之间的为显微夹杂物；小于 1μm 的为亚显微夹杂物。在纯净钢中的亚显微夹杂物包括氧化物、硫化物和氮化物，总数约为 10^{11} 个/cm^3，其中氧化物夹杂约有 10^8 个/cm^3。一般认为这种微小氧化物夹杂对钢质无害，目前对它们在钢中的作用还研究不多。显微夹杂主要是脱氧产物，这类夹杂物对高强度钢材的疲劳性能和断裂韧性影响很大，其含量与钢中的氧含量有很好的对应关系。大颗粒（大型）夹杂在纯净钢中的数量是很少的，主要为外来夹杂物或钢水二次氧化时生成的夹杂物。虽然它们只占钢中夹杂物总体积的 1%，但却对钢的性能和表面质量影响最大。

2.7.1.3　根据夹杂物的变形性能分类

夹杂物的变形能力一般用 T. Malkiewicz 和 S. Rudnik 提出的夹杂物变形能力指数（deformability index）ν 来表示。ν 为材料热加工状态下夹杂物的真实伸长率 ε_i 与基体材料的真实伸长率 ε_s 之比：

$$\nu = \frac{\varepsilon_i}{\varepsilon_s} = k\frac{\ln\dfrac{a}{b}}{\ln\dfrac{f_0}{f_1}} \tag{2-42}$$

式中　a——基体变形后夹杂物长轴与短轴之比的平均值；

b——铸态时夹杂物长轴与短轴之比的平均值；

f_0/f_1——钢材压延比（锻压比），即钢材热加工前后的横截面积比；

k——与基体材料形变方式相关的常数。

对棒材，k 取$\frac{2}{3}$，夹杂物变形后由球形变为近似回转椭球体；对扁平材，k 取$\frac{1}{2}$，其横截面只有在垂直于钢板方向发生变形。

夹杂物变形指数 ν 在 0 到 1 间变化。当 $\nu = 0$ 时，表明夹杂物根本不变形而只有钢基体变形，因而在钢变形时夹杂物与基体之间产生滑动，界面结合力下降，并沿金属变形方向产生微裂纹和空洞，成为疲劳裂纹源；$\nu = 1$ 时表示夹杂物与金属基体一起形变，因而变形后夹杂物与基体仍然保持良好的结合。S. Rudnik 研究指出，夹杂物变形指数 $\nu = 0.5 \sim 1.0$ 时，在钢与夹杂物界面上很少由于形变产生微裂纹；当 $\nu = 0.03 \sim 0.5$ 时，经常产生带有锥形间隙的鱼尾形裂纹（如图 2－19 所示）；而当 $\nu = 0 \sim 0.03$ 时，锥形间隙与热撕裂是常见的缺陷。

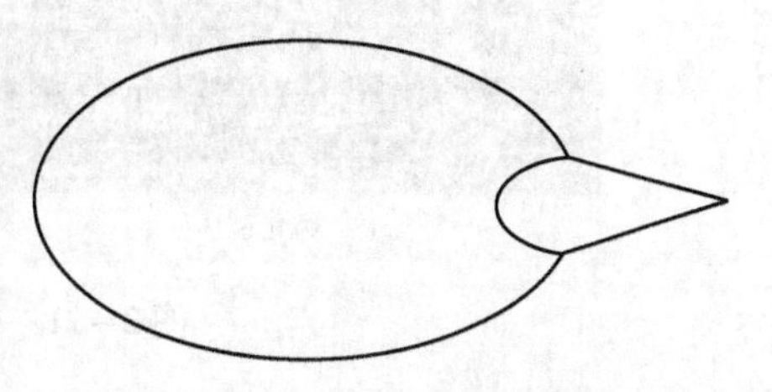

图 2－19　钢基体与夹杂物之间产生鱼尾形裂纹间隙的示意图

根据非金属夹杂物在钢热加工过程中的变形性能，可将夹杂物分为如下几种：

（1）脆性夹杂物。这类夹杂物指那些不具有塑性的氧化物和氧化物玻璃。当钢经受热加工变形时，这类夹杂物的形状和尺寸不发生变化，但夹杂物的分布有变化。氧化物夹杂在钢锭中成群（簇）出现；钢经热加工变形后，氧化物颗粒沿钢延伸方向排列成串，呈点链状。这类夹杂物如刚玉（见图 2－20）、尖晶石和石英等。

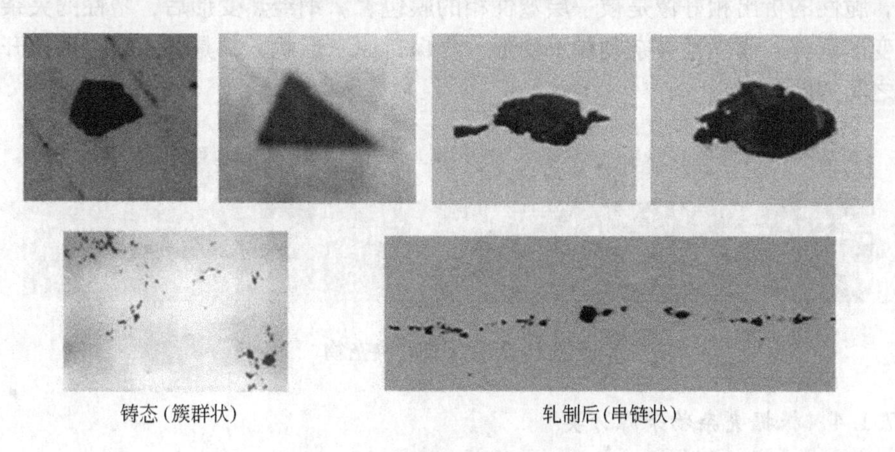

图 2－20　脆性夹杂物（Al_2O_3）

（2）塑性夹杂物。这类夹杂物在钢经受热加工变形时具有良好的塑性并沿着钢塑性流变的方向延伸成条带状，如硫化锰、低熔点硅酸盐（见图 2－21）。

（3）点状不变形夹杂物。这类夹杂物在钢锭中或在铸钢中呈球形或点状，钢经变形后夹杂物保持球状或点状不变，如硫化钙、铝酸钙（见图 2－22）。

（4）半塑性夹杂物。这类夹杂物指各种复相的铝硅酸盐夹杂（见图 2－23）。夹杂物的基底铝硅酸盐玻璃（或硫化锰）一般在钢经受热加工变形时具有塑性，但是在夹杂物

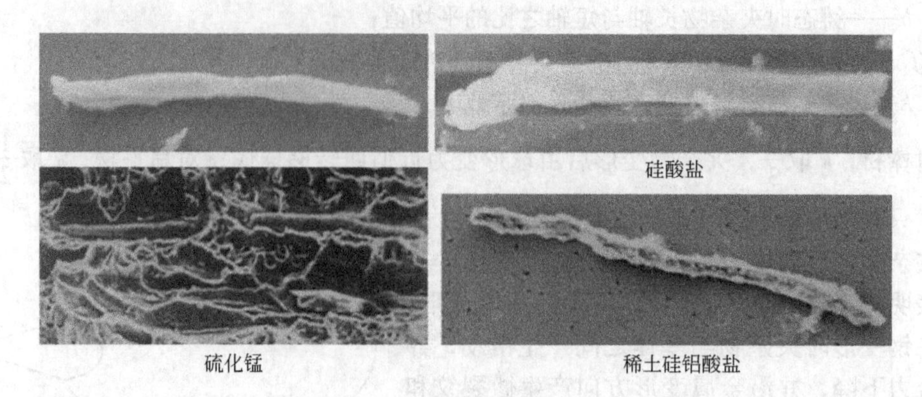

图2-21 塑性夹杂物（热加工后）

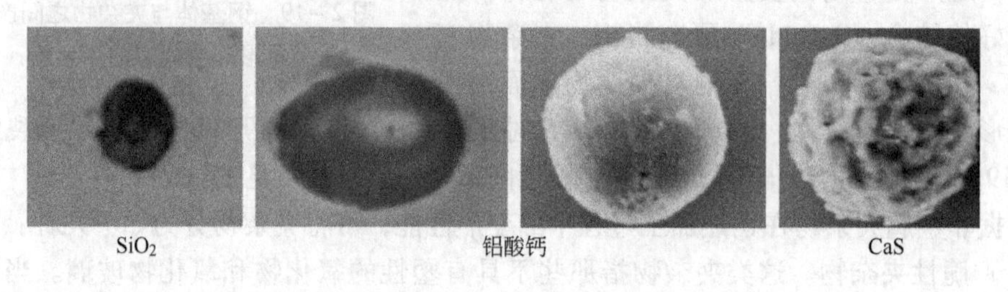

图2-22 点状不变形夹杂物

基底上分布的析出相晶体（如刚玉、尖晶石类氧化物）不具有塑性。当析出相的相对量较大时，脆性的析出相好像是被一层塑性相的膜包着。钢经热变形后，塑性的夹杂物相多少随钢变形延伸，而脆性夹杂物相不变形，仍保持原来形状，只是或多或少地拉开了夹杂物颗粒之间的距离。

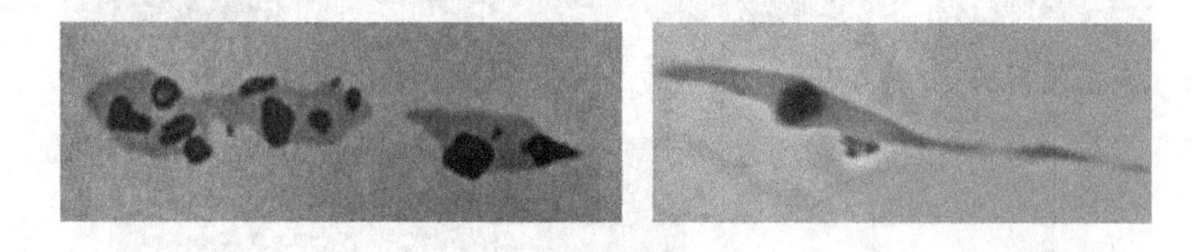

图2-23 半塑性夹杂物

2.7.1.4 根据夹杂物来源分类

A 外来夹杂物

外来非金属夹杂物是由于耐火材料、熔渣等在钢水的冶炼、运送、浇注等过程中进入钢液并滞留在钢中而形成的夹杂物。与内生夹杂物相比，外来夹杂物的尺寸大且经常位于钢的表层，因而具有更大的危害。近年来，随着连铸拉速的提高，结晶器保护渣被转入钢液而形成的外来夹杂物的比例在增加，此类夹杂物对汽车、家电用优质冷轧薄板的表面质量有很大危害。

B 内生夹杂物

内生类夹杂物是指液态或固态钢内，由于脱氧、钢水钙处理等各种物理、化学反应而形成的夹杂物，大多是氧硫氮的化合物。内生夹杂物形成的时间可分为四个阶段：

（1）钢液脱氧等化学反应的产物被称为原生（或一次）夹杂物。

（2）在浇注凝固前，由于钢液温度下降、反应平衡发生移动而生成的脱氧反应产物被称为二次夹杂物。

（3）钢液凝固过程中形成的夹杂物被称为再生（或三次）夹杂物。

（4）钢凝固后发生固态相变时，由于组元溶解度的变化而生成的夹杂物被称为四次夹杂物。

此外，在完成对钢水的脱氧操作后，如钢液又被空气、氧化性炉渣等再次氧化（称为二次氧化），钢液内部生成的氧化产物（如 Al_2O_3、SiO_2、MnO 等）也属于内生类非金属夹杂物。

综上所述，内生类夹杂物包括：①没有及时排除的脱氧、脱硫产物；②随着钢液温度降低，硫、氧、氮等杂质元素的溶解度相应下降，以非金属化合物在钢中沉淀。其特点是：分布较均匀，尺寸一般较小，可在 20μm 内，但在体积分数较大时对钢的性能有不良影响。

下面主要对铝脱氧钢和 Si－Mn 脱氧钢中的内生类非金属夹杂物进行介绍。

a 铝脱氧钢中的非金属夹杂物

为了保证钢材的冷冲压性能，一些钢种要严格限制硅含量，这时需采用铝脱氧钢液，如用于冷轧钢板的超低碳钢、低碳铝镇静钢等的铝含量通常为 0.025%～0.055%。此外，对绝大多数低合金高强度钢、微合金化钢来说，为了提高钢的纯净度，细化钢材组织，尽管钢中含一定量的硅，也必须向钢中添加铝，此时钢液中铝含量通常为 0.015%～0.04%。这些钢种均属于铝脱氧钢。

由于铝具有强脱氧能力，钢中的 Al_2O_3 夹杂物绝大多数为钢液加入铝后的反应产物，在钢液随后的冷却和凝固过程中生成的 Al_2O_3 量很少。Al_2O_3 夹杂物类型有（见图 2－24）：

（1）簇群状 Al_2O_3 夹杂物（见图 2－24a）——成簇群连接在一起，似珊瑚状；尺寸很大（可达数百微米）；主要生成于脱氧反应初期。

（2）树枝状 Al_2O_3 夹杂物（见图 2－24b）——与簇群状 Al_2O_3 类似，以夹杂物群的形式存在；尺寸很大，主要生成于脱氧反应初期；树枝夹杂物群内部连接较有规律，而簇群状 Al_2O_3 内部连接不规则。

（3）聚合状 Al_2O_3 夹杂物（见图 2－24c）——由多个不规则状 Al_2O_3 夹杂物聚合而成；整体尺寸较小，在数微米至十几微米之间；主要生成于二次精炼中后期。

（4）单个块状 Al_2O_3 夹杂物（见图 2－24d）——尺寸较小，通常小于 20μm；外形有板块状、多面体、近球状等多种类型；在钢水精炼全过程均可发现此类夹杂物的存在。

关于不同类型 Al_2O_3 夹杂物生成机理，霍戈文公司的 Tiekink 等的研究认为：①钢液自由氧含量高、铝一次加入很多时，生成大量大尺寸 Al_2O_3 簇群；②如向钢液分批加入铝，或在钢液自由氧含量降低、铝含量较高时，会有较多的块状 Al_2O_3 生成。

铝脱氧后 Al_2O_3 夹杂物的变化，以钢水 RH 真空精炼和钢水吹氩搅拌两种精炼工艺为例，如图 2－25 所示。当向钢液中加入铝后，钢液中首先生成微小的 Al_2O_3 粒子（图 2－25 中步骤 1），并随即生长成树枝状 Al_2O_3（步骤 2）。由于此时钢液中含较高的氧和铝，

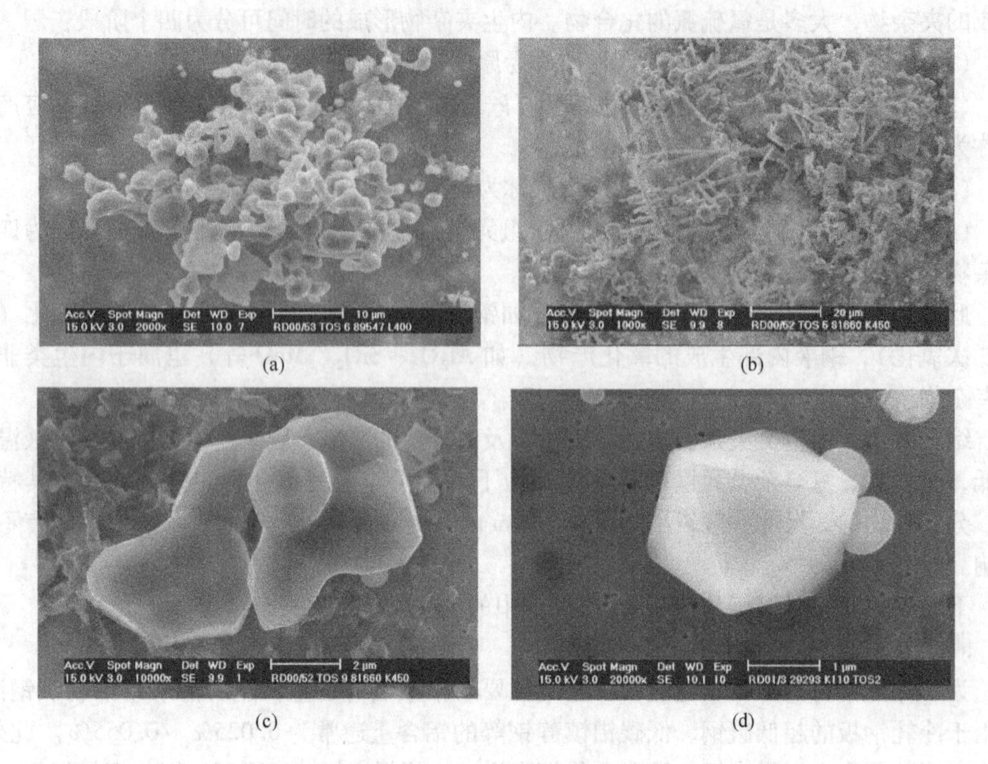

图 2－24 Al_2O_3 夹杂物类型

树枝状 Al_2O_3 会进一步生长为簇群状 Al_2O_3（步骤 3a）。随着炉外精炼过程的进行，大尺寸簇群状 Al_2O_3 在钢液中上浮而被去除。至精炼结束时，钢液中残留的 Al_2O_3 夹杂物绝大多数为尺寸较小（≤50μm）的簇群状 Al_2O_3 和尺寸小于 30μm 的块状 Al_2O_3 夹杂物。

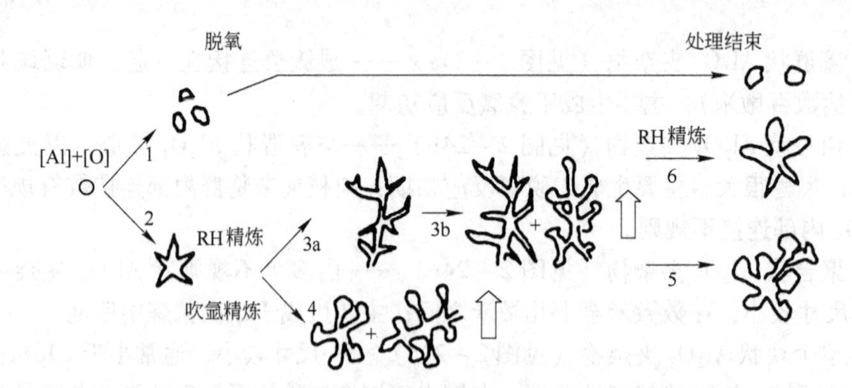

图 2－25 铝脱氧钢中脱氧产物 Al_2O_3 变化的示意图

铝脱氧钢中还存在另外一种情况。如轴承钢等合金钢中，为了降低其所具有的总氧［TO］含量，除采用铝脱氧外，在炉外精炼过程中还会采用高碱度、高还原性的精炼渣。此时，渣中的 CaO、MgO 会被还原，生成的部分 Ca 和 Mg 进入钢液中后被氧化生成 CaO 和 MgO，并会与钢中存在的 Al_2O_3 作用，将钢液中的 Al_2O_3 夹杂物转化为尖晶石类夹杂物（$MgO \cdot Al_2O_3$）或铝酸钙盐类夹杂物（$m CaO \cdot n Al_2O_3$）。

尺寸在10～30μm范围的簇群状或块状Al_2O_3夹杂物对冷轧钢板的冲压性能和表面质量影响不大，但对轴承、重轨等钢材的抗疲劳破坏性能有不良影响。此外，微小Al_2O_3粒子在浇注过程中容易在连铸中间包水口内壁处堆积黏结，严重时甚至会造成铸流减小或断流。

对于铝脱氧钢，发生二次氧化时开始生成的为液态$MnO-SiO_2-Al_2O_3$系夹杂物，此类夹杂物不稳定，随后会被钢液中的Al还原并转变为Al_2O_3夹杂物。当连铸结晶器保护渣被卷入钢液中后，它也会与钢液中的Al反应，最后滞留在钢中的此类夹杂物与结晶器保护渣相比，在组成上会发生一定程度的改变。

b Si－Mn脱氧钢中的非金属夹杂物

对于普通建筑用长型钢材，通常采用的是小方坯连铸工艺，中间包水口内径较小。为了防止水口的黏结和堵塞，经常采用限制钢中Al含量（<0.005%）的方法。此外，对于一些高碳钢种，例如子午线轮胎用帘线、汽车发动机阀门弹簧钢丝等，为了防止钢中生成不变形夹杂物而造成拉丝和合股过程的断丝，也必须严格限制钢中的Al含量，例如采用Si－Mn脱氧的工艺。

Si－Mn的脱氧反应可表示为：

$$[Si]+2MnO(s)=SiO_2(s)+2[Mn] \quad \Delta_r G_m^\ominus=-87840+3.0T \quad J/mol \qquad (2-43)$$

采用Si－Mn脱氧时，由于钢液中Al的初始含量很低，炉渣中会有部分Al_2O_3被还原，少量Al可进入钢液中。由于Al具有强的脱氧能力，当钢液含Al为10^{-6}数量级时，脱氧反应变为：

$$4[Al]+3SiO_2(s)=3[Si]+2Al_2O_3(s) \quad \Delta_r G_m^\ominus=-720689+133.0T \quad J/mol \qquad (2-44)$$

与Al的行为类似，脱氧过程中还会有少量Ca（10^{-6}级）由炉渣进入钢液。Al、Ca与Si、Mn一起参与脱氧反应，生成的脱氧产物为$CaO-MnO-SiO_2-Al_2O_3$系夹杂物，此外还可能含有少量MgO。

2.7.2 钢中塑性夹杂物的生成与控制

对于高品质的弹簧钢、轴承钢、重轨钢和帘线钢等要求具备高抗疲劳破坏性能的钢材，对钢中非金属夹杂物的变形性能有严格要求，即要求钢中绝大多数非金属夹杂物为塑性夹杂物。钢包精炼中，在降低夹杂物总量的同时，也要控制夹杂物的组成，使其成为轧制加工时易于变形的夹杂物，由此使夹杂物无害。

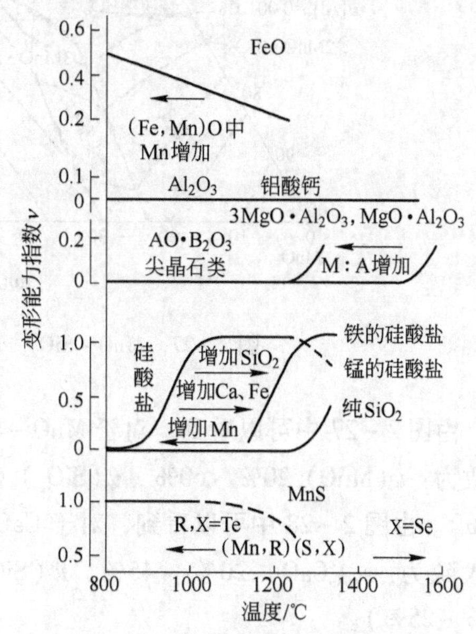

图2－26 各种夹杂物变形能力指数与温度的关系

2.7.2.1 塑性夹杂物的成分范围

R. Kiessling归纳了（Fe，Mn）O、Al_2O_3、铝酸钙、尖晶石型复合氧化物（$AO \cdot B_2O_3$）、硅酸盐和硫化物的变形能力指数与形变温度的关系（见图2－26），指出刚玉、铝酸钙、尖晶石和方石英等夹杂物，在钢材常规热加工温度下无塑性变形能力，而硫化锰在1000℃以下的变形能力与钢基体相同，即$\nu=1$。

对$MnO-SiO_2-Al_2O_3$和$CaO-SiO_2-Al_2O_3$三元系夹杂物的变形能力，G. Bernard等根据用外推法测定的夹杂物相与钢基体在900～1100℃时相对黏性的大小，将三元系划分成四个区域，见图2－27和图2－28。在富含SiO_2的一侧，区域①为不变形的均相夹杂物；区域④为两相区，其中一相不能变形。在富含CaO、Al_2O_3的一侧，即区域②具有很强的结晶能力，因而也是不能变形的；区域③为可变形的夹杂物区域。对$MnO-SiO_2-Al_2O_3$三元系夹杂物，具有良好变形能力的夹杂物组成分布在锰铝榴石（$3MnO\cdot Al_2O_3\cdot 3SiO_2$）及其周围的低熔点区；而在$CaO-SiO_2-Al_2O_3$三元系夹杂物中，钙斜长石（$CaO\cdot Al_2O_3\cdot 2SiO_2$）与鳞石英和假硅灰石（$CaO\cdot SiO_2$）相邻的周边低熔点区域具有良好的变形能力。该组成区域的夹杂物在轧制加工时易变形，适用于轮胎钢丝等，亦即拉拔时不易发生断线和疲劳破坏的夹杂物组成。

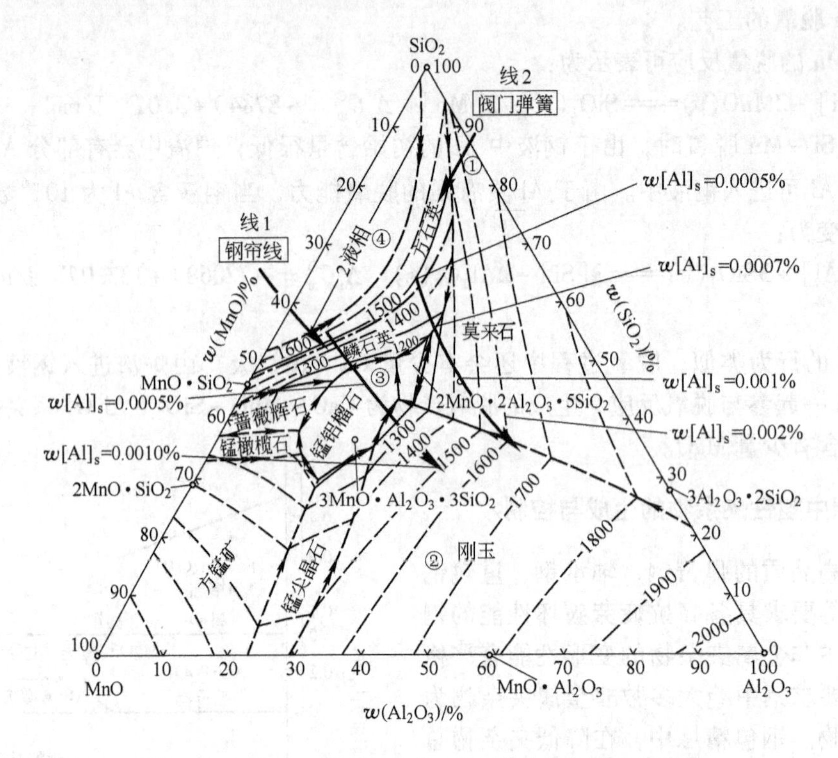

图2－27　$MnO-SiO_2-Al_2O_3$系中塑性夹杂物成分范围

由图2－27中可以看到，对于$MnO-SiO_2-Al_2O_3$系夹杂物，塑性夹杂物的成分范围大致为：$w(MnO)$ 20%～60%，$w(SiO_2)$ 60%～27%，$w(Al_2O_3)$ 12%～28%（或15%～30%）。由图2－28中可以看到，对于$CaO-SiO_2-Al_2O_3$系夹杂物，塑性夹杂物的成分范围大致为：$w(CaO)$ 20%～45%，$w(SiO_2)$ 40%～70%，$w(Al_2O_3)$ 12%～25%（或15%～25%）。

2.7.2.2　*炉渣与钢中非金属夹杂物的作用*

为了防止生成不变形非金属夹杂物，高品质重轨、硬线等钢种大多不采用Al脱氧，

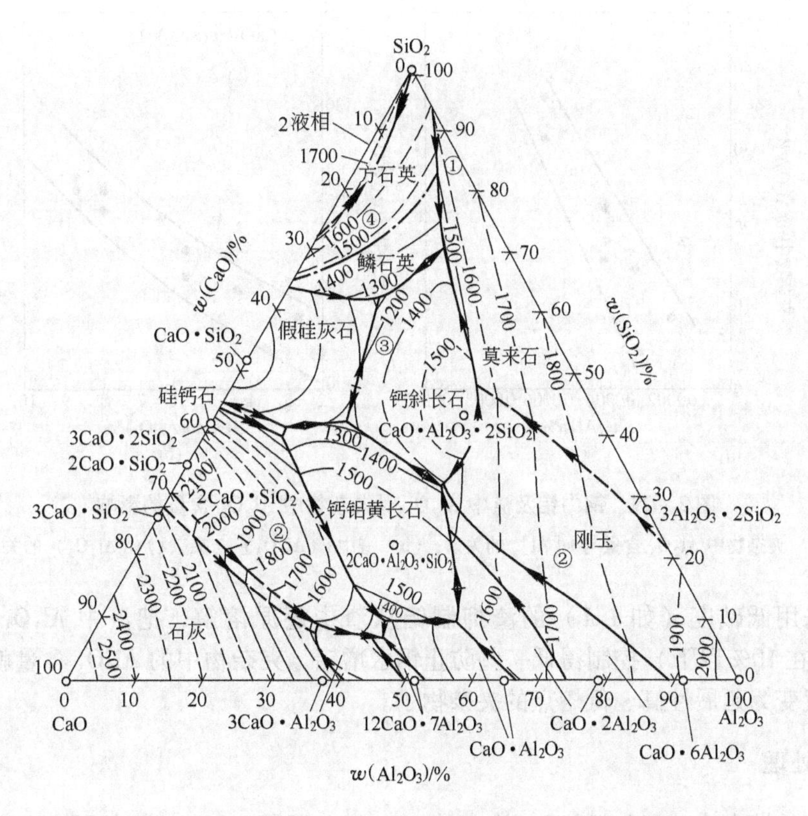

图 2-28 $CaO-SiO_2-Al_2O_3$ 系中塑性夹杂物成分范围

而采用 Si-Mn 脱氧，钢中非金属夹杂物主要为 $MnO-SiO_2-Al_2O_3$ 系和 $CaO-SiO_2-Al_2O_3$ 系夹杂物，其中 $MnO-SiO_2-Al_2O_3$ 系主要为脱氧产物，$CaO-SiO_2-Al_2O_3$ 系主要来源于炉渣与钢液之间的作用。

由图 2-27、图 2-28 可以看到，对于 $MnO-SiO_2-Al_2O_3$ 系和 $CaO-SiO_2-Al_2O_3$ 系夹杂物，塑性夹杂物中 $w(Al_2O_3)$ 须在 15%～25%。除 Al_2O_3 含量外，对于 $MnO-SiO_2-Al_2O_3$ 系，夹杂物的 $w(MnO)/w(SiO_2)$ 须在 1 左右；对于 $CaO-SiO_2-Al_2O_3$ 系，夹杂物的 $w(CaO)/w(SiO_2)$ 须在 0.6 左右。控制在塑性夹杂物成分区的关键为：①在炉外精炼过程通过渣-钢反应控制钢液中的 Al 含量；②通过钢液 Al 含量控制非金属夹杂物成分。

图 2-27 中标出了钢帘线和阀门弹簧用钢计算得出的夹杂物中酸熔铝和氧化物的关系。图 2-29 给出了实际操作中钢水中的 $w[Al]_s$ 和夹杂物中 $w(Al_2O_3)$ 的关系。因为控制铝含量在较低水平（0.0005% 左右），可得到低熔点脱氧生成物，所以在使用铝含量（或者 Al_2O_3 含量）低的铁合金的同时，还要防止铝从渣（或者耐火材料）中溶解到钢水中。钢水和渣（或者夹杂物）有关铝的反应为：

$$2(Al_2O_3)+3[Si]=4[Al]+3(SiO_2)$$

$$\lg K_{Al-Si}=\frac{a_{Al}^4 a_{SiO_2}^3}{a_{Si}^3 a_{Al_2O_3}^2}=-\frac{37600}{T}+7.2 \qquad (2-45)$$

为了抑制这个反应，希望选择 Al_2O_3 活度小，且 SiO_2 活度大的渣组成。如阀门弹簧材料那样，硅含量高（a_{Si} 大）时，渣组成的控制特别重要。

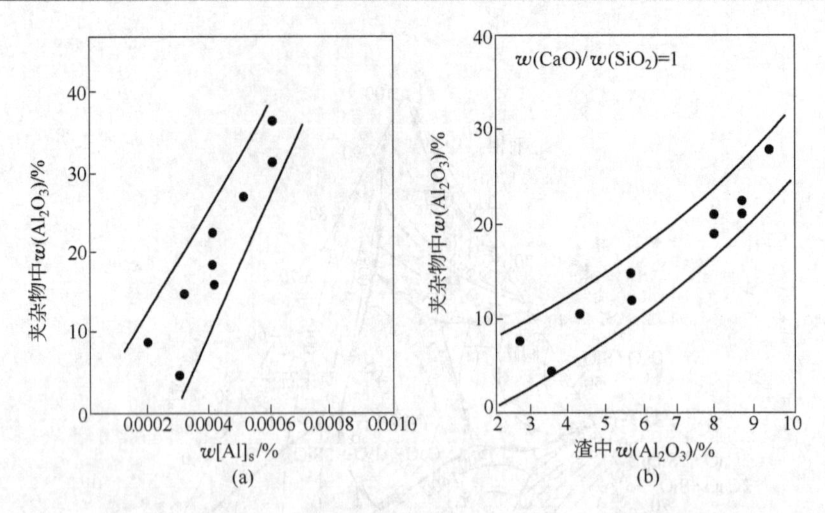

图2-29　钢中铝及渣中 Al_2O_3 对夹杂物中 Al_2O_3 含量的影响

(a) 夹杂物中 Al_2O_3 含量与 $w[Al]_s$ 的关系；(b) 渣中 $w(Al_2O_3)$ 与夹杂物 $w(Al_2O_3)$ 的关系

如果采用低碱度（如 1.1）的渣抑制铝从渣中还原溶解，把渣中 Al_2O_3 活度（如 Al_2O_3 含量在 10% 以下）控制得低一些防止钢水增铝，夹杂物中的 Al_2O_3 含量就减低，钢中夹杂物就变为延展性高、低熔点的夹杂物了。

2.7.3　钙处理

金属钙的熔点为（839±2)℃，沸点约 1491℃。根据 Schürmann 的研究，钙蒸气压与温度的关系为：

$$\lg \frac{p_{Ca}}{p^{\ominus}} = 4.55 - \frac{8026}{T} \tag{2-46}$$

1600℃时 $p_{Ca} \approx 0.186$MPa。在炼钢温度下钙很难溶解在钢液内，但在含有其他元素，如硅、铝、镍等条件下，钙在钢液中的溶解度大大提高。钙一般以钙合金的形式（如Si-Ca，Al-Ca，Al-Si-Ca，Si-Ca-Ba，Si-Ca-Ba-Al）加入，在铝脱氧后用喂线法（或者射弹法、喷吹法）向钢水中供给钙。将钙以合金的形式喂入钢液比以 Ca-Fe 混合物的形式喂入，更有利于其在钢液中的溶解。如果钢种对硅的含量要求较低时，最好使用 Fe-Ca-Al 线，而不用 Fe-Ca 线。

在钙处理的过程中，只有少部分（大约 10%～20%）加入的钙保留在钢水中，其余的以蒸发或者反应的形式损失掉。要保证具有高的合金收得率，必须保证一定的喂线速度。对于 150t 钢包，喂线速度为 4～5m/s；对于 60t 钢包，喂线速度为 1.95～2.3m/s。

2.7.3.1　钙处理原理

A　Al_2O_3 夹杂的钙处理技术

铝脱氧钢液中最终会有细小的 Al_2O_3 夹杂很难去除，其影响主要表现在：①Al_2O_3 夹杂沉积在水口，引起水口堵塞，导致连铸不能正常生产；②Al_2O_3 夹杂物轧制时被碾成碎屑，沿轧制方向形成串状 Al_2O_3 群；③恶化表面质量。

为了克服铝脱氧钢的上述缺陷，提出改变夹杂物形态，使 Al_2O_3 夹杂物转变成炼钢温度下呈液态的铝酸钙（如形成 $12CaO \cdot 7Al_2O_3$）。

钙对 Al_2O_3 夹杂的变性过程简述如下：

（1）喂入钙合金线后，钙在熔池内气化，形成钙气泡，在钙气泡上升过程中，钙溶解在钢液中。

$$Ca(g) = [Ca]$$

（2）钙与 Al_2O_3 反应：

$$x[Ca] + yAl_2O_3(\text{夹杂}) = x(CaO)\cdot(y-\frac{x}{3})Al_2O_3(\text{夹杂}) + \frac{2}{3}x[Al]$$

钙在 Al_2O_3 颗粒中扩散，使钙连续进入铝的位置，置换出的铝进入钢液。随着钙的扩散，Al_2O_3 颗粒表面 CaO 含量升高，当 CaO 含量超过 25% 时，出现液态或全部液态钙铝酸盐。

由 $CaO-Al_2O_3$ 二元相图（见图 2－30）可知，铝脱氧钢水钙处理过程中可形成多种钙铝酸盐，其性能见表 2－24。

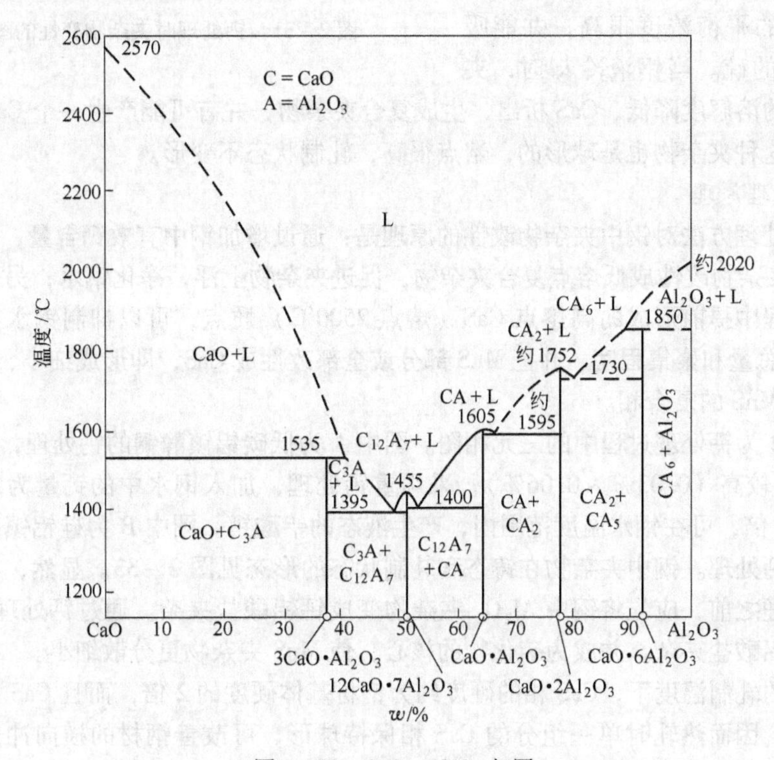

图 2－30 $CaO-Al_2O_3$ 相图

表 2－24 钙铝酸盐的性能

化合物	晶体结构	w(CaO) /%	$w(Al_2O_3)$ /%	熔点 /℃	密度 /kg·m^{-3}	显微硬度 /kg·mm^{-2}
$3CaO\cdot Al_2O_3$（C_3A）	立方系	62	38	1535	3040	
$12CaO\cdot 7Al_2O_3$（$C_{12}A_7$）	立方系	48	52	1455	2830	
$CaO\cdot Al_2O_3$（CA）	单斜晶系	35	65	1605	2980	930
$CaO\cdot 2Al_2O_3$（CA_2）	单斜晶系	22	78	约 1750	2980	1100
$CaO\cdot 6Al_2O_3$（CA_6）	立方系	8	92	约 1850	3380	2200
Al_2O_3	三角系	0	100	约 2020	3960	3000～4000

B　硫化物夹杂的钙处理技术

对某些优质热轧中厚板钢种，为了减轻钢板的各向异性，提高冷弯和韧性等，也要向钢水中添加 Ca 以将钢中的 MnS 转变为 CaS 或 CaO、Al_2O_3、CaS 的多元复合硫化物。此外，为减轻管线钢的氢致裂纹（HIC）、硫化物应力腐蚀裂纹（SCC），须通过钢液钙处理将钢中的硫化锰夹杂物转变成点状的硫化钙夹杂物。

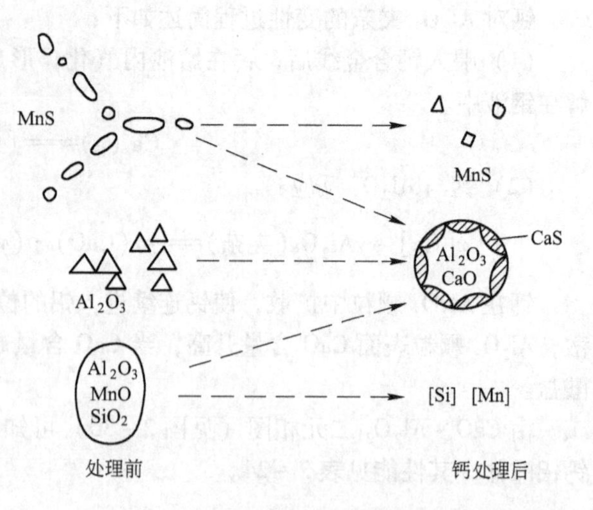

图 2－31　钙处理时夹杂物变性的图解

使用钙进行夹杂物变性处理的机理可用图 2－31 表示。含 CaO 很高的夹杂物中硫的平衡浓度很高，并能吸收钢中大量的硫。当钢液冷却时，夹杂物中的硫的溶解度降低，CaS 析出，生成复合夹杂物，并有可能产生一个 CaS 环包围铝酸钙核心。这种夹杂物也是球形的，熔点很高，轧制状态不变形。

C　钙处理原理

采用钙处理方法对钢中夹杂物改性的原理是：通过增加钢中有效钙含量，一方面使大颗粒 Al_2O_3 夹杂物改性成低熔点复合夹杂物，促进夹杂物上浮，净化钢水；另一方面，在钢水凝固过程中提前形成的高熔点 CaS（熔点 2500℃）质点，可以抑制钢水在此过程中生成 MnS 的总量和聚集程度，并把 MnS 部分或全部改性成 CaS，即形成细小、单一的 CaS 相或 CaS 与 MnS 的复合相。

图 2－32 为钙处理过程中的三元相图。图中 A 为低碳铝镇静钢的钙处理，加 Al 量大，钢中 $w[Al]_s$ 较高（0.03%～0.06%），采用重钙处理，加入钢水中的钙量为氧化铝量的 0.9 倍至 3.2 倍，可在钢水温度范围内，产生液态的铝酸钙。图中 B 为硅铝镇静钢的钙处理，采用轻钙处理。钢中夹杂物在铸态和轧制状态的形态见图 2－33。显然，在对硫化物进行变性处理之前，应先将钢中 Al_2O_3 夹杂物变成钙铝酸盐夹杂。通过钙处理，使 Al_2O_3 夹杂变成钙铝酸盐夹杂，并成为硫化物的核心，使 MnS 夹杂物更分散细小。

在通常的轧制温度下，CaS 相的硬度约为钢材基体硬度的 2 倍，而且 CaS 相的硬度比 MnS 相的高，因而热轧时单一组分的 CaS 相保持球形，可改善钢材的横向冲击韧性；同时，当 CaS 或铝酸钙对变形 MnS 夹杂物“滚碾”或“碾断”时，细小的 CaS 或铝酸钙离散相可作为原条带状 MnS 夹杂物发生“断点”的诱发因素。此时，塑性好的 MnS 相既可以对可能出现的尖角形 CaS 或铝酸钙离散相（“脆断”后的形貌）起到表面润滑作用，减轻对钢材基体的划伤，又可以促使易聚集夹杂物（MnS）弥散分布。

2.7.3.2　钙处理工艺参数控制

A　$w[Al]_s$ 控制

铝脱氧钢液钙处理后，钢中夹杂物主要是铝酸钙夹杂和硫化钙夹杂。在炼钢温度下，$12CaO\cdot7Al_2O_3$、$3CaO\cdot Al_2O_3$ 夹杂为液态，而 $CaO-Al_2O_3$ 夹杂在靠近 $12CaO\cdot7Al_2O_3$ 区域为液态，因此，通过热力学计算，结合 $CaO-Al_2O_3$ 体系的二元相图，可以分析出夹杂

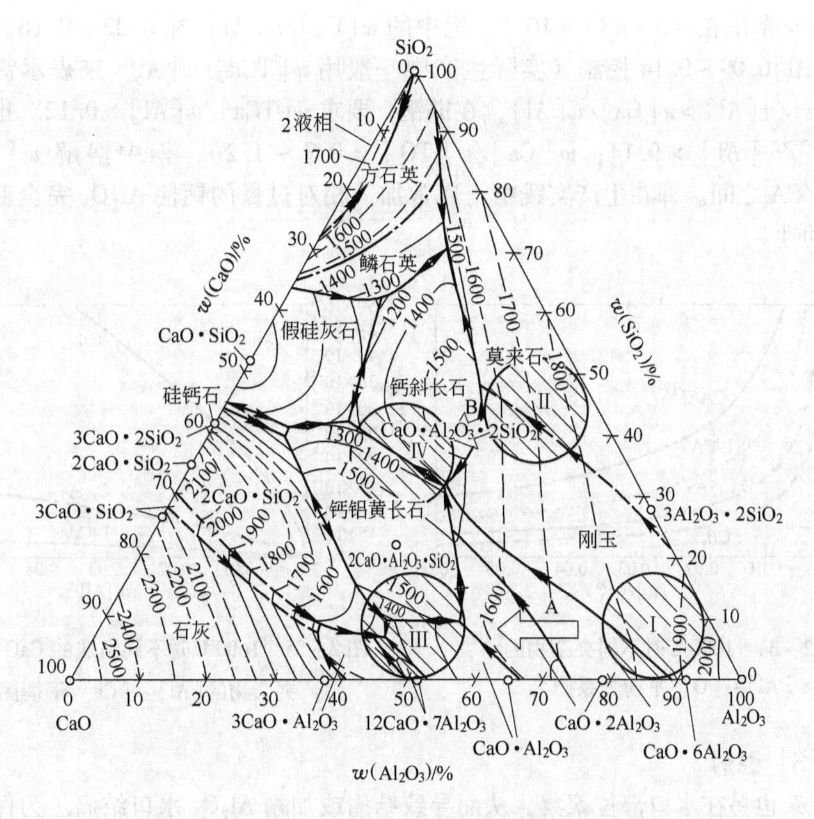

图 2-32 铝（或硅铝）镇静钢钙处理过程示意图

物的形态。王庆祥、龚坚结合工业生产条件，进行了铝镇静钢钙处理热力学计算，得出1600℃不同夹杂物的[Al]-[O]平衡关系（见图2-34），钙处理时，L/CA平衡态可以认为是形成液态铝酸钙的开始，而C/L平衡态可以认为是形成液态铝酸钙的终了。可见，要使得夹杂物为液态，必须把钢中Al含量和O含量控制在C/L—L/CA的区域内，最好位于$12CaO\cdot7Al_2O_3$附近。如钢中$w[Al]=0.02\%$，则钢液中$w[O]=(2.6\sim6.7)\times10^{-4}\%$时，夹杂物为液态。

B $w[Ca]/w[Al]$ 控制

1600℃不同组成的$CaO-Al_2O_3$夹杂物的[Al] -[Ca]平衡见图2-35，可知，为使Al_2O_3变性为L/CA，所需加入钙量是很小的，并且钙的加入量再多，氧化物夹杂也处于L/CA-C/L成分之间，在钢中酸溶铝一定的情况下，为使Al_2O_3变性为液态，钢中溶解钙的变化范围较大。钢中$w[Al]=0.03\%$时，夹杂物变性为液态时，钢中溶解

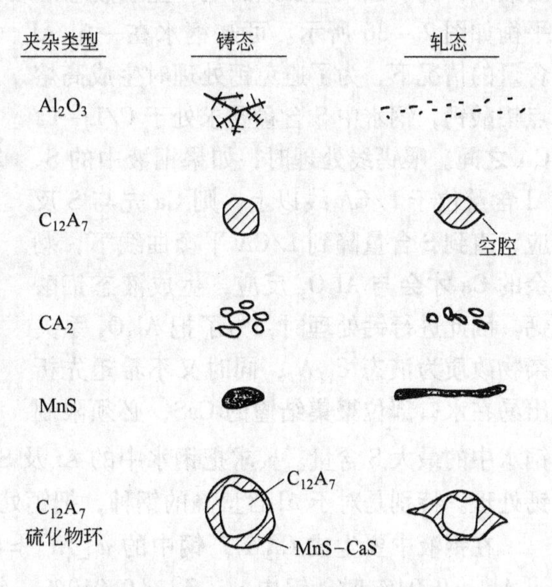

图 2-33 铝镇静钢夹杂物变性示意图

$w[Ca]$的变化范围在（5～48）×10^{-6}，钢中的$w[Ca]/w[Al]$在0.02～0.16。一般应按$w[Ca]/w[Al]$0.09～0.14控制（实际生产中一般用$w[TCa]/w[Al]$来表示钙处理的程度，$w[TCa]/w[Al]>w[Ca]/w[Al]$，在邯钢，要求$w[TCa]/w[Al]>0.12$。也有文献提出：$w[Ca]/w[Al]>0.14$；$w[Ca]/w[TO]=0.7\sim1.2$），钢中溶解$w[Ca]$位于$C_{12}A_7$与L/CA之间。即在生产实践中，通常加入相对过量的钙使Al_2O_3完全变性，改善钢水的流动性。

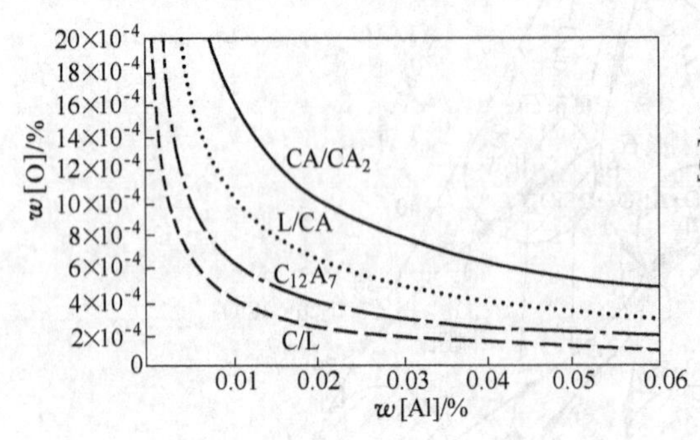

图2－34　1600℃时不同夹杂物的[Al]－[O]平衡关系图

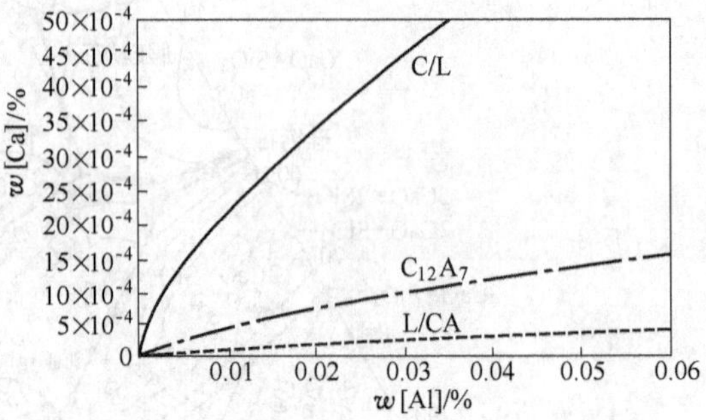

图2－35　1600℃时不同组成的$CaO-Al_2O_3$夹杂物的[Al]－[Ca]平衡图

C　$w[S]$控制

CaS夹杂也易在水口部位聚集，从而导致结瘤或加剧Al_2O_3水口结瘤。为保证钙处理的效果，钙的加入量必须满足：生成液态铝酸钙夹杂物，避免CaS夹杂析出。[Al]－[S]平衡如图2－36所示。可知钢水在一定Al含量的情况下，为了避免钙处理时生成高熔点铝酸钙，钢水中S含量要求处于C/L－L/CA之间。喂钙线处理时，如果钢液中的S、Al含量位于L/CA线以上，则Ca先与S反应，直到S含量降到L/CA平衡曲线下，剩余的Ca才会与Al_2O_3反应，生成液态铝酸钙。因此进行钙处理时，为了把Al_2O_3系夹杂物改质为液态$C_{12}A_7$，同时又不希望先析出易在水口部位聚集结瘤的CaS，必须限制钢水中的最大S含量。要求把钢水中的Al及S含量降低到其与$C_{12}A_7$平衡的值以下进行钙处理。特别是对于Al含量高的钢种，把钙处理前的S含量降得低一些更有利。

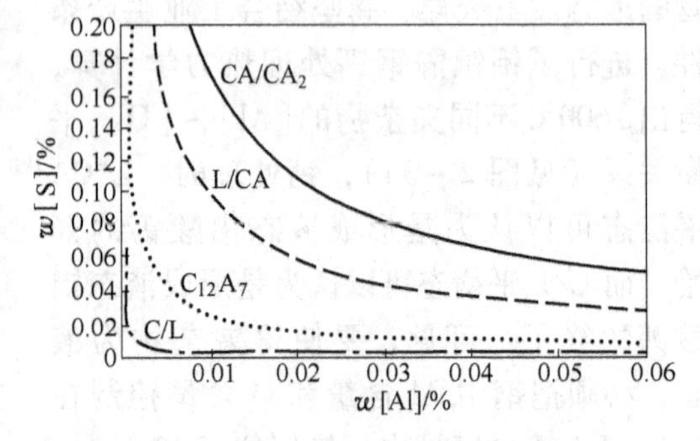

图2－36　1600℃时[Al]－[S]平衡图

在钢液中要生成$C_{12}A_7$，钢中的$w[Al]=0.02\%$时，钢中$w[S]<0.017\%$；钢中的$w[Al]=0.04\%$时，钢中$w[S]<0.010\%$；钢中的$w[Al]=0.05\%$时，钢中$w[S]<0.009\%$。在实际生产中应将钢中硫含量降低到0.005%～0.01%。降低钢水中$w[TO]$和$w[S]$之后进行钙处理，是用钙进行Al_2O_3系夹杂物改质的基本操作。

在钢水硫含量降低到一定程度时，通过钙处理可抑制钢水凝固过程中形成MnS的总量，并把钢水在凝固过程中产生的MnS转变成MnS与CaS或铝酸钙相结合的复合相。由于减少了硫化锰夹杂物的生成数量，并在残余硫化锰夹杂物基体中复合了细小的（10μm左右）、不易变形的CaS或铝酸钙颗粒，使钢材在加工变形过程中原本容易形成长宽比很大的条带状MnS夹杂物，变成长宽比较小且相对弥散分布的夹杂物，从而提高了钢材性能的均匀性。

为了生产高抗拉强度的抗氢脆钢，必须合理地控制钢中的硫含量与钙含量。图2－37表示 $w[Ca]/w[S]$ 与大直径管材氢脆发生率的关系，试验条件按NACE条件：试样在pH为3.7的醋酸溶液中浸96h。$w[Ca]/w[S]$ 保持大于2.0，且硫含量小于0.001%时就能防止HIC（Hydrogen Induced Cracking，氢致裂纹）的发生，而当硫含量为0.004%，$w[Ca]/w[S]>2.5$ 时也能发生HIC。当 $w[Ca]/w[S]<2.0$ 时，由于MnS没有完全转变成CaS，而是部分地被拉长，引起HIC。当 $w[Ca]/w[S]$ 较高且硫含量也较高时，会有Ca－O－S原子团的群集，从而导致钢发生HIC。由此可见，仅靠特别低的硫含量是不够的，仅靠控制 $w[Ca]/w[S]$ 值也是不够的，合适的方法是既保证低硫，如 $w[S]<0.0015\%$，又将 $w[Ca]/w[S]$ 控制在2以上（希望钢中的 $w[Ca]/w[S]$ 保持在2～3），这样就可以充分保证钢不出现HIC。

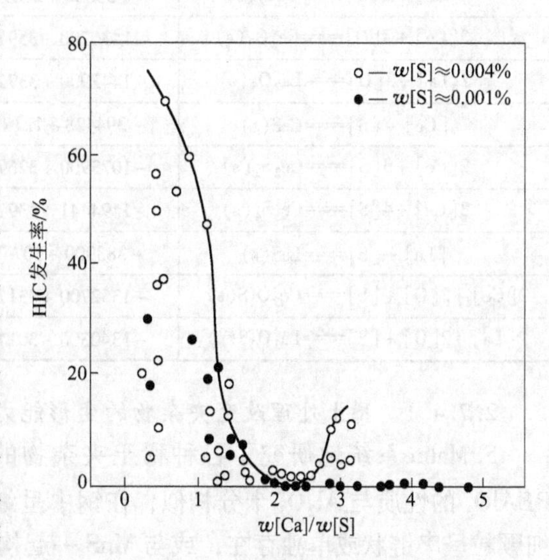

图2－37 HIC发生率与 $w[Ca]/w[S]$ 的关系

为了防止含有CaS的夹杂物在钢锭底部沉淀聚集，应使 $w[Ca]\cdot w[S]^{0.28}\leqslant 1.0\times 10^{-3}$。

对大部分钢种来说，使用钙处理都会提高钢的性能，但是对轴承钢就不宜使用钙处理及其他喷粉处理手段。有研究结果证明，对轴承钢疲劳寿命的危害顺序，由大到小排列为 $m\text{CaO}\cdot n\text{Al}_2\text{O}_3$（点状夹杂），$Al_2O_3$，TiN，(Ca，Mn)S。可见，如果将钢中 Al_2O_3 夹杂物变成 $m\text{CaO}\cdot n\text{Al}_2\text{O}_3$ 夹杂物，其结果将与处理的出发点背道而驰。

2.7.4 稀土处理

稀土元素（RE）包括镧系和钪、钇在内共计17个元素，位于元素周期表中ⅢB族。钢中经常加入的是铈（Ce）、镧（La）、钕（Nd）和镨（Pr），它们约占稀土元素总量的75%。稀土元素的性质都很类似，熔点低、沸点高、密度大，与氧、硫、氮等元素有很大的亲和力。

稀土元素加入钢液以后，可产生如下反应：

$$2[RE]+3[O]=\!=\!=RE_2O_3$$

$$2[RE]+3[S]=\!=\!=RE_2S_3$$

$$2[RE]+2[O]+[S]=\!=\!=RE_2O_2S$$

表2－25为RE化合物的热力学数据，其中 K' 值为钢液中溶解元素的溶度积。可见稀

土元素是很强的脱氧剂，也是很强的脱硫剂。

表 2-25 RE 化合物的热力学数据

反　应	$\Delta_r G_m^\ominus$/J·mol^{-1}	K'/1600℃	熔点/℃	密度/kg·m^{-3}
$[Ce]+2[O]=CeO_2(s)$	$-853600+250T$	2.0×10^{-11}		
$2[Ce]+3[O]=Ce_2O_3(s)$	$-1430200+359T$	7.4×10^{-22}	—	5250
$2[La]+3[O]=La_2O_3(s)$	$-1442900+337T$	2.3×10^{-23}	2320	6560
$[Ce]+[S]=CeS(s)$	$-394428+121T$	2.0×10^{-5}	2500	5940
$2[Ce]+3[S]=Ce_2S_3(s)$	$-1073900+326T$	1.2×10^{-13}	1890	5190
$3[Ce]+4[S]=Ce_3S_4(s)$	$-1494441+439T$	1.8×10^{-19}		
$[La]+[S]=LaS(s)$	$-383900+107T$	7.6×10^{-6}	—	5660
$2[Ce]+2[O]+[S]=Ce_2O_2S(s)$	$-1352700+331T$	3.6×10^{-21}		5990
$2[La]+2[O]+[S]=La_2O_2S(s)$	$-1340300+301T$	2.2×10^{-22}		5730

2.7.4.1 稀土处理改变夹杂物的变形能力

S. Malm 系统地研究了各种稀土夹杂物的变形能力，指出稀土铝酸盐 $REAl_{11}O_{18}$ 和 $REAlO_3$ 的性质与 Al_2O_3 十分相似，在钢中呈细串链状分布，无塑性的稀土铝酸盐夹杂物细颗粒呈串链状或单独存在，或与 MnS 一起构成复合夹杂物；稀土氧硫化合物 RE_2O_2S 通常具有一定的变形能力（呈半塑性），且颗粒较稀土铝酸盐大，也呈串链状出现；含硅的稀土铝氧化合物 $RE(Al,Si)_{11}O_{18}$、$RE(Al,Si)O_3$ 具有较好的变形能力。由此可见，稀土的应用在一定程度上对脆性的 Al_2O_3 起了变性作用，可改善弹簧钢等钢种的疲劳性能。

2.7.4.2 稀土处理控制硫化物的形态

在实际生产中，稀土合金最常用于控制硫化物的形态。硫在钢中以 FeS 或 MnS 形式存在。当钢中 $w[Mn]/w[S]\geqslant2$ 时，FeS 转变成 MnS。虽然它的熔点比较高（1555℃），能避免“热脆”的发生，但是 MnS 在钢经受加工变形处理时，能沿着流变方向延伸成条带状，严重地降低了钢的横向力学性能，因而钢的塑性、韧性及疲劳强度显著降低。因此，应加入变形剂，控制 MnS 的形态，使之转变为高熔点的球形（或点状）的不变形夹杂物。Ca、Ti、Zr、Mg、Be、RE 等可作为硫化物的变形剂，但是，稀土元素常是用作硫化物夹杂的最有效的变形剂。

在钢中加入适量的 RE，能使氧化物、硫化物夹杂转变成细小分散的球状夹杂，热加工时，也不会变形，从而消除了 MnS 等夹杂的危害性。

由于 RE 和氧的亲和力大于和硫的亲和力，所以往钢中加入 RE 时，首先形成稀土的氧化物，然后是含氧、硫的稀土化合物，仅当 $w[RE]/w[S]>3$ 时，才能形成稀土硫化物，而 MnS 完全消失。因此，钢液初始的氧硫含量决定了稀土元素加入后所能生成的产物。钢中形成的稀土夹杂物的类型与钢液初始氧硫含量的关系如表 2-26 所示。图 2-38 是 Fruehan 计算的铈在不同硫氧活度时所生成的氧化物、硫化物及硫氧化物的平衡图。

表 2-26 用稀土元素脱氧脱硫的产物与钢中原始氧硫含量的关系

生成物	稀土氧化物	稀土氧硫化物	稀土硫化物
$w[S]/w[O]$	<10	10~100	>100

2.7.4.3　稀土处理采用的方法

目前稀土处理主要采用中间包喂线法和结晶器喂线法。

稀土线按照一定速度喂入中间包，稀土线穿过覆盖渣进入中间包与钢液中的溶解氧、硫发生反应，生成稀土氧化物、硫氧化物以及稀土硫化物，从而达到控制夹杂物形态的作用。固溶在钢液中的残余稀土还可以起到微合金化的作用，提高钢的性能。与结晶器喂线工艺相比较，从中间包喂入的稀土与钢液中的氧、硫结合生成的稀土夹杂有更长的时间上浮。

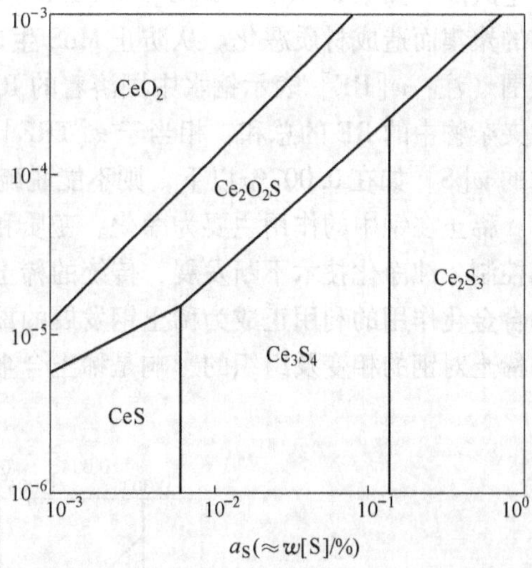

图2－38　1627℃，Ce－O－S系化合物存在区的平衡图

中间包喂稀土线要注意以下几个方面：

（1）钢液充分脱氧。

（2）采用保护浇注，稀土线外加包芯线，减少稀土线喂入过程中的氧化、烧损；采用还原渣在钢液面进行浇注保护。

（3）在覆盖剂中添加有助于吸收稀土氧化物的成分，或者适当采取吹氩搅拌，使稀土氧化物尽可能在中间包被排除，以改善稀土处理钢的纯净度，减轻由于稀土氧化物所造成的水口结瘤。

（4）稀土钢浇注尽量使用碱性中间包衬材料。

（5）使用稀土钢专用覆盖剂。

在连铸结晶器内喂稀土线是对钢水、特别是低硫钢水进行硫化物形态控制的有效方法。由于生成的稀土化合物可以作为钢液凝固时的结晶核心，所以可以细化铸坯组织，简化连铸钢水的温度调整步骤，实现“组织控制”。此方法的稀土收得率最高可以达到95%左右，一般在80%～90%的水平。如果掌握好稀土线直径和喂线速度，稀土在铸坯截面或纵向长度上的分布是比较均匀的。但由于稀土在钢液中的停留时间短，生成的稀土夹杂物排除困难，而且分布的均匀度不如中间包喂稀土工艺好。

结晶器喂稀土线要注意以下几个方面：

（1）在稀土线外加包芯线，尽可能减少稀土线的烧损和氧化。

（2）严格控制原始钢水的脱氧、脱硫程度，使稀土真正发挥变质剂和合金化的作用，而不是脱氧和脱硫作用。

（3）使用稀土钢连铸专用保护渣。根据不同钢种，不同工艺条件，开发的稀土钢专用保护渣既有普通保护渣的功能，还应该具有较强、较快溶解吸收稀土夹杂物的能力。

2.7.4.4　稀土处理存在的缺点

使用稀土元素有如下缺点：①由于稀土元素反应产物（稀土氧化物、硫化物）密度较大（5000～6000kg/m^3），接近于钢水密度，因此不易上浮。②使用稀土元素处理的钢水易再氧化，稀土夹杂物熔点高，在炼钢温度下呈固态，很可能在中间包的水口处凝聚使之堵塞。因此使用稀土合金的量应该适当，避免在钢锭底部倒锥偏析严重以及使连铸操作产生故障。如果 $w[RE]\cdot w[S]\leqslant(1.0\sim1.5)\times10^{-4}$，由经验可知没有因硫化物系夹杂物的聚集而造成材质恶化。从防止 MnS 生成和材质恶化考虑，图 2－39 给出了最佳组成范围（注：$w[RE]$ 表示钢水中固溶着的 RE 的质量分数，是作为硫化物和氧化物悬浮着的夹杂物中的 RE 的总和，相当于 $w[TRE]$；$w[S]$ 也一样）。添加 RE 之前的钢包内钢水中的 $w[S]$ 如在 0.007% 以下，则不能脱硫。

稀土在钢中的作用主要为净化、变质和合金化三大作用。随着钢中硫、氧含量逐渐得到控制，纯净化技术不断发展，传统的稀土净化钢水和变质夹杂物的作用日益减弱，稀土的合金化作用的利用正成为稀土钢发展的重要内容。稀土合金化作用表现在许多方面，其中稀土对钢的相变及组织的影响是稀土合金化作用的重要表现。

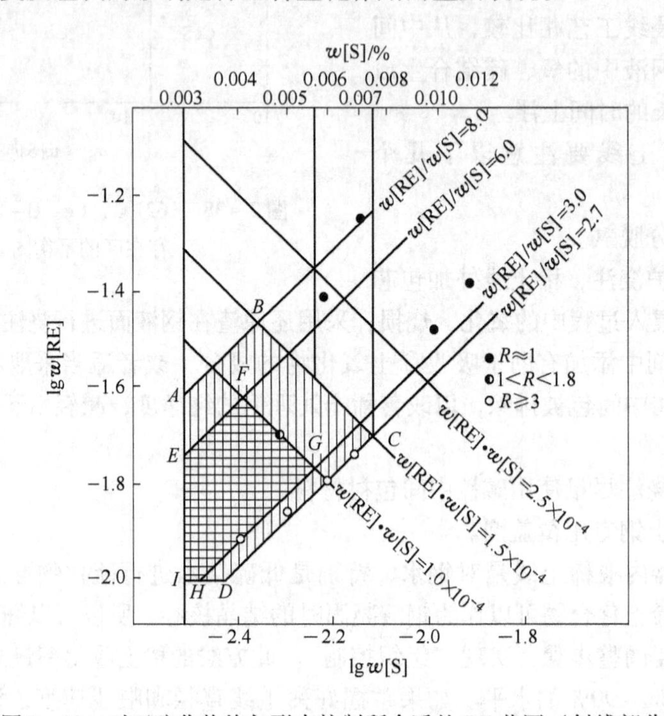

图 2－39　对于硫化物均匀形态控制所合适的 RE 范围（斜线部分）

杨吉春、吕彦等人研究认为，采用 Ca－RE 复合处理钢，可以有效脱硫，减少钢中的硫化物夹杂的数量，控制和改变夹杂物形态，在钢中形成细小、分散、轧制时不变形的纺锤形稀土夹杂物，消除钢中原有的条状硫化锰夹杂所造成的危害作用。

【技术操作】

任务 1　喂线过程中常见的故障和处理

（1）漏粉。芯线锁扣处钢带的咬合不紧密，或者没有咬合，粉剂从开口处泄漏，芯线断面变形严重，喂线过程中甚至会出现扭麻花、断线。处理方法是停止喂线操作，将漏粉部分剪去，然后重新喂线。

（2）断线。断线的现象较为普遍，原因较多，如喂线速度过快，钢带的质量不合格，线卷的抽取不畅、有卡阻现象，线卷的位置和喂线机之间的布置不合理，都会造成断线。处理方法是清理喂线机内部的断线，包括导管内的残线，然后重新喂线即可。

任务2 案例分析

某厂精炼乙班03104531炉，冶炼SWRCH10K，进站定氧0.0083%，喂铝线50m，二次定氧0.0053%，补喂铝线25m，出站定氧为0.0016%，连铸后期钢水下不来，部分回炉。

（1）原因分析：①第一次喂Al线操作后，吹氩搅拌时间不够，钢水中Al未完全反应，钢水中氧不均匀是造成脱氧过度的主要原因。②第二次定氧时因吹氩时间短，钢水中氧未完全均匀，定氧值无代表性、不准确，造成第二次喂线后脱氧过度。

（2）防范措施：①严格执行喂铝线后吹氩时间不短于3min，达到实效后再定氧，确保钢水中氧均匀有代表性。②定氧操作时，定氧枪插入钢水深度要标准且保持稳定，防止摆动过大等造成定氧枪窜动，从而影响定氧的准确度。

【问题探究】

1. 顶渣控制的目的是什么，有何方法？
2. 渣洗有何精炼作用？
3. 搅拌方法有哪些？
4. 吹氩的精炼原理是什么，吹氩精炼的作用有哪些？
5. 加热方法有哪些，各有何特点？正确选择精炼加热工艺，应重点考虑哪些因素？
6. 真空泵的主要性能指标有哪些，蒸汽喷射泵具有哪些优点？
7. 降低钢中气体有哪些措施？
8. 为什么在实际操作真空精炼时，碳的脱氧能力远没有热力学计算的那么强？
9. 有效进行碳的真空脱氧应采取什么措施？
10. “脱碳保铬”的途径有哪些？
11. 何谓喷射冶金？简述其作用。
12. 简述喂线工艺操作要点。
13. 钢中夹杂物如何分类？
14. 简述钢液钙处理的原理，以及如何控制钙处理工艺参数。
15. 稀土处理有何作用，存在哪些缺点？

【技能训练】

项目1 钙处理过程中钙的收得率计算

钢液中总的钙量的变化与加入的钙总量之比即为钙的收得率。计算公式如下：

$$\eta_{Ca}=\frac{\text{钢液量}(w[Ca]_T-w[Ca]_b)}{\text{钙合金加入量}\times w[Ca]_a}\times 100\% \tag{2-47}$$

式中 $w[Ca]_T$——钢液加钙以后的钙含量；

$w[Ca]_b$——钢液加钙以前的钙含量，一般可忽略；

$w[Ca]_a$——合金钙含量。

计算题：冶炼管线钢X65，钢水重120t，喂线以前钢液中钙可以忽略不计，喂线600m以后，钢液中钙含量为0.00408%；已知钙铁线中钙含量为28%，单重为220g/m，求钙铁线中钙的收得率。

项目 2　喂线脱氧、酸溶铝控制的计算

（1）合金加入量计算公式：

$$合金加入量(kg)=\frac{钢水量(kg)\times(目标值-实际值)}{合金含量\times收得率} \tag{2-48}$$

（2）喂线量计算公式：

$$喂线长度(m)=\frac{合金加入量(kg)}{单重(kg/m)} \tag{2-49}$$

题 1：某厂生产焊条钢，钢水量 80t，精炼进站钢中氧为 0.014%，要求出站氧为 0.004%，铝线的脱氧效率为 40%，铝线折合后的单重为 300g/m。

（1）试从理论上计算需要喂入多少米铝线才能保证出站氧合格？

（2）每米喂线的脱氧量？

题 2：某厂生产含铝钢 08Al，出钢量 84t，到站 $w[Al]_s$ 为 0.025%，要求出站 $w[Al]_s$ 达到 0.035%，试计算喂入的铝线量（已知铝线折合后的单重为 300g/m，铝的收得率为 70%）？

3 炉外精炼操作工艺

【学习目标】

(1) 掌握 RH 法的工作原理、主要参数控制、冶金功能以及相关技术。
(2) 掌握 LF 典型工艺流程、白渣精炼工艺要点及处理效果。
(3) 掌握 VD 的工作原理、一般精炼工艺流程和操作工艺。
(4) 掌握 ASEA - SKF 法与 VAD/VOD 法的工作原理、工艺流程和操作工艺。
(5) 根据设备、效果等，比较分析 LF 法、ASEA - SKF 法、VAD/VOD 法的特点。
(6) 比较分析 VD 法与 VOD 法、VD 法与 RH 法的特点及应用。
(7) 掌握 AOD 炉的工作原理、一般精炼工艺流程和操作工艺。
(8) 能够根据设备、效果等，比较分析 AOD 炉与 VOD 炉精炼不锈钢的特点。
(9) 掌握 CAS 法、CAS - OB 法的精炼原理、功能及操作工艺。
(10) 了解 TN、SL 工作原理、一般工艺流程和操作工艺。

【相关知识】

钢液炉外精炼方法很多，各种精炼方法在原理、设备、工艺操作及处理效果方面各有特点。阐述目前国内外常用的主流精炼方法（如 RH、LF 等）的原理、设备、工艺操作、处理效果及发展，分析其工艺操作与控制中常见事故的处理，可为纯净钢生产合理选择精炼方法、优化工艺，提供可靠的技术支持。

3.1 RH 法与 DH 法操作工艺

3.1.1 RH 法的基本原理

RH 法是 1957 年由联邦德国 Rheinstahl 公司和 Heraeus 公司共同开发的一般钢液真空精炼技术，又称真空循环脱气法。RH 法是国际上出众的、在钢包中对钢液进行连续循环处理的方法，主要适合于现代氧气转炉炼钢厂或超高功率电弧炉炼钢厂。

RH 法的基本原理如图 3 - 1 所示，钢液脱气是在砌有耐火材料内衬的真空室内进行的。脱气时将浸入管（上升管、下降管）插入钢水中，当真空室抽真空后钢液从两根管子内上升到压差高度。根据气力提升泵的原理，从上升管下部约 1/3 处向钢液吹入氩等驱动气体，使上升管的钢液内产生大量气泡核，钢液中的气体就会向氩气泡扩散，同时气泡在高温与低压的作用下，迅速膨胀，使其密度下降。于是钢液溅成极细微粒呈喷泉状以约 5m/s 的速度喷入真空室，钢液得到充分脱气。脱气后钢液由于密度相对较大而沿下降管流回钢包。至此，钢液实现钢包→上升管→真空室→下降管→钢包的连续循环处理过程。

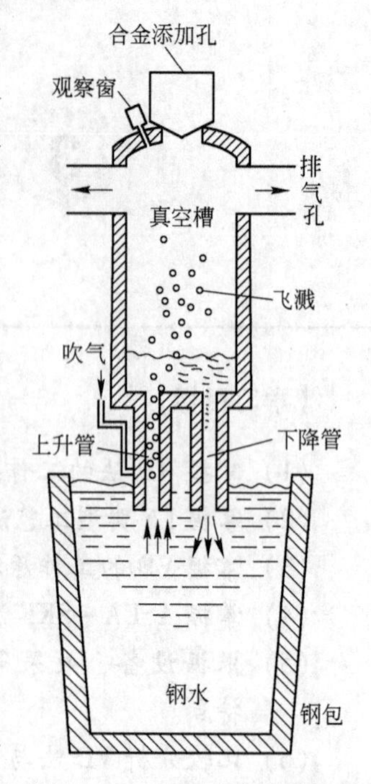

图 3－1 RH 法工作原理图

3.1.2 RH 主要设备

RH 设备由以下部分组成：真空室，浸入管（上升管、下降管），真空排气管道，合金料仓，循环流动用吹氩装置，钢包（或真空室）升降装置，真空室预热装置（可用煤气或电极加热）。一般设两个真空室，采用水平或旋转式更换真空室，真空排气系统采用多个真空泵，以保证一般真空度在 50～100Pa，极限真空度达 50Pa 以下。RH 装置有三种结构形式：脱气室固定式、脱气室垂直运动式、脱气室旋转升降式。

3.1.2.1 RH 真空室

RH 真空室是 RH 精炼冶金反应的熔池，如图 3－2 所示。

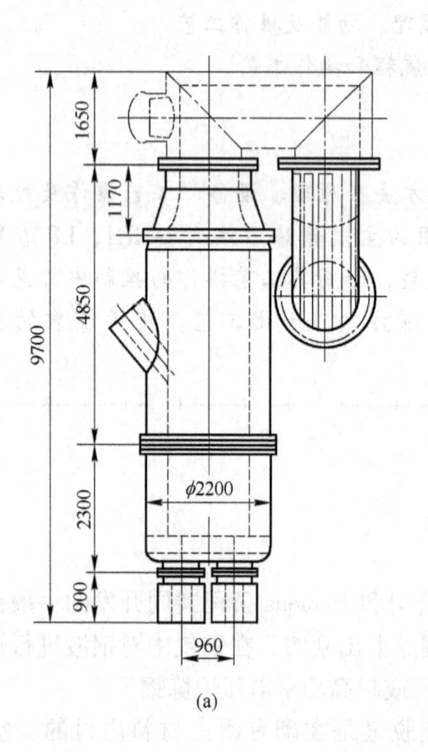

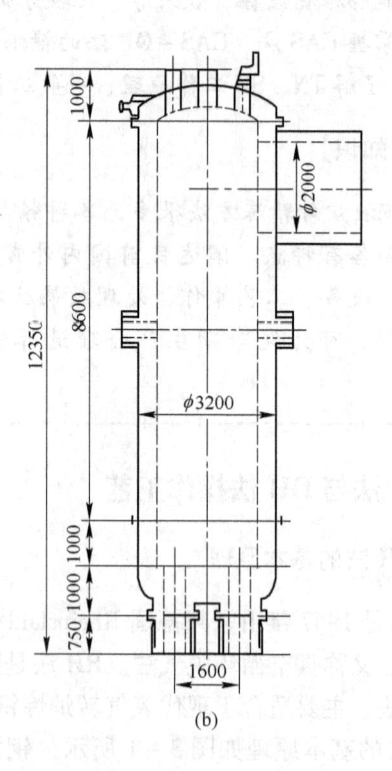

图 3－2 RH 真空室的形状

（a）武钢 1 号 RH 真空室形状；（b）宝钢 300t RH 真空室

A 真空室的支撑方式

RH真空室的支撑方式对设备的作业率、合金添加能力、工艺设备的布置、设备占地面积等有直接影响。有以下三种支撑方式：真空室旋转升降方式；真空室上下升降方式；真空室固定钢包升降方式。

B 真空室的交替方式

为了提高RH真空精炼炉的作业率，目前广泛采用双真空室，甚至三真空室交替方式。真空室交替方式可以分为双室平移式、转盘旋转式、三室平移式。

3.1.2.2 铁合金加料系统

现代RH真空精炼系统均设有一套适合于生产工艺需要的合金加料系统，一般采用高架料仓布料方式。其主要设备有旋转给料器、真空料斗及真空电磁振动给料器等。

3.1.3 RH操作及工艺参数

3.1.3.1 RH操作工艺

RH操作的基本过程如图3-3所示。

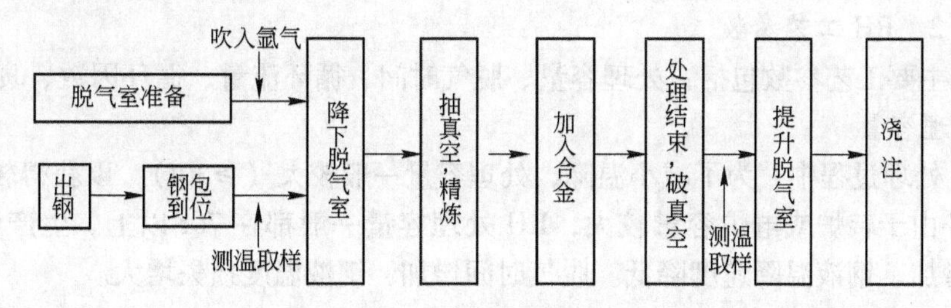

图3-3 RH操作过程简图

下面介绍某厂处理容量为100t的旋转升降式RH装置的操作实例。其蒸汽喷射泵的排气能力为300kg/h，并带有两级启动泵设备。

(1) 脱气前的准备工作。准备工作包括：电、压缩空气、蒸汽、冷却水的供应；驱动气体和反应气体的准备；脱气室切断油烧嘴，关闭空气及煤气阀门；提起脱气室并使脱气室从煤气预热装置处离开；在环流管底部套上挡渣帽；将按要求装好料的合金料斗，用吊车安放在脱气室顶盖上。

(2) 脱气操作。将氩气量调到100L/min，将脱气室转到钢包上方，然后将环流管插到钢液内，环流管插入钢液的深度至少要有150~200mm；在脱气室转到钢包上方的过程中，进行测温、取样。环流管插入钢液后启动四级喷射泵和二级启动泵，同时接通所有的测量仪表，并进行记录；当真空度约为26.67kPa时，一接到信号，即可启动三级泵，并注意蒸汽压力，如果压力允许，可启动一级启动泵；在约2kPa时，打开废气测量装置；达6.67kPa时，关闭一、二级启动泵；将氩气量调到150L/min，并注意观察电视机和废气测定仪，如果废气量小于200kg/h，可把氩气量逐渐减小，然后打开二级启动泵，在此前必须关掉废气测定仪，并把氩气量降至80~100L/min，在启动二级泵的同时，应注意电视中的情况，当达到0.67kPa时，再把废气测定仪打开，如果废气量超过250kg/h，必须重新停止二级泵；在266~400Pa时，打开一级泵，并注意蒸汽压力；当废气量继续下降时，可将氩气量升到150、200、250L/min，在启动一级喷射泵后，对脱气装置充分抽气，在远距离控制板上的指示读数应显示出合适的各种压力、气体流量和温度读数。

（3）钢液脱气过程控制。通过电视装置观察钢液的循环状态。当大约达到 6000 ~ 3333Pa 时，随着插入深度的不同，钢液逐渐到达脱气室底部，进入上升管的时间比进入下降管的时间稍微早一些。在 2666 ~ 1333Pa 时，钢液的循环流动方向就十分明显了。

通过电视装置，观察钢液的脱氧程度及喷溅高度。分析废气以了解钢液的脱氧程度和脱气程度（也有些厂家靠分析废气来确定钢中碳含量，以决定加入合金和 RH 处理终了时间）。调节氩气流量以控制钢液循环量、喷射高度及脱气强度。

（4）合金的加入。对于加料时间的选择，一般要求在处理结束前 6min 加完。

（5）取样、测温。取样、测温在脱气开始之前进行一次，以后每隔 10min 测温，取样一次，接近终了时，间隔 5min 取样一次，处理完毕时，再进行测温取样。

（6）脱气结束操作。打开通气阀，停止计时器，关闭 1 ~ 4 级喷射泵，停止供氩并关闭氩气瓶；关闭冷却水；关断供电视装置用的风机，断开电视装置及记录仪表；如果 1h 内不再进行脱气，即将合金漏斗移走，继续进行预热。

（7）浇注。将钢包吊至连铸车间进行浇注。

3.1.3.2　RH 工艺参数

RH 的主要工艺参数包括：处理容量、脱气时间、循环流量、循环因数、真空度等。

A　处理容量

在 RH 处理过程中，为了减小温降，处理容量一般较大（≥30t），以获得较好的热稳定性。国外由于转炉或电炉容量较大，RH 处理容量一般都在 70t 以上。生产经验表明，钢包容量增加，钢液温降速度降低。脱气时间增加，钢液温度损失增大。

B　脱气时间

为保证精炼效果，脱气时间必须得到保证，其主要取决于钢液温度和温降速度。

$$t = \Delta T_c / \bar{v}_t \tag{3-1}$$

式中　t——脱气时间，min；

ΔT_c——处理过程允许温降，℃；

$\bar{v}_t$——处理过程平均温降速度，℃/min。

若已知温降速度和要求的处理时间，则可确定所需的出钢温度。

C　循环流量

RH 的循环流量是指单位时间通过上升管（或下降管）的钢液量，单位：t/min。有关关系式为：

$$Q = 0.020 D_u^{1.5} G^{0.33} \tag{3-2}$$

$$Q = k(HG^{0.83} D_u^2)^{0.5} \tag{3-3}$$

$$Q = 3.8 \times 10^{-3} D_u^{0.3} D_d^{1.1} G^{0.31} H^{0.5} \tag{3-4}$$

式中　Q——循环流量，t/min；

D_u——上升管直径，cm；

D_d——下降管直径，cm；

k——常数，由实验确定；

G——上升管内氩气流量，L/min；

H——吹入气体深度（指示气孔至上升管上口的高度），cm。

由式（3－2）~式（3－4）可知，适当增加气体流量可增加环流量，当钢中氧含量很高时，由于真空下的碳氧反应，可能降低两相流密度，从而导致钢液环流量的降低。魏季和、胡汉涛等人研究提出：随着吹气管孔径扩大，RH 钢包内液体流态几乎不变，而环流量增大，混合时间缩短。

D 循环因数

循环因数又称循环次数，是指通过真空室钢液量与处理容量之比，其表达式为：

$$u = \frac{Wt}{V} \tag{3-5}$$

式中 u——循环因数，次；

t——循环时间，min；

W——循环流量，t/min；

V——钢液总量，t。

脱气过程中钢液中气体浓度可由下式表示：

$$\overline{C}_t = C_e + m(C_0 - C_e)^{-\frac{1}{m} \cdot \frac{W}{V} \cdot t} \tag{3-6}$$

式中 $\overline{C}_t$——脱气 t 时间后钢液中气体平均浓度；

C_e——脱气终了时气体浓度；

C_0——钢液中原始气体浓度；

t——脱气时间，min；

V——钢包容量，t；

W——循环流量，t/min；

m——混合系数，其值在 0~1 之间变化。

m 值可分三种情况讨论：

当脱气后钢液几乎不与未脱气钢液混合，钢液的脱气速度几乎不变，此时钢液经一次循环可以达到脱气要求时，$m \to 0$。

当脱气后钢立即与未脱气钢液完全混合，钢包内的钢液是均匀的。钢液中气体的浓度缓慢下降；脱气速度仅取决于循环流量时，$m \to 1$。

当脱气后钢液与未脱气钢液缓慢混合时，$0 < m < 1$。

综上所述，钢液的混合情况是控制钢液脱气速度的重要环节之一。一般为了获得好的脱气效果，可将循环因数选在 3~5。

近年来，宝钢、武钢、京唐钢铁、马钢等企业，新建或改建 RH 装置采用了强大真空抽气系统、增大浸渍管内径和提升气体流量等方法（见表 3－1），获得了良好的精炼效果。

表 3－1 国内几台典型 RH 装置的设备工艺参数

装 置	钢包容量 /t	真空泵抽气能力 (67Pa) /kg · h⁻¹	上升、下降管直径/mm	提升气体流量 /L · min⁻¹	钢水循环速率 /t · min⁻¹
宝钢 2 号 RH	300	1100	750	约 4000	239.5
宝钢 4 号 RH	300	1500	750	约 4000	239.5
武钢三炼钢 2 号 RH	250	1200	750	约 5800	271.5
马钢四钢轧厂 RH	300	1250	750	约 4000	239.5
首钢京唐公司 RH	300	1250	750	约 4000	239.5

注：钢水循环速率采用桑原達朗（日本）经验公式计算。

3.1.4　RH 处理模式

自 1980 年以来，RH 技术开发集中在以下三方面：①充分利用 RH 法的功能；②将 RH 法与其他精炼方法配合使用；③RH 的多功能化。

3.1.4.1　RH－O

RH－O（RH 顶吹氧）法是 1969 年联邦德国蒂森钢铁公司恒尼西钢厂 Franz Josef Hann 博士等人开发的，该法第一次用铜质水冷氧枪从真空室顶部向循环着的钢水表面吹氧，强制脱碳、升温，用于冶炼低碳不锈钢。由于工业生产中氧枪结瘤和氧枪动密封问题难以解决，而当时 VOD 精炼技术能较好满足不锈钢生产的要求，故 RH－O 技术未能得到广泛应用。

3.1.4.2　RH－OB

RH－OB（RH－Oxygen Blowing）法是 1972 年日本新日铁室兰厂根据 VOD 冶炼不锈钢的原理而开发的真空吹氧技术，如图 3－4（a）所示。它是在 RH 真空室的侧壁上安装一支氧枪，向真空室内的钢水表面吹氧。设备上采用双重管喷嘴，埋在真空室底部侧墙上；喷嘴通氩气保护。德国也称为 RH－O。后来新日铁室兰厂和古屋厂开发了将用氩气或乳化油冷却的 OB 喷嘴埋入 RH 真空室吹氧的技术，增加了吹入真空室的氩气和乳化油的用量，从而增大了反应界面，增大了搅拌力，称为 RH－OB－FD。这些方法可以加速真空室内的钢液脱碳，使 $w[C]<0.002\%$；可以向 RH 真空室内加入铝、硅等发热剂对钢液进行升温等，使用铝热法可使钢液升温速度达到 4℃/min。

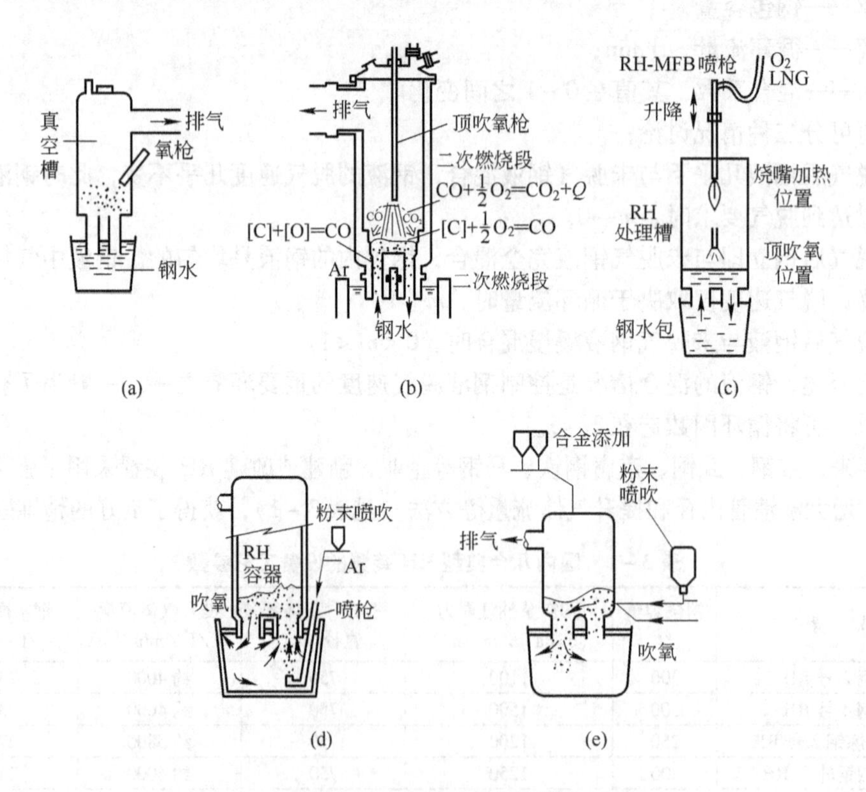

图 3－4　RH 法工艺发展

（a）RH－OB 法；（b）RH－KTB 法；（c）RH－MFB 法；（d）RH Injection 法；（e）RH－PB（浸渍吹）法

RH－OB 在真空下进行吹氧脱碳和抑制铬的氧化，以氧气转炉为初炼炉生产不锈钢，整个工艺由五个工序所组成：

（1）铁水用 KR 法脱硫，将铁水硫由 0.025%～0.035% 脱至 0.004%～0.006%。

（2）低硫铁水和废钢装入转炉，吹炼成低硫、磷的半成品，钢液含磷在 0.010% 以下。

（3）出钢倒渣。

（4）不带渣的半成品钢液再兑回转炉，加高碳铬铁，吹氧助熔和脱碳，将碳降到 0.5%～0.8%，得到温度为 1750℃左右的不锈钢母液。

（5）出钢，将不锈钢母液在 RH－OB 装置中，吹氧脱碳至规格要求，然后调整成分和脱氧。

RH－OB 工艺特点如下：

（1）能保持氧气转炉较高的生产率。当用 50t 转炉冶炼不锈钢半成品时（出钢量为 56 t)，每炉的冶炼周期约为 50min，RH－OB 法的处理时间约为 70min，总计 120min。小时产钢量为 28t/h。而常规的电弧炉冶炼（50t 电弧炉，真空处理）产钢量为 12.2t/h。50t 电弧炉与 AOD 双联，产钢量也只有 14.7t/h。

（2）铬回收率高。RH－OB 法铬的总回收率可高达 96% 以上，而用通常的电弧炉冶炼（返回吹氧法，成品 $w[C]=0.08\%$），铬的回收率只有 88%～94%。RH－OB 法铬的回收率已接近和达到了 VOD、AOD 的水平。

（3）所用的铬是廉价的高碳铬铁，故生产成本低。

（4）成品性能好，质量稳定。用 RH－OB 法生产不锈钢时，碳含量的调整比较方便，尤其是容易生产超低碳不锈钢。易于降低成品钢的含硅量。由于用高炉铁水为主要原料，因此钢中诸如铜、锡、铅等有害元素含量低。吹氧脱碳后在真空下用碳脱氧，所以氧含量低，为 0.002%～0.004%；含氢量一般为 0.0001%～0.0003%；氮含量为 0.003%～0.012%。从而改善钢的力学性能，使伸长率提高，硬度降低，适合于冷加工。

RH－OB 技术主要问题是喷嘴寿命低，喷溅与真空室结瘤严重，需增加 RH 真空泵的抽气能力。这些阻碍了 RH－OB 技术的进一步发展。

3.1.4.3 RH 轻处理

RH 轻处理工艺是 1977 年日本新日铁大分厂开发的。它是利用 RH 的搅拌、脱碳功能，在低真空条件（工作压力可在 1.3～40kPa）下，对未脱氧钢水进行短时间处理，同时将钢水温度、成分调整到适于连铸工艺要求。

其基本过程是：将转炉冶炼的未脱氧钢或半脱氧钢，先在 20～40kPa 的真空度下碳脱氧（10min 左右），然后在 1.333～6.666kPa 下加脱氧剂脱氧（约 2min），并进行微调，使钢液成分和温度达到最适合连铸的条件。和一般 RH 处理相比，它的处理时间短，能量消耗和温度下降都较低，铁合金收得率提高（如加铝脱氧时，钢中氧浓度比普通方法（不处理）低，约为 0.04%，因而铝的收得率显著提高）。

将该法和 RH－OB 法相结合的 RH－OB 轻处理法，使转炉实现恒定的终点碳操作成为可能。该方法中，终吹的目标碳量可始终定在 0.10%，然后转送到 RH－OB 中进一步脱碳。轻处理法适用于一般的大量生产的钢材，以降低铁合金消耗，减轻转炉负担并提高质量。

与之对应的是 RH 本处理，也称深处理，是在不大于 400Pa 下保证一定必要时间，以深脱碳、脱氢或碳脱氧为处理目的的操作工艺。

3.1.4.4　RH－KTB

RH 真空吹氧技术的发展经历了 RH－O→RH－OB→RH－KTB 三个阶段。RH 法操作上的问题之一是长时间处理时钢液温度的降低，导致金属附着在真空室的内壁上。作为其对策，最初尝试了在真空室内设置电阻加热器和往钢液中投入硅和铝并氧化它、利用其氧化热的方法等。

RH－KTB（RH－Kawasaki Top Oxygen Blowing）法是 1989 年由日本川崎钢公司开发的，其作用是通过 RH 真空室上部插入真空室的水冷氧枪向 RH 真空室内钢水表面吹氧，加速脱碳，提高二次燃烧率，减少温降速度，如图 3－4（b）所示。RH－KTB 也应用喷粉脱硫技术。有些文献又把它简写为 RH－TB。此方法把脱碳产生的 CO 在真空室内燃烧成 CO_2，加热真空室内壁，期望脱碳反应使钢液升温。由此消除了金属的附着，进而得以提高转炉的终点碳，缩短转炉吹炼时间。

RH－KTB 的关键是二次燃烧控制技术。控制 CO 的二次燃烧，并使用燃烧的热量加热钢液，可以获得较高的钢液温度而不需要加铝，由此减少了因加铝升温而导致的夹杂物的生成机会，提高了钢的质量。与传统的 RH 相比，RH－KTB 废气中的 CO 含量大大减少，CO_2 增多，见图 3－5。在传统的 RH 脱碳过程中，废气中始终是 CO 占主导地位。而在 RH－KTB 脱碳过程中，废气中始终是 CO_2 占主导地位，二次燃烧率可达 60%。由于二次燃烧产生大量的热量，RH－KTB 处理不需要提高出钢温度，与传统 RH 相比，同样的处理时间可降低出钢温度 20～30℃。

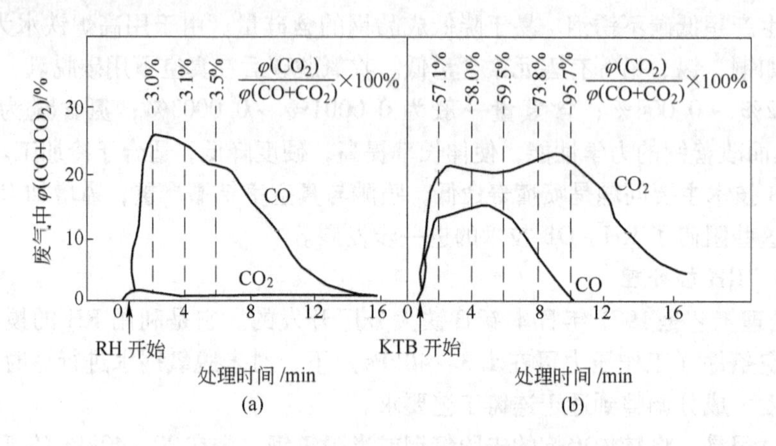

图 3－5　RH 和 RH－KTB 的二次燃烧率比较
（a）传统 RH；（b）RH－KTB

RH－KTB 脱碳速度比传统 RH 快，初始含碳量高，达到同样的最终碳含量，处理时间可缩短 3min，可以生产含碳量 0.002% 的超深冲用薄板钢。

3.1.4.5　RH－MFB

RH－MFB（RH－Multiple Function Burner）法是 1993 年新日铁广畑制铁所开发的名为“多功能喷嘴”的真空顶吹氧技术。从顶吹喷枪供给燃气或氧气，不仅进行预热，在 RH 处理中也用燃气进行加热。不使用燃气时，进行吹氧脱碳和加铝吹氧升温。其冶金功能和KTB真空顶吹氧技术相近，是提高钢水温度和防止金属在真空槽内壁附着的方法，同时也适合于极低碳钢的吹炼。

它是在RH真空室上方设置了上下升降自由、可以按需要使用纯氧或者“纯氧+LNG”的多功能烧嘴，如图3-4（c）所示。“纯氧+LNG”在处理钢液时和等待时通入天然气，天然气燃烧使真空室内壁和钢液升温，清除真空室内壁形成的结瘤物；纯氧则用于铝的氧化使钢液升温和促进脱碳。

宝钢集团梅钢公司的RH-MFB主体设备由国内设计制造，MFB多功能顶枪系统由日本新日铁提供，多功能顶枪主要技术参数为：枪体长度10m，氧气压力1.5MPa，最大吹氧量2000m^3/h，燃料COG（焦炉煤气）500m^3/h，最大升降行程7.8m，升降速度为15m/min（高速）、1.5m/min（低速）。升温功能是通过吹氧加铝实现的，从而可稳定地控制精炼过程温度，满足连铸对钢液温度的严格要求。梅钢RH-MFB化学升温能力很强，设计升温速度为不小于6℃/min，实际升温速度大于6℃/min，最高为6.6℃/min。

3.1.4.6 RH喷粉技术

RH喷粉技术是在RH-OB、RH-KTB设备的基础上增加了喷粉技术，实现了脱硫、脱氧和改变非金属夹杂物形态的功能。一般喷粉技术存在从熔剂中吸氢、从大气中吸氮及可能混渣等问题，而RH具有良好的脱气和搅拌效果。结合喷粉和RH法的优点，出现了一些具有喷粉精炼功能的RH新方法。由于喷吹了$CaO-CaF_2$系脱硫剂，可以在真空脱气的同时进行脱硫。在此之前，用RH法脱硫比较困难。

RH-Injection也称RH喷粉法，1983年由日本新日铁大分厂开发，如图3-4（d）所示，即在进行RH处理的同时，用插入RH真空室上升吸嘴下部喷枪向钢水内喷吹氩气和合成渣粉料的方法，主要强化脱硫。

1985年在日本新日铁名古屋厂开发的RH-PB法（RH-Powder Blowing，浸渍法），如图3-4（e）所示，也是在RH真空室的下部增设喷吹管，向循环着的钢液喷入精炼用的粉剂。采用这些方法，真空室中脱硫剂粉末和钢液激烈搅拌，显著地促进了脱硫反应，可以得到$w[S]<0.0005\%\sim0.001\%$的钢水。另外，上述两种方法还可用于夹杂形态的控制，如果使用铁矿粉代替脱硫剂，也可用于超低碳钢的冶炼。

与上述两种方法相类似，1994年在日本住友金属和歌山厂，开发了由RH真空室的顶部向真空室插入一支水冷喷枪，向真空室钢液表面喷吹合成渣粉剂的RH-PTB（RH-Powder Top Blowing）法。该法利用水冷顶枪进行喷粉，喷嘴不易堵塞，不使用耐火材质的浸入式喷粉枪，操作成本较低，载气耗量小。该方法为生产超低碳深冲钢和超低硫钢种开辟了一条新途径。

在其他方面，对RH的真空室也作了一系列的改进。如真空室和二根插入管均设计成垂直的圆筒形，这样便利制造和维修；为了处理未脱氧钢，有将真空室高度增大的趋势；增大上升管的内径，或将双管式改成三管式，即改成有两根上升管和一根下降管，这样可提高钢液的循环流量；改弥散型的吹氩环为数根不锈钢的吹氩管（ϕ3mm），并装于上升管的两处（上下相距50~300mm）吹氩，以稳定吹氩操作和提高上升管的寿命。

各类RH多功能处理技术的冶金性能比较见表3-2。

表3-2 RH多功能处理技术的冶金性能比较

装置	开发年份	开发厂家	主要功能	使用钢种	处理效果 (w)/%						备注
					H	N	O	C	S	P	
RH	1957	联邦德国鲁尔钢铁公司和海拉尔公司	真空脱氢，减少夹杂，均匀成分、温度	含氢量要求严格钢种，主要是低碳钢、超低碳深冲钢、硅钢等	<0.0002	<0.004	0.002～0.004				为钢液脱氢而开发，迅速将氢降至远低于白点敏感极限范围
RH-OB	1972	日本新日铁公司	同RH，并可吹氧脱碳、加热钢水	同RH，可生产不锈钢，多用于超低碳钢的处理	<0.0002	<0.004	0.002～0.004	≤0.0035			为钢液升温而开发
RH-KTB	1989	日本川崎钢铁公司	同RH，并可加速脱碳，补偿热损失	同RH，多用于超低碳钢、IF钢、硅钢的处理	<0.00015	<0.004	<0.003	<0.002			快速脱碳至超低碳范围，二次燃烧补偿热损失
RH-MFB	1993	日本新日铁公司	同RH，并可喷粉脱硫、磷和吹氧脱碳	同RH，可用于超低硫、磷钢的处理	<0.00015	<0.004	<0.003	<0.002			喷嘴既可喷粉，又可吹氧
RH-PB	1985	日本新日铁公司	同RH，并可喷粉脱硫、磷	同RH，主要用于超低硫、磷等钢种的处理	<0.00015	<0.004			<0.001	<0.002	从PB孔喷入粉剂
RH-PTB	1994	日本住友金属工业公司	同RH，并可喷粉脱硫、磷	同RH，主要用于超低硫、磷钢的处理	<0.00015	<0.004	<0.003	<0.002	<0.001	<0.002	从KTB喷枪喷入粉剂

3.1.5 RH 的技术特点与精炼效果

3.1.5.1 RH 的技术特点

RH 法利用气泡将钢水不断地提升到真空室内进行脱气、脱碳等反应，然后回流到钢包中。因此，RH 处理不要求特定的钢包净空高度，反应速度也不受钢包净空高度的限制。和其他各种真空处理工艺相比，RH 技术的优点是：

（1）反应速度快，表观脱碳速度常数可达到 $3.5min^{-1}$。处理能力大，处理周期短，一般一次完整的处理约需 15min，即 10min 处理时间，5min 合金化及混匀时间；用于深脱碳和脱氢处理也可以在 30min 内完成。适于大批量处理，生产效率高，常与转炉配套使用。

（2）反应效率高，钢水直接在真空室内进行反应。

（3）可进行吹氧脱碳和二次燃烧进行热补偿，减少处理温降。

（4）可进行喷粉脱硫，生产超低硫钢。

3.1.5.2 RH 的冶金功能和精炼效果

现代 RH 的冶金功能已由早期的脱氢发展到现在的深脱碳、脱氧、去除夹杂物等十余项冶金功能，如图 3-6 所示。

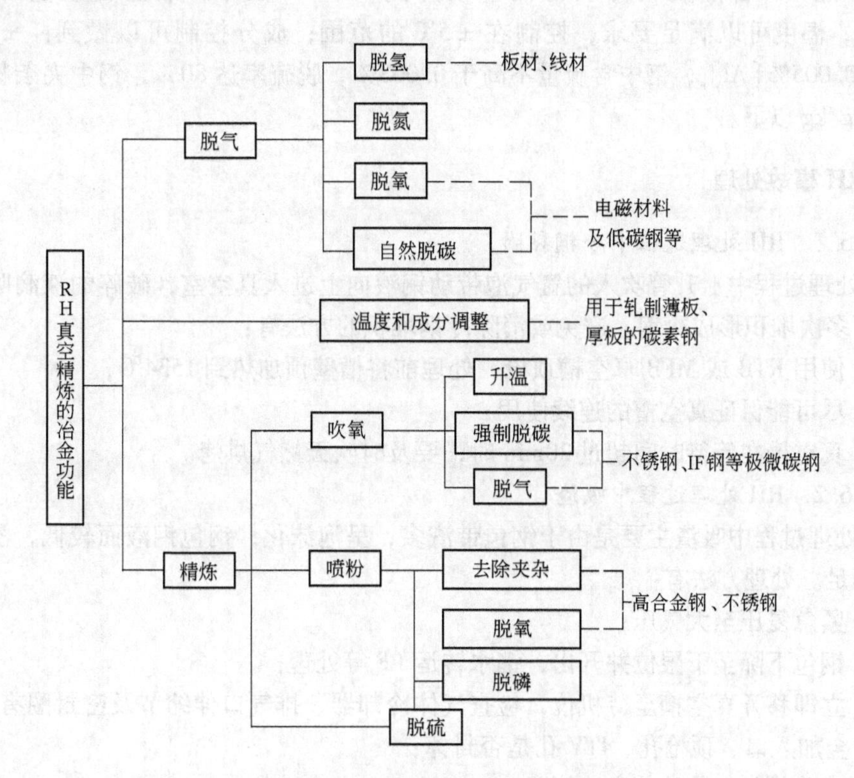

图 3-6 RH 真空精炼的冶金功能

脱氢：早期 RH 以脱氢为主。经 RH 处理，一般能使钢中的氢降低到 0.0002% 以下。现代 RH 精炼技术通过提高钢水的循环速度，可使钢水中的氢降至 0.0001% 以下。经循环处理，脱氧钢脱氢率约 65%，未脱氧钢脱氢率约 70%。

脱碳：RH 真空脱碳能使钢中的含碳量降到 0.0015% 以下。

脱氧：RH 真空精炼后（有渣精炼）$w[TO] \leqslant 0.002\%$，如和 LF 法配合，钢水 $w[TO] \leqslant 0.001\%$。

脱氮：RH 真空精炼脱氮一般效果不明显，但在强脱氧、大氩气流量、确保真空度的条件下，也能使钢水中的氮降低 20% 左右。

脱硫：向真空室内添加脱硫剂，能使钢水的含硫量降到 0.0015% 以下。如采用 RH 内喷射法和 RH－PB 法，能保证稳定地冶炼 $w[S] \leqslant 0.001\%$ 的钢，某些钢种甚至可以降到 0.0005% 以下。

添加钙：向 RH 真空室内添加钙合金，其收得率能达到 16%，钢水的 $w[Ca]$ 可达到 0.001% 左右。

成分控制：向真空室内多次加入合金，可将碳、锰、硅的成分精度控制在 ±0.015% 水平。

升温：RH 真空吹氧时，由于铝的放热，能使钢水获得 4℃/min 的升温速度。

根据武钢二炼钢厂的经验，1 号 RH 脱氢效果达到 60% 以上，一般成品氢含量不高于 0.0002%；氮含量可以达到 0.004%，脱氮率为 0～25%；成品钢中氧含量不高于 0.006%；经 RH 自然脱碳可以将钢中碳降到 0.002% 以下，最低含碳量可以达到 0.0009%；温度可以满足要求，控制在 ±5℃ 的范围；成分控制可以做到：±0.005% [C]，±0.005% $[Al]_s$，钢中含硫量不高于 0.003%，脱硫率达 80%，钢中夹杂物可以降到 0.56mg/kg 以下。

3.1.6　RH 事故处理

3.1.6.1　RH 处理过程中冷钢黏附

RH 处理过程中上升管吹入的氩气泡带动钢液向上进入真空室，破碎的液滴吸附于真空槽壁，多次堆积形成冷钢。避免或消除冷钢堆积的方法有：

（1）使用 KTB 或 MFB 真空槽顶枪，处理前将槽壁预加热到 1534℃；

（2）尽可能保证真空槽的连续使用；

（3）真空槽在等待时间超过 20min 时，要及时吹天然气烘烤。

3.1.6.2　RH 处理过程中吸渣

RH 处理过程中吸渣主要是由于钢包带渣多，呈泡沫化；钢包钢液面较低，浸渍管插入深度不足。处理方法有：

（1）紧急复压至大气压；

（2）钢包下降至下限位并开出，钢水转运 LF 等处理；

（3）立即移开真空槽至待机位，检查气体冷却器、排气口伸缩节及密封圈有无损坏，槽体上合金加入口、顶枪孔、ITV 孔是否封掉；

（4）清除排气口伸缩节内渣钢。

3.1.6.3　RH 顶枪漏水

RH 顶枪漏水分处理过程漏水和非处理过程漏水。

顶枪处理过程漏水时，报警自动上升到达槽内待机位，真空度急速上升。应急处理方法有：

（1）紧急复压至大气压，通知维修；

（2）顶枪立即上升到上限位，检查漏水情况；

（3）关闭顶枪冷却水进口阀和出口阀。

顶枪非处理过程漏水时，报警自动上升到达槽内待机位，从ITV孔观察。应急处理方法有：

（1）顶枪立即上升到上限位，通知维修；

（2）检查漏水情况，关闭顶枪冷却水进口阀和出口阀。

3.1.6.4 RH处理过程中槽体法兰漏水

RH处理过程中槽体法兰大量漏水的处理方法：

（1）确认槽体法兰漏水的部位；

（2）通知无关人员立即撤离至安全岗位；

（3）严禁钢包升降作业；

（4）严禁复压；

（5）将有关漏水的进水阀和出水阀关闭；

（6）所有人员经远离可能发生爆炸区域通道撤离至安全区域；

（7）等待钢包中积水自然蒸发完毕后复压；

（8）钢包下降至下限位，移槽至待机位维修、换槽处理。

3.1.7 RH技术发展

RH精炼装置用于超低碳钢深脱碳和厚板、管线、重轨等钢种脱氢，工艺技术已很成熟。目前，以生产热轧、冷轧带钢为主的钢厂，如韩国浦项钢铁公司、中国的台湾中钢等，增建RH装置，开始应用于普通热轧低碳钢种、冷轧钢种。

与其他精炼工艺相比，高效、快速精炼是RH工艺所具有的另一突出优势，目前RH用于钢水深脱碳和脱氢均可以在30min内完成精炼，用于LCAK钢（低碳铝镇静钢）“轻处理”则可以在20min内完成。对于RH精炼的成本目前有不同认识，大量采用RH精炼的钢厂，RH的主要动力为转炉炼钢回收的蒸汽，连续大量使用RH又可将吨钢耐火材料消耗降低至较低水平，因此RH的实际生产成本并不高，如住友金属和歌山钢厂已实现脱磷预处理转炉+脱碳转炉+RH精炼“零”能耗生产。精炼效率高、周期短、生产成本低是目前普通钢种逐步大量采用RH的主要原因。LCAK冷轧钢种采用RH“轻处理”是RH用于普通钢种一典型范例。该工艺是日本钢铁企业在20世纪80年代开发成功的，采用传统工艺生产LCAK钢种，转炉炼钢终点钢水碳质量分数要脱除至0.04%左右，钢液溶解氧质量分数在0.065%左右，此部分溶解氧在随后精炼过程要通过加入铝（1~2kg/t）进行脱氧，既要消耗大量铝，又增加了去除钢液中夹杂（脱氧产物Al_2O_3）难度。而采用RH“轻处理”工艺，转炉终点钢水$w[C]$可提高至0.08%~0.10%。这对转炉而言，有缩短吹炼时间、降低渣中$\sum(FeO)$、减少炉衬侵蚀等好处。相应的钢液溶解氧质量分数约为0.020%~0.035%。转炉出钢过程不进行铝脱氧，随后利用RH在较低真空度下（2.67×10^5Pa）将$w[C]$脱除至0.04%~0.02%以下，然后进行深脱氧和去除夹杂物操作，从而可以显著降低脱氧用铝量，减少非金属夹杂物生成，既降低了生产成本，又提高了产品质量，目前该法已为高水平钢厂大量采用。

RH 用于普通热轧带钢生产，主要与近年来炼钢技术进步有关：

（1）由于铁水脱硫预处理等技术进步，转炉出钢钢水硫含量显著降低，因此对多数普通热轧带钢钢类，不必再在精炼工序进行脱硫，对超低硫的钢种可采用 RH－PB 技术。

（2）许多 3 座转炉的钢厂采用 3 台 RH 精炼装置，RH 精炼比增加至 75% 左右，使普通热轧钢种采用 RH 成为可能。在大量连续使用 RH 的条件下，对普通低碳热轧钢类采用 RH 精炼，较以往采用 LF 或钢包吹氩精炼工艺相比，能够在生产成本相近的情况下，得到更好的精炼质量和连铸连浇效果。

3.1.8　DH 法

DH 法是 1956 年由联邦德国 Dortumund Hörder 公司开发的，又称真空提升脱气法。DH 法主要设备由真空室、提升机构、加热装置、合金加入系统和真空系统等构成，如图 3－7 所示。DH 法根据压力平衡原理进行脱气处理。脱气效果主要取决于钢液吸入量、升降次数、停顿时间、升降速度和提升行程等。但 DH 法设备较复杂，操作费用和设备投资、维护费用都较高，已被 RH 法所替代。

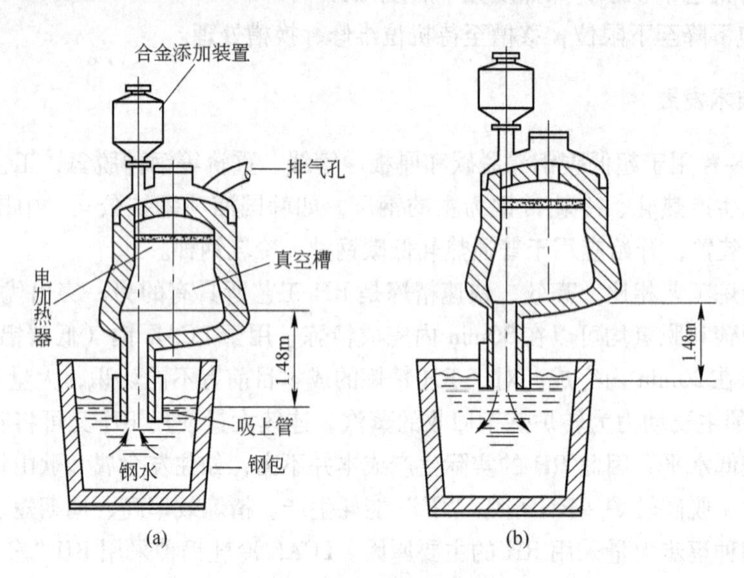

图 3－7　DH 法工作原理

（a）钢包上升到高位置（或真空室下降）钢液被吸入真空室；

（b）钢包下降到低位置（或真空室上升）部分钢液回流到钢包

3.2　LF 法与 VD 法操作工艺

3.2.1　LF 的工作原理

LF（Ladle Furnace）由日本大同特殊钢公司于 1971 年开发，如图 3－8 所示，其在非氧化性气氛下，通过电弧加热、造高碱度还原渣，进行钢液的脱氧、脱硫、合金化等冶金反应，以精炼钢液。为了使钢液与精炼渣充分接触，强化精炼反应，去除夹杂，促进钢液温度和合金成分的均匀化，通常从钢包底部吹氩搅拌。

LF工作原理：钢水到站后将钢包移至精炼工位，加入合成渣料，降下石墨电极使其插入熔渣中对钢水进行埋弧加热，补偿精炼过程中的温降，同时进行底吹氩搅拌。它可以与电炉配合，取代电炉的还原期，能显著地缩短冶炼时间，提高电炉生产率。也可以与转炉配合，生产优质合金钢。同时，LF还是连铸车间不可缺少的钢液成分、温度控制及生产节奏调整的设备。

LF法设备简单，投资费用低，操作灵活，精炼效果好，在我国的炉外精炼设备中已占据主导地位。国内典型钢厂LF处理的钢种及配置情况见表3-3。

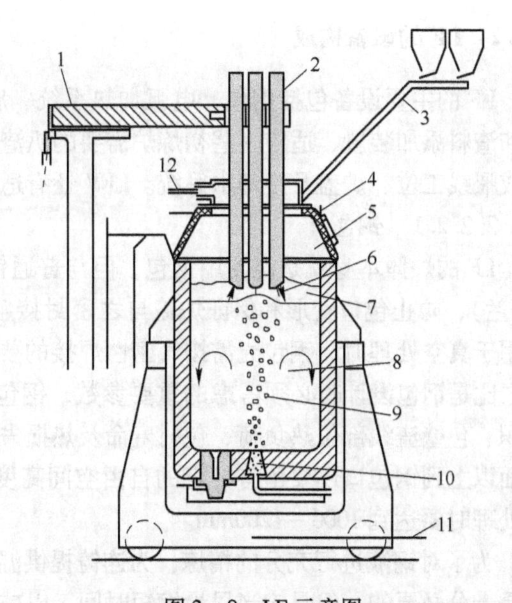

图3-8 LF示意图

1—电极横臂；2—电极；3—加粒溜槽；4—水冷炉盖；5—炉内惰性气氛；6—电弧；7—炉渣；8—气体搅拌；9—钢液；10—透气塞；11—钢包车；12—水冷烟罩

表3-3 国内典型钢厂LF相关参数和生产的钢种

厂 名	生产钢种	容量/t	变压器容量/MVA	电极直径/mm	升温速度/℃·min^{-1}	处理周期/min	供货商
宝钢电炉	油井管、高压锅炉管、一般管线钢	150	22+20%	457	3~5	25~40	DANIELI
武 钢	硬线钢、弹簧钢、低合金钢、焊丝	100	18	400	4~5	36	华兴武钢机总
攀 钢	普碳钢、低合金钢、深冲钢	120	20	400	约2	24~34	鹏远
宝钢特钢	弹簧钢、调质钢、高压锅炉钢	100	18	400	4~5	36	上钢五厂
包 钢	重轨钢、管线钢、合金结构钢、优碳钢	80×2	14+20%	400	4~5	33~35	DEMAG
鞍 钢	重轨钢、低合金钢、合金结构钢、优碳钢	100×2	16	400	3~5	37	鹏远
兴澄钢厂	普碳钢、低合金钢、结构钢、优碳钢	100			3~5		DEMAG
润忠公司	Q235、20、45、20MnSi	100	13.5	400	3~5	20~25	FUCHS
南 钢	普碳钢，45、65、70、80、62B钢	70	12+20%		3~5	20~38	DANIELI

3.2.2　LF 的设备构成

LF 的主要设备包括钢包、电弧加热系统、底吹氩系统、测温取样系统、控制系统、合金和渣料添加装置、适应一些初炼炉需要的扒渣工位、适应一些低硫及超低硫钢种需要的喷粉或喂线工位、炉盖及冷却水系统。LFV 还有适应脱气钢种需要的真空工位。

3.2.2.1　钢包

LF 的炉体本身就是浇注用钢包，但与普通钢包又有所不同。钢包上口外缘装有水冷圈（法兰），防止包口变形和保证炉盖与之密封接触，底部装有滑动水口和吹氩透气砖。当钢包用于真空处理时，钢包壳需按气密性焊接的要求焊制。LF 钢包内熔池深度 H 与熔池直径 D 之比是钢包设计时必须考虑的重要参数，钢包的 H/D 数值影响钢液搅拌效果、钢渣接触面积、包壁渣线部位热负荷、包衬寿命及热损失等。一般精炼炉的熔池深度都比较大。在钢液面以上到钢包口还要留有一定的自由空间高度，即空高，一般为 500 ~ 600mm，在进行真空处理时要达到 1000 ~ 1200mm。

为了对钢液进行充分的精炼，为连铸提供温度和成分合格的钢水，使钢水得到的热量补充是十分必要的。但是应当尽量缩短时间，以减少吸气和热损失。提高升温速度，仅靠增加输入功率是不够科学的，还应注意钢包的烘烤，提高烘烤温度，缩短钢包的运输时间。

根据 LF 容量的不同，钢包底部透气砖的个数一般不同。大钢包如 60t 以上的钢包可以安装两个透气砖。更大一些的可以安装三个透气砖。正常工作状态开启两个透气砖，当出现透气砖不透气时开启第三个透气砖。透气砖的合理位置可以根据经验决定，也可以根据水力学模型决定。

3.2.2.2　电弧加热装置

LF 电弧加热系统与三相电弧加热装置相似，由于电极通过炉盖孔插入泡沫渣或渣中，故称埋弧加热。钢包炉加热所需电功率远低于电弧炉熔化期，且二次电压也较低。选择加热变压器容量时可近似按下式计算。

$$P = 0.435 \times t^{0.683} \tag{3-7}$$

式中　P——变压器额定容量，MV · A；

　　　t——钢包炉容量，t。

LF 精炼时钢液面稳定，电流波动较小。如果吹气流量稳定并且采用埋弧加热，基本上就不会引起电流的波动。因此，不会产生很大的因闪烁造成的冲击负荷。所以从短网开始的所有导电部件的电流密度都可以选得比同容量的电弧炉大得多。LF 用变压器次级电压通常也设计制作有若干级次，但因加热电流稳定，加热所需功率不必很大变化，所以选定某一级电压后，一般不作变动，故变压器设计不必采用有载调压，设备可以更简单可靠。

从 LF 的工作条件来说，要比电弧炉好一些，因为 LF 没有熔化过程，而且 LF 大部分加热时间都是在埋弧下进行。熔化的都是渣料和合金固体料，因此应选用较高的二次电压。LF 的加热速度一般要达到 3 ~ 5℃/min。

在 LF 精炼期，钢水已进入还原期，往往对钢水成分要求较严格。又由于采用低电压、大电流埋弧加热法，有增碳的危险性。为了防止增碳，电极调节系统要采用反应良好、灵敏度高的自动调节系统。LF 的电极升降速度一般为 2 ~ 3m/min。

典型 LF 精炼设备配置情况参见表 3 -4。

表 3－4　典型 LF 精炼设备配置情况

项目		珠钢公司炼钢厂	大同公司涩川厂	日本钢公司八幡厂	德国纳尔钢厂	丹麦轧钢公司	日本铸锻件户佃厂	三菱公司东京厂	宝钢一炼钢
容量	额定值/t	150	30	60	45	110	150	50	300
	实际/t	110～150	18～33	60			100～150	45～50	250～300
电气设备	变压器/MV·A	20	5	6.5	8（18）①	15（40）①	6	7.5	45
	二次电压/V	240/380	235/85	225/75	143/208	175/289	275/110	250/102	335～535
	额定二次电流/A	38000	14400	28860	23000	30000	17000	17320	13500～59700
	电极直径/mm	406	254	356	300	400	356	305	500
	电极心圆直径/mm	700	600	810	600	700	940	900	1100
钢包参数	炉壳直径/mm	3756	2400	2600	2550	3310	3900	2924	
	内径/mm		1948	2070			3164	2430	4100
	总高度/mm	5210	2500	3150	2300	3470	4330	3040	
	内高/mm		2195	2740			4000	2770	4249
	熔池深度/mm		1402(30t)	2340(60t)			2754(150t)	1348(45t)	
升温速率/℃·min^{-1}		5			6	4			5

① 配用变压器容量分别为 18、40MV·A，而实际使用 8、15MV·A。

3.2.2.3　炉盖

为保证炉内加热时的还原气氛或（当有真空精炼时）真空密封性，炉盖下部与钢包上口接触应采用密封装置。现在，炉盖大都采用水冷结构型。为保护水冷构件和减少冷却水带走热量，在水冷炉盖的内表面衬以捣制耐火材料，下部还挂铸造的保护挡板，以防钢液激烈喷溅，黏结炉盖，使炉盖与钢包边缘焊死，无法开启。

3.2.3　LF 精炼工艺操作

3.2.3.1　LF 的精炼功能

LF 精炼过程的操作可简化为埋弧加热、惰性气体搅拌、碱性白渣精炼、惰性气体保护。如图 3－9 所示，LF 精炼功能如下：

（1）埋弧加热功能。采用电弧加热，能够熔化大量的合金元素，钢水温度易于控制，满足连铸工艺要求。LF 电弧加热时电极插入渣层中，采用埋弧加热法，电极与钢液之间产生的电弧被白渣埋住，这种方法的辐射热小，对炉衬有保护作用，热效率较高，电弧稳定，减少了电极消耗，还可防止钢液增碳。

（2）惰性气体保护功能。精炼时由于水冷炉盖及密封圈的隔离空气作用，烟气中大部分是来自搅拌钢液的氩气，烟气中其他组分是 CO、CO_2 及少量的氧和烟尘，保证了精炼时炉内的还原气氛。钢液在还原条件下可实现进一步的脱氧、脱硫。

（3）惰性气体搅拌功能。底吹氩气搅拌有利于钢液的脱氧、脱硫反应的进行，可加速渣中氧化物的还原，对回收铬、钼、钨等有价值的合金元素有利。吹氩搅拌也利于加速钢液中的温度与成分均匀；能精确地调整复杂的化学组成。吹氩搅拌还可以去除钢液非金属夹杂物和气体。

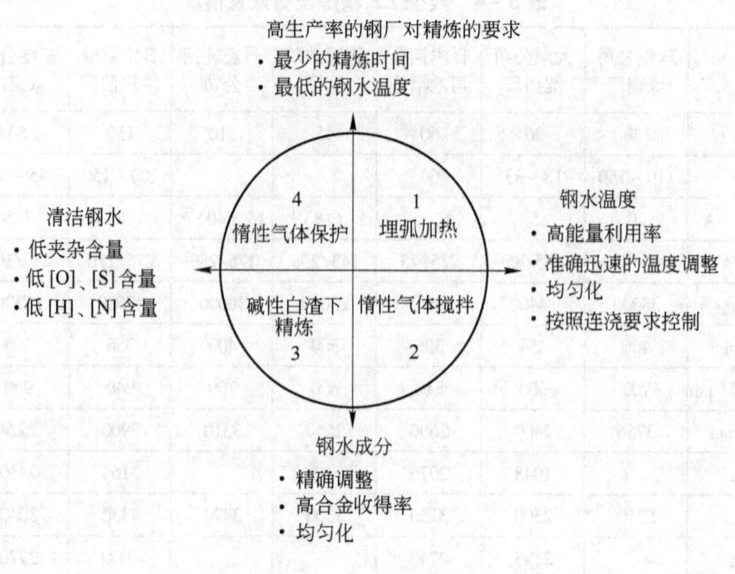

图3－9　LF精炼功能

（4）碱性白渣下精炼。由于炉内良好的还原气氛和氩气搅拌，LF炉内白渣具有很强的还原性，提高了白渣的精炼能力。通过白渣的精炼作用可以降低钢中的氧、硫及夹杂物。

总之，LF精炼有利于节省初炼炉冶炼时间，提高生产率；协调初炼炉与连铸机工序，满足多炉连浇要求；能精确地控制成分，有利于提高钢的质量以及特殊钢的生产。

3.2.3.2　LF的精炼工艺

LF的工艺制度与操作因各钢厂及钢种的不同而多种多样。LF一般工艺流程为：初炼炉（转炉或电弧炉）挡渣（或无渣）出钢—同时预吹氩及加脱氧剂、增碳剂、造渣材料、合金料—钢包进准备位—测温—进加热位—测温、定氧、取样—加热、造渣—加合金调成分—取样、测温、定氧—进等待位—喂线、软吹氩—加保温剂—连铸。

LF精炼过程的主要操作有全程吹氩操作、造渣操作、供电加热操作、脱氧及成分调整（合金化）操作等，如图3－10所示。

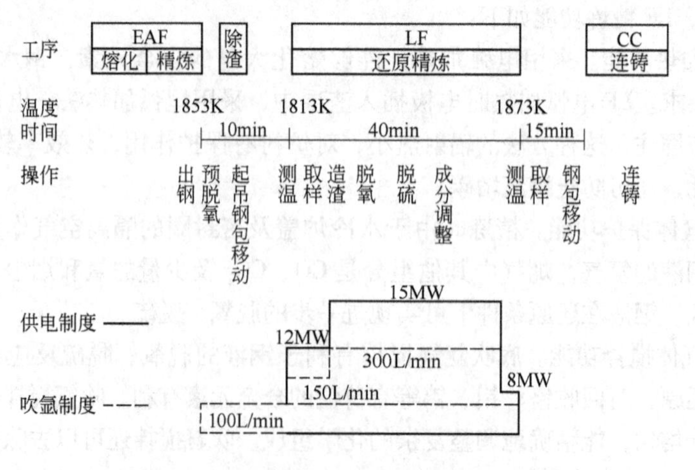

图3－10　LF操作的一例（钢种：SS400）

要达到好的精炼效果，应抓好下述各个工艺环节：

A 钢包准备

（1）检查透气砖的透气性，清理钢包，保证钢包的安全。

（2）钢包烘烤至1200℃。

（3）将钢包移至出钢工位，向钢包内加入合成渣料。

（4）根据转炉或电弧炉最后一个钢样的结果，确定钢包内加入合金及脱氧剂，以便进行初步合金化并使钢水初步脱氧。

（5）准备挡渣或无渣出钢。

B 出钢

（1）根据不同钢种、加入渣量和合金确定出钢温度。出钢温度应当在液相线温度基础上减去渣料、合金料的加入引起的温降，再根据炉容的大小适当增加一定的温度，以备运输过程的温降。

（2）要挡渣出钢，控制下渣量不大于5kg/t。

（3）需要深脱硫的钢种在出钢过程中可以向出钢钢流中加入合成渣料。

（4）当钢水出至三分之一时，开始吹氩搅拌。一般50t以上的钢包的氩气流量可以控制在200L/t左右（钢水面裸露1m左右），使钢水、合成渣、合金充分混合。

（5）当钢水出至四分之三时将氩气流量降至100L/min左右（钢水面裸露0.5m左右），以防过度降温。

C 造渣

a LF 精炼渣成分控制

LF 精炼渣的基本功能为：深脱硫；深脱氧、起泡埋弧；去非金属夹杂，净化钢液；改变夹杂物的形态；防止钢液二次氧化和保温。

LF 精炼渣根据其功能由基础渣、脱硫剂、发泡剂和助熔剂等组成。渣的熔点一般控制在1300～1450℃，渣在1500℃的黏度一般控制在0.25～0.6Pa·s。

LF 精炼渣的基础渣一般多选用 $CaO-SiO_2-Al_2O_3$ 系三元相图的低熔点位置的渣系。基础渣最重要的作用是控制渣碱度，而渣的碱度对精炼过程脱氧、脱硫均有较大的影响。

精炼渣的成分及作用为：CaO 调整渣碱度及脱硫；SiO_2 调整渣碱度及黏度；Al_2O_3 调整三元渣系处于低熔点位置；$CaCO_3$ 脱硫剂、发泡剂；$MgCO_3$、$BaCO_3$、Na_2CO_3 脱硫剂、发泡剂、助熔；Al 粒强脱氧剂；Si-Fe 脱氧剂；RE 脱氧剂、脱硫剂；CaC_2、SiC、C 脱氧剂及发泡剂；CaF_2 助熔、调黏度。

在炉外精炼过程中，通过合理地造渣，可以达到脱硫、脱氧、脱磷甚至脱氮的目的；可以吸收钢中的夹杂物；可以控制夹杂物的形态；可以形成泡沫渣（或者称为埋弧渣）淹没电弧，提高热效率，减少耐火材料侵蚀。因此，在炉外精炼工艺中要特别重视造渣。

b LF 典型渣系

（1）埋弧渣。要达到埋弧的目的，就要有较大厚度的渣层。但是精炼过程中又不允许过大的渣量，因此就要使炉渣发泡，以增加渣层厚度。使炉渣发泡，从原理上讲有两种方法：还原渣法和氧化渣法。

在炉外精炼工艺中，除了冶炼不锈钢外，精炼过程都需要脱氧和脱硫，因此最好是采用还原性泡沫渣法。采用还原性泡沫渣法不但可以达到埋弧的目的，而且可以同时脱硫。但是还原泡沫渣的工艺目前仍然还不很成熟。目前造还原泡沫渣的基本办法是：在渣料中加入一定量的石灰石，使之在高温下分解生成 CO_2 气泡，并在渣中加入一定量的泡沫控制剂，如 $CaCl_2$ 等来降低气泡的溢出速度。

LF 造氧化性泡沫渣，须控制渣中 FeO 的活度。在高碱性渣的条件下，如果控制渣中 a_{FeO}偏低，可以向钢水中加入一定量的氧化铁皮或者铁矿石；如果偏高，可以向炉中加入铝粒或铝块。

(2) 脱硫渣。日本某厂通过炉外精炼的有关操作可将钢中硫降到 0.0002% 的水平。脱硫要保证炉渣的高碱度、强还原性，即渣中自由 CaO 含量要高；渣中 $w(FeO)+w(MnO)$ 要充分低，一般小于 1% 是十分必要的。从热力学角度讲，温度高利于脱硫反应，且较高的温度可以造成更好的动力学条件而加快脱硫反应。

要使钢水脱硫，首先必须使钢水充分脱氧。要保证钢中 $a_O \leqslant (2\sim4)\times10^{-6}$（其实 a_O 如此低，$f_O=1$，$a_O=w[O]$）。经常使用的脱硫合成渣组成是：$w(CaO)=45\%\sim50\%$，$w(CaF_2)=10\%\sim20\%$，$w(Al_2O_3)=5\%\sim15\%$，$w(SiO_2)=0\sim5\%$。过多的 SiO_2 会降低炉渣的脱硫能力，但是它却可以降低炉渣的熔点，使炉渣尽快参加反应，起到对脱硫有利的作用，只要不超过 5% 就不会对脱硫造成不利影响。

钢包到达 LF 工位后，根据脱硫要求加入适量 $CaO-Al_2O_3$ 合成渣，并对钢包渣进行脱氧，使渣中的 $w(FeO)+w(MnO)<1\%$。在 LF 处理过程中，要控制底吹氩流量。对于深脱硫钢，为了强化渣钢界面的脱硫反应，宜采用较强的搅拌方式。

(3) 脱氧渣。LF 精炼过程：一方面要用脱氧剂最大限度地降低钢液中的溶解氧，在降低溶解氧的同时，进一步减少渣中不稳定氧化物（FeO + MnO）的含量；另一方面要采取措施使脱氧产物上浮去除。

用强脱氧元素铝脱氧，钢中的酸溶铝达到 0.03% ~0.05% 时，钢液脱氧完全，这时钢中的溶解氧几乎都转变成 Al_2O_3，钢液脱氧的实质是钢中氧化物去除问题。

因此，考察精炼渣的脱氧性能的优劣也应该从两个方面来理解，首先精炼渣的存在应该增强硅铁、铝等脱氧元素的脱氧能力，另外精炼渣的理化性质应该有利于吸收脱氧产物。实践证明：脱氧产物的活度降低能大大改善脱氧元素的脱氧能力。对于铝镇静钢所用精炼渣，降低 Al_2O_3 的活度有重要的意义。由活度图和铝脱氧的平衡可以计算不同铝含量的钢水中氧活度。在同样铝含量的情况下，随产物铝酸钙中 CaO 含量的不同，钢水中的氧活度相差一个数量级。当合成渣中的 CaO 含量较高，Al_2O_3 的活度较低时，精炼合成渣有较好的促进脱氧效果。

从 $CaO-Al_2O_3$ 渣系的相图可知：合成渣较低的熔点可以保证熔渣具有良好的高温流动性，$CaO-SiO_2-Al_2O_3$ 渣系中 SiO_2 的出现有利于精炼渣熔点的降低。适当增加渣中 CaO 的含量能更显著地降低 Al_2O_3 的活度。这些因素都有利于渣对钢水中非金属夹杂物（主要是 Al_2O_3）的吸收。

铝（硅）镇静钢中存在的夹杂物主要是 Al_2O_3 型，因此需要将渣成分控制在易于去除 Al_2O_3 夹杂物的范围。渣对 Al_2O_3 的吸附能力可以通过降低 Al_2O_3 活度和降低渣熔点以改进 Al_2O_3 的传质系数来实现。因此，可以通过 $CaO-SiO_2-Al_2O_3$ 三元渣系相图来讨论。

如果渣成分在 CaO 饱和区，Al_2O_3 的活度变小，可获得较好的热力学条件，但由于熔点较高，吸附夹杂效果并不好；在渣处于低熔点区域时，吸附夹杂物能力增强，但热力学平衡条件恶化。其解决办法是渣成分控制在CaO饱和区，但向低熔点区靠近。具体的措施是控制渣中Al_2O_3含量，使$w(CaO)/w(Al_2O_3)$控制在1.7~1.8之间。

生产低氧钢时，应尽可能脱除渣中FeO、MnO，使顶渣保持良好的还原性；使渣碱度控制在较高程度，阻止渣中SiO_2还原；采用CaO-Al_2O_3合成渣系，并将炉渣成分调整到易于去除Al_2O_3夹杂物的范围；为防止炉渣卷入和钢水裸露，LF采用较弱的搅拌方式。

结合以上分析，LF白渣精炼工艺要点如下：①出钢挡渣，控制下渣量不大于5kg/t；②钢包渣改质，控制包渣$R \geqslant 2.5$，渣中$w(FeO)+w(MnO) \leqslant 3.0\%$；③白渣精炼，一般采用CaO-$SiO_2$-$Al_2O_3$系炉渣，控制包渣$R \geqslant 3$，渣中$w(FeO)+w(MnO) \leqslant 1.0\%$（如表3-5所示），保持熔渣良好的流动性和较高的渣温，保证脱硫、脱氧效果；④控制LF炉内气氛为还原性气氛，避免炉渣再氧化；⑤适当搅拌，避免钢液面裸露，并保证熔池内具有较高的传质速度。

表3-5 铝镇静钢和硅镇静钢目标渣系成分（w） %

项 目	CaO	SiO_2	Al_2O_3	MgO	FeO + MnO
铝镇静钢	55~65	5~10	20~30	4~5	<0.5
硅镇静钢	50~60	15~20	15~25	7~10	<1

总之，LF造渣要求"快"、"白"、"稳"。"快"就是要在较短时间内造出白渣，处理周期一定，白渣形成越早，精炼时间越长，精炼效果就越好。"白"就是要求$w(FeO)$降到1.0%以下，形成强还原性炉渣。"稳"有两方面含义，一是炉与炉之间渣子的性质要稳，不能时好时坏；二是同一炉次的白渣造好后要保持渣中$w(FeO) \leqslant 1.0\%$，提高精炼效果。

D LF的成分和温度微调

a LF的成分控制和微调

LF具备合金化的功能，使得钢水中的C、Mn、Si、S、Cr、Al、Ti、N等元素的含量都能得到控制和微调，而且易氧化元素的收得率也较高。

b 温度的控制和微调

LF加热期间应注意的问题是采用低电压、大电流操作。由于造渣已经为埋弧操作做好了准备，此时就可以进行埋弧加热了。在加热的初期，炉渣并未熔化好，加热速度应该慢一些，可以采用低功率供电。熔化后，电极逐渐插入渣中。此时，由于电极与钢水中氧的作用、包底吹入气体的作用、炉中加入的CaC_2与钢水中氧反应的作用，炉渣就会发泡，渣层厚度就会增加。这时就可以以较大的功率供电，加热速度可以达到3~4℃/min。加热的最终温度取决于后续工艺的要求。对于系统的炉外精炼操作来说，后续工艺可能会有喷粉、搅拌、合金化、真空处理、喂线等冶炼操作，所以要根据后续操作确定LF加热结束温度。

E 搅拌

LF精炼期间搅拌的目的是：均匀钢水成分和温度，加快传热和传质；强化钢渣反应；加快夹杂物的去除。均匀成分和温度不需要很大的搅拌功能和吹氩流量，但是对脱硫反应，应该使用较大的搅拌功率，将炉渣卷入钢水中以形成所谓的瞬间反应，加大钢渣接触界面，加快脱硫反应速度。对于脱氧反应来说，过去一般认为加大搅拌功率可以加快脱氧。但是现在在脱氧操作中多采用弱搅拌——将搅拌功率控制在30~50W/t之间。有学者指出在轴承钢的炉外精炼中更高的搅拌功率不能加快脱氧的结论。

在 LF 的加热阶段不应使用大的搅拌功率，功率较大会引起电弧的不稳定，搅拌功率可以控制在 30～50W/t。加热结束后，从脱硫角度出发应当使用大的搅拌功率。对深脱硫工艺，搅拌功率应当控制在 300～500W/t 之间。脱硫过程完成之后，应当采用弱搅拌，使夹杂物逐渐去除。

加热后的搅拌过程会引起温度降低。不同容量的炉子、加入的合金料量不同、炉子的烘烤程度不同，温降会不同。总之，炉子越大，温度降低的速度越慢，60t 以上的炉子在 30min 以上精炼中，温降速度不会超过 0.6℃/min。

F　LF 精炼结束及喂线处理

当脱硫、脱氧操作完成之后，精炼结束之前要进行合金成分微调，合金成分微调应当尽量争取将成分控制在狭窄的范围内。通过 LF 精炼能够得到 $w[S]<0.002\%$、$w[TO]<0.0015\%$ 的结果。成分微调结束之后搅拌约 3～5min，加入终铝，有一些钢种接着要进行喂线处理。喂线可能包括喂入合金线以调整成分，喂入铝线以调整终铝量，喂入硅钙包芯线对夹杂物进行变性处理。要达到对夹杂物进行变性处理的目的，必须使钢水深脱氧，使炉渣深脱氧；钢中的硫也必须充分低，钢中的溶解铝含量 $w[Al]>0.01\%$。对深脱氧钢进行夹杂物变性处理，钢中的钙含量一般要控制在 0.003% 的水平，对深脱氧钢，钙的收得率一般为 30% 左右。对于需要进行真空处理的钢种，合金成分微调应该在真空状态下进行，喂线应该在真空处理后进行。

3.2.4　LF 的精炼效果

经过 LF 处理生产的钢可以达到很高的质量水平：

（1）脱硫率达 50%～70%，可生产出硫含量不大于 0.01% 的钢。如果处理时间充分，甚至可达到硫含量不大于 0.005% 的水平。

（2）可以生产高纯度钢，钢中夹杂物总量可降低 50%，大颗粒夹杂物几乎全部能去除；钢中含氧量控制可达到 0.002%～0.005% 的水平。

（3）钢水升温速度可以达到 4～5℃/min。

（4）温度控制精度 ±(3～5)℃。

（5）钢水成分控制精度高，可以生产出诸如 $w[C]\pm0.01\%$、$w[Si]\pm0.02\%$、$w[Mn]\pm0.02\%$ 等元素含量范围很窄的钢。

3.2.5　LF 的精炼操作实例

3.2.5.1　“转炉＋LF”流程中的 LF 工艺

韶钢三炼钢厂 2003 年投产 120t LF，主要装备有：两座 120t 顶底复吹转炉，两座 900t 混铁炉，两座 120t LF，一台 5 机 5 流方坯连铸机，两台板坯连铸机。韶钢 120t LF 作为与转炉配套的钢包炉，它的精炼工艺具有一定的代表性，其基本工艺如下：

（1）120t LF 精炼工艺流程：钢包加渣料（转炉出钢过程中）—钢水吊至 LF—坐包位—开始底吹氩—测温、取样（测渣厚）—下电极—预加热（包括加渣料）—提电极—测温、取样—下电极—主加热—提电极—加合金—吹氩搅拌均匀化—测温、（定氧）、取样—钢包开至喂线工位—喂线—软吹氩—钢包吊往连铸。

（2）出钢挡渣和加预熔渣。转炉终渣中 FeO、MnO 含量高，提高转炉的挡渣效果，减少到钢包的转炉终渣量，是提高 LF 精炼效果的前提条件。带入 LF 的转炉终渣量少，在加入同样碱性氧化物量的情况下，LF 熔渣的碱度就高，渣中的（FeO + MnO）含量就低，能减少脱氧剂用量，达到快速脱硫目的。

在出钢过程中加入预熔型精炼渣 6kg/t 左右，利用出钢及底吹确保其出钢完毕时全部熔化。在 LF 精炼中使用预熔渣，除有较好的脱硫效果外，还具有许多明显的优点：炉渣在 LF 内熔化更加均匀，显著降低渣的熔化时间，缩短 LF 的精炼时间，从而使转炉炼钢 - LF 精炼 - 全连铸几个工序能够更好地匹配和实现柔性连接，有利于降低精炼工序的生产成本；转炉出钢加入，预熔型渣能够有更多的时间用于脱硫，能显著地提高渣的脱硫效率；使用预熔渣还可较好地改善生产现场的工作条件。

（3）转炉出钢过程的脱氧。脱氧剂主要采用由 CaC_2（基体）、SiC 和 Fe - Si 按一定比例混合而成的 Ca - Si - C 复合脱氧剂和铝块脱氧。钙和铝同时存在脱氧时，生成低熔点的铝酸钙，极易从钢中上浮。为确保 Ca - Si - C 复合脱氧剂具有较强的脱氧能力，还配有一定量的铝粉和稀土。

Ca - Si - C 脱氧 CaO 与 SiO_2 能形成低熔点的复杂化合物（脱氧产物），使得 CaO、SiO_2 活度系数比单独脱氧时形成的纯氧化物产物低得多，这就使与 Si、Ca 平衡的氧浓度降低，提高其脱氧能力。

（4）LF 过程的脱氧。LF 精炼过程的脱氧主要采用铝粒和 Ca - Si - C 结合的方式。铝粒能快速脱除渣中的氧，降低渣中的不稳定氧化物，使精炼渣中的 $w(FeO + MnO)$ 很快达到小于 1.0% 的水平。

Ca - Si - C 复合脱氧剂呈粉状，适合在炉渣上扩散脱氧，其脱氧产物不会沾污钢液。反应生成产物 CO 对泡沫渣生成和持续起重要作用，有利于进行埋弧操作。铝粒的快速脱氧补充了 Ca - Si - C 扩散脱氧速度偏慢的不足。

（5）吹氩工艺。吹氩的作用主要在于均匀成分和温度、去气、去夹杂。根据 LF 要完成的冶金功能所需要搅拌能，针对精炼过程不同阶段，采用不同的吹氩搅拌功率。加热、加合金后及测温定氧取样前的混匀、脱硫、软吹的搅拌流量分别是 $20m^3/h$、$30m^3/h$、$50m^3/h$、$5 \sim 10m^3/h$。

（6）造渣工艺。综合考虑脱硫、埋弧加热、钢包耐材成本等因素，采用与 Al 脱氧钢对应的 $CaO - Al_2O_3 - SiO_2 - MgO$ 渣系。以 $CaO - Al_2O_3$ 为主的渣系熔点低、脱硫能力强、吸附夹杂能力强。除在出钢过程加预熔渣外，在进入精炼炉加热工位后分批加入 5kg/t 左右的石灰，在造渣过程中加适量的萤石，保证钢渣良好的流动性以利于脱硫。在 LF 炉精炼中，采用 Ca - Si - C 复合脱氧剂、铝粒扩散脱氧，能快速降低渣中的氧含量，将精炼渣变为脱氧良好的白渣。在韶钢实际的条件下，熔渣成分为：52% CaO，14% SiO_2，15% Al_2O_3，$w(FeO) + w(MnO) < 1\%$，渣的碱度为 3.5 左右，可以得到较高的脱硫率。

（7）喂线。钢液出站前喂硅钙线，对钢中夹杂进行变性处理，喂硅钙线后保证软吹氩时间大于 10 min，有利于夹杂物从钢液中上浮。

（8）精炼效果。转炉出钢按规定加入预熔渣后，在 LF 精炼时现场观察电极电压、电弧声音，其起弧时间很快，均未超过 3min，其埋弧效果良好，熔化速度快；脱硫效果显著，脱硫率可达 50% ~ 70%，硫最低可以脱至 0.010% 以下的水平；LF 精炼过程增气较少，LF 处理增氮量一般小于 0.0005%；LF 炉采取白渣精炼，使得钢中全氧含量较低，氧化物夹杂减少，LF 炉精炼结束时钢中全氧量可控制在 0.002% ~0.005%。

3.2.5.2 “电炉 + LF” 中的 LF 工艺

珠江钢铁公司的电炉－薄板坯连铸连轧生产线主要装备有：一座 150t 德国 Fuchs 竖式电炉，一座 150t LF，一条薄板坯 CSP（Compact Strip Production）连铸连轧生产线。150t LF 基本工艺流程如下：电炉出钢后，吊至 LF 精炼工位，接通氩气→精炼炉盖下降，观察钢液搅拌情况→大气量吹氩，如不正常使用事故吹氩枪→测温、定氧、取样→送电提温，加一批渣料脱氧、脱硫→调铝至 0.030%→测温、确定钢水温度是否达 1600℃→停电、取渣样，根据炉渣颜色确定是否加入第二批渣料和脱氧剂→测温、保持钢水温度 (1600 ±5)℃→加合金调碳、锰、硅、铝成分→取样→调渣脱硫→软吹氩、调温→喂线钙处理→取样，确定是否补钙线→测温→提升电极和炉盖→钢包吊往连铸平台。在精炼过程中，各操作及温度变化见图 3－11。

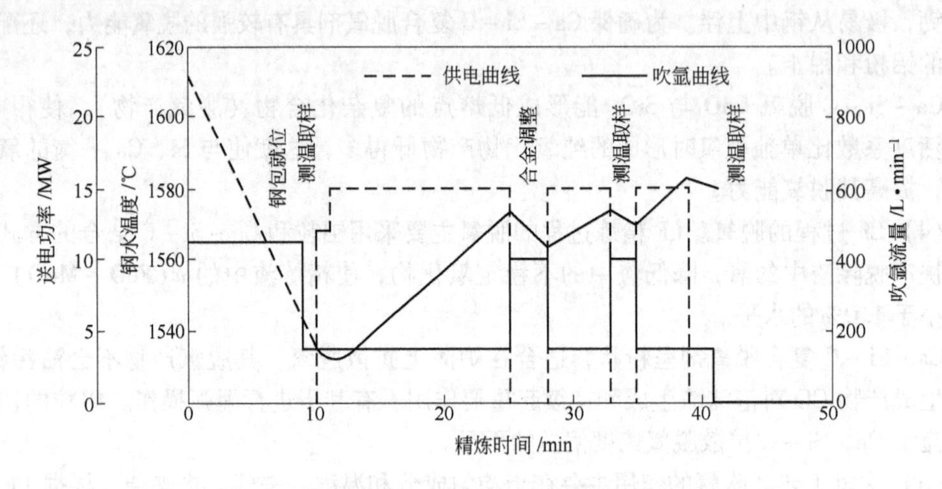

图 3－11　LF 精炼工作曲线

(1) 脱氧。电炉钢液中的氧由碳含量和温度控制。根据出钢前钢液最终碳含量就可以计算出钢水氧含量。根据钢液氧含量和出钢正常下渣量可以确定出钢初步脱氧工艺，不同的钢种采用不同的脱氧剂。

出钢时钢中的溶解氧、渣中的 FeO、LF 精炼过程的吹氩搅拌、钢液中的 $[Al]_s$ 以及顶渣，都将影响精炼过程脱氧。综合考虑以上因素制定合理的铝镇静钢精炼脱氧工艺，是保证生产低氧含量钢的关键。

铝镇静钢精炼的脱氧包括脱除钢液中的氧和脱除渣中的氧。使用的脱氧剂主要有铝粒、铝线以及含 CaC_2 的复合脱氧剂。铝有很强的脱氧能力，用铝脱氧的钢液，（FeO + MnO）含量更低，脱硫更容易。脱氧时形成的氧化物一部分在精炼的过程中上浮进入渣，一部分残留在钢液中形成氧化夹杂物。脱氧的任务不仅是要把钢中的溶解氧降低，而且还要把钢中生成的氧化物排到渣中。

铝镇静钢液经过出钢脱氧后，控制 O 的平衡元素由 C 变为 Al，一般铝镇静钢中的酸溶铝含量在 0.02% ~0.05%。用铝脱氧过程中，熔池中存在大量的氧化铝夹杂物，只有吹氩加强搅拌，才有利于夹杂物的去除。在控制吹氩搅拌促进夹杂物上浮的同时，要注意防止钢液的二次氧化。为此，针对精炼过程不同操作目的，应采用不同的吹氩搅拌功率。

由于夹杂物在钢液中上浮需要一定时间，因此，为了减少连铸钢水夹杂物含量和总氧量，必须控制精炼过程中的调铝时间和顶渣渣系。其中，调铝必须在精炼初期一步到位，严格控制调铝时间和钙处理时间间隔大于10min。在实际操作中，考虑到铝粒的成本较高，也可以使用一部分含 CaC_2 的复合精炼剂替代部分的铝粒脱除渣中的氧，但要注意加入含 CaC_2 的复合精炼剂出现增碳的问题。

由于精炼过程钢液脱氧良好，溶解氧可达0.001%以下。

（2）脱硫。冶炼时一般控制 $w[Mn]/w[S]$ 比值不小于25，以避免热脆。可以用对硫有高亲和力的元素（如铈、钙、镁、钠、锰）或者用相关的渣系去脱硫，衍生出的脱硫办法有喷粉（金属粉或钠系复合渣）脱硫法、白渣脱硫法等。

对于精炼来说，目前最简单的脱硫工艺是白渣脱硫法，即利用钢－渣界面反应和渣系脱硫。脱硫受渣温、渣成分与碱度、(FeO + MnO)、搅拌能量、渣量几个因素的影响。

石灰在高温下的熔化在埋弧加热的条件下尤其得到强化。实践证明，温度越高对脱硫越有利，但在实际操作中，考虑到钢包耐火材料的寿命，温度控制在1600℃以下为宜。

炉渣的碱度对脱硫也有明显的影响。碱度高的炉渣流动性差，钢－渣接触面小，对脱硫是不利的。相反，碱度低的炉渣，由于渣中自由的钙含量少，脱硫效果也差，并且对钢包耐火材料也是不利的。

降低氧的活度，能提高精炼渣脱硫能力。黑色电炉渣由于含氧量很高，(FeO + MnO)含量高达20%以上，渣中与钢液之间的分配系数 L_s 仅为3～8。而对于精炼白渣，氧化铁含量低，分配系数 L_s 能达到100～500。

在合适的出钢下渣量、出钢脱氧工艺、渣系条件下，通过控制合适的搅拌能量，在45min的精炼时间内可使精炼过程 L_s 高达500，脱硫率高达70%以上。对脱硫而言，搅拌能必须在范围1000W/m^{3}内，才能保证钢/渣有足够的接触，使钢中的硫能传输到钢－渣界面。

（3）钢中的氮和氢的控制。LF精炼操作过程中钢液会吸氮。在精炼温度下，钢液中的氮含量远未达到平衡，只要钢液与大气接触就会吸氮，因此减少钢液的裸露非常重要。

LF增氮的主要原因是钢液与大气的接触，特别是电弧区增氮。碳粉及铁合金带入的氮也会在一定程度上使钢液中氮含量增加。石油焦及Ca－Si对氮含量有影响，其他因素对钢液氮的影响较小。在LF精炼过程中，要注意加入合金后钢液的搅拌，以免钢液裸露增氮。同时采用大功率加热并且配有泡沫渣，使钢液迅速升温，加热时间与泡沫渣持续时间相当，泡沫渣包围弧光，不仅可以有效地提高电能利用率，减少对炉衬的辐射，而且有利于防止钢液吸氮。

铝脱氧钢比硅脱氧钢更容易吸氮。

氢由大气中的水分、钢包与中间包耐火材料中的水分、合金与石灰中的水分、惰性气体中的水分带入。

在电炉过程中，氧化期有良好的碳沸腾，氢含量可在0.0001%以下。在出钢过程中，氢会增加到0.0003%～0.0004%，主要来自大气。电炉底出钢系统能大大减少氢的吸入，因为钢流股面积很小，只增氢约0.0001%。

耐火材料含有一定量的水分，这取决于所用的耐火材料的种类。白云石包衬比较理想，但还是会带入一定量的氢。因此，不能用新的或长时间停用的钢包生产重要用途的钢种。最好用连续使用两炉以上钢包生产重要的钢种。

另外，Fe－Si合金含有大量水分，建议使用Mn－Si合金，以限制钢中氢的增加。石灰含有大于2%的水分，建议使用预熔合成渣，它的含水量一般小于0.10%。

减少钢中氢的方法是微吹氩条件下延长镇静时间或经过真空处理。

（4）合金化。精炼钢液脱氧彻底后所取得的第一个分析样结果出来后，开始进行最终合金调整。氧化性强的元素如硼、钛、钙等应达到终点温度不需再加热后才加入。

合金收得率主要受钢/渣的氧化程度的影响。白渣操作下合金收得率高，冶炼时按钢种的下限加入。白渣条件下各种合金元素的收得率见表3－6。

表3－6　白渣条件下各种合金元素的收得率

合金元素	C		Mn	Si	Cr	Ni	V	Nb	Al	
	>0.35%	<0.1%							>0.35%	<0.1%
收得率/%	100	70	100	100	100	100	100	100	90	50

（5）搅拌。广州珠江钢厂150t LF底吹氩流量一般控制在100～150L/min，精炼结束前5min采用弱搅拌（30～50L/min）清洗钢液。其精炼过程的不同操作目的对应的底吹氩流量见表3－7。

表3－7　不同精炼目的吹氩搅拌流量的控制

工艺过程目的	氩气流量选择/L·min⁻¹	工艺过程目的	氩气流量选择/L·min⁻¹
加热升温	200～300	脱硫及钢渣反应	100～150
加合金后，测温取样前的混匀	100～150	脱氧及去夹杂物，弱搅拌	30～50

钢水弱搅拌净化处理技术是通过弱的氩气搅拌促使夹杂物上浮，它对提高钢水质量起到关键的作用。由于钢包熔池深，钢液循环带入钢包底的夹杂和卷入钢液的渣需要一定时间和动力促使上浮。弱搅拌不会导致卷渣，吹入的氩气泡可为10μm或更小的不易排出的夹杂颗粒黏附在气泡表面，随着气泡的上浮而排入渣中。弱搅拌的时间为3～5min，通过弱搅拌使夹杂铝含量降到0.002%以下，夹杂物总量降低50%。

（6）钙处理。钙处理是薄板坯连铸非常重要、不可缺少的环节，钙处理的好坏直接影响CSP工艺的顺行及钢卷的质量。喂钙的主要目的是对夹杂物进行变性处理，改善钢水流动性。

在喂线时，如果发现渣面上有白色火焰，说明喂线速度太慢或喂CaSi线时没有用小氩气搅拌量。珠钢的钢包上部有1.2m的自由空间，喂线时包芯线受热软化达不到理想的深度，在喂线导管出口加装了可伸缩的水冷套管，可使合金线高速垂直插入钢水中。

珠钢喂线前的钢液条件为：$w[S]<0.010\%$、$a_{[O]}<5\times10^{-6}$、$T=1600℃$左右；喂线速度为4～5m/s；喂线套管离钢液面高度约小于1m，有利于钙收得率的提高，约为15%～20%；喂线后酸溶铝为0.020%～0.030%，Al_2O_3夹杂物在0.002%以下，可避免水口结瘤。

3.2.6　常见LF事故预防与处理

3.2.6.1　电极折断

电极折断的处理如下：

（1）如果冶炼过程中发生电极折断，应立刻停止供电操作，将隔离开关断开，将控制台选择至炉前操作台。在处理事故时，操作工只能在炉前控制台进行操作。

（2）如果拆断的电极较短，在钢包盖以下或在钢液面上，为减少增碳，应立即将电极臂和钢包盖提起，将钢包车开出精炼位，然后用行车将断电极夹出。

（3）如果拆断的电极较长，短头在钢包盖以上，应立即提起电极和钢包盖，然后用钢丝绳将电极绑住，用行车将断电极提起。提升时应注意，不要损坏电极横臂或其他设备。

（4）如果用行车可以将折断的电极吊走，则将其吊走；如果无法完全吊出，则应将电极提升到钢包车可以开出为止（电极头高于钢包上沿或钢包吊耳），立即将钢包车开出。然后将折断的电极放在钢包车或车下事故坑内。

（5）电极折断之后，如果电极掉入钢包内，应取样分析碳含量，以避免碳成分出格。

3.2.6.2 钢包穿孔

钢包穿孔的处理如下：

（1）在钢包炉冶炼过程中应认真注意包衬情况，如果发现钢包包壁发红，应立刻停止冶炼，然后进行倒包处理。

（2）如果钢包在精炼过程中包壁穿包，应立即停止冶炼同时将钢包车开出，用行车将钢包吊离精炼工位，进行倒包操作或将钢水直接倒进渣盘内。

（3）如果钢包在精炼过程中间包底穿钢，应立即停止冶炼，将钢包车开至吊包位。此时严禁行车吊运钢包，以免损坏其他设备。将钢包内的钢水放入钢包车下事故坑内。

3.2.6.3 钢包精炼炉水冷件漏水

水冷件漏水的危害有：

（1）影响钢的质量。水冷件漏水后，漏出的水进入熔炉遇热蒸发为汽水，就会增加水蒸气的分压。炉气中水蒸气的分压越大，钢液中氢含量越高。钢中氢含量高是造成钢材白点等缺陷的主要原因。

（2）影响还原和精炼气氛。水冷件漏水会恶化脱氧效果，影响精炼的气氛，无法造好精炼还原渣，导致浇注时冒涨或产生钢坯的皮下气泡。

（3）对安全生产构成严重威胁。水冷件漏水后漏出的水如果被钢液或炉渣覆盖，则在高温下会迅速被蒸发为气体，其体积急剧膨胀而产生爆炸，对人身安全和设备安全构成极大的威胁。

水冷件漏水的主要征兆有：烟气里阵发性地出现黄绿色；渣面上会出现小斑点或者发黑的小颗粒；还原渣难以造白，渣色变化大。

3.2.7 LFV 法

在 LF 设备基础上增加能进行真空处理的真空炉盖或真空室，这种具有真空处理工位的 LF 又称作 LFV（Ladle Furnace Vacuum），一般由蒸汽喷射泵、真空管道、充氮罐、真空炉盖（或真空室）、提升机构、提升桥架、真空加料装置等设备组成。其真空度一般为 67~27Pa。LFV 精炼基本工艺为：

加还原渣 ↓ 加脱氧剂、合金化剂 ↓ 调整成分 ↓

初炼炉氧化 → 无渣出钢或出钢除渣 → 吹氩搅拌、真空脱气 → 吹氩搅拌、电弧加热 → 浇注

取样 ↑ 测温 ↑

LFV 采用真空下的吹氩搅拌，可使轴承钢的 $w[H]$、$w[N]$ 和 $w[TO]$ 分别达到 0.000268%、0.0038%、0.001% 的水平。

3.2.8　VD 法

钢包真空脱气法（Vacuum Degassing）简称为 VD 法。它是向放置在真空室中的钢包里的钢液吹氩精炼的一种方法，其原理如图 3－12 所示。日本又称之为 LVD 法（Ladle Vacuum Degassing Process）。

3.2.8.1　VD 设备

VD 法一般很少单独使用，往往与具有加热功能的 LF 等双联。由于 VD 炉精炼设备能有效地去除气体和夹杂，且建设投入和生产成本均大大低于 RH 及 DH 法，因此，VD 真空精炼炉具有较明显的优势，广泛用于小规模电炉厂家等进行的特殊钢精炼。

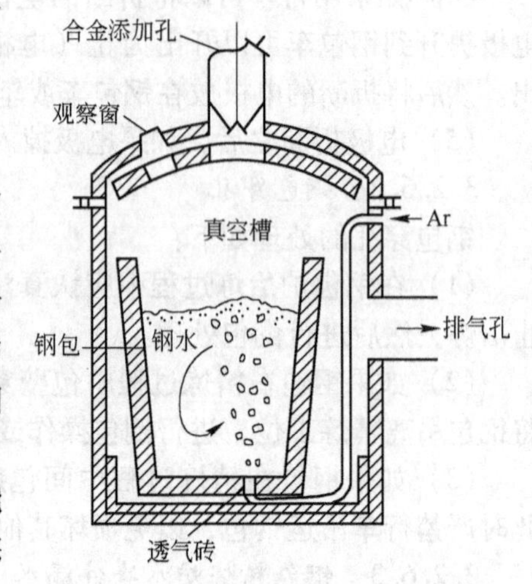

图 3－12　VD 钢包真空脱气的工作原理

对 VD 的基本要求是：保持良好的真空度；能够在较短的时间内达到要求的真空度；在真空状态下能够良好地搅拌；能够在真空状态下测温取样；能够在真空下加入合金料。一般说来，VD 设备需要一个能够安放 VD 钢包的真空室，而 ASEA－SKF 则是在钢包上直接加一个真空盖。

VD 设备主要有水环泵、蒸汽喷射泵、冷凝器、冷却水系统、过热蒸汽发生系统、窥视孔、测温取样系统、合金加料系统、吹氩搅拌系统、真空盖与钢包盖及其移动系统、真空室地坑、充氮系统、回水箱。

A　真空室

真空室用于放置对钢水进行处理的钢包，并对钢水进行真空处理。真空室盖是一个用钢板焊接而成的壳形结构。150t VD 炉真空室上安装的设施有：

（1）一个水冷的带有环形室的主法兰，内外径分别为 6800mm、6210mm。

（2）一个密封保护环。

（3）三个供吊车吊运的吊耳。

（4）两个窥视孔。带有手动中间隔板，以防渣钢喷溅到窥视孔的玻璃上。接口尺寸为 510mm。还有一个由 0.7kW 电动机带动的机动窥视孔。通过这两个窥视孔，可以观察钢包中的情况。

（5）真空密封室和取样吸管（也称取样枪）此设施为了测定钢水的温度，取出钢样，真空室盖上安装。取样枪的行程由一个旋转开关控制，运动由电动机带动。

（6）10 个合金料仓，三个料斗。其作用是把合金从大气下加入真空室中。

（7）真空室地坑。过去真空室布置在低于车间地平面的地坑里，真空室由耐火材料砌筑，即使钢水或炉渣溢出钢包，甚至钢水穿漏，也不会损坏。真空室地坑直径为 6400mm，真空室高度为 8000mm，真空室外径为 6800mm。配有与炉盖匹配的水冷法兰盘以及与密封圈匹配的凹槽，两个支撑钢包用的对中支撑座，一个与抽气管连接的接口，一个氩气快速接头，一个用于漏钢预报的热电偶，一支用于真空室盖与真空地坑的真空密封圈。目前真空罐一般安放在车间地平面的轨道小车上。

(8) 钢包盖。将耐火材料砌筑在钢制拱形上，并用三个吊杆吊在真空盖上。

(9) 真空盖的提升与移动机构。该机构是一个型钢焊接的框架结构，尺寸为 7700mm ×9710mm ×5055mm；提升电动机一台，功率 1kW，转速 750r/mm，转矩 147N · m；两条轨道，运行距离 8000mm，运行速度 6m/min，提升速度 1m/min；盖的提升行程 600mm，提升能力 55t，轨道长度 18000m；配重 2 ×6000 kg。

B 水冷系统

(1) 冷凝器的冷却。进水温度不超过 32℃，出水温度不超过 42℃，压力 0.2MPa，耗水量 300m³/h。

(2) 真空室的下口法兰、观察孔、合金加料斗、取样器的冷却水压力为 0.35MPa，进水温度不大于 35℃，出水温度不大于 42℃。每小时需要冷却水 20m³。

(3) 水环泵的冷却。进水温度不大于 35℃，出水温度不大于 42℃。每小时用量 60m³。

C 吹氩搅拌系统

钢包底部的三个透气砖，经常使用的是两个。流量为 30 ~50L/h，表压为 1MPa。

D 蒸汽供应系统

蒸汽压力为 1.4MPa，每小时用量 11.8t。饱和蒸汽过热温度 20℃。

E 真空度测量

真空度测量由 U 形管真空计和压缩式真空计承担。

F 真空泵

4 级 MESSO 蒸汽喷射泵；三个水环泵作为第 5 级；抽气能力 400kg/h，8min 可以达到 67Pa。

蒸汽喷射泵工作压力 1MPa，工作蒸汽最高温度为 250℃，过热度 20℃。冷却水进水最高温度 32℃，出水最高温度 42℃。压力波动不超过 10%。

当真空处理结束时，为了保证安全，需使真空室破真空，压力为 1MPa，流量为 1000m³/h。

3.2.8.2 VD 精炼工艺及其效果

VD 炉的一般精炼工艺流程为：吊包入罐—启动吹氩—测温取样—盖真空罐盖—开启真空泵—调节真空度和吹氩强度—保持真空—氮气破真空—移走罐盖—测温取样—停吹氩—吊包出站。VD 真空脱气法的主要工艺参数包括真空室真空度、真空泵抽气能力、氩气流量、处理时间等。

通过 VD 精炼，钢中的气体、氧的含量都降低了很多；夹杂物评级也都明显降低。这个结果说明，这种精炼方法是有效的。但是应当指出的是，使用当今系统的炉外精炼方法得到的钢质量比单独采用 VD 精炼要好得多。

VD 与 RH 真空精炼相比，在对炉渣搅拌混合方面存在重要的不同。在 VD 真空精炼中，吹入钢液内部的 Ar 流在对钢液进行强烈搅拌的同时，钢液上面的炉渣也经受强烈搅拌，渣 - 钢间反应增强，但大量渣滴、渣粒也会由此进入钢液，有时会成为钢中大型夹杂物重要来源。此外，VD 装置的处理时间周期明显比 RH 装置为长，与高拉速板坯连铸匹配很困难。主要适用于批量较小、铸机拉速低的钢厂。

宝钢特钢 1998 年建成投产 100t VD 炉，采用直流电弧炉—VD 真空处理—连铸生产工艺，67Pa 高真空保持时间 18min 以上，0.16MPa 以上的吹氩压力，真空温降为 2.0℃/min，精炼渣量在 10kg/t 以下，就能使真空脱氢率达 70% 以上。脱气后 $w[H]$ 最低达到 0.00005%。GCr15、45、42MnMo7、20 钢的平均脱氮率分别为 24.6%、14.95%、12.15%、9.5%。GCr15 的真空脱硫率平均达 29%，中碳钢的平均真空脱硫率为 38% 左右，钢中硫可降到 0.010% 以下。低碳钢的平均真空脱硫率为 45% 左右，钢中硫可降到 0.019% 以下。

武钢一炼钢 1998 年建成 100t 双工位的 LF 和 VD 各一座。VD 的主要技术参数如下：额定容量 100t，真空泵抽气能力 400kg/h；蒸汽压力 0.8 ~ 0.9MPa；真空罐内径 6000mm；工作真空度不大于 67Pa；真空罐高度 7700mm；极限真空度 30Pa；设备冷却水耗量 $100m^3/h$。生产实践发现，精炼时吹氩强度选择 225 ~ 325L/min，真空度不大于 67Pa 保持 10 ~ 15min 为最佳。VD 精炼完毕时，钢中 $w[H]$ 由精炼前的 0.00046% ~ 0.00072% 降低到 0.00009% ~ 0.0002%，脱氢率 63% ~ 82%；钢中 $w[N]$ 由精炼前的 0.0026% ~ 0.0045% 降低到 0.0018% ~ 0.0032%，脱氮率 22% ~ 45%；真空结束时，$w[TO]$ 由处理前的 0.0035% ~ 0.0047% 降低到 0.0012% ~ 0.0025%；VD 处理前后相比钢中的夹杂物数量和大小均显著减小，钢液达到了较好的纯净度。

3.2.9 LF 与 RH、LF 与 VD 法的配合

为了实现脱气，与 LF 配合的真空装置主要有两种：RH 和 VD。目前日本倾向于 80t 以上的电炉或转炉采用 LF + RH 炉外精炼组合，因为钢包中钢渣的存在并不影响 RH 操作，所以 LF 与 RH 联合在一个生产流程中使用是恰当的。小于 80t 电炉或转炉采用 LF + VD 炉外精炼组合（钢包作为真空钢包使用）。与 LF + RH 相比，由于渣量太大，LF + VD 的脱气效果略差一些。VD 的形式又有两种：一种是真空盖直接扣在钢包上，称为桶式真空结构；另一种是钢包放在一个罐中的，称为罐式真空结构。LF + RH 和 LF + VD 法如图 3 - 13 所示。

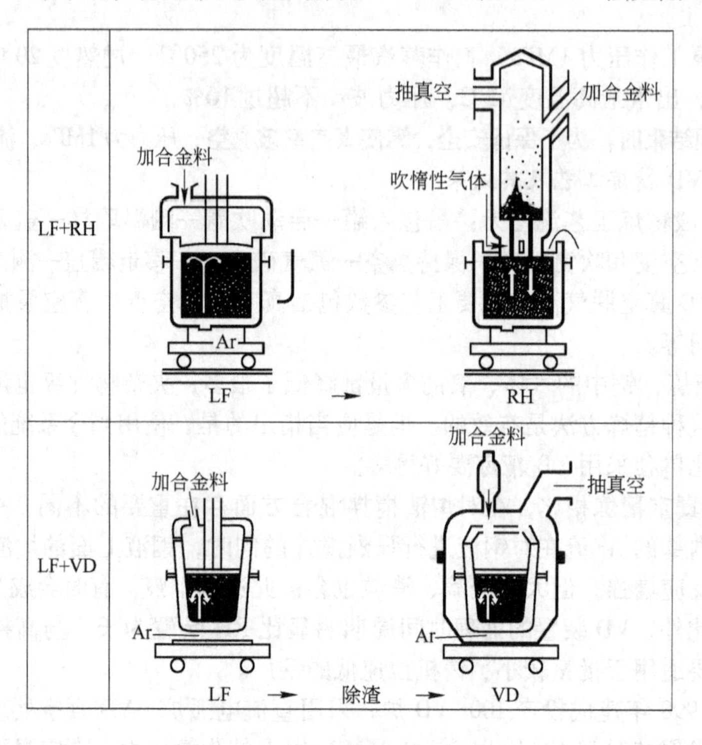

图 3 - 13 LF 与 RH、VD 的配合

在 LF - VD 炉外精炼组合中，LF 在常压下对钢水电弧加热、吹氩搅拌、合金化及碱性白渣精炼等；VD 进行钢包真空冶炼，其作用是钢水去气、脱氧、脱硫、去除夹杂，促进钢水温度和成分均匀化。

抚顺钢厂的 50t LF - VD 炉，钢水从超高功率电炉出钢后，LF 精炼、喂线、VD 精炼都在同一个精炼钢包进行，从出钢到浇注约需 90 ~ 120min。

经 LF 和 VD 处理的钢水精炼典型流程如图 3 - 14 所示。

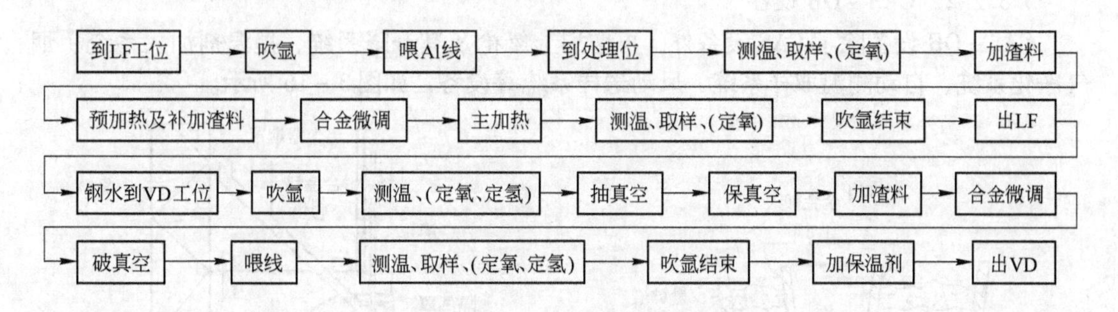

图 3 - 14 LF + VD 配合精炼处理典型工艺流程

3.3 CAS 法与 CAS - OB 法操作工艺

在大气压下，钢包吹氩处理钢液时，在钢液面裸露处由于所添加的亲氧材料反复地接触空气或熔渣，易造成脱氧效果和合金收得率的显著降低。因此，日本新日铁公司八幡技术研究所于 1975 年开发了吹氩密封成分微调工艺，即 CAS（Composition Adjustment by Sealed Argon Bubbling，密封吹氩合金成分调整）工艺。此后，为了解决 CAS 法精炼过程中的温降问题，在前述设备的隔离罩处再添加一支吹氧枪，称为 CAS - OB 法，OB 即为吹氧的意思，这是一种借助化学能而快速简便的升温预热装置。

3.3.1 CAS 与 CAS - OB 法精炼原理与功能

CAS 处理时，首先用氩气底吹，在钢水表面形成一个无渣的区域，然后将隔离罩插入钢水罩住该无渣区，以便从隔离罩上部加入的合金与炉渣隔离，也使钢液与大气隔离，从而减少合金损失，稳定合金收得率。CAS 法主要用来处理转炉钢液。

CAS 法的基本功能有：

（1）均匀钢水成分、温度。

（2）调整钢水成分和温度（废钢降温）。

（3）提高合金收得率（尤其是铝）。

（4）净化钢水、去除夹杂物。

CAS - OB 法是在 CAS 法的基础上发展起来的。它在隔离罩内增设顶氧枪吹氧，利用罩内加入的铝或硅铁与氧反应所放出的热量直接对钢水加热。其目的是对转炉钢水进行快速升温，补偿 CAS 法工序的温降，为中间包内的钢水提供准确的目标温度，使转炉和连铸协调配合。如钢的比热容取 0.88kJ/(kg · ℃)，则燃烧 1.0kg 铝和 1.0kg 硅的吨钢升温值分别约为 35℃ 和 33℃。一般 CAS - OB 法升温控制在 50℃ 以内。

3.3.2 CAS与CAS-OB设备

3.3.2.1 CAS设备

CAS设备由钢包底吹氩系统，带有特种耐火材料（如刚玉质）保护的精炼罩，精炼罩提升架，除尘系统，带有储料包、称重、输送及振动溜槽的合金化系统，取样、测温、氧活度测量装置等组成，如图3-15所示。

3.3.2.2 CAS-OB设备

CAS-OB设备除了CAS设备外，再增加上氧枪及其升降系统、提温剂加入系统、烟气净化系统、自动测温取样系统、风动送样系统等设备，如图3-16所示。

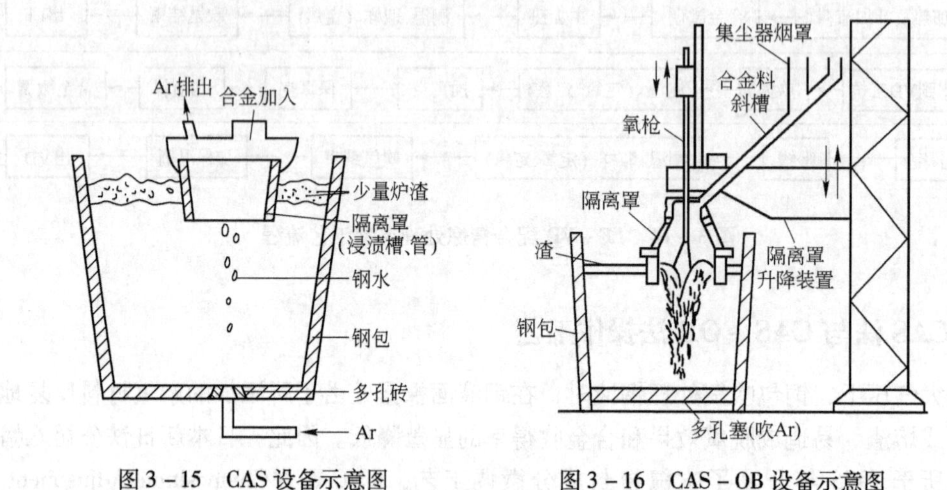

图3-15 CAS设备示意图　　图3-16 CAS-OB设备示意图

CAS-OB工艺装置的特点有：

（1）采用包底透气塞吹氩搅拌，在封闭的隔离罩进入钢水前，用氩气从底部吹开钢液面上浮渣，随着大量氩气的上浮使得罩内无渣，并在罩内充满氩气形成无氧区。

（2）采用上部封闭式锥形隔离罩隔开包内浮渣，为氧气流冲击钢液及铝、硅氧化反应提供必需的缓冲和反应空间，同时容纳上浮的搅拌氩气，提供氩气保护空间，从而在微调成分时，提高加入的铝、硅等合金元素的收得率。

（3）隔离罩上部封闭并为锥形，具有集尘排气功能。由钢板焊成，分为上下两部分，上罩体内衬耐火材料，下罩体内外均衬以耐火材料，以便浸入钢液内部，通常浸入深度为100~200mm。耐火材料为高铝质不定型材料。隔离罩在钢包内的位置应能基本笼罩住全部上浮氩气泡，并与钢包壁保持适当的距离。

（4）CAS-OB法氧枪多采用惰性气体包围氧气流股的双层套管消耗型吹氧管。套管外涂高铝质耐火材料，套管间隙为2~3mm。中心管吹氧，套管环缝吹氩气冷却，氩气量大约占氧气量的10%左右。氧气流股包围在惰性气氛中，形成了集中的吹氧点，在大的钢液面形成低氧分压区，从而抑制钢液的氧化。外内管压力比在1.2~3.0，吹氧管烧损速度约为50mm/次，寿命为20~30次。

3.3.3 CAS工艺

CAS工艺利用高强度吹氩形成的剧烈流动，使熔池表面产生一个大的无渣裸露区域。

在裸露区域，将精炼罩浸入钢液，减小供氩强度，使钢液流动减弱，精炼罩外部回流的熔渣从外部包围精炼罩，保护供氩，以防止二次氧化。在精炼罩内部，可产生无熔渣覆盖的供氩自由表面，加之钢液表面与精炼罩空间形成氩气室，为精炼罩上的套管添加脱氧剂和合金提供了有益的条件和气氛。

CAS工艺操作过程比较简单，脱氧和合金化过程都在CAS设备内进行。由于该工艺的灵活性，可以采用以内控条件为基础的其他操作方式，例如，在出钢期间利用硅进行预脱氧和锰及其他合金元素的预合金化。CAS工艺操作的关键是排除隔离罩内的氧化渣。若有部分渣残留在罩内，合金收得率应会下降，且操作不稳定。实践证明渣层过厚时，隔离罩的排渣、隔渣能力得不到充分利用。

一般CAS操作约需要15min，典型的操作工艺流程如图3－17所示。钢包吊运到处理站，对位以后，强吹氩1min，吹开钢液表面渣层后，立即降罩，同时测温取样，按计算好的合金称量，不断吹氩，稍后即可加入铁合金进行搅拌。吹氩结束后将隔离罩提升，然后测温取样。

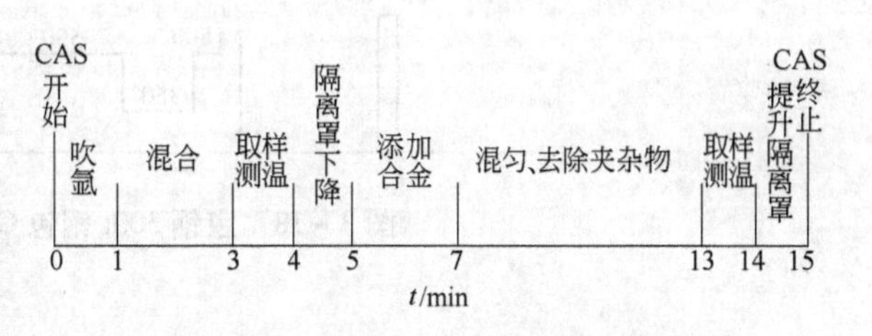

图3－17 CAS操作工艺流程时间分配

CAS工艺的主要特点是能够较好地使成分合乎规格、合金收得率高、氧化物夹杂含量低。最典型的是Sollac公司Gos－Sur－Mer工厂的试验结果：经CAS工艺精炼钢液，其成分控制范围很窄，同时每吨钢可节约铝0.4kg。经过熔池吹氩，氧化物进一步脱除，在CAS处理结束时，总的氧含量降低到0.0025%～0.0045%。由于氧化物的继续脱除，中间包总的氧含量达到0.002%～0.003%水平。

宝钢于1989年从日本引进两台CAS装置，该设备具有脱氧、降低夹杂、合金化、调温等功能，CAS处理时间为28min，氩气流量为0.35～0.5m^3/min，氩气压力为0.85MPa。宝钢CAS装置包括10个上部合金料仓及相应的电磁振动给料器和电子秤称量系统、3条输送皮带、中间料斗、卸料溜槽、浸渍管及其升降机构、测温取样、割渣装置。

宝钢300t钢包CAS操作工艺流程为：转炉出钢挡渣粗调合金→炉后测温取样→将钢水吊至CAS处理台车上→吹氩、测定渣层和安全留高→测温取样、定氧→计算、放出和称量合金→吹氩、浸渍管放下→合金投入、吹氩搅拌→吹氩停止、测温取样→确认成分→台车开出、处理结束。

宝钢采用“转炉—CAS精炼—连铸”工艺生产低碳铝镇静钢时，CAS处理后钢液w[TO]含量为0.0073%～0.01%，中间包钢水w[TO]为0.0038%～0.0053%，铸坯中总氧含量为0.0014%～0.0017%。该工艺生产的深冲用低碳铝镇静钢具有很高的洁净度。宝钢CAS工艺主要生产铝镇静钢、铝硅镇静钢和低碳铝镇静钢。利用CAS工艺可以提高合金收得率，可以在保持较小的成分偏差和改善钢液洁净度的同时，做到准确无误地添加合金元素。

为了提高合金收得率和净化钢液，CAS处理过程中，一要挡好渣，二要保证一定的合理的底吹氩量。为保证钢液温度、成分均匀和夹杂上浮，吹氩搅拌时应大于6min，对铝镇静钢还应适当延长。300t钢包底吹搅拌强度为50W/(t·s)。宝钢CAS采用的吹氩曲线如图 3 – 18 所示。

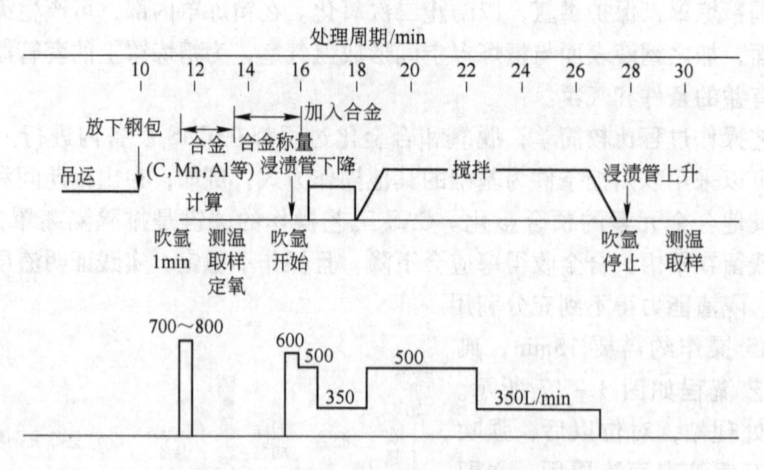

图 3 – 18　宝钢 300t 钢包 CAS 吹氩曲线

3.3.4　CAS – OB 工艺

在 CAS 处理之后，为了能够浇注那些低于开浇温度的钢液，必须开发一种简便的快速有效的预热装置。其解决办法就是联合使用 CAS 设备和吹氧枪，以便借助化学能来加热。CAS – OB 工艺的原理如图 3 – 16 所示，在精炼罩的提升架上附加了一个使自耗氧枪上升和下降的起重装置。打开挡板之后，利用定心套管将氧枪导入精炼罩。当作能量载体的铝丸由合金化系统送到钢液中，经吹氧而燃烧。钢液被化学反应的放热作用而加热。

CAS – OB 工艺的开始阶段与 CAS 工艺完全相同。当依据温度预报需要预热钢液时，在精炼罩浸入钢液之后，首先要进行钢液脱氧及合金化。此外，还要准备预热所需的铝，并在降下吹氧枪之后在吹氧期间以一定比例连续往钢液里添加铝。

CAS – OB 工艺从吹氩到提罩整个操作过程约 23min，其中主吹氩约需 6min，典型的 CAS – OB 工艺操作过程如图 3 – 19 所示，也可根据操作条件的不同来修改此操作方式。

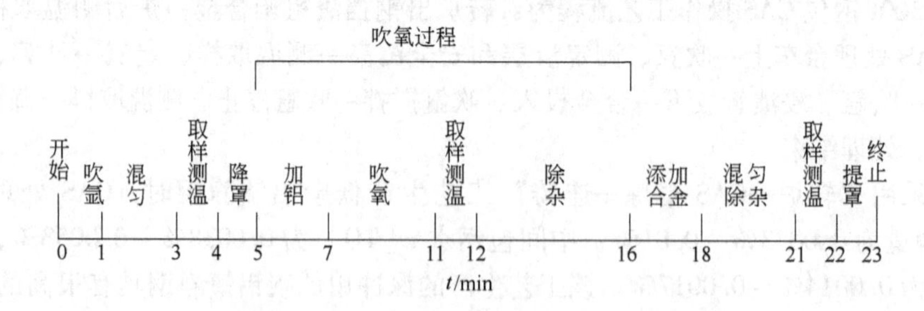

图 3 – 19　CAS – OB 工艺流程时间分配

宝钢根据需要在原 CAS 设置上开发了 300t CAS – OB 钢包（加铝）吹氧升温技术，即在 CAS 装置上增设氧枪、升降机构和供气系统（O_2、N_2、Ar）。其特点有：

（1）氧枪采用消耗双层套管，中心管吹氧，套管环缝吹氩冷却，套管外涂不定型耐火材料，枪体结构简单。

（2）升降机构采用可编程序控制器和交流变频调速器，具有自动和手动控制功能，氧枪定位精度高。

（3）吹氧操作采用CENTUM集散型仪表控制，计量精确，直观，操作简便。

宝钢CAS－OB工艺流程如图3－20所示。300t钢包CAS－OB升温处理时间一般为6～10min。在供氧强度$0.16～0.20m^3/(min·t)$的条件下，宝钢300t CAS－OB平均升温速度为7.0℃/min。

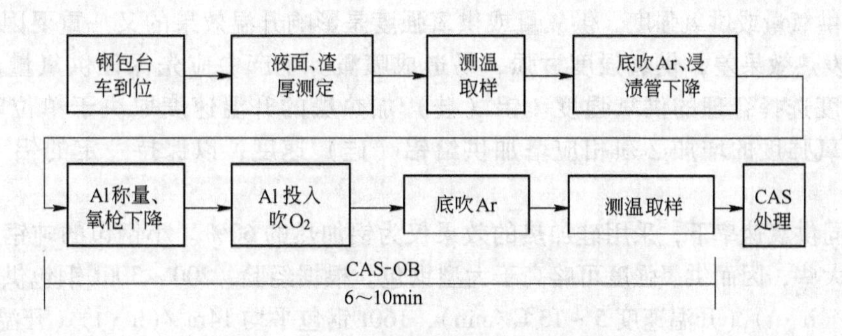

图3－20 宝钢CAS－OB工艺流程

武钢二炼钢CAS－OB工艺（如图3－21所示）：钢水到站后，采用大流量底吹氩气搅拌，排渣到包壁四周，翻腾的钢水呈裸露状态，此时插入隔离罩，渣被拦在罩外。向罩内加入铝丸（含铝99.7%，粒度8～12mm），吹入的氧气与融化的液态铝剧烈反应，释放出大量的化学热，首先将罩内的钢水加热。钢包底吹氩气的搅拌作用，使罩内高温钢水与钢包内低温钢水发生对流，结果使整包钢水达到升温目的。

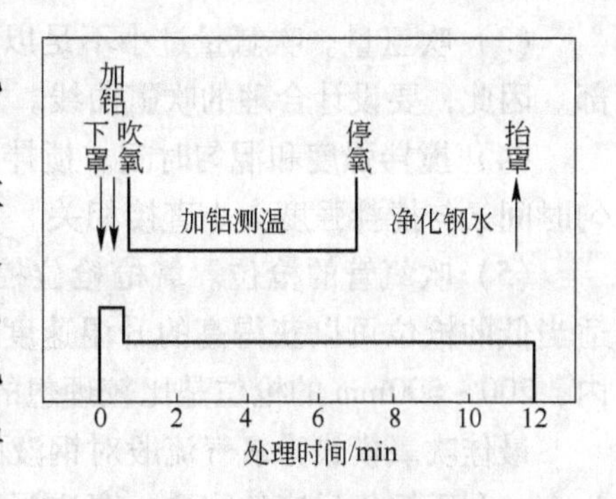

图3－21 武钢二炼钢CAS－OB工艺操作

开吹氩气流量为300～350L/min，钢水裸露区域为ϕ600～800mm，浸渍管插入深度为100～200mm。吹氧过程中，向钢水分批加入升温剂。钢水量74t时，吹氧时间6～7min，处理总时间为12～15min，即完成25～30℃的升温操作。

CAS－OB工艺参数的选择：

（1）发热剂的加入量。发热剂的加入量是影响升温幅度的重要因素，同时发热剂的过剩指数对升温幅度也有一定影响。合适的发热剂的加入量可由钢液与发热剂的热平衡关系得到：

$$\frac{W_{发}}{W_{钢}}=\frac{c_{钢}\Delta T}{Q_{发}\eta} \tag{3-8}$$

式中 $W_{发}$——发热剂的加入量，kg；

$W_{钢}$——钢液量，kg；

$c_{钢}$——钢液比热容，kJ/(t·℃)；

$Q_{发}$——发热剂的发热值，kJ/kg；

ΔT——升温幅度，℃；

η——发热效率，取决于供氧强度、枪位、发热剂粒度及过剩指数等。

发热剂的过剩指数：I = 发热剂实际加入量/预定升温理论计算的量。I 的变化范围为 1.0～1.4。当发热剂的过剩指数增加时，升温幅度增加，发热剂的氧化率增加，钢液中残存的发热剂的量也增加。发热剂的加入方式有一次加入、分批加入和连续加入，以连续加入方式最佳。

（2）供氧量或供氧强度。供氧量或供氧强度是影响升温效果的又一重要因素。供氧量不足，发热效果差；供氧强度过强，易造成喷溅。生产中应先保证供氧量，然后根据升温速度选择合理的供氧强度。铝（硅）加热法的升温速度取决于单位时间供氧速度。供氧强度的增加必须相应增加供给铝（硅）速度，以保持一定的铝（硅）过剩系数。

在相同供氧速率下，采用硅加热的效果仅为铝加热的60%。小钢包的吨钢占据隔离罩容积要大些，因而供氧强度可略高于大型钢包。根据经验，200～300t 钢包供氧强度为 11～20m^3/(h·t)（升温速度 5～13℃/min），160t 钢包平均 14m^3/(h·t)（升温速度 7～10℃/min），小型钢包（20～30t）供氧强度为 33～45m^3/(h·t)（升温速度可达 15℃/min）。

（3）吹氩量。吹氩量过小不足以撇开渣层，过大又会导致喷溅和使熔渣卷于钢液内部。因此，要设计合理的吹氩曲线。

（4）搅拌强度和混匀时间。搅拌强度与吹氩量、钢液温度、包内钢液量有关，而混匀时间又与搅拌强度大小直接相关。

（5）吹氧管的枪位。氧枪枪位控制对升温过程是相当关键的因素，武钢实验表明：适当低的枪位可以获得高的升温速度。日本专利文献认为：在 50～500mm 可控枪位范围内，200～500mm 的枪位是比较理想的。

最佳吹氧模式为氧气流股对钢液面的冲击以钢液飞溅量少、氧流股集中于反应区域内为宜，利于铝氧反应的穿透。穿透深度（L）和钢液深度（L_0）之比值（L/L_0）一般选择在 0.2～0.3。浸渍管的插入深度（h_s）与钢液深度（L_0）之比以 0.1 为宜。

另外，影响升温速率的因素还有钢包容量、发热剂种类、原始钢液成分和隔离罩尺寸等。

3.3.5 CAS 与 CAS－OB 的精炼效果

3.3.5.1 加热效果

几种元素 0.1% 含量在钢液中氧化的理论加热效果见表 3－8。钢水比热容取 0.88kJ/(kg·℃)，每吨钢液中有 1kg 铝氧化，则温度升高 35℃，1kg 硅氧化，则温度升高 33℃，一般把升温幅度控制在 50℃以内。氧化 1kg 铝的理论需要氧量为 0.62m^3，氧化 1kg 硅的理论需要氧量为 0.8m^3；但由于其他烧损和氧利用率的影响，需氧量实际分别为 0.74m^3 和 1.05m^3。250t 钢包中加铝后的加热效果表明：最高加热速率为 15℃/min，当加热速率较低（5～6℃/min）时，铝加热效率达到 80%～100%。当加热速率高于 10℃/min 时，加热效率超过 100%。其原因是：在高吹氧速率时，除铝外，还有其他元素也被剧烈氧化。

表3－8 钢液中溶解元素0.1%含量氧化升温效果

元 素	温度升高/℃	元 素	温度升高/℃
Si	+27	Fe	+6
Mn	+9	C	+14
Cr	+13	Al	+30

3.3.5.2 钢液的成分和洁净度控制

化学加热法在升温过程中，由于氧化金属或合金，必然对钢中元素产生一定的影响。研究表明：用铝作发热剂时，过剩指数为1.2～1.3，供氧强度合适时，元素的变化规律如图3－22所示。吹氧前期，由于集中供氧，[Si]、[Mn]参与反应而下降；随着向钢中投入金属铝，[Al]逐渐增多，[Si]、[Mn]的氧化受到抑制而在吹氧后期逐渐回升。[C]、[P]、[S]在过程中变化微小。

在加铝吹氧结束后吹氩搅拌过程中钢液成分变化如图3－23所示。Si、Mn呈缓慢增多趋势，Al呈下降趋势。说明Al在还原SiO_2和MnO。据日本住友公司提供的数据，加热含0.1%～0.3%Si、0.3%～0.6%Mn的钢液，升温期间将有0.03%Si和0.07%Mn被烧损。碳的烧损量随钢液含碳量不同而异，对于w[C] ≤0.15%的钢液，烧损量为0.02%，对于w[C]>0.15%的钢液，烧损量为0.03%。因此对于成分要求高的钢种，在钢液升温后，需加入一定数量合金进行成分微调。由于浸渍罩的设置，较易实现准确的成分微调，其目标偏差可控制在表3－9中的范围。

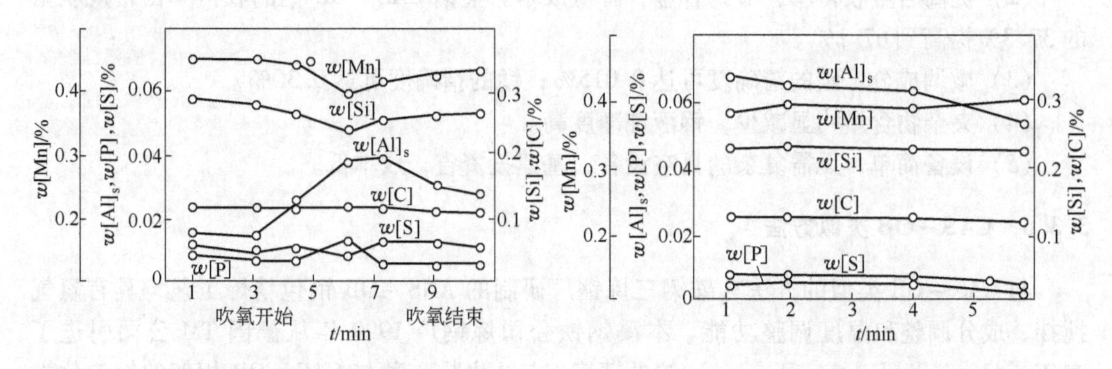

图3－22 升温过程钢液成分的变化

图3－23 加铝吹氧结束后吹氩搅拌过程中钢液成分的变化

表3－9 目标成分偏差范围（w） %

C	Si	Mn（<0.7）	Mn（>0.7）	Al
±0.02	±0.04	±0.05	±0.06	±0.015

实践表明，在提高合金收得率和合金成分的命中率、减少合金元素的损失方面，CAS法是一种高效、廉价的方法，比喂线、射弹等处理范围宽得多。CAS法处理时，钢中铝、氧含量变化波动极小，铝几乎没有损失，氧含量始终维持稳定的低水平。以氧为例，如图3－24所示，Fos－Sur－Mer工厂的试验结果表明，经过CAS－OB处理，钢中氧含量

与 CAS 处理之后相差不大。

经 CAS 法处理的钢水质量可达到如下水平：

（1）钢中总氧量由常规吹氩处理的 0.01% 下降到 0.004% 以下。

（2）40μm 以上的大型夹杂物可减少 80%，20～40μm 的夹杂物可减少 1/3～1/2。

（3）提高脱氧元素的收得率。宝钢铝的收得率由常规脱氧的 40%（一般厂 10%～30%）提高到 80%～90%，Ti 由常规脱氧的 50%～80% 提高到约 100%。

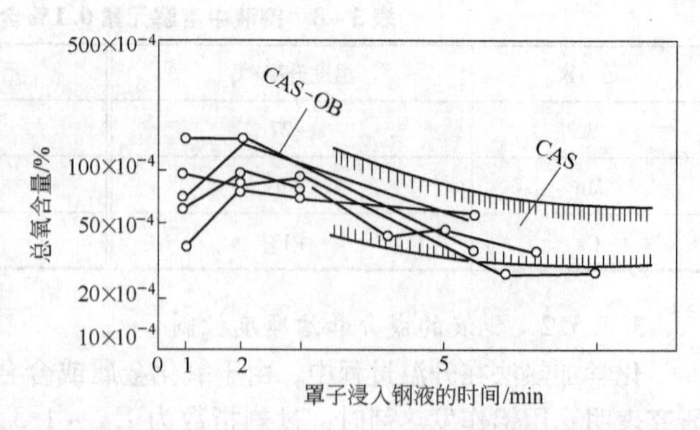

图 3－24 CAS 和 CAS－OB 处理总氧量的比较

武钢 CAS－OB 实践表明，钢水经吹氧升温后，夹杂总量及 SiO_2 夹杂含量明显下降，中间包钢水夹杂总量及 N 含量与普通工艺生产的钢水非常接近。SiO_2 夹杂平均降低大于 0.002%，Al_2O_3 夹杂由于加铝有所增加。升温后经 3～4min 纯吹氩处理，Al_2O_3 夹杂大部分被去除。经铝热法处理的连铸坯与普通工艺相比，沿铸坯厚度方向夹杂面积百分数也没有明显差距。

总之，CAS 与 CAS－OB 具有以下优越性：

（1）均匀调节钢液成分和温度，方法简便有效。

（2）提高合金收得率，节约合金，降低成本。宝钢 CAS－OB 铝的收得率由常规吹氩的 37.3% 提高到 67.1%。

（3）微调成分，碳的精确度可达 0.015%；锰的精确度可达 0.30%。

（4）夹杂物含量明显减少，钢液纯净度高。

（5）设备简单，无需复杂的真空设备，基建投资省，成本低。

3.3.6 CAS－OB 类似方法

与 CAS－OB 类似的方法有鞍钢三炼钢厂研制的 ANS－OB 钢包精炼工艺，具有氩气搅拌、成分调整和温度调整功能。本溪钢铁公司炼钢厂 1999 年从德国 TM 公司引进了 AHF（Aluminum Heating Furnace）炉外精炼工艺，也是一种与 CAS－OB 相似的钢包化学加热精炼工艺。

类似的方法还有由日本住友金属工业公司 CSMI 在 1986 年开发的 IR－UT 法（Injection Refining－Up Temperature，升温精炼法），特点是它与 CAS－OB 的吹氩方式不同，氩气采用顶枪从钢液顶部吹入，还能以氩气载粉精炼钢水。隔离罩呈筒形，顶面有凸缘，可盖住罐口。该技术在对钢水加热的同时，进行脱硫和夹杂物形态的调整操作。IR－UT 钢包精炼如图 3－25 所示。

IR－UT 钢包冶金站由以下几部分组成：钢包盖及连通管；向钢水表面吹氧用的氧枪；搅拌钢水及喷粉用的浸入式喷枪；合金化装置；取样及测温装置；连通管升降卷扬机；加废钢装置；喂线系统（任选设备）；石灰粉或 Ca－Si 粉喷吹用的喷粉缸（任选设备）。浸入式搅拌枪与钢包底部透气砖相比，在工艺上可提供更大的灵活性。

IR－UT 钢包冶金站采用上部敞口式的隔离罩，它与 CAS－OB 采用的上部封闭的隔离罩相比有以下优点：

（1）可使整个设备的高度降低。

（2）喂线可在隔离罩内进行，免除与表面渣的反应。

（3）在钢水处理过程中容易观察和调整各项操作，如吹氧、搅拌、合金化及隔离罩内衬耐火材料的侵蚀等。

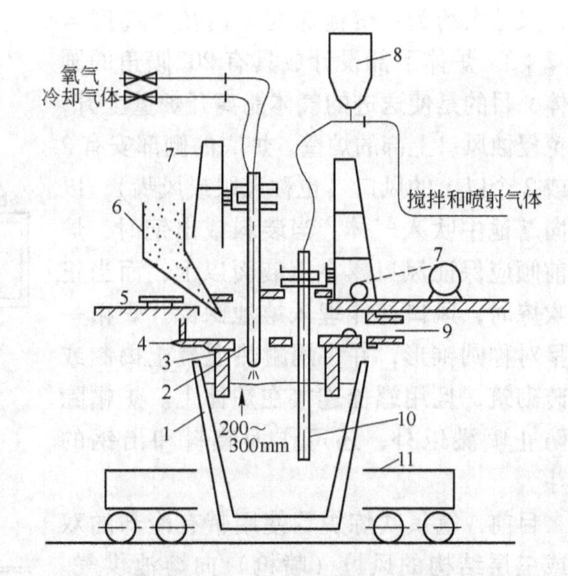

图 3－25 IR－UT 法设备示意图

1—钢包；2—吹氧枪；3—隔离罩裙；4—包盖；5—平台；6—合金称量料斗；7—升降机构；8—喷粉罐；9—排气口；10—搅拌枪；11—钢包车

IR－UT 法可以在精炼的同时加热钢液，可弥补钢液温度的不足。由于加热是采用化学热法，故升温速度快，加热时间少于 5min，整个处理时间不多于 20min，同时省掉电弧加热设备。IR－UT 法除氧枪外还设有加合金称量斗小车及加料器，从钢包一侧加入合金料，另一侧设喷射罐与搅拌枪相连，搅拌枪吹入氮气或氩气。钢包上部设有罩裙和包盖，设有喷射石灰或硅钙粉的罐和软管、供测量温度和取样用的一套（双体）枪和提升机械。

3.4 AOD 法

钢液的氩氧吹炼简称 AOD 法（Argon Oxygen Decarburization），主要用于不锈钢的炉外精炼上。

AOD 法是利用氩、氧气体对钢液进行吹炼，一般多是以混合气体的形式从炉底侧面向熔池中吹入，但也有分别同时吹入的。在吹炼过程中，1mol 氧气与钢中的碳反应生成 2mol CO，但 1mol 氩气通过熔池后没有变化，仍然作为 1mol 气体逸出，从而使熔池上部 CO 的分压力降低。由于 CO 分压力被氩气稀释而降低，这样就大大有利于冶炼不锈钢时的脱碳保铬。氩氧吹炼的基本原理与在真空下的脱碳相似，一个是利用真空条件使脱碳产物 CO 的分压降低，而氩氧吹炼是利用气体稀释的方法使 CO 分压降低，因此也就不需要装配昂贵的真空设备，所以有人把它称为简化真空法。

3.4.1 AOD 炉的主要设备与结构

AOD 炉设备主要由 AOD 炉本体、炉体倾动机构、活动烟罩系统、供气及合金上料系统等部分组成。氩氧精炼炉由于没有外加热源，精炼时间又较短，所以必须配备快速化学分析及温度测量等仪表。但它的工艺参数比较稳定，可以使用电子计算机来自动控制精炼操作。

AOD 炉体的形状近似于转炉，见图 3－26。它是安放在一个与倾动驱动轴连接的旋转支撑轴圈内，容器可以变速向前旋转 180°，往后旋转 180°，炉内衬用特制的耐火制品砌筑，尺寸大约为：熔池深度：内径：高度＝1∶2∶3。炉体下部设计成具有20°倾角的圆锥体，目的是使送进的气体能离开炉壁上升，避免侵蚀风口上部的炉壁。炉底的侧部安有2个或2个以上的风口（也称风眼或风嘴），以备向熔池中吹入气体。当装料或出钢时，炉体前倾应保证风口露在钢液面以上，而当正常吹炼时，风口却能埋入熔池深部。炉帽一般呈对称圆锥形，并多用耐热混凝土捣制或用砖砌筑，且用螺栓连接在炉体上。炉帽除了防止喷溅以外，还可作为装料和出钢的漏斗。

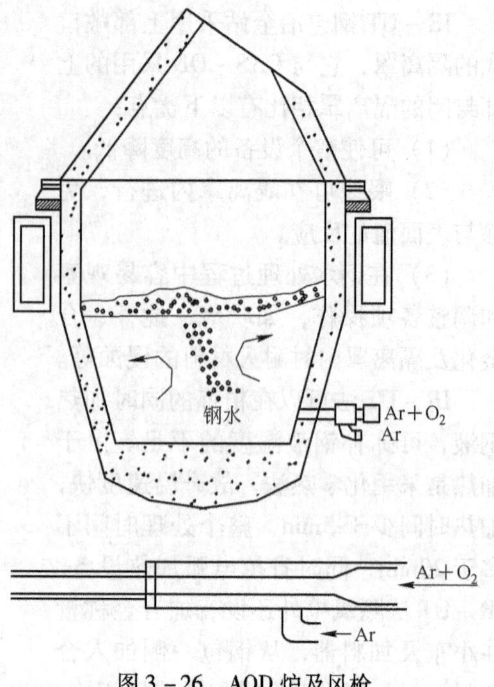

图3－26　AOD炉及风枪

目前，氩氧吹炼炉均使用带有冷却的双层或三层结构的风枪（喷枪）向熔池供气。风枪的铜质内管用于吹入氩氧混合气体进行脱碳；外管常为不锈钢质，从缝隙间吹入冷却剂，一般的冷却剂在吹炼时采用氩气，而在出钢或装料的空隙时间改为压缩空气或氮气，也可使用家庭燃料油，以减少氩气消耗及提高冷却效果。喷枪的数量一般为2支或3～5支，但喷枪数量的增多将会降低炉衬的使用寿命。

AOD炉的控制系统，除了一般的机械倾动、除尘装置外，还有气源调节控制系统。AOD炉上部的除尘罩采用旋转式；AOD炉用气源调节控制系统来控制、混合和测量所使用的氩、氧、氮等气体，通过流量计、调节阀等系列使氩氧炉能够得到所希望的流量和氩氧比例。此外，炉体还备有为了保证安全运转的联锁装置和为了节省氩气的气体转换装置，使得在非吹炼的空隙时间内自动改吹压缩空气或氮气。由于吹氧吹炼时间短，且又没有辅加热源，因此必须配备快速的光谱分析和连续测温仪等。

AOD炉的铁合金、石灰和冷却材料等的添加系统和转炉上使用的相同，主要有加料器、称量料斗、运送设备等。

3.4.2　AOD炉的操作工艺

一般AOD法多与电弧炉组成“电弧炉－AOD炉”进行双联生产，有时初炼也可为转炉。电弧炉炉料以不锈钢、车屑和高碳铬铁为主。其生产过程是电炉熔炼废钢、高碳铬铁等原料，熔化后的母液兑入AOD炉进行精炼。进入AOD转炉的电炉母液，通过吹入氩氧混合气体，以非常接近C－Cr－T－p_{CO}平衡的条件进行精炼。

3.4.2.1　电弧炉初炼

电弧炉初炼的原料中将铬配到规格上限（用含铬返回废钢和高碳铬铁），以保证精炼终点铬含量在规格中限，最后可以不加或少加微碳铬铁；炉料中的含碳量不论多少均能获得极低的终点碳，从操作简便和减少氩气、氧气的耗量的角度考虑不宜太高，但不能低于常压下Cr－C平衡的$w[C]$值，以减少熔化炉料时铬的烧损。通常配碳量为1.0%～

2.0%。此外炉料中要配入适量的硅（约0.5%），如炉料中碳低，则配硅量要增加，以起到保铬升温的作用。其他成分按规格中限控制。必须指出，高铬钢液很难采用氧化脱磷方法进行脱磷，炉料中含磷量要严格控制，不得超过规格上限减去0.005%。

表3-10给出了上海浦钢公司30t AOD炉冶炼18-8不锈钢的配料成分要求。

表3-10 上海浦钢公司30t AOD炉冶炼18-8不锈钢的配料成分要求 %

钢 种	C	Mn	S	P	Cr	Ni
1Cr18Ni9Ti（321）	1.5~2.5	≤上限值的80%	≤0.060	≤0.030	17.6~18.0	7.5~7.8
0Cr18Ni9（304）	1.5~2.5	≤上限值的80%	≤0.060	≤0.030	17.6~18.0	8.0~8.3

通常，出钢前调整C到1.0%~1.5%，Si在0.3%以下，其他成分基本符合钢种规格要求，钢水的温度应大于1550℃，最好提高到1600~1630℃，为高温下氩氧混吹时的“去碳保铬”创造有利条件。

初炼炉如有条件，炉料熔清后加少量Fe-Si粉，吹氧提温，并加石灰、硅钙粉或硅铁粉及少量铝粉进行还原。还原后扒渣，加石灰造新渣，调整成分。钢水成分、温度达到要求即可出钢，送AOD炉进行精炼。

3.4.2.2 AOD炉精炼

根据AOD精炼过程的主要任务不同，可分为四个阶段：脱碳期、还原期、脱硫期、成分和温度的调整期。

A 脱碳氧化期

初炼钢水倒入氩氧精炼炉后，根据初炼钢水的成分和温度，可补加部分合金，并加一些冷却废钢，加石灰造渣，然后吹入氩氧混合气体开始精炼。18t AOD入炉钢水条件为：$w[C]=0.5\%\sim2.0\%$，$w[Si]<0.5\%\sim0.3\%$。

整个脱碳氧化期内都必须吹入含氧气的混合气体。吹氧精炼期也称为吹炼期，吹炼前期主要任务是脱碳。随着吹炼过程的进行，根据脱碳过程中含碳量的变化，采用不同的氧气与氩气（或氮气）流量比（简写为O_2：Ar或O_2：N_2）吹入氧气与氩气（或氮气）的混合气体对含高铬钢水进行精炼，其值从3：1到采用纯氩之间变化。传统AOD工艺，吹炼期分为三个脱碳期。第一期，采用O_2：Ar=3：1的比例进行脱碳。碳含量降低到一定值时进行测温取样。当钢水中碳达到0.2%~0.3%、温度T达到1680~1700℃时，便可进入第二期，并将O_2：Ar降低到2：1或1：1。在进入第二期之前，如有必要，可以加入合金或冷却废钢以降低钢水温度，减轻对炉衬的侵蚀。当钢水中碳含量被脱到0.04%~0.06%或0.06%~0.08%时，则可测温取样。如果冶炼超低碳不锈钢，则增加吹炼第三期，改用O_2：Ar=1：3进行吹炼，直到碳降到目标含量。

在脱碳氧化期吹入O_2+Ar的混合气体中，氧气用于脱碳，而氩气在吹炼中起着特殊的作用。吹入的氩气在第一期主要起搅拌作用，在第二期主要起扩大反应体积的作用，第三期起脱碳、脱气的作用。钢液中p_{CO}随着O_2：Ar的降低而降低，从而有利于去碳保铬的进行。

一般地，第一期吹炼时间为24~30min，第二期吹炼时间为10min，第三期吹炼时间约为15min。

关于混合气体的使用，当钢种要求氮含量低时，可以使用纯氩吹炼；如不要求低氮含量，则可采用部分氮气代替纯氩；如果冶炼高氮钢，则可全程吹氮。

目前各厂脱碳氧化期多采用三期以上的脱碳工艺，各期氧氩比也不尽相同。在钢水中 $w[C]>0.10\%$ 之前，$O_2:Ar$ 可在 4∶1、3∶1、2∶1 或 1∶1 之间变换；当钢水中 $w[C]<0.10\%$ 以后，应加大供氩量使 $O_2:Ar<1:2$，随着 $O_2:Ar$ 进一步降低，钢中碳将被降得更低。为了获得超低碳，$O_2:Ar$ 可为 1∶3 或 1∶4，甚至单吹氩气。

在整个吹炼过程中，氧气的压力可根据脱碳速度的要求调节。而氩气压力不能过大，以免引起飞溅，反而使氩利用率降低。

B　还原精炼、脱硫和调整期

在脱碳氧化期吹炼过程中无论如何都会有一部分的铬被氧化，为了还原这部分铬和稀释吹炼后十分黏稠的富铬渣，需要对钢水进行还原精炼。此时要求钢水温度在 1700℃ 左右，并加入 Fe - Si、Ca - Si 作还原剂，加入石灰及少量萤石以确保炉渣具有一定碱度（$R>1.3$）和较好的流动性，并用纯氩气进行强烈搅拌，以充分还原渣中的铬氧化物：

$$(Cr_3O_4)+2[Si]=3[Cr]+2(SiO_2)$$

从而使铬的回收率大于 98%，锰的回收率为 90%，并利用钢水中溶解的氧进一步脱碳。根据钢水量不同，还原时间约 3 ~ 8min。

根据钢种对硫的要求及钢水具体含硫情况决定是否需要一个独立的脱硫期。如果需要，则扒除 85% 以上的炉渣。加入 CaO 和少量 CaF_2 造新渣，加入 Fe - Si 和 Al 粉，吹氩搅拌。由于有碱性还原渣（$R>2$）、高温和强搅拌的条件，极易把硫脱到 0.01% 的水平。脱硫要求一般且钢中硫不高时可采用单渣法。当要求 $w[S]<0.005\%$ 或钢中硫较高时，可采用双渣法。

脱硫后，测温取样，并添加 Fe - Ti 等，温度控制在 1580 ~ 1620℃。如果需要进行调整成分，则可补加少量的合金料。如钢水温度还不合适，可以用吹氩（冷却）或脱硅（升温）来调整，后升温操作效果并不理想，但在实际操作中可能别无选择。

当钢水成分、温度达到要求时，即可摇炉出钢。出钢时要采用钢渣混出的方法，目的是为了进一步还原渣中的铬及脱硫，可提高铬的回收率及去除一部分的硫。

AOD 法工艺操作简要流程及说明见表 3 - 11。一般的电炉 - AOD 炉基本冶炼工艺过程

表 3 - 11　AOD 法工艺操作简要流程及说明

电炉内熔化并初还原	装入 AOD 炉内	吹炼第Ⅰ期	吹炼第Ⅱ期	吹炼第Ⅲ期	还原、脱硫期	调整成分出钢
配料： C：1.0% ~ 1.5% Si：0.5% Cr、Ni 进入规格中限 P：≤规格允许值 - 0.005% 温度控制： ≥1550 ~ 1630℃ 粉状脱氧剂：硅铬粉、硅钙粉、硅铁粉及少量铝粉	① 取样全分析； ② 除渣； ③ 加石灰造渣； ④ 测温	通入氩氧混合气体： $O_2:Ar=3:1$ 脱碳到 0.2%~0.3% 左右； 温度：1680℃左右	通入氩氧混合气体：$O_2:Ar=2:1$ 或 1∶1 继续脱碳；加渣料；测温	通入氩氧混合气体：$Ar:O_2=2:1$ 或 3∶1 脱碳到规格要求	① 吹入氩气清洗钢液； ② 加脱氧剂 Fe - Si 和 Al 粉； ③ 加渣料 CaO、CaF_2 等脱硫，必要时另造新渣； ④ 测温	① 吹入氩气； ② 加 Fe - Ti； ③ 调整成分、温度； ④ 成分、温度达到要求，摇炉出钢

中成分和温度的变化如图 3－27 所示，整个 AOD 正常冶炼周期在 60～90min。

AOD 氩氧精炼气体的消耗量根据原料和终点碳含量的不同而不同。表 3－12 列出了 18t AOD 炉吹炼各期气体变化情况的参考数据，由于操作条件不同，表中的值可能会相差很大。表 3－13 为 30t AOD 一个炉次的操作记录。在吹炼过程中，为了保护炉衬，过程钢水温度必须控制在 1750℃以下，如超过可在脱碳过程中加入返回钢作为冷却剂。AOD 采用智能炼钢冶炼不同钢种时的各种材料的消耗见表3－14。

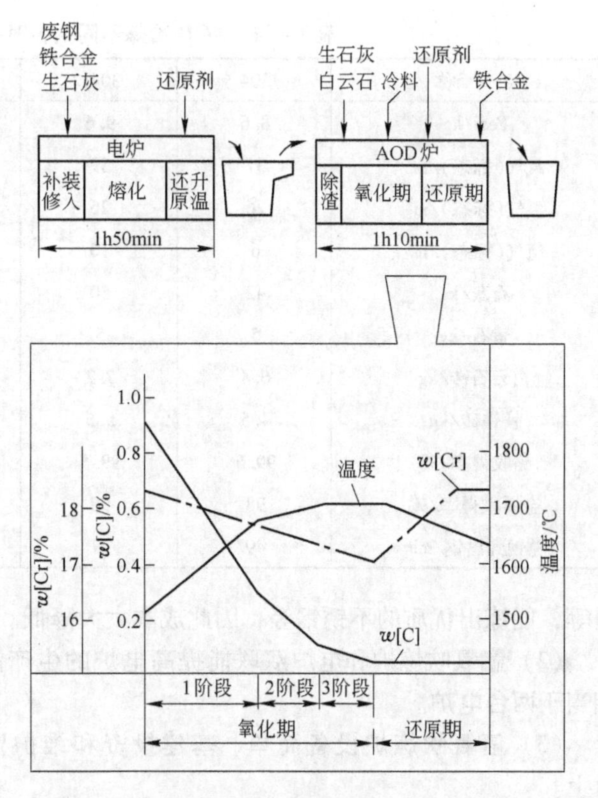

图 3－27　电炉－AOD 炉法的操作曲线（SUS304）

3.4.3　AOD 的主要优点

AOD 有以下主要优点：

（1）钢液的氩氧吹炼可利用廉价的原料，如高碳铬铁、不锈钢车

表 3－12　18t AOD 炉各吹炼时期的有关工艺参数

吹炼时期	O_2 : Ar	Ar 流量 /$m^3 \cdot h^{-1}$	O_2 流量 /$m^3 \cdot h^{-1}$	温升 /℃ · min^{-1}	脱 0.01%C 耗氧量/m^3	终点碳 /%	吹炼时间 /min
吹炼Ⅰ期	3 : 1	210	630	8.9	1.49	0.2～0.3	24～30
吹炼Ⅱ期	2 : 1	233	566	5.6	1.08	0.04～0.06	10
吹炼Ⅲ期	1 : 3	630	310	0	0.77	<0.03	15

表 3－13　30t AOD 一个炉次的操作记录

炉料和添加剂		铬铁水 镍铁水	CaO	高碳铬铁 高碳镍铁		高碳铬铁 高碳锰铁 高碳镍铁	CaO		硅铁	CaO CaF_2		出钢重量 32.50t
步　骤		装	料	脱硅	排渣	Ⅰ	Ⅱ	Ⅲ	还原铬	排渣	脱硫	出钢
O_2 : Ar (N_2)		34000kg		3 : 1		3 : 1	2 : 1	1 : 3	Ar		Ar	
O_2/$m^3 \cdot h^{-1}$				1860		1860	1400	350				
N_2 或 Ar/$m^3 \cdot h^{-1}$				620		620	700	1050	800		800	
温度/℃				1500		1680	1700	1710	1755		1680	1605
化学成分/% 钢液	C	6.16	2.21	3.46			0.220	0.088	0.053		0.053	0.053
	Si	1.89	2.86	0.46					0.47		0.60	0.57
	Cr	0.43	0.09	0.18					1.26		1.28	1.50
	Mn	4.99	2.14	18.89					18.45		18.48	18.32
	Ni	1.41	13.94	8.99					8.64		8.67	8.54
化学成分/% 渣	CaO				57.48					54.77	68.86	
	SiO_2				25.84					33.46	13.20	
	TCr				0.69					1.01	0.32	
	TFe				0.28					0.56	0.12	
	CaO/SiO_2				2.22					1.64	5.22	

表3-14　AOD冶炼不同钢种时各种材料的消耗

名　称	304	304L	321	316L	430
FeSi/kg	8.6	9.6	8.6	9.6	6.5
氧气(标态)/m^3	37	39	37	39	35
氮气(标态)/m^3	26	26			
氩气(标态)/m^3	6	10	23	28	23
石灰/kg	42	50	50	50	38
萤石/kg	5	5	5	5	5
白云石砖/kg	6.4	7.2	6.4	7.2	6.4
镁铬砖/kg	4.5	5.5	4.5	5.5	4.5
铬收得率/%	99.5	99.5	99.5	99.5	99.5
金属收得率/%	98	98	98	98	98
兑钢到出钢/min	49	57	49	58	47

屑等，能炼出优质的不锈钢等，因此成本大大降低。

（2）氩氧吹炼炉和电炉双联能提高电炉的生产能力，即一台电炉加上一台AOD炉，相当于两台电炉。

（3）氩氧吹炼炉设备简单、基建投资和维护费用低。设备投资比VOD法少2倍以上。

（4）氩氧吹炼炉操作简便，冶炼不锈钢时，铬的回收率高，约达97%。

（5）钢液经氩氧吹炼，由于氩气的强搅拌作用，钢中的硫含量低，可生产$w[S]\leqslant 0.001\%$超低硫不锈钢。

（6）钢液经氩氧吹炼后，钢中的平均氧含量比单用电炉冶炼的低40%，因此不仅节省脱氧剂，而且减少钢中非金属夹杂物的污染度，氢含量比单用电炉法冶炼低25%～65%，氮含量低30%～50%，钢的质量优于单用电炉冶炼的钢液。

AOD最大的缺点是氩气消耗量大。其成本约占AOD法生产不锈钢成本的20%以上。AOD炼普通不锈钢氩气消耗约11～12m^3/t，炼超低碳不锈钢时约为18～23m^3/t，用量十分巨大。此外，AOD炉衬寿命低，一般只有几十炉，国内好的也只有一两百炉。

3.4.4　AOD炉精炼控制及检测的进步

3.4.4.1　AOD炉操作工艺的改进

A　脱碳工艺的改进

太钢通过提高供氧强度、提高碱度、降低氧化末期温度、控制冷却气的流量来改善熔池内的物化反应，对传统的氧氩比由过去的2～3个台阶增加到4～6个台阶。脱碳初期O_2：Ar（N_2）由3：1改为6：1。双渣法操作改为单渣法操作，其结果使铬的回收率达到99%。经过不断研究，供氧强度（标态）已由过去的0.8m^3/(min·t）提高到1～1.5m^3/(min·t）。有顶枪时应大于2m^3/(min·t)。供氧强度提高后，对于熔池温度的控制，国际上普遍采用加入5%～10%的清洁废钢或铁合金的办法，这样初炼炉（电炉）的冶炼时间及电耗也得到了进一步的改善。

在此基础上还进行了纯氧吹炼的试验。与传统 AOD 工艺相比，氧气消耗提高，氩气和氮气消耗降低，纯氧吹炼时脱碳速率提高了（0.012～0.02）%/min，升温速率提高 3.4℃/min，缩短冶炼时间 3～5min。对 AOD 风口无明显侵蚀。

B 脱硫工艺的改进

传统的 AOD 操作工艺，脱碳终了加入 Fe－Si 进行 Cr_2O_3 的还原操作，然后扒去 85%以上的渣子，再加入 CaO、CaF_2 及粉状 Fe－Si 及 Ca－Si 进行脱硫的精炼操作，这样对成本、精炼时间、操作条件都十分不利。新日铁光制所采用 Al 代替 Fe－Si 进行脱硫，取得了 $w[S]<0.001\%$、还原精炼时间缩短 5～17min 的效果。熔渣碱度要求 $w(CaO+MgO)/w(SiO_2+Al_2O_3)=2.8\sim3.5$。

C 以 N_2 代 Ar

作为 AOD 精炼的主要气体，Ar 价格较高。在不锈钢精炼时用 N_2 代替 Ar，其代 Ar 率达到 20%～40%。对于 $w[N]=0.04\%\sim0.08\%$ 的钢，可以在脱碳Ⅰ期、Ⅱ期以 N_2 代 Ar；产品 $w[N]$ 要求在 0.15%～0.25%，脱碳期可全部用 N_2 代替 Ar；产品 $w[N]$ 要求在 0.3%，可以全程用 N_2 代 Ar。日本太平洋金属八户厂在生产 304 钢时以 N_2 代 Ar 率达到 80%，产品 $w[N]$ 要求在 0.058%，小于该钢种允许的 $w[N]<0.065\%$ 的要求。

D 采用吹氩喂 Ti 线工艺

1993 年含 Ti 钢进行吹氩喂 Ti 线工艺，使 Ti 的回收率由钛铁合金化的 40% 提高到 80%。生产 321、00Cr12Ti 等含 Ti 钢用低 Al30Ti 或 70Ti 线合金化，包芯线单重不小于 430g/m，外径为 13mm，铁粉比 1∶3.5。喂线速度 3m/s，Ar 流量 250L/min，压力 0.1～0.2MPa，喂 Ti 线时间 2～3min，经济效益显著，每吨钢降低成本 70 元。

E 采用铁水直接兑入 AOD 进行炼钢

太钢 2001 年采用未经铁水三脱预处理的铁水直接兑入 AOD 进行炼钢的试验。铁水成分：4.31% C、0.058% P、0.72% Si，铁水温度 1450～1500℃，兑入 AOD 时不低于 1250℃。工艺流程：铁水—AOD 脱 C、P—扒渣—加高 Cr＋EAF 初炼钢水进行精炼。吹炼工艺：顶吹氧（标态）1200m^3/h，底吹氧 2000m^3/h。兑入电弧炉钢水后，顶吹氧 1000m^3/h，底吹氧 2000m^3/h。试验结果表明：可以在 AOD－L 炉内进行铁水脱 P；40t AOD 精炼时间为 90min。钢中氧和氮含量与传统 AOD 方式相同。脱磷效率达到 70% 以上，钢中 P 含量达到较低水平。气体消耗增大，304 钢 Ar 消耗（标态）为 31m^3/t，O_2 为 52m^3/t。

3.4.4.2 AOD 炉炉型的改进

太钢还对 40t AOD 的熔池形状及风口喷枪布置进行了改进，经水模试验确定为平炉底，3 个枪呈水平布置，夹角 54°，总夹角 108°，距炉底 150mm。熔池采用镁铬砖，试验初期炉龄在 30 次波动。

40t AOD 炉壳风口区后墙由原倒圆锥台式改为直筒式，周角为 150°，风口砖由原 530mm 加长为 830mm，熔池全部改为镁白云石砖，经试验炉龄提高到 62 次，但是 150°周角处就成薄弱部分，于是将周角增大为 180°，炉龄达到 80 次以上，最高炉龄达到 104 次，国产砖寿命 76 次，进口砖 87 次。

3.4.5　AOD－L 法

为了强化脱碳，缩短冶炼周期，降低氩气消耗，便于 AOD 采用高碳钢水甚至经脱磷的高炉铁水以及由矿热炉生产的液体铬铁进行精炼，出现了带顶吹氧枪的 AOD 转炉（称之为 AOD－L 精炼炉，也称为复吹 AOD 转炉），如图 3－28 所示。采用顶枪吹氧，吹入的约 40% 的氧还能在 AOD 炉膛中用于钢水中脱碳产生的 CO 的二次燃烧，产生的热量与在侧吹混合气体作用下氧化反应放出的热量一起传入钢液，使钢液温度以更快的速度升高，显著提高熔池的脱碳速率，缩短吹炼时间。因而可降低初炼钢水的出钢温度，同时允许炉料中配入更多的碳及提高废钢和高碳铬铁的使用量。

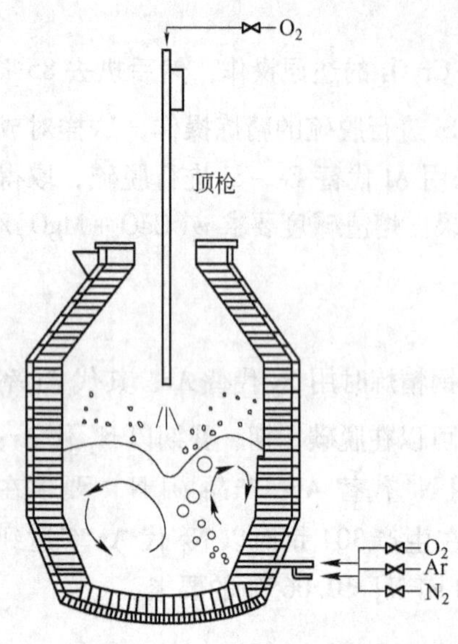

图 3－28　AOD－L 精炼炉示意图

宝钢特钢引进西马克德马格技术，于 2004 年投产了一座 120t 带顶吹氧枪的 AOD 转炉（以下简称 AOD 转炉）。该公司为长流程生产企业，与上海申佳铁合金有限公司相邻，其不锈钢生产工艺采用独特的脱磷铁水和液态铬铁直接热装进电炉→AOD 炉→VOD 精炼的三步法不锈钢生产工艺（也可采用二步法生产），生产合格不锈钢钢水 75×10^4t/a。

3.5　ASEA－SKF 钢包精炼炉操作工艺

瑞典滚珠轴承公司（SKF）与瑞典通用电气公司（ASEA）合作，于 1965 年在瑞典的 SKF 公司的海拉斯厂安装了第一台钢包精炼炉。ASEA－SKF 钢包精炼炉具有电磁搅拌功能，真空功能、电弧加热功能，可以进行脱气、脱氧、脱碳、脱硫、加热、去除夹杂物、调整合金成分等操作。它把炼钢过程分为两步：由初炼炉（转炉、电弧炉等）熔化、脱磷，在碳含量和温度合适时出钢，必要时可调整合金元素成分；在 ASEA－SKF 炉内进行电弧加热、真空脱气、真空吹氧脱碳、脱硫以及在电磁感应搅拌钢液下进一步调整成分和温度、脱氧和去夹杂等。

ASEA－SKF 的布置形式分台车移动式和炉盖旋转式两种。台车移动式较为常见，其结构如图 3－29 所示，由放在台车上的一个钢包、与真空设备连接的真空处理用钢包盖和设置了三相交流电极的加热用钢包盖构成。在加热处理时，钢包车移到加热工位，使用加热钢包盖，由三相电弧以 1.4～2.0℃/min 的升温速度进行加热。在真空处理时，钢包车移到真空处理工位进行真空脱气处理。钢

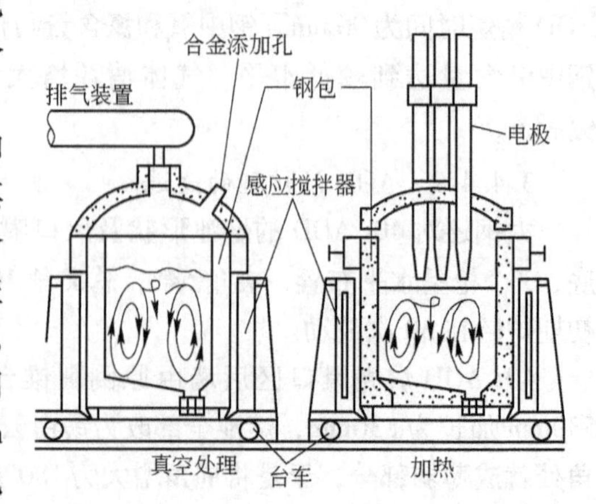

图 3－29　台车移动式布置 ASEA－SKF

液搅拌由强力的电磁感应进行。

炉盖旋转式 ASEA－SKF 处理过程与台车移动式相似，只是钢包放到固定的感应搅拌器内，加热炉盖和真空脱气炉盖能旋转交替使用，其结构如图 3－30 所示。

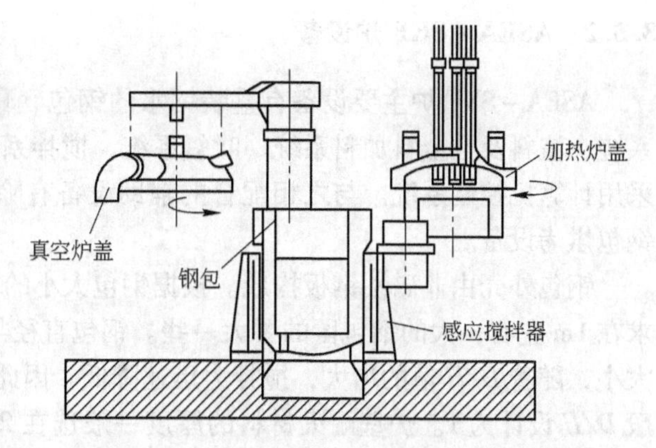

图 3－30 炉盖旋转式布置 ASEA－SKF

3.5.1 ASEA－SKF 炉的搅拌

ASEA－SKF 炉采用电磁感应搅拌，电磁感应搅拌器由变压器、低频变频器和感应线圈组成，变压器经过水冷电缆将交流电送给变频器，得到 0.5～1.5Hz 的低频交流电，通过整流器变成直流电源供给感应线圈。

感应搅拌变频器一般采用可控硅式低频变频器，通过自动或手动方式调节频率。搅拌时钢液的运动速度一般控制在 1m/s 左右。搅拌器主要有圆筒式搅拌器和片式搅拌器两种。感应搅拌器的不同布置形式可以得到钢液的不同流动状态，产生不同的搅拌效果，如图 3－31 所示。

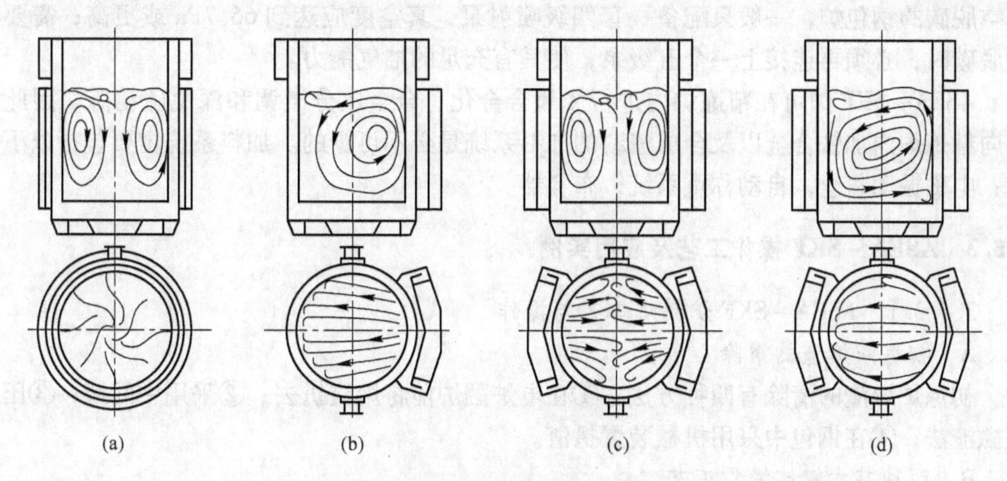

图 3－31 搅拌器类型和钢液流动状态示意图

（a）圆筒式搅拌器；（b）一片单向搅拌器；（c）两个单片搅拌器；（d）两个搅拌器串联

图 3－31（a）为圆筒式搅拌器及其效果，这种搅拌的缺点是产生搅拌双回流，增加了流动阻力；（b）为一片单向搅拌器产生的钢液流动状态，这种搅拌状态只产生一个单向循环搅拌力，但是搅拌力较小；（c）为两个单片搅拌器以同一位相供电时的搅拌状态，钢液的流动状态类似于圆筒式搅拌器；（d）为两个搅拌器串联时产生的单向回流搅拌状态，流动阻力较小，没有死角，搅拌力强，搅拌效果较好。较小的钢包可以使用单片搅拌器，而较大的钢包可以使用两个搅拌器。为了使钢水更好地搅拌，现在设计的钢包精炼炉除了电磁搅拌之外，一般还配备吹气搅拌系统。

由于钢包需要经常移动，所以搅拌器不能固定在钢包上，而应当有其固定工位。

3.5.2　ASEA－SKF 炉设备

ASEA－SKF 炉主要设备有盛装钢水的钢包、真空密封炉盖和抽真空系统、电弧加热系统、渣料及合金料加料系统、吹氧系统、搅拌系统、控制系统。先进的 ASEA－SKF 炉采用计算机控制系统。与之相配合的辅助设备有除渣设备（有无渣出钢设备不必配备）、钢包烘烤设备。

钢包外壳由非磁性钢板构成。根据钢包大小的不同，自由空间的大小也不同，一般要求在 1m 左右，大的钢包留的要大一些。钢包直径与线圈高度之比 D/H 值影响电磁搅拌力大小，随着 D/H 值的增大，搅拌力迅速降低。因此，在进行 ASEA－SKF 炉的设计时，一般 D/H 设计为 1。炉壁耐火材料的厚度一般选在 230mm。为了减少电磁能量的损耗，搅拌器与钢包之间的距离应当尽可能小。

ASEA－SKF 炉的电弧加热系统主要包括变压器、电极炉盖、电极臂、电极及其升降系统等。通过电弧加热，钢液的升温速度约为 1.5～4℃/min。马钢引进的 ASEA－SKF 炉加热速度可以达 6℃/min，加热功率 150kW/t。

ASEA－SKF 炉的真空系统是由一个密封炉盖与钢包一起构成的一个真空室。对于要进行真空碳脱氧的 ASEA－SKF 炉，应当增添吹氧氧枪机构。现在的 ASEA－SKF 炉已配备真空测温、取样装置，并具有真空加料功能。真空泵采用多级蒸汽喷射泵。对于不需要真空脱碳的钢包炉，一般只配备一套四级喷射泵，真空度应达到 66.7Pa 或更高；需要真空脱碳时，必须再连接上一个五级泵，使其有充足的抽气能力。

ASEA－SKF 炉可在精炼炉内进行脱氧合金化、合金成分微调和深脱硫精炼，因此能够向精炼炉内加铁合金以及合成渣料的加料系统是必不可少的。加料系统主要包括以下装置：电磁振动料仓，自动称重系统，布料器。

3.5.3　ASEA－SKF 操作工艺及应用实例

3.5.3.1　ASEA－SKF 炉精炼工艺与操作

A　初炼炉熔渣的清除

初炼炉熔渣的清除有四种方法：①在电炉翻炉前将熔渣扒去；②采用中间罐；③压力罐撇渣法；④在钢包中采用机械装置扒渣。

B　两种基本精炼操作工艺

初炼钢液从电炉出钢时温度一般控制在 1620℃。在 ASEA－SKF 炉中的精炼方法基本是中性渣和碱性渣两种操作，如图 3－32 和图 3－33 所示。

C　脱硫

ASEA－SKF 炉的精炼可有效降低氧含量，电弧加热和感应搅拌促进了钢渣反应。电弧加热提高了高碱度渣的温度，并促使其具有良好的流动性；感应搅拌促进了高碱度渣与钢液之间的接触，加快了钢渣界面的交换，提高了硫化物夹杂的分离速度。ASEA－SKF 炉具有有效脱硫的条件。

D　真空脱气

ASEA－SKF 炉真空脱气的主要目的是去氢，真空脱气时大部分氢将随着不断生成的 CO 气泡而逸出，氢含量减少速度与碳氧反应速度成正比。

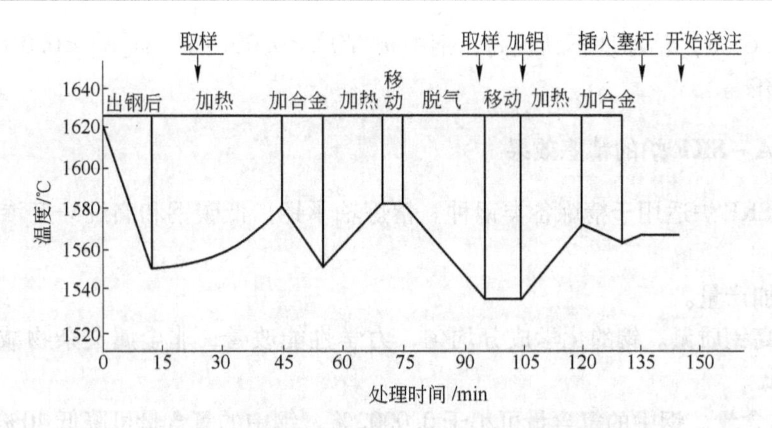

图 3－32 全高铝砖钢 ASEA－SKF 炉内中性渣操作

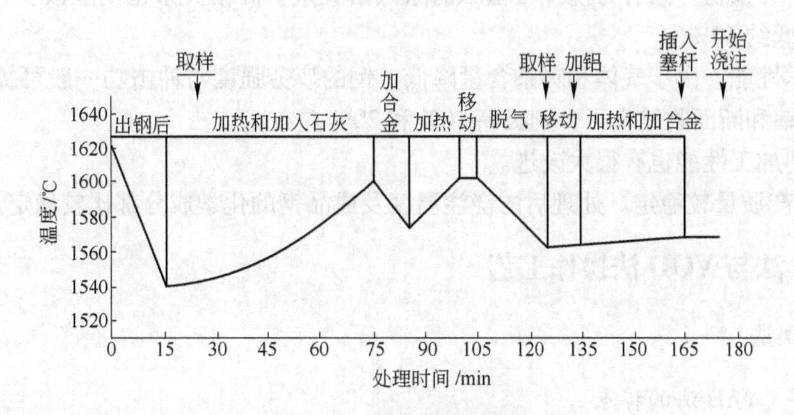

图 3－33 碱性渣脱硫操作

E 真空脱碳

ASEA－SKF 炉已成功地精炼了碳含量不大于 0.025% 的超低碳不锈钢。配上吹氧管即可脱碳，设备简单；脱碳时间短；铬损失少；对炉衬无特殊要求；生产成本低；钢液处理后直接浇注，减少了钢液的二次氧化。

F 钢液的搅拌

感应搅拌在 ASEA－SKF 炉中起着重要作用。它有利于脱气，加快钢渣反应速度，促进脱氧、脱硫及脱氧产物与脱硫产物充分排出，均匀钢液温度和成分。

3.5.3.2 ASEA－SKF 精炼炉在马钢的应用

马钢一炼钢 90t ASEA－SKF 钢包精炼炉的工艺流程为：初炼钢水—除氧化渣（加渣料造新渣）—加热处理（加热、合金微调、白渣精炼）—真空精炼（脱气、去夹杂）—复合终脱氧—净化搅拌—浇注。

（1）在加热处理过程中，为了降低渣中 FeO，在合金微调结束后，使用炭粉及硅铁粉作为还原剂造还原渣，还原 10～15min 后，炉渣转为白色。加热全程采用电磁搅拌。

（2）真空处理的真空度为 66.7Pa，真空保持时间为 10～15min，真空处理过程中采用吹氩搅拌，氩气流量为 50～100L/min。

（3）真空处理结束后，加 Si－Ba－Ca 进行终处理，并要求加 Si－Ba－Ca 后，用中挡电流进行电磁净化搅拌，净化搅拌时间为 10～15min，以提高钢液洁净度。

马钢一炼钢 90t ASEA－SKF 钢包精炼炉通过不断完善精炼工艺，可使高碳钢（w[C]

=0.55% ~0.65%）洁净度不断提高，钢中 $w[TO]<0.0015\%$，$w[S]<0.010\%$，夹杂物总量为0.023%。

3.5.4　ASEA - SKF炉的精炼效果

ASEA - SKF炉适用于精炼各类钢种。精炼轴承钢、低碳钢和高纯净度渗氮钢都取得了良好效果。

（1）增加产量。

（2）提高钢质量。钢的化学成分均匀，力学性能改善，非金属夹杂物减少，氢、氧含量大大降低。

1）气体含量。钢中的氢含量可小于0.0002%，钢中的氧含量可降低40% ~60%。

2）钢中夹杂物。强有力搅拌可基本消除低倍夹杂，高倍夹杂也明显改善，轴承钢的高倍夹杂降低约40%。

3）力学性能。由于气体和夹杂含量降低，钢的疲劳强度与冲击功一般可提高10% ~20%，伸长率和断面收缩率可分别提高10%和20%左右。

4）切削加工性能也有很大改进。

（3）生产质量较稳定。处理后的浇注温度及成品钢的化学成分都比较稳定。

3.6　VAD法与VOD法操作工艺

3.6.1　VAD法

3.6.1.1　VAD法的特点

VAD（Vacuum Arc Degassing，钢包真空电弧加热脱气）法由美国 A. Finkl & Sons 公司与摩尔公司（Mohr）于1967年共同研究发明，也称 Finkl - VAD法，或称 Finkl - Mohr 法，联邦德国时期又称为VHD法（Vacuum Heating Degassing）。这种方法加热在低真空下进行，在钢包底部吹氩搅拌，主要设备如图3 - 34所示。加热钢包内的压力大约控制在20kPa左右，因而保持了良好的还原性气氛，使精炼炉在加热过程中可以达到一定的脱气目的。但是正是VAD的这个优点使得VAD炉盖的密封很困难，投资费用高，再加上结构较复杂，钢包寿命低。因而VAD法自1967年发明以来，尤其是近十几年来，几乎没有得到什么发展。

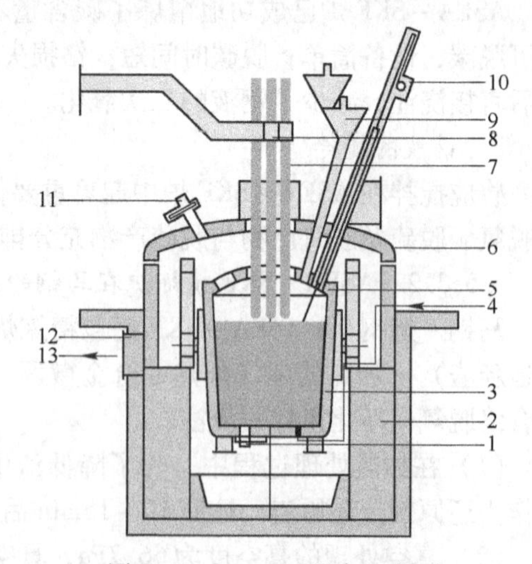

图3 - 34　VAD法设备示意图

1—滑动水口；2—真空室；3—钢包；4—惰性气体；5—防溅包盖；6—真空室盖；7—电极；8—电极夹头；9—合金料斗；10—测温取样装置；11—窥视孔；12—抽气管道；13—抽气系统

VAD法有以下优点：

（1）在真空下加热，形成良好的还原性气氛，防止钢水在加热过程中的氧化，并在加热过程中达到一定的脱气效果。

（2）精炼炉完全密封，加热过程中噪声

较小，而且几乎无烟尘。

(3) 可以在一个工位达到多种精炼目的，如脱氧、脱硫、脱氢、脱氮，甚至在合理造渣的条件下，可以达到很好的脱磷目的。

(4) 有良好的搅拌条件，可以进行精炼炉内合金化；使炉内的成分很快地均匀。

(5) 可以完成初炼炉的一些精炼任务，协调初炼炉与连铸工序。

(6) 可以在真空条件下进行成分微调。

(7) 可以进行深度精炼，生产纯净钢。

优点是明显的，电极密封难以解决的问题也是致命的。这个致命的缺点使得VAD法不能得到很快的发展。也许有一天电极密封的问题解决了，VAD法会得到很快发展。但就目前的情况来看，VAD不是发展的主流。

3.6.1.2 VAD法的主要设备与精炼功能

A VAD法的主要设备及布置

VAD精炼设备主要包括真空系统、精炼钢包、加热系统、加料系统、吹氩搅拌系统、检测与控制系统、冷却水系统、压缩空气系统、动力蒸汽系统等。

VAD炉可与电炉、转炉双联，设备布置可与初炼炉在同一厂房跨内，也可以布置在浇注跨。精炼设备布置有深阱和台车两种形式。抚顺钢厂VOD/VAD精炼炉与初炼炉在同一厂房跨内，采用深阱式布置。

为了满足特殊钢多品种精炼需要，VAD常与VOD组合在一起。

B VAD法基本精炼功能

VAD炉具有抽真空、电弧加热、吹氩搅拌、测温取样、自动加料等多种冶金手段。VAD法基本精炼功能有：①造渣脱硫；②脱氧去夹杂；③脱气(H、N)；④吹氩改为吹氮时，可使钢水增氮；⑤合金化。

3.6.1.3 VAD法操作工艺

在实际生产中，通过真空、加热、吹氩、合金化的不同组合，能变出多种多样的VAD工艺路线，如图3－35所示。

大冶钢厂60t VAD精炼工艺如下：

(1) 要求蒸汽压力达800 kPa，温度高于175℃。

(2) 氩气压力600～800kPa。

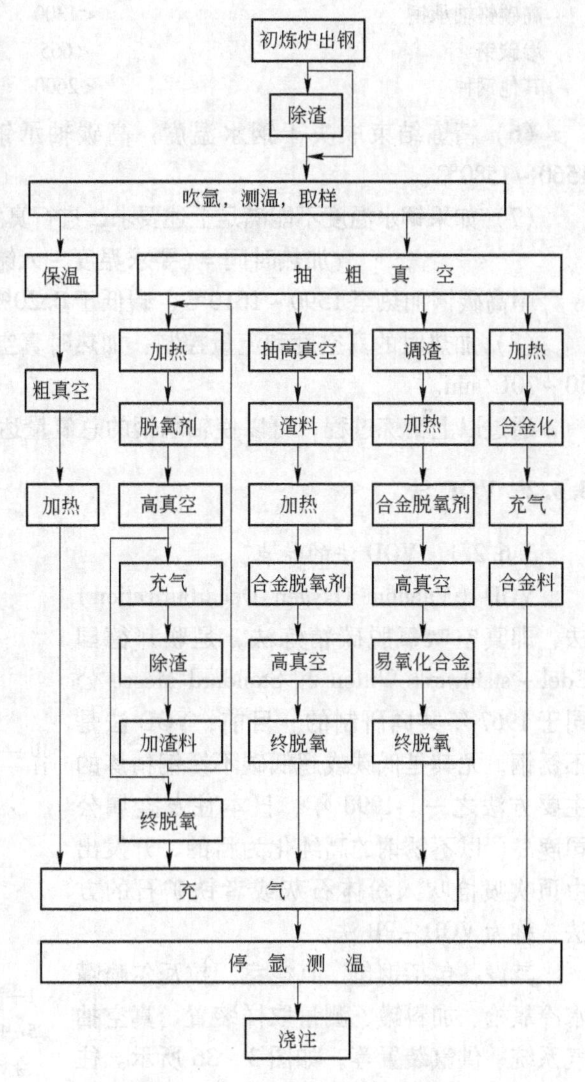

图3－35 VAD法工艺路线图

（3）钢包进入精炼罐以前测定钢水温度和渣层厚度。其中 GCr15 钢温度高于 1580℃；G20CrNi2MoA 钢温度高于 1630℃；渣层厚度小于 150mm。根据测温情况决定精炼时间。

（4）钢包进入精炼罐后吹氩搅拌 2～3min，取全样分析。

（5）盖好真空盖，抽真空。按照以下流量进行吹氩搅拌：

	真空度/kPa	氩气流量/L·min^{-1}
入罐		80～120
预真空	100～45	120
粗真空	45～10	40～80
一般真空	10～1	20～50
高真空	1	10～20
低真空加合金	15	120～150
真空下合金化	0.08～0.15	40～100

各类钢精炼时按照以下真空度和真空时间要求：

钢种	压力/Pa	真空保持时间/min
高碳铬轴承钢	<1300	5～10
渗碳钢	<665	15
其他钢种	<2600	5～10

（6）精炼结束取决于钢水温度：高碳轴承钢时 1490～1510℃，$w[C]<0.20\%$ 时 1560～1580℃。

（7）如果钢水温度不能满足上述要求，进行真空下电弧加热，加热时间按照下式控制：

$$加热时间=(要求温度-入罐温度)/加热速度$$

中高碳钢加热至 1590～1610℃，碳低于 0.20% 的加热至 1630～1650℃。

（8）加热时的真空度和流量控制：加热时真空度一般控制在 26kPa，氩气流量控制在 50～70L/min。

通过以上精炼过程，可以使轴承钢的总氧量达到 0.0008%～0.0015%。

3.6.2 VOD 法

3.6.2.1 VOD 法的特点

VOD（Vacuum Oxygen Decarburization）法，即真空吹氧脱碳精炼法，是联邦德国 Edel－stahlwerk Witten 和 Standard Messo 公司于 1967 年共同研制的。目前，VOD 法是不锈钢，尤其是低碳或超低碳不锈钢精炼的主要方法之一。1990 年，日本住友金属公司鹿岛厂以不锈钢的高纯化为目的，开发出由顶吹喷枪吹入粉体石灰或者铁矿石的方法，称为 VOD－PB 法。

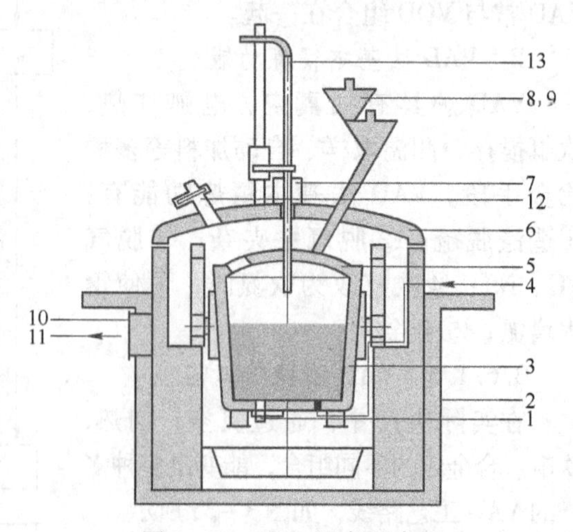

图 3－36 VOD 设备示意图

1—滑动水门；2—真空室；3—钢包；4—惰性气体；5—防溅包盖；6—真空室盖；7—窥视孔；8，9—合金料斗；10—抽气管道；11—抽气系统；12—真空密封套；13—氧枪装置

其设备包括钢包、真空室、拉瓦尔喷嘴水冷氧枪、加料罐、测量取样装置、真空抽气系统、供氩装置等，如图 3－36 所示。往往 VAD 和 VOD 两种设备安放在同一车间的

相邻位置，形成VAD/VOD联合精炼设备，使车间具备了灵活的精炼能力。

3.6.2.2 VOD法的主要设备

A 钢包

钢包应当给钢水留有足够的自由空间，一般为1000~1200mm。VOD处理的钢种都是低碳和超低碳钢种，因此钢水温度一般较高，所以要选用优质耐火材料，尤其渣线部位更应注意。钢包都要安装滑动水口。

B 真空罐

真空罐的盖子上要安装氧枪、测温取样装置、加料装置。真空罐盖内为防止喷溅造成氧枪通道阻塞和顶部捣固料损坏，围绕氧枪挂一个直径3000mm左右的水冷挡渣盘，通过调整冷却水流量控制吹氧期出水温度在60℃左右，使挡渣盘表面只凝结薄薄的钢渣，并自动脱落。

C 真空系统

用于VOD的真空泵有水环泵+蒸汽喷射泵组两种。水环泵和蒸汽喷射泵的前级泵（6~4级）为预抽真空泵，抽粗真空。蒸汽喷射泵的后级泵（3~1级）为增压泵，抽高真空，极限真空度不大于20Pa。30~60t VOD 6级蒸汽喷射泵基本工艺参数如表3-15所示。

表3-15 30~60t VOD 6级蒸汽喷射泵基本工艺参数

项目	工艺参数	指标
蒸汽	工作压力/MPa	1.6
	过热温度/℃	210
	最大用汽量/$t \cdot h^{-1}$	10.5
冷却水	工作压力/MPa	0.2
	进水温度/℃	≤32
	最大用水量/$m^3 \cdot h^{-1}$	650
真空度/Pa	工作真空度	<100
	极限真空度	20
抽气能力/$kg \cdot h^{-1}$	133.322Pa时	340
	5332.88Pa时	1800
	1600Pa时	1800

D VOD氧枪

早期使用的VOD氧枪一般是自耗钢管。所以在吹炼时必须不断降低氧枪高度，以保证氧气出口到钢水面的一定距离，提高氧气的利用率。如果氧枪下端距离过大，废气中的CO_2和O_2浓度就会增加。经验证明，使用拉瓦尔喷枪可以有效地控制气体成分；可以增强氧气射流压力；当真空室内的压力降至100Pa左右时，拉瓦尔喷枪可以产生大马赫数的射流，强烈冲击钢水，加速脱碳反应而不会在钢液表面形成氧化膜。

VOD常与VAD组合在一起满足精炼多品种特殊钢的需要。不同容量VAD/VOD双联精炼设备的技术参数见表3-16。

表 3-16　VOD/VAD 双联精炼设备的技术参数

项　　目	VOD/VAD-20	VOD/VAD-40	VOD/VAD-60	VOD/VAD-100	VOD/VAD-150
钢包额定容量/t	15	30	50	90	125
钢包最大容量/t	20	40	60	100	150
钢包直径/mm	2200	2900	3100	3400	3900
熔池直径/mm	1740	2280	2480	2800	3300
钢包高度/mm	2300	3150	3450	3900	4500
熔池深度/mm	1360	1850	2200	2500	3000
真空罐直径/mm	3800	4800	5200	5600	6300
真空罐高度/mm	4100	5000	5400	5800	6500
极限真空度/Pa	67	67	67	67	67
升温速率（VAD）/℃ · min^{-1}	1.5~2.5	1.5~2.5	1.5~2.5	1.5~2.5	1.5~2.5
变压器容量（VAD）/kV · A	3150	5000/6300	6300/10000	10000/12500	12500/16000
变压器二次电压/V	170~125	210~170	240~170	280~150	320~210
抽气能力/kg · h^{-1}	150	250	350	450~500	550~600
蒸汽消耗量/t · h^{-1}	7~8	10~12	13~15	15~20	20~25

3.6.2.3　VOD 法的基本功能与效果

A　VOD 法的基本功能

VOD 法具有吹氧脱碳、升温、吹氩搅拌、真空脱气、造渣合金化等冶金手段，适用于不锈钢、工业纯铁、精密合金、高温合金和合金结构钢的冶炼，尤其是超低碳不锈钢和合金的冶炼。其基本功能有：①吹氧升温、脱碳保铬；②脱气；③造渣、脱氧、脱硫、去夹杂；④合金化。

B　VOD 法的精炼效果

VOD 炉作为冶炼低碳或超低碳不锈钢的精炼装置，能脱碳保铬，脱气效率高，可实现 $w[H]<0.0002\%$，$w[N]<0.0100\%\sim0.0150\%$，$w[O]=0.004\%\sim0.008\%$，$w[S]\approx0.01\%$。VOD 法脱氢、脱氮效果比 AOD 法好。

3.6.2.4　VOD 工艺操作

VOD 精炼法的操作特点是在高温真空下操作，将扒净炉渣、$w[C]$ 为 0.4%~0.5% 的钢水注入钢包并送入真空室，从包底边吹氩气、边减压。氧枪从真空室插入进行吹氧脱碳。按钢水鼓泡状况，抽真空程度介于 1kPa 和 10kPa 之间。脱碳后继续吹氩进行搅拌，必要时加入脱氧剂与合金剂。VOD 能为不锈钢的冶炼过程提供十分优越的热力学和动力学条件，是生产低碳不锈钢特别是超低碳不锈钢的主要方法之一。图 3-37 是 VOD 法处理工艺流程图。

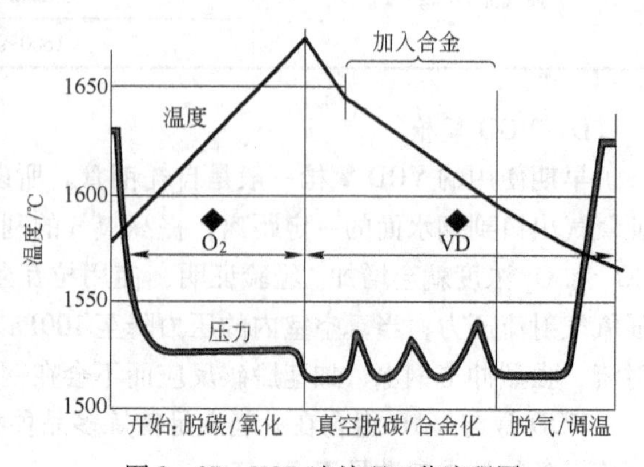

图 3-37　VOD 法处理工艺流程图

工艺流程上常组成“EAF（或转炉）—VOD”（早期）、“EAF-AOD-VOD”或“电炉（或复吹转炉）-VOD”

等生产流程来生产超低碳、氮钢种。下面以“EAF（或转炉）- VOD”为例介绍其生产工艺特点，其他工艺大同小异。其精炼工艺要点：电弧炉初炼出钢—钢包中除渣—真空吹氧降碳—高真空下碳脱氧—还原—调整精炼—吊包浇钢。

A　初炼钢水

（1）LD 转炉作为初炼炉：将脱硫铁水、废钢和镍（按规格配入）倒入转炉进行一次脱碳，去除铁水中硅、碳和磷后，进行出钢除渣，以防回磷。然后倒回转炉内，加入高碳铬铁（按规格配入），再进行熔化和二次脱碳，终点碳不能太低，否则铬的烧损严重，通常控制在 0.4% ~0.6%，停吹温度保持在 1770℃以上，将初炼钢水倒入钢包炉内。

（2）电弧炉作为初炼炉：炉料中配入廉价的高碳铬铁，配碳量在 1.5% ~2.0%（应配入部分不锈钢返回料，如全部用高碳铬铁，则钢水熔清后含碳量高达 2.0% 以上），含铬量按规格上限配入，以减少精炼期补加低碳铬铁的量，镍也按规格要求配入。在电弧炉内吹氧脱碳到 0.3% ~0.6% 范围，初炼钢水含碳量不能过低，否则将增加铬的氧化损失，但也不能过高，否则在真空吹氧脱碳时，碳氧反应过于剧烈，会引起严重飞溅，使金属收得率低，还会影响作业率。为了减少初炼钢水铬的烧损，在吹氧结束时，对初炼渣进行还原脱氧，回收一部分铬。初炼炉钢水倒入钢包炉后，应将炉渣全部扒掉。最好用偏心炉底出钢电弧炉。表 3 - 17 给出了 EAF - VOD 双联冶炼不锈钢出钢钢水的控制成分。

表 3 - 17　EAF - VOD 双联冶炼不锈钢出钢钢水的控制成分

钢　种	C	Si	S	P	Cr	Ni	Mo	Cu
CrNiTi 型	0.3% ~0.6%	≤0.30%	≤规格	≤规格 -0.02%	规格中限 +0.2%	规格中限	规格中限	规格中限
CrN 型	0.3% ~0.6%	≤0.30%	≤规格	≤规格 -0.02%	规格中限	规格中限	规格中限	规格中限
超低 C、N 型	0.6% ~0.8%	≤0.25%	≤规格	≤规格 -0.02%	规格中限 +0.2%			

B　真空吹氧脱碳

将钢包接通氩气放入真空罐内安置好，吹氩搅拌，调整流量（标态）到 20 ~ 30L/min。测温 1570 ~1610℃，测自由空间不小于 800mm。然后合上真空盖，开动抽气泵。当炉内压力减小到 20kPa 时，开始下降氧枪进行吹氧脱碳，对于钢水量为 28t 的 VOD 炉，枪位 1.1m，氧气流量（标态）6 ~7m^3/min，氩气流量（标态）20 ~30m^3/min。各真空度阶段时对应所采用的吹炼参数（氧枪吹氧流量、枪位和底吹氩气流量等）参见表 3 - 18。随着碳氧反应的进行，真空泵逐级开动，可根据炉内碳氧反应情况（观察由 CO 气泡造成的沸腾程度），将真空度调节在 1.33 ~ 13.33kPa 范围内。钢中碳含量的变化可根据真空度、抽气量、抽出气体组成的变化等判断，在减压条件下很容易将终点碳降至 0.03% 以下。吹炼终点碳的判断通常是用固体氧浓差电池进行测定。当氧浓差电势降到临界值时，停止吹氧。

表 3 - 18　VOD 过程中达到不同真空度时相应的吹炼参数

阶　段	钢水量/t	枪位/m	真空度		氧压力 /MPa	氧流量 /m^3 · min^{-1}	氩流量 /L · min^{-1}
			开泵/级	压力/kPa			
预吹	28	1.1 ~1.2	6 ~5	≤20	>0.7	6 ~7	20 ~30
	6	0.9 ~0.95		15 ~10	0.6	3.3	5 ~10

续表 3－18

阶　段	钢水量/t	枪位/m	真空度		氧压力 /MPa	氧流量 $/m^3 \cdot min^{-1}$	氩流量 $/L \cdot min^{-1}$
			开泵/级	压力/kPa			
主吹	28	1.2	6～4	10～4	>0.7	9～10	30
	6	0.9～0.95		10～5	0.6	3.3	5～10
缓吹	28	1.0～1.1	6～4（3）	≤4	>0.7	7	50～60
	6	0.9～0.95		≤5	0.5	2.5	15～20

C　真空下碳氧反应（碳脱氧）

按照操作程序开真空泵，提高真空度，并将氩气流量调到 50～60L/min，在高真空度下保持 5～10min，进行真空去气。然后加入 Mn－Si 6～10kg/t，Fe－Si 2～3kg/t，Al 约 2kg/t，并加石灰 20kg/t，萤石 5kg/t。如果温度过高，可加入本钢种返回料降温，并加入脱氧剂和石灰等造渣材料，以及添加合金调整成分，然后继续进行真空脱气。当钢的化学成分和温度符合要求（1620～1650℃）时，停止吹氩，破真空，提升真空罐，测温，取样，吊包浇注。通常精炼时间约需 1h 左右。

经过 VOD 精炼，钢水中的 H 可去除 65%～75%，N 可去除 20%～30%，TO 可去除 30%～40%。

VOD 法冶炼不锈钢时，精炼过程的关键环节如下：

（1）保持高的真空度；

（2）精炼开始吹氧温度为 1550～1580℃，精炼后温度控制在 1700～1750℃；

（3）有条件时应加大包底供氩量；

（4）控制合理的供氧量；

（5）初炼钢液的含硅量应限制在较低的水平；

（6）减少铬的烧损和精炼后渣中 Cr_2O_3 的含量；

（7）在耐火材料允许的条件下，提高初炼钢水的含碳量；

（8）精选脱氧剂、造渣材料和铁合金，防止混进碳分，并在真空下进行后期造渣、脱氧和调整成分等操作。

3.6.2.5　AOD 法与 VOD 法比较

目前，从两种方法的使用情况看，较多钢厂选择了 AOD 法。因为 AOD 法虽然在非真空下冶炼，但操作自由，能直接观察，造渣及取样方便，原料适应性强，可以使钢中的含硫量降得很低，生产率比 VOD 法高，而且易于实现自动控制。但是与 VOD 法相比较也存在很多不足之处：首先，AOD 法冶炼在还原期要加入 15～20kg/t 的硅铁来还原渣中的铬，以及加入石灰调整炉渣，这就势必引起钢中氢含量的增高，而且精炼后还要经过一次出钢，增加了空气对钢液的玷污，无疑将使精炼效果受到影响。特别是在冶炼抗点腐蚀及应力腐蚀的超纯铁素体不锈钢时，VOD 法显示出其独特的优越性，能炼出 $w[C]+w[N]<0.02\%$ 的超低氮不锈钢。其次，AOD 法没有通用性，只能用于冶炼不锈钢，而 VOD 法作为脱气装置具有通用性，可适用于各种钢种。两种方法的比较列于表 3－19。

表 3-19 AOD 法与 VOD 法的比较

项目	AOD 法	VOD 法
钢水条件	$w[C]=0.5\%\sim2.0\%$, $w[Si]\approx0.5\%$	$w[C]=0.3\%\sim0.5\%$, $w[Si]\approx0.3\%$
成分控制	大气下操作，控制方便	真空下只能间接控制
温度控制	可以改变吹入混合气体比例及加冷却剂，温度容易控制	真空下控制较困难
脱氧	$w[O]=0.004\%\sim0.008\%$	$w[O]=0.004\%\sim0.008\%$
脱硫	$w[S]=0.01\%\sim0.005\%$	$w[S]\approx0.01\%$
脱气	$w[H]\leqslant0.0005\%$, $w[N]<0.03\%$	$w[H]\leqslant0.0002\%$, $w[N]<0.01\%\sim0.015\%$
铬总回收率	96%~98%	比 AOD 法低 3%~4%
操作费用	要用昂贵的氩气和大量的硅铁	氩气用量小于 AOD 法的 1/10
设备费用	AOD 法比 VOD 法便宜一半	
生产率	AOD 法大约是 VOD 法的 1.5 倍	
适应性	原则上是不锈钢专用，也可用于镍基合金	不锈钢精炼及其他钢的真空脱气处理

3.7 TN 法与 SL 法操作工艺

3.7.1 TN 喷粉精炼法

TN 法（蒂森法）是联邦德国 Thyssen Niederrhein 公司于 1974 年研究成功的一种钢水喷吹脱硫及夹杂物形态控制炉外精炼工艺，其构造示意于图 3-38。TN 法的喷射处理容器是带盖的钢包。喷吹管是通过包盖顶孔插入钢水中，一直伸到钢包底部，以氩气为载体向钢水中输送 Ca-Si 合金或金属 Mg 等精炼剂。喷管插入熔池越深，Ca 或 Mg 的雾化效果越好。根据美国钢铁公司的经验，每吨钢喷吹 0.27kg 金属 Mg 或 2.1kg Ca-Si 合金，可使钢中 $w[S]$ 从 0.02% 降到平均含量为 0.006%，有些炉号达到 0.002%。脱硫剂用 Ca、Mg、Ca-Si 和 CaC_2 均可，其中以金属 Ca 最有效。

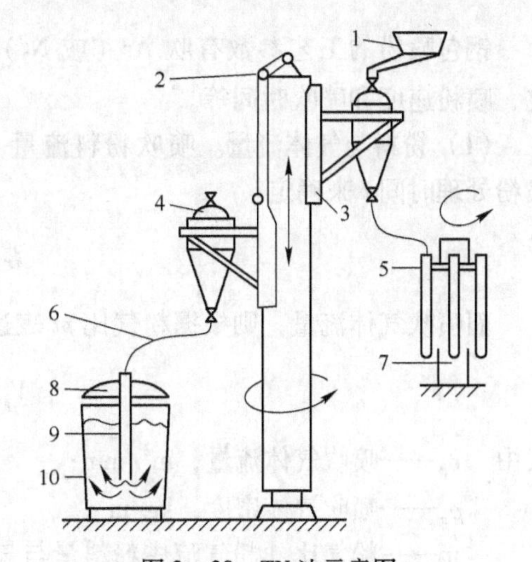

图 3-38 TN 法示意图
1—粉剂给料系统；2—升降机构；3—可移动悬臂；4—喷粉罐；5—备用喷枪；6—喷吹管；7—喷枪架；8—钢包盖；9—工作喷枪；10—钢包

TN 法的优点有：

（1）喷粉设备较简单，主要由喷粉罐、喷枪及其升降机构、气体输送系统和钢包等组成。

（2）喷粉罐容积较小，安装在喷枪架的悬臂上，可随喷枪一起升降和回转，因此粉料输送管路短，压力损失小，同时采用硬管连接，可靠性强。

（3）可在喷粉罐上设上、下两个出料口，根据粉料特性的不同，采用不同的出料方式。密度大、流动性好的粉料可用下部出料口出料（常用），密度小、流动性差的粉料，如石灰粉、合成渣粉等，可用上部出料口出料。

TN 法适合于大型电炉的脱硫，也可以与氧气顶吹转炉配合使用。

3.7.2　SL 喷粉精炼法

SL 法（氏兰法）是瑞典 Scandinavian Lancer 公司于 1979 年开发的一种钢水脱硫喷射冶金方法。如图 3－39 所示。SL 法具有 TN 法的优点，可以喷射合金粉剂，合金元素的回收率接近 100%，因此能够准确地控制钢的成分。SL 法对提高钢质量的效果也非常显著。SL 法与 TN 法相比，设备简单，操作方便可靠。

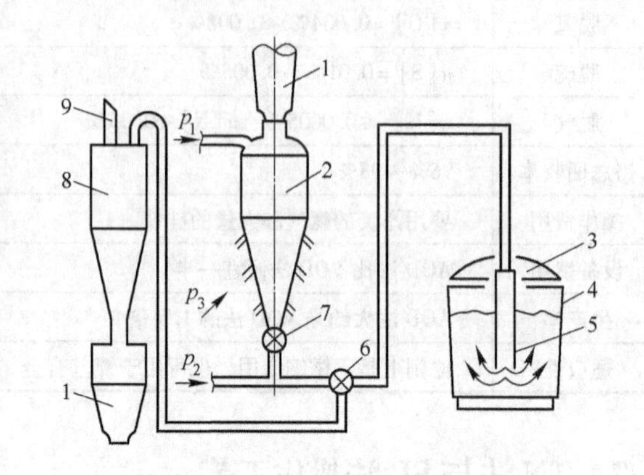

图 3－39　SL 法示意图

1—密封料罐；2—分配器；3—钢包盖；4—钢包；5—喷枪；6—三通阀；7—阀门；8—分离器收粉装置；9—过滤器；p_1—分配器压强；p_2—喷吹压强；p_3—松动压强

SL 法喷粉设备除有喷粉罐、输气系统、喷枪等外，还有密封料罐、回收装置和过滤器等。SL 法的优点有：

（1）喷粉的速度可用压差原理控制（$\Delta p = p_1 - p_2$），以保证喷粉过程顺利进行，当喷嘴直径一定时，喷粉速度随压差而变化，采用恒压喷吹，利于防止喷溅与堵塞。

（2）设有粉料回收装置，既可回收冷态调试时喷出的粉料，又可回收改喷不同粉料时喷粉罐中的剩余粉剂。

3.7.3　钢包喷粉精炼工艺参数

钢包喷粉的工艺参数有吹 Ar（或 N_2）压力与流量、喷枪插入深度、粉料用量及配比、喷粉速度和喷吹时间等。

（1）粉料与气体流量。喷吹粉料流量 G_s（kg/min）可根据每包钢液供粉时的 W_p 和喷粉处理时间 t 来确定：

$$G_s = \frac{W_p}{t} \tag{3-9}$$

而喷吹气体流量，则根据粉气比 m 表达式来求得，即：

$$V_g = \frac{G_s}{m\rho_g} \tag{3-10}$$

式中　V_g——喷吹气体流量，m^3/min；

ρ_g——喷吹气体密度，kg/m^3；

m——粉气比（粉气流中粉料量与气体量的比值）。国内实践指出，喷吹合金粉剂时，$m < 40$；喷吹石灰粉时，$m > 80$。

（2）喷粉处理时间。该时间主要取决于喷粉量和钢液的温降。一般喷吹时间为 3 ~ 10min。太短会使粉料在钢液中停留时间短，降低喷吹效果；太长又会使钢液温降过大。

国内一些钢厂在喷吹 Ca－Si 粉时钢液的温降如表 3－20 所示。

表 3－20 喷吹 Ca－Si 粉时钢液的温降

钢包容量/t	20～30	40	100～150	200～300
钢包温降/℃	45	35	25～30	20～25
温降速度/℃ · min^{-1}	8～12	5～8	3～6	2.5～4

（3）喷枪插入深度。喷枪插入深度影响喷吹效果，研究指出，当 Ca－Si 的喷吹量为 1.5kg/t 时，插入深度从 1m 增加到 1.5m 后，脱硫率提高了 20%。一般以深插入为好。如果喷孔在喷枪的侧面，则枪头距包底 0.2～0.3m 即可。

总之，确定合理的钢包喷粉冶金工艺参数应全面考虑钢种冶炼要求、设备特点、粉料输送特性及生产条件等因素。

3.7.4 钢包喷粉冶金效果

钢包喷粉冶金可达到如下效果：

（1）脱硫效率高。在脱氧良好条件下，钢包喷吹硅钙、镁的脱硫率可达 75%～87%，喷吹石灰和萤石时，脱硫率达 40%～80%。

（2）钢中氧含量明显降低。钢包喷粉也能起到较好的脱氧效果，钢材中氧含量平均值为 0.002%，但喷粉处理后，氢含量有所增加，在 0.00012%～0.000182%；氮增至 0.00179%～0.00271%。钢中增氢主要与加入合成渣的水分含量有关；增氮量与合成渣加入量和喷粉强度有关。若渣量少而喷粉强度又大，钢水液面裸露会吸收空气中氮。

（3）夹杂物含量明显降低，并改善了夹杂物性态。其中 Al_2O_3 夹杂物下降尤为明显，最高约达 80%，平均达 65% 左右；电子探针与扫描表明，球形夹杂物中心为 Al_2O_3，被 CaS、CaO、MnS 等所包裹；夹杂物属 $m\mathrm{CaO} \cdot n\mathrm{Al_2O_3}$ 铝酸钙类。这种夹杂物粒径小，只有 15μm 以下，轧制过程不易变形，呈分散分布，对提高钢材横向冲击性能十分有利。

（4）改善钢液的浇注性能。通过喷吹硅钙粉，使钢液中的 Al_2O_3 夹杂变性为低熔点的铝酸钙，改善了钢液的流动性，还可以防止水口结瘤堵塞。

应该指出钢包喷粉适应的钢种有限，在处理过程中有一定的温降，且处理过程中导致钢液增氢、增氮，当喷硅钙粉时增硅。由于一些钢厂钢包喷粉生产还不稳定，处理效果不够明显，因此，20 世纪 90 年代后期各钢厂一般均未再建钢包喷粉装置。近年来，国内多数炼钢厂均设置钢包喂线吹氩装置，即将脱硫剂或合金粉料用铁皮包覆，用喂线机送入钢包中钢液深处，用以净化钢液，称之为喂线法。冶炼一般钢种时多采用此法，既可向钢包喂线，也可直接向连铸中间包或结晶器中喂线。

【技术操作】

项目 1 110t LF 精炼操作

A 精炼工艺流程（见图 3－40）

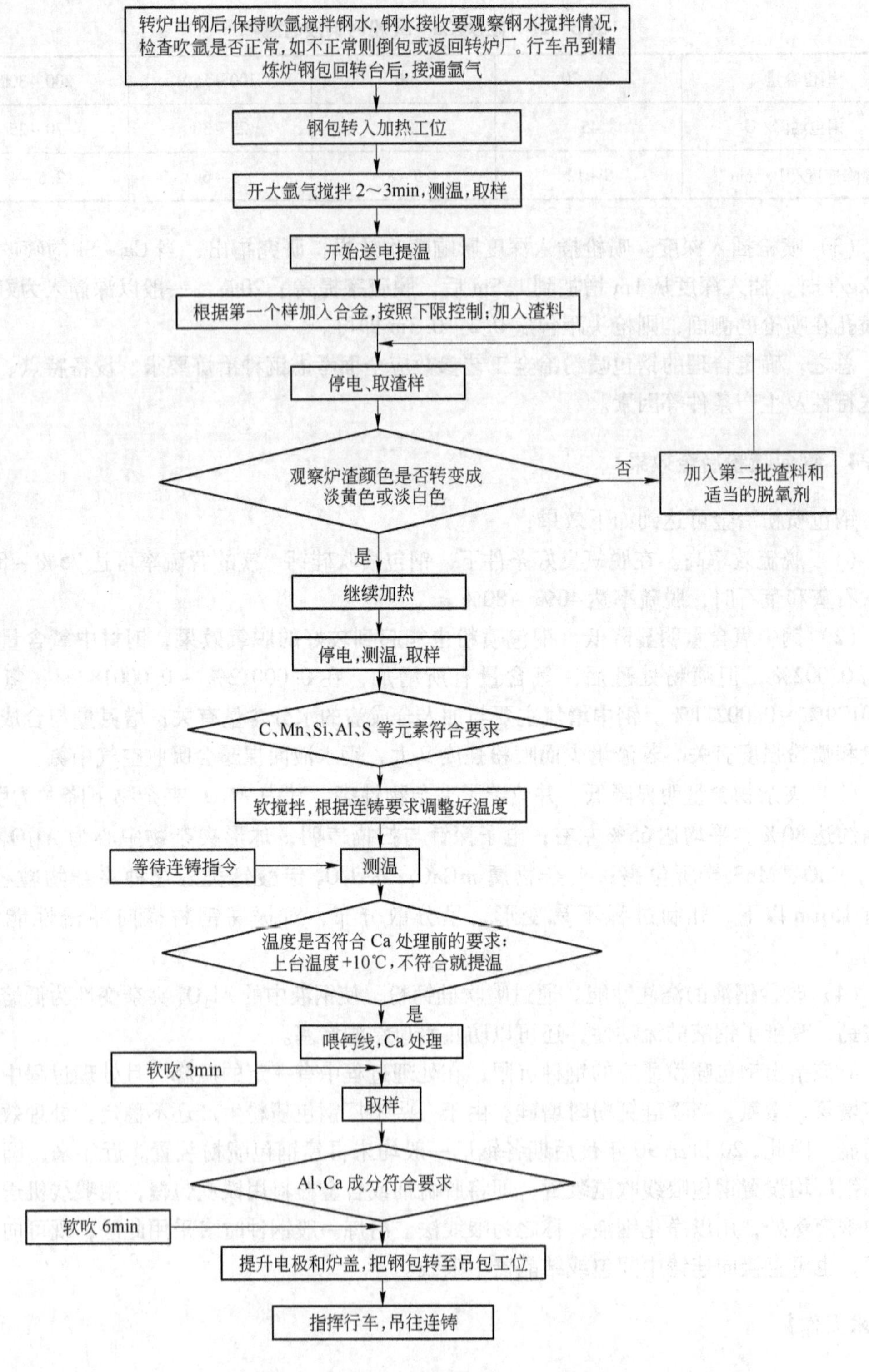

图 3－40　110t LF 精炼操作工艺流程图

B 操作过程控制要点

(1) 埋弧加热升温。前期采用短弧、低级数电压起弧；弧压稳定后，根据钢水温度确定是否采用高级数电压加热，按表3-21配电。

表3-21 LF配电参数

额定容量 /kV·A	18000	18000	18000	18000	18000	17379	16758	16138	15517	14896	14275	13655	13034
二次电压 /V	330	320	310	300	290	280	270	260	250	240	230	220	210
二次电流 /kA	31.49	32.48	33.52	34.64	35.84	35.84	35.84	35.84	35.84	35.84	35.84	35.845	35.84
功率因数	0.87	0.85	0.83	0.8	0.77	0.747	0.72	0.70	0.67	0.63	0.59	0.53	0.46
升温速度 /℃·min^{-1}	4.59	4.5	4.38	4.24	4.05	3.82	3.57	3.31	3.05	2.76	2.47	2.14	1.77

(2) 脱氧。

1) 精炼钢水脱氧。

① 进站钢水若过氧化，即 $w[O]$ 大于0.005%，应进行定氧，以便确定脱氧剂（如铝）的加入量。

② 精炼过程中应始终保持 $w[Al]_s$ 大于0.025%，以便使钢中 $w[O]$ 小于0.0005%。

③ 精炼温度成分合格后，应喂入钙线进行钙处理，以便使夹杂物变性上浮，降低钢中的总氧含量。

2) 精炼炉渣的脱氧。

① 转炉渣氧化性很强，出钢下渣不仅大大增加合金渣料的消耗，而且大大延长脱氧脱硫的时间，因此要求转炉下渣量控制在4kg/t以下，若下渣过多则必须倒渣，倒渣后必须重新造渣，定氧。

② 渣中的氧含量高，可加入脱硫剂或铝粒进行脱氧造白渣。

③ 黑渣的 $w(FeO+MnO)$ 含量一般大于2%，还需要进一步脱氧还原。

④ 黄色到白色：这种渣子氧脱得较好。黄色表明发生了脱硫，这种渣冷却下来后会碎裂成粉状。

⑤ 渣面可能是玻璃状、平滑或脆性的，这取决于渣的组成：

玻璃状薄片——表明 SiO_2、Al_2O_3 太高。在这种情况下，应加入石灰，每次加入量每吨钢不超过0.4kg。熔解后再取渣样。

渣面平滑、厚——这种渣冷却后应会碎裂，是比较理想的渣况。如果不碎裂，那么铝酸盐可能偏高。这种情况下脱硫可能不佳，可补加石灰。

渣面粗糙不平——石灰量过大。可以发现未熔化的石灰颗粒，加入调渣剂，每次加入量每吨钢不超过0.1kg。

(3) 脱硫。

1) 造好碱性白渣。精炼造渣技术在冶炼中是极其重要的，它直接影响到冶金、能量效率、耐火材料消耗、钢的质量、钢的脱硫等，是 LF 的重要操作手段。造好碱性白渣必须脱好钢水及渣中的氧，使钢水中自由氧小于 0.0005%，渣中 $w(FeO+MnO)$ 应低于 1.0%；调节好渣中碱度，使其控制在 1.8 ~ 2.2；使渣样渣面呈平滑、厚的白色或黄色渣。

2）适当提高钢水温度。钢水温度越高对脱硫越有利，但高温会降低钢包使用寿命，因此，温度控制在1600℃左右为宜。

3）改善渣的碱度与渣流动性。流动性好、高碱度的炉渣有利于脱硫。可以通过加入石灰或合成渣，造高碱度流动性好的渣来提高脱硫效率。

4）降低钢中及渣中氧含量。钢中及渣中氧含量越高，硫的分配系数 L_s 越低，脱硫越困难，因此要控制 $w(FeO+MnO)<1\%$；钢中自由氧小于 0.0005%。

5）适当增加吹氩搅拌强度。吹氩搅拌强度越大脱硫越快，但吹氩搅拌强度过大，造成钢水大翻，易氧化钢水中的 Al，成本提高，因此要控制吹氩搅拌强度在合适的水平。

6）适当增大渣量。渣量越多脱硫容量相对越大，因此初始硫含量较高时适当增大渣量。

（4）吹氩搅拌工艺。吹氩的作用：均匀钢水成分和温度、促进夹杂物上浮、加速脱氧和脱硫。在不同的精炼过程中，必须控制不同的吹氩搅拌强度。

（5）钙处理。铝脱氧在钢中产生 Al_2O_3 夹杂，影响钢的力学性能和表面质量，还易发生水口结瘤。钙处理的主要目的是改善钢水流动性，起到夹杂物变性、促进夹杂物上浮的作用。在精炼过程喂入钙线，控制好 $w[Ca]/w[Al]\ (>0.1)$，可以生成液态钙铝酸盐，容易上浮去除，但要注意 $w[Ca]/w[Al]$ 太高，会造成滑动水口及滑板侵蚀严重。

喂线注意事项：

1）喂线前温度、成分必须符合要求。

2）喂线后软吹氩时间不小于 6 min。

3）喂线时放下喂线导管，严禁大吹氩使钢液面裸露。

4）控制好 $w[Ca]/w[Al]$ 在 0.1 ~ 0.13。

5）喂 CaSi 线时，要考虑钢水增硅量。

6）喂线速度为 4 ~ 5m/s（240 ~ 300m/min）。

7）喂线后，软吹离钢液面高度小于 0.5m，有利于提高钙的收得率。

8）钙处理后尽量不要再进行加热处理，如需处理应补喂部分钙线。

C　操作注意事项

（1）测温，取样：先用大氩搅拌 1 ~ 2min，使温度、成分均匀。测温时要等绿色指示灯亮才能测温，红色指示灯亮才能扯出来，时间大约在 6s 左右，如果时间过长，红色灯还没有亮，就要快速拿出枪，以免枪烧坏；取样时，氩气不能太大，快速插进去，时间在 5s 左右，如果时间过短，有可能取不出样（注意：操作时不要正对炉门，以免受伤）。

（2）定氧时要关掉氩气，使液面保持平静。绿色灯亮才能进行操作，红色灯亮才能算定氧成功，当然时间肯定不能太长了，要预防定氧枪被烧坏。

在钢水进站前，应该检查钢水是否下渣过多、过氧，以方便操作。下渣太多了，要先进行倒渣操作，进站后要加入大量的脱氧剂和造渣料进行脱氧、造渣、脱硫。

（3）钢包就位后，应先检查吹氩搅拌情况，如果不正常，检查管道、阀门是否漏气，若漏气通知维修处理。若系钢包原因，就先升温、化渣，如果还吹不起，就倒包。

（4）送电时，不要开大氩，以免横臂晃动太厉害，折断电极；若渣层又厚又硬，应使用低挡位、低电流送电。

（5）看渣时，若渣太稠了，应加入合成渣；渣太稀时，要加入石灰和铝；渣黑时，加入脱氧剂和脱硫剂，适当加入调渣剂，以便改善渣的流动性和碱度。当下渣时，应先进行脱氧。

（6）脱硫原理是：$2[Al]+3[S]+3(CaO)=(Al_2O_3)+3(CaS)$。影响因素有：

1）温度。温度越高，脱硫越快。

2）碱度。$R=1.8\sim2.2$。

3）渣氧化性。$w(FeO)+w(MnO)$ 小于1%。

4）大渣量对脱硫有利。

5）搅拌强度。搅拌越强，脱硫越快。

根据上面的反应式可以计算出脱硫所需要加入的脱氧剂的重量，总共所需要加入的脱氧剂重量除上面的以外还必须考虑以下几个方面：

1）脱钢水中的氧所需要的脱氧剂。

2）脱渣中的氧所需要的脱氧剂。

3）氩气搅拌时，自然消耗的脱氧剂。

（7）第一次调成分时，应按中、下限控制；喂线前10~15min，一定要把成分调到位，后面的时间不能再加任何合金、渣料，不能大氩搅拌，以保证钢水纯净。比较贵重的合金元素要在钢水完全脱氧以后才加入，以提高收得率，节约冶炼成本。

（8）精炼时，炉盖要落到位，以保证钢包内的还原气氛；除尘开到合适的程度，以保证钢包内的微正压气氛。

（9）接电极时，应断电，要先用压风把接头和夹头的灰尘吹扫干净，用专用的扳手和螺丝头接电极，电极夹头不能在白线范围内。螺丝头不能用倾斜的，接电极时要保证两人或两人以上接电极，当电极第一次旋到位时，应先反旋半圈，然后用力，一步到位把电极旋紧。为了安全起见，应该采用离线接电极。

（10）喂线的注意事项有：

1）要保证一定的精炼时间（≥32min）才能喂线。

2）喂线前温度、成分必须符合要求。

3）喂线后软吹氩时间不小于6min。

4）喂线时放下喂线导管，严禁大吹氩使钢液面裸露。

5）控制好 $w[Ca]/w[Al]$ 在0.1~0.13。

6）喂CaSi线时，要考虑钢水增硅量。

7）喂线速度为4~5m/s（240~300 m/min）。

8）喂线后，软吹离钢液面高度小于0.5m，有利于提高钙的收得率。

9）钙处理后尽量不要再进行加热处理，如需处理应补喂部分钙线。

（11）造渣时，渣料要分批加入，不宜一次性全部加入，这样有利于更好地造渣，快速脱硫。每次加入的量为100~200kg，加石灰时要记得配加铝，以保证渣子的碱度和流动性。炼低硅钢时，尽量不要加调渣剂和大包覆盖剂，因为这些材料容易使钢水增碳、增硅，如08Al钢，也要尽量减少强吹氩的时间，以免渣中的SiO_2被完全还原出来，造成增硅。

(12) 若钢水下渣过多，调成分时，应注意到钢水的回硅、回锰。

(13) 加合金时，要考虑到合金的伴随元素对成分的影响。

(14) 加贵重的合金，比较容易氧化的合金应该在白渣形成之后再加。

(15) 喂线应该选用合适的钙线（考虑到硅的影响）；喂线后3min才能测温取样；喂线后不能再加料；若温度低了，需升温，要降低送电档位和电流；喂线后要保证不少于6min的软吹时间才能上连铸。

D　常见违规操作

(1) 炉盖漏水继续冶炼。

(2) 喂线前10min补铝或加合金、渣料。

(3) 送电时开高压。

(4) 喂线后大氩气降温，喂线后软吹时间不够6min。

(5) 未保证白渣出站。

(6) 成分出格上台。

项目2　90t VOD精炼处理作业程序

精炼钢种为304不锈钢（液相线温度为1455℃）。VOD精炼实际操作如表3－22所示，取样分析的参考成分如表3－23所示。

表3－22　VOD精炼304不锈钢的操作实例

时间/min	项　目	消　耗	温度/℃
0	钢包进入 氩气		
1	测温取样		1630
4	开泵		
6	吹氧		
7	分析结果		
24	停氧	5.3m³/t（标态）	
38	$p < 133.3Pa$		
39	$p = 40kPa$		
40	测温/取样		1670
41	加料：FeSi粉渣面还原 FeSi合金 石灰 萤石	5kg/t 3kg/t 16kg/t 4kg/t	
51	破真空		
52	测温/取样		1630
54	提盖		
56	分析结果		

续表 3－22

时间/min	项　目	消　耗	温度/℃
62	加料：高碳铬铁 低碳铬铁 SiMn FeSi Ni	2.2kg/t 3.0kg/t 3.5kg/t 1.7kg/t 3.1kg/t	$\Delta T \approx 21$
71	测温/取样		1565

表 3－23　取样分析的参考成分（w）　%

成分	C	Si	Mn	Cr	Ni	Ti	N
取样 1	0.19	0.15	1.5	18.2	8.0	残量	<500
取样 2	0.020	0.33	1.3	18.1	8.0	残量	<350
取样 3	0.035	0.55	1.5	18.2	8.2	残量	<350

【问题探究】

1. RH 法与 DH 法的工作原理是怎样的？
2. RH 的基本设备包括哪些部分，其冶金功能与冶金效果如何？
3. RH 的主要工艺参数有哪些？简述 RH 工艺和操作过程。
4. 由 RH 法发展的相关技术有哪些？说明 RH 真空吹氧技术的发展及特点。
5. 何谓 LF，LF 工艺的主要优点有哪些？说明其处理效果。
6. LF 主要设备包括哪些？
7. LF 一般工艺流程如何，其主要操作有哪些？
8. LF 精炼渣的基本功能如何，其组成怎样？
9. LF 精炼渣的基础渣如何确定？试述精炼渣的成分及作用。
10. LF 典型渣系有哪些，各有何特点？
11. LF 白渣精炼工艺的要点是什么？
12. VD 处理过程为什么要全程吹氩，VD 精炼对钢包净空有什么要求？
13. 什么是 VD 法和 VOD 法，它们各有什么作用？试述 VD 法与 RH 法的特点及应用。
14. VD 的一般精炼工艺流程如何？
15. 试述 LF 与 RH、LF 与 VD 法的配合及效果。
16. 比较 LF 法、ASEA－SKF 法、VAD/VOD 法，说明 LF 法被广泛使用的主要原因。
17. 为什么 AOD 炉、VOD 炉适于冶炼不锈钢？AOD 法与 VOD 法各有何特点？试比较其应用效果。
18. 简述 CAS 法、CAS－OB 法的精炼原理与精炼功能。CAS－OB 操作工艺主要包括哪些内容？
19. TN 法、SL 法各有何优点？

【技能训练】

项目 1　LF＋VD 精炼过程钢水成分、温度控制分析（见图 3－41）

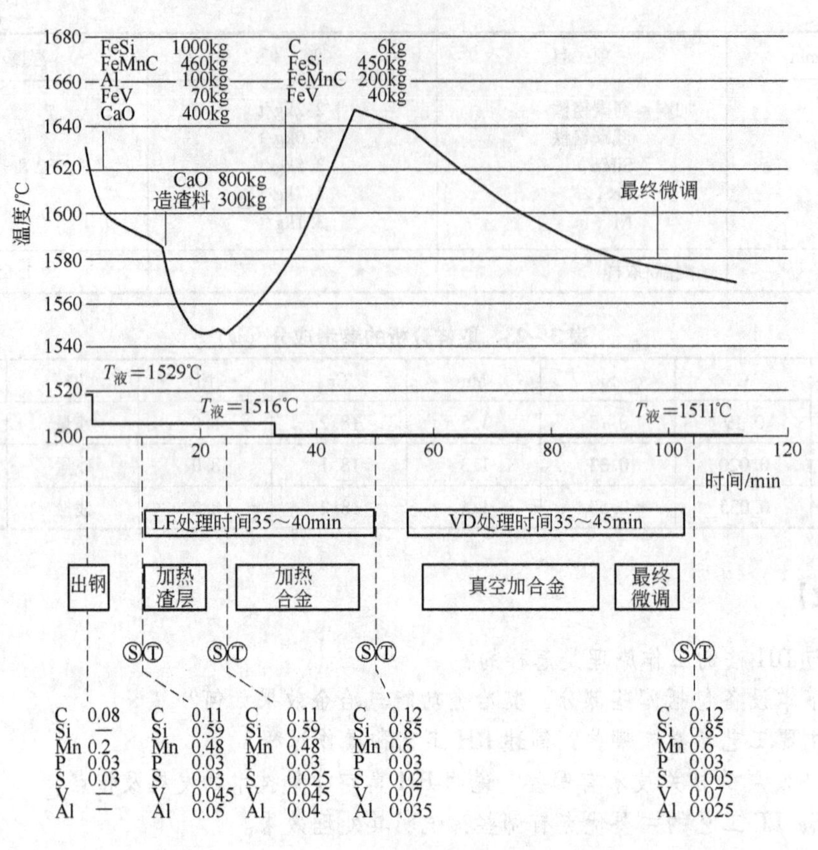

图 3－41　LF + VD 精炼过程钢水成分、温度变化

项目 2　分析各种主要精炼工艺的工作原理、处理效果、工艺流程与操作控制要点

炉外精炼与炼钢、连铸的合理匹配

【学习目标】

(1) 掌握炉外精炼合理匹配的要求和原则。
(2) 掌握炉外精炼技术选择应考虑的因素。
(3) 掌握普通钢和特殊钢冶炼通常选用炉外精炼方法。
(4) 比较分析常用的真空处理装置、具有电弧加热功能的精炼设备的特点。
(5) 掌握典型转炉钢厂和电炉钢厂炉外精炼的匹配模式。

【相关知识】

现代炼钢厂的工艺流程包括多个工艺环节，它们各自有要完成的任务和目标。流程中各工序间必须合理匹配，任何一个环节出现延误、脱节或没达到下一工序的技术要求，都将影响整个工厂的生产。炉外精炼方法及设备选择要以市场对产品的质量要求作为出发点，明确基本工艺路线，做到功能对口；在工艺方法、生产规模以及工序之间的衔接、匹配上经济合理；还必须注意相关技术和原料的配套要求，主体设备与辅助设备配套齐全，保证功能与装备水平符合要求。

4.1 合理匹配的必要性

炉外精炼的合理匹配要求如下：

(1) 在功能上能相互适应、相互补充，能满足产品的质量要求，且经济、实用、可靠。

(2) 在空间位置上要紧凑，尽量缩短两个环节间衔接的操作时间，且不和其他操作干扰。

(3) 各环节的设备容量、生产能力要相当，要适当考虑各环节在发挥潜在能力时也能相互适应。

(4) 在操作周期上要能合理匹配，既不会经常相互等待，又有一些缓冲调节的余地，以方便生产组织和调度。

在可能的情况下应尽量简化操作，在满足产品质量要求的前提下减少生产环节，也尽量减少生产过程中工艺环节之间的“硬连接”式的配合，应采用有缓冲的工艺流程。例如：由于铁水预处理工艺处在炼铁和炼钢工序之间，有条件可单独设置在铁水运往炼钢车间的路上。当采用操作复杂、处理周期长的铁水预处理工艺时，最好单独设置处理车间。铁水只需按炼钢车间要求的成分、温度、数量源源不断地供应即可。这将使炼钢车间的生产组织简单、调度灵活方便。

炼钢厂一般把炼钢、精炼、连铸等主要生产环节放置在相连几个跨间的主厂房内。按照产品方案中钢种的质量要求及原料、工艺等具体条件和特点选择相应的配套设备。如有足够的铁水、产品中有大量超低碳类纯净钢种的钢厂，一般选择氧气转炉并配合 RH 类真空精炼设备，但它投资较大。如果没有铁水而只有废钢，则一般选择电炉这种投资较小、生产规模也比较灵活的工艺。当产品为板材时选择板坯连铸机；生产棒线材则一般选用方坯连铸机，并且要根据成品的质量要求和轧机配备等条件来选择适当的机型和断面尺寸等。连铸机的小时产量要和冶炼炉的产量相匹配，才有条件做到较长时间的连续浇注。

冶炼超低硫类钢种时，一般除要配备铁水脱硫设备外，还配备有钢水喷粉冶金类的精炼设备以进一步脱除钢水中的硫。当然，采用 LF 或喂线也能进行钢水脱硫。实际中一种质量要求常会有多种设备和手段能够达到目的，但其操作成本或能达到的深度不同，操作的难易、周期的长短不等，所以还要根据各厂的实际情况综合考虑，做出多方案对比，才能最后选定一种比较合适的。

现代钢铁企业的生产中，一个炼钢厂常要根据市场的要求生产很多质量高低不等、特点不同的钢种，因此一个炼钢车间也常会配备多种精炼设备，它们的功能也有部分是重叠的，以保证能用最经济的工艺路线生产出合乎客户要求的产品。

4.2 匹配的原则

4.2.1 冶炼炉和精炼设备的匹配原则

对于电炉冶炼来说，由于电炉冶炼周期和出钢温度都较容易控制，且冶炼周期较长（超高功率电炉的冶炼周期，一般也需要 50 ~ 60min），各种精炼设备的冶炼周期都较容易与其匹配，即使如 VOD、AOD 类冶炼周期较长的设备也可以用降低电炉出钢时钢水中的含碳量等办法来分担各设备间承担的任务，从而缩短精炼操作周期，使电炉和精炼设备的周期相匹配。

电炉选用的精炼设备，一类是 VD、VOD 等有真空处理功能的精炼设备，主要是为了补充电炉脱碳能力的不足和去除钢水中的有害气体，提高钢水质量；另一类是 LF、喷粉、喂线、吹氩等的精炼设备，主要是为了缩短电炉的冶炼周期，用更经济的手段达到产品的质量要求。

对于氧气转炉来说，由于转炉冶炼周期一般只有 30 ~ 40min，故多采用操作周期较短的、具有吹氩搅拌和保护下的合金微调、喂线、喷粉等功能的设备，如 CAS - OB、IR - UT、SL 等精炼设备。当精炼设备的操作周期大于转炉的冶炼周期时，就较难匹配。为避免转炉降低作业率影响车间的产量，就得想方设法压缩精炼炉的操作周期。以真空精炼的 RH 为例，多采用把配套的真空泵的抽气能力加大；扩大吸嘴断面，增加浸渍管的吹氩强度，以增大单位时间中钢水的循环量来缩短处理钢水的时间；同时也尽量缩短其他辅助作业时间，如加合金的操作时间、换钢水罐时间等，以求 RH 的操作时间能和转炉的冶炼周期相匹配。

由于转炉冶炼的能源主要是靠本身的化学热和物理热来完成的，没有其他热源，所以冶炼时间和钢水的终点温度较难控制，生产操作缺乏“柔性”。在日常生产中，即使充分发挥了操作人员的技能和计算机控制系统的作用，也常会出现钢水的温度、冶炼周期和连铸的要求不匹配的情况。因此，氧气转炉车间在精炼装置的配备上，还要求能在生产环节之间增加一些有缓冲功能、使生产流程中多一些柔性的设备，如配备具有吹氧升温或电加热调温功能的精炼装置。

4.2.2 冶炼炉、精炼装置和连铸机的匹配原则

连铸机的机型、连铸坯的尺寸和断面等主要由产品品种、质量和轧机等条件决定。冶炼炉、精炼装置和连铸机的合理匹配指的是，在已定的条件下所提供的钢水，除达到最终产品的化学成分要求外，最重要的是能按要求的时间、温度和数量及时地送到连铸机上。

实际上冶炼与连铸之间的配合调度是一个很复杂的问题，有许多种不同的情况，如冶炼周期大于或小于连铸机的浇注周期、冶炼设备和连铸机之间有无缓冲装置、冶炼装置和连铸机所配置的数量不同。这些使配合调度多种多样，在进行总体设计时要通过做调度图表考虑各种情况合理安排，尽量减少等钢液或钢液等连铸机的时间。设计时要尽可能做到：

（1）连铸机的浇注时间与冶炼、精炼的冶炼周期保持同步。

（2）连铸机的准备时间应小于冶炼、精炼的冶炼周期。

（3）当冶炼周期和浇注周期配合有困难时要考虑增加钢包炉（LF）来调节。

对于大容量的氧气转炉炼钢厂来说，同一套设备由于冶炼的钢种不同或产品的质量要求不同以及铸坯断面尺寸、拉速的改变，浇注周期会有很大的差别。冶炼和连铸之间的时间匹配要困难得多，再加上从经济效益、节约生产成本方面的考虑，一座生产的大型转炉常配备两套以上不同功能、不同作用的精炼设备及相应的多台连铸机。生产中，当某些品种的精炼周期和浇注周期过长时，就采用相对于炼钢炉双周期的操作制度。这样虽然建设投资增加了，但对于车间的长期生产来说提高了车间大多数设备的作业率，降低了某些品种的生产成本，总的来说还是合理的、经济的。

目前我国还存在炉外精炼工序能力和功能与高连铸比及产品结构优化的要求不协调的现象。在我国连铸比已经超过98%及板管材比例日益提高的情况下，总体上看，我国炉外精炼工序的能力与功能，与日本等世界钢铁先进国家相比还存在差距。以前日本连铸比超过90%，精炼比就大于80%，现在已几乎为100%。而真空精炼比现在已超过74%，有的厂达到80%~100%。我国RH、VD精炼比较低，仅20%左右，宝钢、武钢等也仅60%~75%。这些从总体上影响了连铸的水平和高档次钢铁产品的质量。

4.3 典型的炉外精炼车间工艺布置

4.3.1 炉外精炼技术的选择依据

21世纪以来，炉外精炼进入自主创新、系统优化、全面发展阶段。据不完全统计，国内外炉外精炼设备总数已超过一千多台。从炉外精炼设备的发展情况看，具有加热功能、投资较少的LF发展最快。RH循环脱气装置精炼的钢水质量最具保证，近年来由于质量要求和品种开发需要，RH也被广泛采用。表4-1为不完全统计的世界主要产钢国家主要炉外精炼设备的类型和数量（国内数据统计到2002年，国外数据统计到1999年）。

到2007年年底，中国冶金行业已有炉外精炼装备474台（套）（单一吹氩、喂线除外），总处理能力达到4.04×10^{8}t/a，钢水精炼比大于60%。

表4－1　主要国家主要炉外精炼设备的类型和数量

国别＼类型	DH	RH	VAD	ASEA－SKF	VOD	LF	VD	AOD
美国	5	18	4	3	34	40	14	10
日本	10	46	4	4	9	30	54	9
意大利	1	7	2	1		10		4
德国	2	12	1		6	11	7	3
中国	2	19	5	3	14	180	50	12

选择炉外精炼设备时具体考虑的因素有：

（1）生产的最终产品及其质量要求。

（2）初炼炉的技术参数、冶炼工艺特点与炉外精炼设备的联系配合方式。旧车间增设炉外精炼设备时，还应考虑诸如车间高度、起重机的能力、原有设备的布置及工艺流程等因素。

（3）当地条件，如原料的特性及来源、能源及其供应方式、运输方式等。

（4）经济与社会效益，如基建及设备投资、运转费用及生产成本、环境保护和产品需求情况等。

精炼工艺的选择应以适应钢的质量要求为首要目的。有的炼钢车间为了适应多种钢的需要甚至设有两种以上的炉外精炼设备。

炉外精炼技术发展迅速，从炉外精炼设备的发展情况看，具有加热功能、投资较少的LF发展最快，RH循环脱气装置精炼的钢水质量最具保证。世界主要产钢国家炉外精炼设备类型和数量统计资料表明：LF最多，其次是RH、VD、AOD、VOD等。值得关注的是，近几年国内外高水平转炉钢厂炉外精炼采用LF工艺呈现减少趋势，而RH目前已发展成为大型转炉钢厂应用非常广泛的炉外精炼工艺。

几种典型精炼工艺或手段的功能与效果比较如下：

（1）几乎任何一种精炼工艺均有钢水的搅拌以促进渣钢反应、均匀化学成分、均匀钢水温度以及加速添加料的熔化与均匀化。所以搅拌已成为精炼过程的必备手段。最常用的是真空或非真空下的钢水吹氩搅拌处理，这也是钢水连铸之前必不可少的准备处理。不论是普碳钢类连铸或特殊钢种连铸，也不论钢水量的多少，均应进行钢包吹氩。

（2）真空精炼（或称钢水真空处理）对脱除气体最为有利，尤其对脱氢甚为有效。真空处理可以使大部分特殊钢脱氢、脱氧、脱除部分氮和降低夹杂，并且可以在真空下脱碳生产超低碳钢种。真空处理（包括DH、RH、VD）中RH占有优势。RH设备目前得到广泛发展，无论是电弧炉还是转炉钢水大多采用初炼炉（EAF或BOF）—LF—RH—连铸流程。

表4－2为RH与VD两种真空装置的比较。在精炼效果上RH较优于VD，尤其RH更适合于超低碳钢种的精炼。由于现代RH装置的真空室高度达10m以上（比RH发展初期的真空室高度增大了许多），能适应于精炼低碳钢时钢水的剧烈喷溅。故国内外许多生

产硅钢、工业纯铁、深冲钢、镀层板等低碳或超低碳钢种的转炉厂大多采用 RH 法。对于中高碳钢（如重轨钢、钢帘线、钢绞线、胎圈丝等）、弹簧钢、合金钢及其他一般特殊钢来说，采用 VD 处理均可满足要求，但须保证要求的真空条件，且与吹氩搅拌（控制吹氩流量以供适当的搅拌强度）相配合可得到良好的效果，在达到钢水质量要求条件下，VD 法设备与操作及维修均较简单、容易，而且也不需要特种高质量耐火材料，故基本投资和日常操作费用均低于 RH 设备。一般 RH 精炼处理能力比 VD 大。

表 4-2 RH 与 VD 功能设备比较

比较项目		RH	VD
精炼功能	脱氢	○	△
	脱氧	○	○
	脱氮	△	△
	真空碳脱氧	○	△
	脱硫		△
	去夹杂	△	○
	超低碳	○	△
	精调成分	○	○
温度损失		有电加热时较少	较大
适应容量级		≥80t	中小型
设备		复杂、质量大	简单、质量小
要求厂房条件		高大厂房	一般厂房即可
特种材料		需特种耐材与高质量电极	无特殊要求
操作与维修		复杂、繁重	简单
生产成本		高	低
作业率		低	高
投资		大	小

注：○—效果很好；△—效果较好。

（3）真空吹氧脱碳。RH-OB 是日本开发的钢水循环真空处理过程吹氧脱碳技术；RH-PB 法是在循环脱气过程中吹入粉剂；RH-KTB 是通过真空室上部插入的水冷氧枪向 RH 真空室内钢水表面吹氧，加速脱碳，提高二次燃烧率，降低温降速度。它们都是 RH 技术的发展，适于冶炼超低碳钢种，初炼炉可为转炉或电弧炉。

（4）VOD 与 AOD 是冶炼不锈钢的炉外精炼技术。前者又可与 VAD 设备联合，组成 VOD-VAD 两用装置，共用一套真空抽气系统和真空室（真空罐），使总体设备简化，既可以减小厂房面积，又可以适应不同钢种的工艺需要。我国特殊钢厂引进和自行设计制作的该种设备多是这种联合形式的。以 EAF 为初炼炉以 VOD 或 AOD 二次精炼，使熔炼超低碳型不锈钢更易成功，不仅提高 Cr 回收率，而且节约低碳、微碳合金，降低炼钢成本，成为熔炼超低碳型不锈钢工艺的必用设备。

（5）具有电弧加热功能的精炼设备。常用者有三种：ASEA-SKF 钢包炉、LF 型钢包炉、VAD 真空加热脱气装置。由于这些设备具有加热调温作用，一则可以减轻初炼炉出钢后钢水提温的负担，使初炼炉发挥高生产率的特点（高功率、超高功率电炉的快速熔化与氧化精炼，转炉缩短吹炼时间），二者使连铸可获得适当的浇注温度，使熔炼与浇注之间得到缓冲调节作用，提高连铸机生产率与钢水收得率。

三种加热精炼方法的比较见表4-3。在LFV情况下，三种方法的精炼效果基本上相近，但LF的设备与操作则简单得多，其投资几乎为其余两种的一半，在各种加热精炼法中占绝对优势。目前各国建LF非常普遍。

表4-3　具有电弧加热精炼设备的工艺比较

精炼设备			VAD	LF（LFV）	ASEA-SKF
机理	加热	气氛	减压下加热（20~40kPa）	惰性气氛下	大气下
		形态	裸弧	埋弧	裸弧
	搅拌		底吹氩，强	底吹氩，强	电磁感应，弱
	精炼作用		真空精炼	高碱度渣精炼（真空精炼）	造白渣精炼后真空精炼
效果	脱氧		○	○	○
	脱硫		△	○	△
	脱氢		○	×（○）	△
	成分微调		○	△（○）	△
	升温速度/℃·min^{-1}		3~4	3~4	3~4
设备及维护			复杂	简单	复杂
操作			复杂	简单	造渣复杂
投资/%			100	约50	100

注：○—良好；△—可以；×—不可以。

LF成为高功率EAF与连铸间匹配的主要精炼设备。但转炉-LF的生产流程亦有它的特点，它可以完成调（升）温、调整成分（如增碳、合金化）、脱硫及协调熔炼与连铸工序的衔接等等，使转炉也可以生产优质钢类，提高了钢质量，对增加转炉冶炼钢种起了促进作用。此外它还可以降低转炉出钢温度，延长转炉炉衬寿命。因此，目前几乎所有的钢厂都配有LF。

（6）炉外精炼时调整钢水温度（即补偿热损失）的技术。钢水精炼过程中散热量较多，为了适应后期浇注的需要，补偿热量损失十分重要。上述几种带电弧加热的设备是电加热方法的一种，此外还有直流电弧加热与等离子弧加热方法。钢包中用化学加热法具有设备简便和热效率高的优点，而且升温较快。CAS-OB是化学加热法的成功技术，升温速度可达5~10℃/min。此外还有与之原理基本相同的ANS-OB、IR-UT方法。比较几种钢水再加热方法，化学加热法的优势是显著的。

CAS-OB法的发展比较受到重视，使用效果也很好。CAS-OB法特别适用于转炉炼钢车间，与转炉和连铸配合生产低碳钢种是适当的。理论计算，每吨钢加入1kg铝完全反应后可使钢水升温35℃，1kg硅可升温33℃，但实际使用硅的效果较差。曾在180t钢包中以11m^3/(h·t)的流量吹氧并用铝与75%硅铁升温，升温30℃耗氧分别为0.78m^3/t和1.28m^3/t，耗铝、硅分别为1.05kg/t、1.21kg/t，升温速率分别为7℃/min、4.3℃/min。因此，多数情况下是用铝升温操作。用铝热法升温，可以挽救低温钢水。

从适用钢种来看：LF因其很强的渣洗精炼和加热功能，适宜于低氧钢、低硫钢和高合金钢生产；VD因其脱气和去除夹杂物功能，适宜于重轨、齿轮、轴承等气体和夹杂物要求严格的钢种；RH脱碳、脱气能力强，适宜于大批量精炼处理生产超低碳钢、IF钢；CAS-OB适宜于普碳钢、低合金钢生产；AOD、VOD等专门用于生产不锈钢。

实际生产中，经常将不同功能的精炼炉组合使用，如CAS-RH、LF-RH、LF-VD、AOD-VOD等。

4.3.2 炉外精炼方法的选择

选择炉外精炼方法的基本出发点是市场和产品对质量的要求。例如，对重轨钢必须选择具有脱氢功能的真空脱气法；对于一般结构用钢只需采用以吹氩为核心的综合精炼方法；对不锈钢一般应选择AOD精炼法；对参与国际市场竞争的汽车用深冲薄板钢和超纯钢则必须从铁水“三脱”到RH真空综合精炼直至中间包冶金的各个炉外精炼环节综合优化才行。

合理选择还必须考虑工艺特性的要求和生产规模、衔接匹配等系统优化的综合要求。大型板坯连铸机的生产工艺要求钢水硫含量低于0.015%的水平，就必须考虑铁水脱硫的措施。大型钢厂为了提高产品质量档次，同时又提高精炼设备作业率，追求从技术经济指标的全面改善中获得整体效益，从而采用了全量铁水预处理、全量钢水真空处理的模式。

不规范的炼钢炉冶炼工艺，将使钢水精炼装置成为炼钢炉的“事故处理站”，使炉外精炼的效率大大降低，甚至不能正常发挥炉外精炼技术的功效。

4.3.2.1 普通钢的炉外精炼

普通钢的质量要求相对较低，转炉生产普通钢一般采用钢包吹氩、喂线、LF或CAS-OB（或IR-UT）等精炼方法配合连铸生产。

电弧炉冶炼普通钢，为提高生产效率，降低生产成本，电弧炉内氧化后成分合格，不经还原，氧化渣下直接出钢。在钢包中合金化，脱氧。然后采用LF精炼工艺配合连铸生产。

4.3.2.2 特殊钢的炉外精炼

特殊钢的炉外精炼工艺常采用以下三种类型：

（1）LF+VD精炼工艺。这是一种最传统的精炼工艺，适用于电炉生产。其优点在于进行充分的渣-钢精炼，可以有效地降低钢中氧含量并改变夹杂物形态，实现高效脱硫。

（2）RH精炼工艺。该工艺主要用于转炉精炼。其特点是在真空下强化钢中碳氧反应，利用碳脱氧和铝深脱氧；吹氩弱搅拌，促进夹杂物上浮，并具备一定的脱硫能力。该工艺的优点是铝的利用率提高，Al_2O_3夹杂可以充分上浮，钢中不存在含钙的D类夹杂物。采用RH精炼时，炉容量应在80t以上。

（3）LF+吹氩搅拌工艺。这是一种非真空精炼工艺，采用出钢时大量加铝深脱氧和强搅拌促进夹杂物上浮的精炼工艺，代替真空冶炼。其优点是操作成本低，适宜生产超低硫、氧含量的轴承钢。

世界工业发达国家的转炉炼钢厂已实现了四个百分之百，即百分之百地进行铁水预处理，百分之百地实行转炉顶底复合吹炼和无渣少渣出钢，百分之百地进行炉外精炼和百分之百地进行连铸。一些电炉钢厂也都实现了百分之百地炉外精炼。各国经验表明，炉外精炼应向组合化、多功能精炼站方向发展，现已形成一些较为常用的组合与多功能模式：

（1）以钢包吹氩为核心，加上与喂线、喷粉、化学加热、合金成分微调等一种或多种技术相复合的精炼站，用于转炉—连铸生产衔接。

（2）以真空处理装置为核心，与上述技术中的一种或多种技术复合的精炼站，也主要用于转炉—连铸生产衔接。

（3）以LF为核心并与上述技术及真空处理等一种或几种技术相复合的精炼，主要用于电弧炉—连铸生产衔接。

（4）以AOD为主体，包括VOD、电弧炉或顶底复吹转炉生产不锈钢和超低碳钢的精炼技术。

炉外精炼技术的选择，根据产品类型、质量、工艺和市场的要求，也初步地形成了一定的模式。

（1）生产板带类钢材的大型联合企业，采用传统的高炉—转炉流程，生产能力大，追求高的生产效率和低成本。一般配有两种类型的精炼站，即以CAS-OB吹氩精炼和RH/KTB/PB真空处理为主的复合精炼。

（2）生产棒线材为主的中小型转炉钢厂，一般配有钢包吹氩、喂线、合金成分微调的综合精炼站。从发展上看也宜采用在线CAS（或CAS-OB）作为基本的精炼设备，以实现100%钢水精炼。同时可离线建设一台LF，用于生产少量超低硫钢、低氧钢和合金钢或处理车间低温返回钢水。

（3）电炉钢厂选择精炼方式有以下几种：

生产不锈钢板、带、棒线的钢厂，一般采用AOD精炼方式，有的附有LF或VOD/VAD。

非不锈钢类的合金钢厂，则配以“LF+VD”或LFV为核心的多功能复合精炼装置。

普碳钢和低合金钢生产厂，则配以LF为核心的多功能复合精炼装置。

在选配炉外精炼方式的同时，对影响精炼过程的因素必须考虑，如原材料的波动性（如用低质废钢、铁合金以及熔态还原法获得的原料和合金等）以及工艺上的灵活性和连续性等。此外，为了获得最佳精炼效果和过程的动态控制，无疑，杂质元素精确地在线测定和最终快速测定是必要的。

炉外精炼方法及设备选择应保证生产工艺系统的整体优化，每项技术、每道工序的优化功能是在前后各个工序为其创造必要的衔接条件的前提下才能充分发挥。

总之，炉外精炼技术本身是一项系统工程，炉外精炼方法及设备选择要以市场对产品的质量要求作为出发点，明确基本工艺路线，做到功能对口；在工艺方法、生产规模以及工序之间的衔接、匹配上经济合理；还必须注意相关技术和原料的配套要求，主体设备与辅助设备配套齐全，保证功能与装备水平符合要求。

4.3.3　不同精炼工艺组合的精炼特点

一个现代化的转炉优钢生产线，精炼工艺的标准配置应该是以CAS-OB为基础，LF为保证，RH、VD为深度扩展，各种工艺能够相互灵活组合，以达到钢水质量有足够的保证、冶炼成本最低的目的。

4.3.3.1 LD + 渣洗工艺 + FW（喂线）工艺

LD + 渣洗工艺 + FW（喂线）工艺可以处理大部分钢种。对转炉要求铁水预处理，入炉废钢的硫含量控制要求较高，转炉出钢的温度、成分控制要求严格，出钢挡渣效果要好。在转炉温度控制不合适、出钢下渣等情况下，这种工艺的基础就很难有效果，需将钢水吊往 LF 或 RH 处理。

4.3.3.2 LD + CAS - OB 工艺

炉外精炼设备中，CAS - OB 的升温速度最快，可达 6 ~ 12℃/min，升温幅度最高可达 100℃。可控制钢中酸溶铝不高于 0.005%，精确控制钢液成分，实现窄成分控制。与喂线配合可进行夹杂物变性处理。CAS - OB 工艺能适应转炉的生产快节奏，适宜转炉的温度控制，精炼成本低。CAS - OB 适宜普碳钢、普通低合金钢、低碳深冲钢、低碳钢丝、低碳焊条钢等的生产，但不适宜生产 Si - Mn 镇静钢。

4.3.3.3 LD + LF 工艺

LD + LF 工艺可充分利用电弧加热，热效率高，升温幅度大，温度控制精度高，有利于实现恒温恒速浇注，也使转炉生产合金钢成为了可能。同时它可以有效地提高转炉的废钢加入比例，降低转炉的出钢温度，对提高转炉的炉龄、作业率、产能有利。LF 电弧加热下白渣精炼有利于生产超低硫、超低氧钢，具备搅拌和合金化功能，易于实现窄成分控制。但 LF 处理时间较长，对转炉挡渣出钢要求严格。目前 LF 的功能细化为 LF 轻处理、一般处理、重处理工艺。LD + LF 生产的合金钢种有硬线钢、齿轮钢、轴承钢、弹簧钢、管线钢、重轨钢、高强度建筑用钢等，微合金钢种有造船用钢、桥梁用钢、锅炉用钢、工程机械用钢、汽车大梁钢等。

4.3.3.4 LD + RH 工艺

RH 和其他真空处理工艺比，具有脱碳速度快、处理周期短、生产效率高等特点，可生产 [H]、[N]、[C] 极低的超纯净钢，还可进行吹氧脱碳和二次燃烧，减小处理温降。有的厂 RH 喷粉脱硫，生产超低硫钢。处理钢种有低碳深冲钢、低碳低氮的汽车面板钢、家电面板钢、易拉罐用钢、高等级管线钢和高等级低碳钢丝绳用钢。

4.3.3.5 LD + CAS + LF 或 LD + LF + CAS 双联工艺

CAS + LF 双联工艺的基本思路是对 LF 的生产工序进行解析，将 LF 的合金化、钢水成分调整的冶金功能放在 CAS 炉内完成；而在 LF 内进行白渣精炼、钢水温度精确控制和夹杂物变性处理。在保证足够的渣精炼时间内，使 LF 的精炼周期与转炉匹配，适宜转炉快节奏。CAS 与转炉在线布置，处理周期 8 ~ 15min。双联以后 LF 作业周期缩短到 30 min 以内，作业率提高 40%。部分适宜钢种有冷镦钢、碳素结构钢、弹簧钢、硬线钢、工程机械用钢、造船用钢和压力容器用钢。

4.3.3.6 LD + LF + VD 或 LD + VD + LF 双联工艺

VD 一般与 LF 配合，生产对氢、氮等要求较严格的钢种。由于 VD 处理对钢包的净空高度有限制，一般主要和中小型转炉或电炉、方坯连铸机配合，适合中高碳钢、弹簧钢、合金钢、锅炉钢、各类无缝钢管用钢、重轨钢等。RH 处理能力比 VD 大，处理节奏比 VD 快，适宜与大中型转炉和板坯连铸机匹配。工艺的先后顺序根据钢种特点、出钢后钢水温度灵活运用。如转炉出钢后温度较高，选择 LD—VD—LF，先在 VD 进行真空条件下的碳脱氧、脱气操作，然后到 LF 进行白渣条件下的精炼脱硫；在钢包钢水温度较低时，则考虑先进行 LF 升温，白渣脱硫、脱氧操作，然后到 VD 进行脱气等操作。

4.3.3.7 LD + LF + RH 或 LD + RH + LF 双联工艺

LD + LF + RH 或 LD + RH + LF 双联工艺可以灵活地降低转炉的各种工艺负荷，特别适合生产各类低碳铝镇静钢和对钢中气体含量要求严格的硅镇静、高级别的超低硫管线钢、汽车面板钢以及大部分需要真空处理的钢水。

例如本钢炼钢厂转炉 GGr15 矩形坯连铸工艺流程：铁水预处理脱硫—扒渣—转炉—LF—RH—矩形坯连铸—热送。

4.3.4 炉外精炼的布置

炉外精炼的平面布局必须朝更紧凑、更利于快速衔接和保持应有的缓冲调节功能的方向优化。要加强对精炼工序功能的理解与合理利用，发挥其在流程中的作用，避免一些企业对精炼装置的类型选择不当。一些企业虽然选对了与产品相适应的精炼装置，但平面布置的位置不合适，影响使用效率和多炉连浇；有的精炼工艺软件的系统性、适应性的研究还有差距。这对各钢铁企业生产工艺、产品质量的稳定有很大影响。

同时还要加强对炉外精炼技术经济性的认识。通过对同一质量水平的产品进行比较，还是有炉外精炼工艺的更高效、低耗、优质、低成本。有的企业增设了 RH 装置，但不经常用，有的企业用 LF 作为“保险”装置，放任前面工序的不规范操作。这样做只会增加成本，没有效益。

一些企业只注重上精炼设备，却不讲究平面布局的合理性。如常用工艺流程需要两台精炼设备顺序运行并与冶炼、连铸相衔接时，出现多次吊运的干扰，或者两台吊车同时运行时的干扰，从而造成低效率、高消耗的问题。一旦平面图布局确定，就较难改变。有的厂重视并巧妙优化平面图布局，符合紧凑、无干扰的快速衔接要求。如武钢炼钢总厂四分厂的 RH 布置在出钢线并采用卷扬提升，不影响出钢钢包更换，节省了时间、投资、消耗，创造了良好的经济效益。

【问题探究】

1. 炉外精炼技术的选择应考虑哪些因素？普通钢和特殊钢冶炼通常选用哪种类型炉外精炼方法？
2. 比较说明常用的真空处理装置和具有电弧加热功能的精炼设备的特点。

【技能训练】

项目 1 描述炉外精炼的匹配原则

项目 2 典型钢厂炉外精炼的匹配模式

炉外精炼的合理匹配模式决定于钢铁厂的生产规模、产品结构和历史发展过程，很难用几种具体模式概括。下面根据钢厂的生产规模，并结合钢种和产品类型，讨论各种流程典型的炉外精炼匹配模式。

A 典型转炉炼钢生产工艺流程

(1) 大型钢铁联合企业：通常生产规模大于 3.0×10^6 t/a 的炼钢厂，产量效益和质量效益并重。其生产特点是：

1）生产能力大，追求高的生产效率和低的生产成本。

2）以生产高附加值产品（钢板）为主，具备很强的深加工能力，提高产品的市场竞争能力。

3）采用传统的高炉—转炉长流程。

具有上述特点的企业，炉外精炼工艺主要为 CAS－OB 法和 RH/KTB/PB 法。

热轧薄板：大型高炉（×2～3）—铁水预处理（脱硫为主）—大型转炉（×2）—RH－OB（KTB－MFB）、CAS－OB 或 IR－UT 精炼—薄板坯连铸机（×2 流）—连轧机。

主要产品：冷轧板、镀锌板、镀锡板、彩涂板、电工板、焊管等。

热轧宽带钢：大型高炉（×2～3）—铁水预处理（脱硫为主）—大型转炉（×2）—RH－OB（KTB－MFB）、CAS－OB 或 IR－UT 精炼—薄板坯连铸机（×2，4 流）—宽带钢轧机。

热轧中厚板：大型高炉（×2）—铁水预处理（脱硫为主）—大型转炉（×3）—RH－OB（KTB－MFB）、CAS－OB 或 IR－UT 精炼—板坯连铸机（×1，1 流）—中厚板连轧机。

主要产品：焊管、UOE 钢管、冷轧板、镀锌板、彩涂板等。

异型材：大型高炉（×2～3）—铁水预处理（脱硫为主）—大型转炉（×2）—RH－OB（KTB－MFB）、CAS－OB 或 IR－UT 精炼—异型坯连铸机—轧梁轧机。

热轧无缝管：大型高炉（×2～3）—铁水预处理（脱硫为主）—大型转炉（×2）—RH－OB（KTB－MFB）、CAS－OB 或 IR－UT 精炼—圆坯连铸机—无缝管轧机。

薄板超大型：超大型高炉（×2）—铁水预处理（脱硫为主）—大型转炉（×2）—RH－OB（KTB－MFB）、CAS－OB 或 IR－UT 精炼—薄板坯连铸机（×2 流）—连轧机。

热宽带超大型：超大型高炉（×2）—全量铁水三脱预处理—大型转炉（×3）—RH－OB（KTB－MFB）、CAS－OB 或 IR－UT 精炼—薄板坯连铸机（×4 流）—热宽带轧机。

主要产品：冷轧板、镀锌板、彩涂板、焊管、电工板、大型焊接 H 钢等。

（2）中小型钢铁联合企业：

1）专业长材型。

棒材：中小高炉（×2～4）—部分铁水脱硫预处理—中小转炉（×2～3）—LF＋吹氩喂线—小方坯连铸机（×1）—棒材热轧机。

高速线材：中小高炉（×3～4）—部分铁水脱硫预处理—中小转炉（×2～3）—LF＋吹氩喂线—小方坯连铸机（×1）—高速线材轧机。

2）专业中板型。

中板：中小高炉（×2）—铁水脱硫预处理—中小转炉（×1）—RH、CAS－OB 或 IR－UT 精炼—板坯连铸机（×1）—中板轧机。

B 典型电炉炼钢生产工艺流程

电炉生产钢种大体上分为普通钢长型材、合金钢长型材、扁平材等，代表性的生产流程如下。

（1）电炉普通钢长材型代表流程：超高功率电弧炉—LF—小方坯连铸机。

1）超高功率偏心底出钢电弧炉（×1）—LF 精炼—小方坯连铸机（×1）—连轧机（碳钢、低合金钢 ϕ12～40mm）。

2）超高功率偏心底出钢电弧炉（×1）—LF 精炼（×1）—小方坯连铸机（×1）—

高速线材轧机（碳钢、低合金钢 ϕ5.5～16mm/22mm）。

（2）电炉扁平材型：生产板材的电炉吨位一般比较大（100t 或 150t 以上），通过板坯连铸机或薄板坯连铸机生产中厚板。精炼设备多采用 LF（VD）。

代表流程：超高功率电弧炉—LF（VD）—板坯（薄板坯）连铸机。

1）电炉薄板型：超高功率偏心底出钢电弧炉（×2）—LF + VD 精炼（×2）—薄板坯连铸机（×2）—连轧机（×1、厚度 1～8mm）。

主要产品：冷轧板、镀锌板、彩涂板、焊管等。

2）电炉中板型：超高功率偏心底出钢电弧炉（×2）—LF + VD 精炼（×2）—板坯连铸机（×2）—中板轧机。

（3）电炉无缝钢管型：超高功率偏心底出钢电弧炉（×1）—LF + VD 精炼—圆坯连铸机（×1）—无缝管轧机。

（4）电炉合金钢长材型：由于合金钢长型材主要用于机械制造、汽车工业等行业。钢材断面一般为 ϕ16mm 至 ϕ75～90mm。

选用 220mm×220mm 以上断面的连铸机代表流程为：

1）超高功率偏心底出钢电弧炉（×1）—LF（V）精炼—合金钢方坯连铸机（×1）—合金钢棒材连轧机。

2）超高功率偏心底出钢电弧炉（×1）—LF（V）精炼—合金钢方坯连铸机（×1）—合金钢棒/线材连轧机。

（5）电炉不锈钢板厂：从技术经济的角度看，用于不锈钢生产的电炉吨位不应小于80t。这一方面有利于产品质量的稳定，另一方面有利于保持合理的经济规模和生产效率。一般分为二步法和三步法。

二步法：

超高功率偏心底出钢电弧炉—AOD—连铸机，主要生产含碳量高于 0.02% 的钢种。

超高功率偏心底出钢电弧炉—VOD—连铸机，主要生产含碳量低于 0.02% 的钢种。

三步法：

超高功率偏心底出钢电弧炉 + AOD + VOD + 连铸机。其中 AOD 可用精炼脱碳型转炉代替，如 CLU 、MRP、K－OBM－S、K－BOP 等。

1）超高功率偏心底出钢电弧炉（×1）—AOD（×1）—VOD 精炼—板坯连铸机（×1）—炉卷轧机（厚度 2～8mm/12.7mm）。

2）超高功率偏心底出钢电弧炉（×1）—AOD（×1）—VOD 精炼—板坯连铸机（×1）—热带连轧机（厚度 2～12.7mm）。

主要产品：不锈钢冷轧薄板及其深加工产品。

（6）高碳铬轴承钢生产工艺流程：

1）较大规格棒材。高炉铁水 + 优质废钢—超高功率偏心底出钢电弧炉—LF + VD 精炼—大方坯连铸机—热送—热装—加热—连轧轧制。

2）较小规格棒材。高炉铁水 + 优质废钢—超高功率偏心底出钢电弧炉—LF + VD 精炼—大方坯连铸机—热送—热装—加热—连轧开坯—中间坯加热—连轧轧制。

3）线材。高炉铁水 + 优质废钢—超高功率偏心底出钢电弧炉—LF + VD 精炼—大方坯连铸机—热送—热装—加热/连轧开坯—中间坯加热—连轧轧制。

纯净钢生产与质量控制

【学习目标】

(1) 了解钢的纯净度的评价方法。
(2) 初步掌握纯净钢生产技术及应用。
(3) 重点掌握纯净钢的概念、纯净度对钢材性能的影响。
(4) 会描述建立高效低成本纯净钢平台的关键技术。

【相关知识】

随着社会的不断发展和进步，市场对钢材纯净度的要求日益增加。超纯净、高均匀度和高性能是21世纪钢铁产品质量发展的主要技术方向。为了提高钢材的各种性能，延长服役寿命，提高强度，要求钢材的杂质元素含量和夹杂物总量越低越好。为此，掌握纯净钢生产技术，特别是纯净钢生产关键工艺技术，是十分必要的。

5.1 纯净钢的概念

关于纯净钢（purity steel）或洁净钢（clean steel）的概念，目前国内外尚无统一的定义。一般都认为洁净钢是指对钢中非金属夹杂物（主要是氧化物、硫化物）进行严格控制的钢种，这主要包括：钢中总氧含量低，硫含量低，非金属夹杂物数量少、尺寸小、分布均匀、脆性夹杂物少以及合适的夹杂物形状。钢材内部已存在的杂质的含量和夹杂物的数量、尺寸或分布不影响钢材的加工性能与使用性能。洁净钢不追求纯洁无夹杂，其“洁净度”又称为“经济洁净度”，这是钢材按使用和考虑生产成本提出的综合要求，考虑到钢材的高级化发展，高洁净可能引起服役性能的提高。

纯净钢是指除对钢中非金属夹杂物进行严格控制以外，钢中其他杂质元素含量也少的钢种。钢中的杂质元素一般是指C、S、P、N、H、O，1962年Kiessling把钢中微量元素（Pb、As、Sb、Bi、Cu、Sn）包括在杂质元素之列，这主要是因为炼钢过程中上述微量元素难以去除，随着废钢的不断返回利用，这些微量元素在钢中不断富集，因而其有害作用日益突出。

不少冶金学家将超洁净钢界定为C、S、P、N、H、TO质量分数之和不大于0.004%。也有学者提出了夹杂物“临界尺寸”的概念，根据断裂韧性K_{IC}的要求，夹杂物“临界尺寸”为5~8μm。当夹杂物小于5μm时，钢材在负荷条件下，不再发生裂纹扩展，可将此界定为超洁净钢标准之一。

所谓“超显微夹杂”钢是指非金属夹杂物尺寸十分微小，以至于用光学显微镜作常规金相检验时对非金属夹杂物难以定量判别的钢。加拿大英属哥伦比亚大学 A. Mitchell 教授和日本新日铁 S. Fukumoto 博士把这类钢称为“零夹杂”钢。“超显微夹杂”钢实际上是含亚微米级夹杂物的钢。李正邦院士在文献中指出，“显微夹杂”钢要求钢中夹杂物尺寸不大于20μm，“零非金属夹杂”钢为钢中夹杂物高度弥散、夹杂物尺寸不大于1μm 的钢。

理论研究和生产实践都证明钢材的纯净度越高，其性能越好，使用寿命也越长。钢中杂质含量降低到一定水平，钢材的性能将发生质变，如钢中碳含量从 0.004% 降低到 0.002%，深冲钢的伸长率可增加 7%。提高钢的纯净度还可以赋予钢新的性能（如提高耐磨腐蚀性等），因此纯净钢已成为生产各种用于苛刻条件下高附加值产品的基础，其生产具有巨大的社会经济效益。

需要指出的是，不同钢种所含杂质元素的种类是不同的，如硫在一般钢中都视为杂质元素，但在易切削钢中硫为有益元素；IF 钢中氮是杂质元素，但在不锈钢中氮可以代替一部分镍和其他贵重合金元素，其固溶强化和弥散强化作用可提高钢的强度。可见，杂质元素的界定取决于人们对钢中溶质元素所起作用的认识，以及对于不同钢种在不同用途中人们希望利用其作用还是避免其作用。

目前典型的纯净钢对钢中杂质元素和非金属夹杂物的要求如表 5－1 所示。由表 5－1 可见，不同钢种对纯净度的要求是不一样的，这主要因钢的使用条件和级别而异。

表 5－1　典型纯净钢对纯净度的要求

钢材类型	成品名称	钢　种	规格/mm	产品材质特性要求	纯净度要求
薄板	DI 罐钢	低碳铝镇静钢	厚 0.2～0.3	飞边裂纹	$w[\mathrm{TO}]<0.002\%$，$D<20\mu m$
	深冲钢	超低碳铝镇静钢	厚 0.2～0.6	超深冲，非时效性 表面线状缺陷	$w[\mathrm{C}]<0.002\%$，$w[\mathrm{N}]<0.002\%$， $w[\mathrm{TO}]<0.002\%$，$D<100\mu m$
	荫罩钢	低碳铝镇静钢	厚 0.1～0.2	防止图像侵蚀	$D<5\mu m$，低硫化
	导架结构材	13% Cr	厚 0.15～0.25	打眼加工时的裂纹	$D<100\mu m$
		42Ni			$D<5\mu m$，$w[\mathrm{N}]<0.005\%$
中厚板	耐酸性介质腐蚀管线钢	X52～X70 级低合金钢	厚 10～40	抗氢致裂纹	夹杂物形态控制，低硫化， $w[\mathrm{S}]<0.001\%$
	低温用钢	9% Ni 钢	厚 10～40	抗低温脆化	$w[\mathrm{P}]<0.003\%$，$w[\mathrm{S}]<0.001\%$
	抗层状撕裂钢	高强度结构钢	厚 10～40	抗层向撕裂	低磷化、低硫化
无缝管	座圈材	轴承钢	ϕ50～300	高转动疲劳寿命	$w[\mathrm{TO}]<0.001\%$，$w[\mathrm{Ti}]<0.002\%$
	净化管	不锈钢	ϕ10	电解浸蚀时表面光洁度	$w[\mathrm{TO}]<0.002\%$，$w[\mathrm{N}]<0.005\%$ $D<5\mu m$
棒材	轴承	轴承钢	ϕ30～65	高转动疲劳寿命	$w[\mathrm{TO}]<0.001\%$，$w[\mathrm{Ti}]<0.0015\%$ $D<15\mu m$
	渗碳钢	SCM432、420		疲劳特性、加工性	$w[\mathrm{TO}]<0.0015\%$，$w[\mathrm{P}]<0.005\%$
线材	轮胎子午线	SWRH72、82B	ϕ0.1～0.4	冷拔断裂	$w[\mathrm{TO}]<0.002\%$， 非塑性夹杂 $D<20\mu m$
	弹簧钢	SWRS Si－Cr 钢	ϕ1.6～10 ϕ0.1～0.15	疲劳特性、残余应变性	非塑性夹杂 $D<20\mu m$

注：D 为夹杂物直径。

钢中各杂质元素单体控制水平的发展趋势如表5-2所示。

表5-2　钢中各杂质元素单体控制水平发展趋势　　%

元　素	1960年	1970年	1980年	1990年	1996年	2000年
C	0.02	0.008	0.003	0.001	0.0005	0.0004
S	0.02	0.004	0.001	0.0004	0.0005	0.00006
P	0.02	0.01	0.004	0.001	0.001	0.0003
N	0.004	0.003	0.002	0.001	0.001	0.0006
H	0.0003	0.0002	0.0001	0.00008	<0.0001	0.00005
TO	0.004	0.003	0.001	0.0007	0.0005	0.0002

表5-3给出几种炉外精炼设备钢水处理后所达到的纯净度比较；表5-4给出各种精炼设备的成分控制精度。

表5-3　不同精炼方法可达到的钢纯净度

精炼工艺	精炼设备	生产条件	可达到的纯净度 (w)/%						杂质总量 (w)/%
			C	S	P	N	H	TO	
非真空精炼	LF	电炉+LF，渣洗精炼		0.005~0.01	0.01~0.015	0.005~0.008	0.0004~0.0006	0.0025~0.006	0.0229~0.0396
	CAS-OB	铁水预处理—转炉—精炼		0.01~0.015	0.005~0.015	0.004~0.006	0.0003~0.0004	0.0025~0.005	0.0218~0.0414
	AOD	电炉+AOD冶炼不锈钢	$(0.08 \sim 0.4) \times 10^{-4}$	0.003~0.015	0.015~0.025	0.0025~0.003	0.0003~0.0005	0.003~0.008	0.0238~0.0415
真空精炼	RH	转炉弱脱氧出钢+RH	≤0.002	0.0015~0.0025	0.005~0.01	≤0.0025	0.00005~0.00015	0.002~0.004	0.01105~0.02115
	VD	电炉+VD		0.0015~0.003	0.01~0.015	0.004~0.006	0.0001~0.0003	0.0005~0.0025	0.0151~0.0268
	VOD	电炉+AOD+VOD冶炼不锈钢	0.003~0.03	0.0015~0.003	0.01~0.015	0.0015~0.005	0.0001~0.00025	0.003~0.005	0.0191~0.0585

表5-4　各种精炼工艺合金元素收得率与成分控制精度的比较

工艺	合金元素收得率/%						成分控制精度 (±)(w)/%								
	C	Mn	Si	Al	Cr	Ti	C	Mn	Si	P	S	Mo	Cr	Ni	Al
RH		89~98	85~95	47~68			0.001	0.02	0.02		0.0005				0.007
LF	90	94	85~90	35~70	96.4	40~80	0.01	0.02	0.02		0.001	0.04	0.02		0.005
VD	90	94~100	90~95	60~80	98	97	0.01	0.02	0.02	0~0.002	0.008				0.005
CAS-OB	80~95	95~100	85~95	50~80		60~80	0.01	0.015	0.02						0.002
AOD		80~90	0	40~60	98~99		0.03	0.015		0.05	0.005	0.005	0.035	0.015	0.0045
VOD		95~100	90~95	50~70	98~99	98	0.005	0.02	0.02		0.0005		0.01	0.01	0.009

5.2　纯净度与钢的性能

5.2.1　钢的纯净度的评价方法

一般而言，钢的纯净度主要指与非金属夹杂物的数量、类型、形貌、尺寸及分布等有关的信息。目前工业生产和科研工作中常用的各种评价方法都从某一个侧面反映了钢中非金属夹杂物的数量或其他属性，同时各种方法都存在局限性。

（1）化学分析法。化学分析法主要是通过检测钢中非金属夹杂物形成元素氧和硫的含量来估计非金属夹杂物的数量。室温下钢中的氧几乎全部以氧化物夹杂的形式存在，因此钢中全氧含量可以代表氧化物夹杂的数量。但化学分析法并不能反映钢中非金属夹杂物的类型、形貌、尺寸大小和尺寸分布。用不同工艺冶炼的钢，即使其氧含量基本相同，仍有可能具有完全不同的氧化物夹杂类型和尺寸分布。

（2）标准图谱比较法。我国国家标准 GB/T 10561—2005《钢中非金属夹杂物含量的测定标准评级图显微检验法》（该标准等同 ISO 4967—1998（E）标准），根据夹杂物的形态和分布，将标准图谱分为五类（参见图 5－1），即 A 类（硫化物类）、B 类（氧化铝类）、C 类（硅酸盐类）、D 类（球状氧化物类）、DS 类（单颗粒球类，直径不小于 13μm 的单颗粒夹杂物）。这些评级图片相当于 100 倍下纵向抛光平面上面积为 0.5mm^2 的正方形视场。评级图片级别从 0.5 级到 3 级（0.5，1，1.5，2，2.5，3），这些级别随着夹杂物的长度或串（条）状夹杂物的长度（A、B、C 类），或夹杂物的数量（D 类），或夹杂物的直径（DS 类）的增加而递增。A、B、C 和 D 类夹杂物按其宽度或直径（D 类夹杂物的最大尺寸定义为直径）不同又分为细系和粗系两个系列。

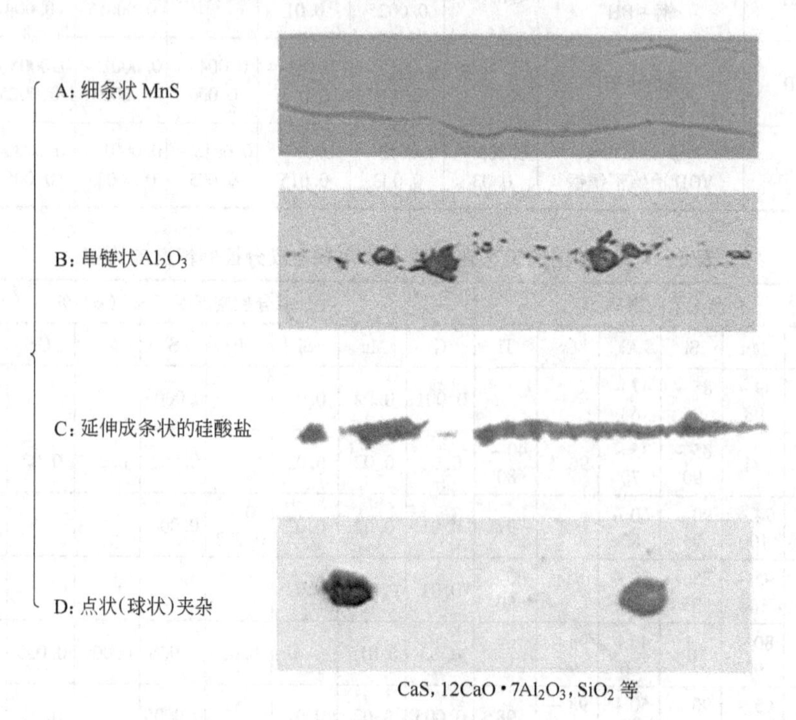

图 5－1　高倍金相夹杂物类型

标准图谱比较法可以根据非金属夹杂物的形态来区分夹杂物的类型。采用不同脱氧工艺生产的钢，即使其总氧量基本相同，仍可能具有不同的氧化物夹杂类型。

球状硫化物可作为 D 类夹杂物评定，但在实验报告中应加注一个下标，如：D_{CaS}表示球状硫化钙；D_{RES}表示球状稀土硫化物；D_{Dup}表示球状复相夹杂物，如硫化钙包裹着氧化铝。对于用铝脱氧的钢种，B 类夹杂物的级别在一定程度上反映了钢中总氧含量。但对于总氧含量低于 0.001% 的超低氧钢，标准图谱比较法已不适于用来评定钢的纯净度，这也从另一个侧面反映出钢中大颗粒夹杂物随氧含量的降低而减少的规律。

（3）图像仪分析法。图像仪分析法是将金相试样在光学显微镜下放大 100 ~ 200 倍，并通过摄像系统和计算机图像分析软件进行采集、处理和统计，可得到在所测视场内非金属夹杂物所占的面积分数（即非金属夹杂物的沾污度）、非金属夹杂物的尺寸分布以及单位被测面积内不同尺寸非金属夹杂物的个数等信息。通常用 50 ~ 100 个视场的被测数据的平均值表示结果。

对于热轧材试样，塑性夹杂物（MnS 和某些硅酸盐）已沿轧制方向延伸成长条状，这时用沿钢材纵剖面制备的金相试样测定的是夹杂物的最大宽度和长度，也可以根据夹杂物的不同类型分类统计它们的尺寸分布。对于 B 类夹杂物，它们在轧材中沿轧制方向呈不连续的串状分布，计算机将它们视为多个单体夹杂物颗粒来统计。

用这一方法来检测金相试样中非金属夹杂物的尺寸分布时，很难检测到钢中实际存在的大颗粒夹杂物，也难以判断采用不同冶炼工艺生产的钢之间夹杂物尺寸分布的优劣。

（4）电解萃取法。电解萃取法是利用钢中夹杂物电化学性质的不同，在适当的电解液和电流密度下进行电解分离的方法。电解时以试样作为阳极，不锈钢作为阴极，夹杂物保留在阳极泥中，然后经过淘洗、还原、磁选等工序将夹杂物分离出来，并进行称量和化学分析。试样量为 2 ~ 3 kg 的大样电解适用于连铸坯的夹杂物分析；对于钢材的夹杂物电解分析，通常试样尺寸为 $\phi(10 \sim 20)\,mm \times (80 \sim 120)\,mm$。

当用水溶液作电解液时，某些不稳定的夹杂物在电解过程中会分解。而采用四甲基氯化铵、三乙醇胺、丙三醇和无水甲醇等非水溶液作为电解液时，可以把非金属夹杂物从钢中无损伤地萃取出来。

电解萃取出非金属夹杂物后，将它们单层地放置在一个平面上，再用图像分析仪进行测定并统计夹杂物的尺寸分布。

电解萃取法能检测到颗粒较大的非金属夹杂物，配合其他分析手段可以得到氧化物、硫化物及其他类型非金属夹杂物的数量。借助于图像分析仪还能检测出非金属夹杂物的尺寸分布。用这一方法检测出的非金属夹杂物的尺寸分布，可以反映不同冶炼工艺的影响。

实际钢液中，除 Fe、C 元素外，还含有杂质元素，这些杂质及其所形成的非金属夹杂物对钢凝固过程中的形核及凝固组织有很大影响。金属结晶后的晶粒大小可以通过定量金相法与图像分析仪进行测量。通常把晶粒度分为 8 级。晶粒度级数 N 和放大 100 倍时平均每 6.45cm^2（每平方英寸）内所含晶粒数目 n 有以下关系：$n = 2^{N-1}$。晶粒度级数越大，即晶粒越细。

5.2.2 钢中非金属夹杂物存在形式与钢材的破坏类型

5.2.2.1 钢中非金属夹杂物存在形式

如图 5－2 所示，杂质组元在钢中存在的形式主要有：

（1）以非金属夹杂物和析出物的形式存在，如氧化物类非金属夹杂物，硫化物，碳、氮化物等。

（2）由于偏析而在晶界富集存在，如 P、S、O 等。

（3）以间隙固溶体的形式存在，如钢中的 C、N、H 等。

硫化物、氧化物类非金属夹杂物在钢中主要以两种形式存在：

（1）在钢中随机分布，此类夹杂物尺寸相对较大，内生的夹杂物尺寸在数微米至 100μm，外来夹杂物尺寸可达数百微米至数毫米。

（2）在晶界富集存在，此类夹杂物尺寸十分微小，大多在 1～2μm 以下。

上述两类夹杂物中，第（1）类夹杂物绝大多数是在钢液中脱氧等的生成物或外来夹杂物，而第（2）类夹杂物则主要是在钢凝固后由于 S、O 溶解度降低、化学反应平衡移动引起脱氧反应或 Mn－S 反应的生成物等。

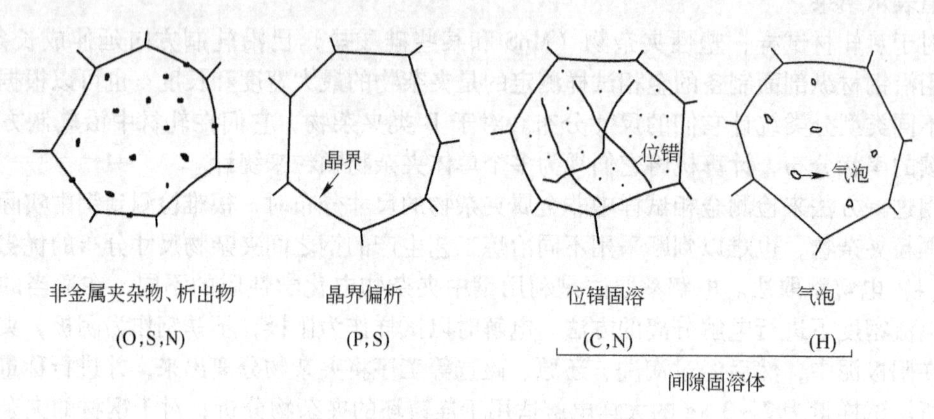

图 5－2　钢中杂质组元的存在形式

5.2.2.2　钢材的破坏类型

表 5－5 给出钢中杂质对钢材造成的缺陷及其对性能的影响。钢材在服役过程的破坏有延性破坏和脆性破坏两种类型（见图 5－3）。发生延性破坏时，在材料有一定量的塑性变形后，内部首先出现微小空洞，随着变形量继续增加，空洞数量增加并互相聚合，最终导致材料破坏。

表 5－5　杂质诱导钢材的脆性

缺陷类型	缺陷位置与特点	对钢材性能的危害
线缺陷	固溶于晶体转位线	红热脆性（N，C）
面缺陷	晶界、相边界偏析	低温脆性（O，P，Sb）
体缺陷	非金属夹杂物 晶界液相 发裂	疲劳破坏（O，N，S） 高温脆性（S） 氢脆性（H）

钢中的氧化物、硫化物夹杂和碳、氮化物析出物在钢材的延性破坏中是空洞的起源，非金属夹杂物主要影响钢材的疲劳强度和延性（伸长率、面缩率）等性能。夹杂物尺寸越大，对钢材性能的影响越大。此外，与塑性夹杂物相比，脆性夹杂物更易成为钢材延性破坏的起源。

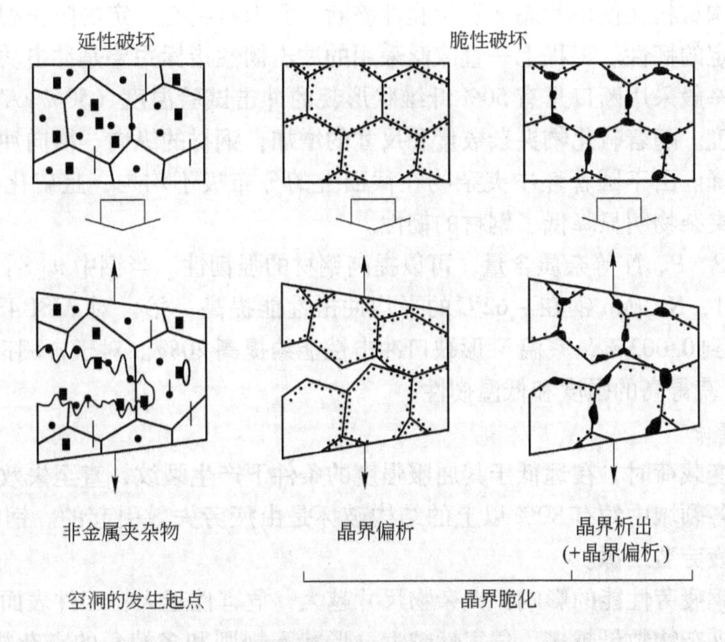

图5-3 材料延性破坏和脆性破坏示意图

钢材在还没有发生明显塑性变形时由于晶界等薄弱处导致的破坏为脆性破坏。钢中P、S、O等元素由于偏析，在晶界处富集存在，造成晶界脆化。晶界处富集存在的夹杂物往往会成为晶界开裂的起点，助长晶界的破坏，造成钢材冲击韧性降低，韧—脆转换温度提高。此外，如高温热加工时晶界处由于杂质元素偏析形成低熔点网膜，还会导致钢产生热脆。

钢凝固温度以上生成的氧化物类夹杂由于尺寸较大，在钢中随机较均匀分布，除影响某些种类钢材的加工性能之外（如冷轧钢板的表面质量等），对钢材服役过程的破坏主要是在延性破坏中作为内部空洞的起源，影响钢材的疲劳强度、延性等性能。

钢凝固温度以下生成的硫化物、氧化物类夹杂由于尺寸小，并主要在晶界处富集析出，除会在延性破坏中作为空洞的起源之外，其对钢材性能的影响主要是加重钢材的脆性破坏，影响钢材的低温冲击韧性、韧—脆转换温度等性能。

5.2.3 纯净度对钢材性能的影响

5.2.3.1 纯净度对钢材力学性能的影响

A 钢材的强韧性

强度是对工程结构用钢最基本的要求。屈服强度（σ_s）和抗拉强度（σ_b）是其性能指标。屈服强度与抗拉强度之比称为屈强比。屈强比低的钢（如建筑用钢筋钢）具有较好的冷变形能力，虽局部超载，也不致发生突然断裂；屈强比高的钢（如螺栓用钢）可使其强度潜力充分发挥，有较强的抗塑性失稳的能力。当夹杂物颗粒比较大（$>10\mu m$）时，特别是夹杂物含量较高时，钢的屈服强度明显降低，同时钢的抗拉强度也降低；当夹杂物颗粒小到一定尺寸（$<0.3\mu m$）时，钢的屈服强度和抗拉强度都将提高。当钢中弥散的小颗粒夹杂物数量增加时，钢的屈服强度和抗拉强度也有所提高。

为防止结构材料在使用状态下发生脆性破断，要求材料有一定的阻止裂纹形成和扩展的能力，即一定的韧性。工程上一直广泛采用的冲击韧性指标主要是冲击功和冲击韧—脆转换温度。现一般采用断口具有50%纤维状形貌的冲击试验温度（50% FATT）作为冲击韧—脆转换温度。随着硫化物夹杂数量和尺寸的增加，钢材的纵向、横向冲击韧性和断裂韧性都明显下降。由于圆管坯中夹杂物在截面上的分布极不均匀，且硫化物夹杂多为带状，因而此类夹杂物明显降低了钢材的韧性。

降低钢中S、P、N等杂质含量，可以提高钢材的强韧性。当钢中$w[S]$从0.016%降低到0.004%时，NiCrMo钢在$-62℃$的平均冲击性能提高一倍。对AISI 4340钢，$w[P]$从0.03%下降到0.003%，室温V形缺口冲击性能约提高20%。对于含硼钢，控制$w[N] < 0.002\%$，可获得高的强度和低温韧性。

B　疲劳寿命

构件受交变载荷时，在远低于其屈服强度的条件下产生裂纹，直至失效的现象称为疲劳。现代工业各领域中约有80%以上的结构破坏是由疲劳失效引起的。钢中近表面的脆性夹杂往往是疲劳裂纹源。

夹杂物对钢疲劳性能的影响：夹杂物尺寸越大，危害性越大；工件表面附近的夹杂物危害性更大；夹杂物数量越多，危害性越大；形状不规则和多棱角的夹杂物危害性更大；脆性夹杂物和不变形夹杂物危害性更大。依据非金属夹杂物降低钢材抗疲劳破坏性能的能力，从强到弱大体上可以按以下顺序排列：Al_2O_3夹杂物、尖晶石类夹杂物、$CaO-Al_2O_3$系或$MgO-Al_2O_3$球状不变形夹杂物、大尺寸TiN、半塑性硅酸盐、塑性硅酸盐、硫化锰。

控制对策：减小夹杂物尺寸；"扒皮"；降低钢的全氧含量；夹杂物球状化；夹杂物"塑性化"。轴承钢$w[TO]$由0.003%降到0.0005%，疲劳寿命提高100倍。高质量轴承钢要求钢中$w[TO] \leqslant 0.001\%$。降低钢中夹杂物，特别是氧化物（Al_2O_3）量，有利于提高钢材的疲劳强度。

C　钢材的磁性和耐腐蚀性

对于硅钢（$w[Si]=3\%$），降低钢中硫和TO含量（$w[S] \leqslant 0.002\%$，$w[TO] \leqslant 0.0015\%$），使无取向硅钢片铁芯损失降到2.3W/kg以下。降低钢中碳含量，可提高硅钢片的最大磁导率，降低矫顽力。

腐蚀损坏是钢铁失效的重要形式之一。为保证钢结构的运行安全和延长其服役年限，需提高钢的耐蚀性。耐大气腐蚀钢（又称为耐候钢）、耐H_2S腐蚀的管线钢应运而生。

硫化物及硫化物与某些氧化物形成的复合夹杂物是造成钢材腐蚀的根源，复合夹杂的影响更大，而单独的氧化物夹杂不会造成点蚀现象。提高铁的纯度明显改善钢材耐蚀性能，提高使用寿命。当铁的纯度$w[Fe] \geqslant 99.95\%$时，耐蚀性已达到不锈钢水平；当$w[Fe] \geqslant 99.99\%$时，耐蚀性将与黄金相当。为提高管线钢的抗氢致裂纹性能，需大幅度降低钢的硫含量并控制其相组成。现在大量生产的管线钢的硫含量可控制在0.005%以下。

5.2.3.2　纯净度对钢材加工性能的影响

A　焊接性能

焊接性能是钢材最重要的使用性能之一。钢的焊接性能通常用碳当量$w(C)_{eq}$来衡量。国际焊接协会确认的碳当量公式如下：

$$w(\mathrm{C})_{\mathrm{eq}} = w[\mathrm{C}] + w[\mathrm{Mn}]/6 + (w[\mathrm{Cr}] + w[\mathrm{Mo}] + w[\mathrm{V}])/5 + (w[\mathrm{Ni}] + w[\mathrm{Cu}])/15 \quad (5-1)$$

日本学者提出的修正公式中考虑了硅的影响：

$$w(\mathrm{C})_{\mathrm{eq}} = w[\mathrm{C}] + w[\mathrm{Mn}]/6 + w[\mathrm{Cr}]/5 + w[\mathrm{Mo}]/4 + w[\mathrm{V}]/14 + w[\mathrm{Ni}]/40 + w[\mathrm{Si}]/24 \quad (5-2)$$

还有开裂敏感性参数 $w(\mathrm{P})_{\mathrm{cm}}$，用以衡量合金元素对焊接开裂敏感性的影响。

$$w(\mathrm{P})_{\mathrm{cm}} = w[\mathrm{C}] + w[\mathrm{Si}]/30 + (w[\mathrm{Cr}] + w[\mathrm{Mn}] + w[\mathrm{Cu}])/20 + w[\mathrm{Ni}]/60 + w[\mathrm{Mo}]/15 + w[\mathrm{V}]/3 + w[\mathrm{Nb}]/2 + 23w[\mathrm{B}]^{*} \quad (5-3)$$

式中，$w[\mathrm{B}]^{*} = w[\mathrm{B}] + \frac{10.8}{14.1}\left(w[\mathrm{N}] - \frac{w[\mathrm{Ti}]}{3.4}\right)$。当 $w[\mathrm{N}] \leqslant \frac{1}{3.4}w[\mathrm{Ti}]$ 时，$w[\mathrm{B}]^{*} = w[\mathrm{B}]$。此式适用于低碳、$w[\mathrm{Mn}]$ 约在1%～2%的微合金化钢。

钢的碳含量是影响焊接性的主要元素，故在工程结构用钢中，特别是微合金钢中，碳含量一再降低。另外，有研究指出，对于厚板，为了减轻焊接热影响区的脆化，钢中 $w[\mathrm{N}]$ 应低于0.002%。硫化物夹杂和大型氧化物夹杂都会使钢材的焊接性能下降。

钢的纯净度的提高阻碍奥氏体相变，减少了奥氏体晶粒长大的时间，对限制焊接热影响区粗晶区晶粒长大是有利的。

B 深冲和冷拔性能

汽车板、家用电器、DI罐用钢等钢材不仅要求一定的强度，还要求良好的深冲性能。降低钢中碳氮含量可明显改善钢的深冲性能。汽车用高强度IF钢要求钢中 $w[\mathrm{C}] + w[\mathrm{N}] \leqslant 0.005\%$（其中 $w[\mathrm{N}]$ 要求低于0.0025%）。此外，生产热轧薄板须严格控制钢中大型 Al_2O_3 夹杂物数量，避免轧制产生裂纹，获得良好的表面质量。生产0.3mm DI罐用钢板的关键技术是杜绝出现30～40μm大型脆性非金属夹杂物。

帘线钢生产要求连续拉拔钢丝25km，不允许出现断头（直径不大于0.3mm），严格控制夹杂物含量，明显减少钢丝拉拔时的断头率。

C 切削性能与耐磨性能

钢中夹杂物数量与类型对切削刀具寿命有明显影响。由于钢中脆性夹杂物（如 Al_2O_3）增大了工件与刀具的摩擦阻力，不利于钢材的切削性能。降低钢中脆性夹杂物含量，有利于改善钢材的切削性能。球状的硫化物夹杂能显著提高钢材的切削性能，且硫化物颗粒越大，钢材切削性越好。Al_2O_3、Cr_2O_3、$MnO \cdot Al_2O_3$ 和钙铝酸盐类氧化物夹杂在很大程度上降低了钢材的切削性，但 $MnO-SiO_2-Al_2O_3$ 系和 $CaO-SiO_2-Al_2O_3$ 系中某些成分范围内的夹杂物却能提高钢材的切削性能。

钢中脆性夹杂物（如 Al_2O_3）对钢的耐磨性能有极坏的影响。钢轨钢和轴承钢中 Al_2O_3 等脆性夹杂物往往造成钢材表面剥落、腐蚀。严格控制钢中 Al_2O_3，可解决钢材表面磨损问题，提高钢的耐磨性。

D 冷热加工性能

硫引起钢的热脆，显著降低钢的热加工性能。碳钢中 $w[\mathrm{S}] \leqslant 0.006\%$，可基本避免热加工时钢材产生热裂纹。对于铁素体不锈钢，控制钢中 $w[\mathrm{S}] \leqslant 0.002\%$，可保证钢材良好的热加工性能。

夹杂物对钢材的纵向延伸性能通常影响不大，但对钢材横向延伸性能影响很显著。横向断面收缩率随夹杂物总量和带状夹杂物数量（多为硫化物）的增加而显著降低。夹杂物使钢的表面粗糙度增大，其中氧化物夹杂的影响最大。

N 和 C 都是间隙型杂质，低温时容易在 Fe 原子晶格内扩散，引起时效，使钢材的低温锻造性能下降。对 0.35% 的碳钢，控制钢中的固溶氮含量小于 0.005%，可明显降低钢材冷锻时裂纹的发生率。

5.3　纯净钢生产技术

纯净钢的生产主要集中在两方面：尽量减少钢中杂质元素的含量；严格控制钢中的夹杂物，包括夹杂物的数量、尺寸、分布、形状、类型。纯净钢生产关键工艺技术如表 5 - 6 ~ 表 5 - 8 所示。

炼钢—精炼—连铸工艺流程生产纯净钢要控制好四点：

（1）转炉降低终点 $w[O]_{溶}$，这是产生氧化物夹杂的源头；

（2）精炼要促使原生的脱氧产物大量上浮；

（3）连铸要减轻或杜绝钢水二次氧化，防止生成新的夹杂物；

（4）防止再污染，浇注过程要防止经炉外精炼的“干净”钢水受外来夹渣再污染。

表 5 - 6　铁水预处理和转炉炼钢关键技术

工　序	要　求	关 键 技 术	备　注
铁水预处理	减少转炉炼钢脱磷、脱硫负荷	● 铁水脱磷、脱硫预处理	根据产品对磷、硫的要求
转炉炼钢	① 吹炼终点合理氧含量控制	● 吹炼终点碳、温度控制 ● 合理铁水装入比	不脱氧出钢
	② 降低转炉炉渣 Fe_tO、MnO 含量	● 炉渣、钢水强搅拌	复吹转炉，防止过剩氧
	③ 减少出钢下渣	● 炉渣成分控制 ● 挡渣出钢 ● 下渣监测技术	高碱度炉渣 气动挡渣、挡渣锥等 远红外下渣监测装置

表 5 - 7　炉外精炼关键技术

工　序	要　求	关 键 技 术	备　注
炉外精炼	① 减少脱氧生成的 Al_2O_3	● 钢液合理氧含量控制 ● 避免 RH 过程加铝吹氧提温	钢包内钢水温度管理
	② 钢包和 RH 真空槽内钢水中夹杂物上浮去除	● 保证脱氧后环流时间 ● 合理环流提升气体流量 ● 钢液内部产生气体促进夹杂物上浮	防止过剩氧 脱碳反应 CO，N_2、H_2 加减压法精炼（PERM）
	③ 防止钢中铝被钢包渣氧化，生成 Al_2O_3 夹杂物	● 降低钢包渣 Fe_tO、MnO 含量	钢包渣改质（改性剂由 CaO 和铝组成，铝含量在 30% ~55%）
	④ 防止钢中铝被空气氧化，生成 Al_2O_3 夹杂物	● 防止空气通过 RH 浸渍管进入	防泄漏钢板，Ar 清洗置换

表 5-8 连铸关键技术

工序	要求	关键技术	备注
连铸	① 防止钢中铝被钢包渣氧化，生成 Al_2O_3 夹杂物	● 降低钢包渣 Fe_tO、MnO 含量	防止浇注末期二次氧化
	② 防止钢包引流沙造成钢中铝氧化，生成 Al_2O_3 夹杂物	● 采用 SiO_2 以外引流沙 ● 吹走排除引流沙 ● 阻止引流沙进入中间包	
	③ 防止钢包渣进入中间包	● 钢包下渣监测 ● 防止浇注末期钢包渣随钢水下渣	电磁波方法下渣监测 钢包留钢操作 浇注末期抑制涡流装置
	④ 防止中间包覆盖渣和包壁附着 Fe_tO 造成钢中铝氧化	● 减少钢包炉渣量 ● 保证中间包钢水高度 ● 低 SiO_2 中间包覆盖渣 ● 中间包热交换	下渣监测 $CaO-Al_2O_3$ 系覆盖渣 无氧化中间包加热（N_2 或 N_2+H_2 保护）
	⑤ 防止钢包、中间包之间空气造成钢中铝氧化	● 使用长水口 ● 长水口内低氧分压	加强钢包、中间包之间的密封，Ar 清洗置换
	⑥ 防止中间包内气氛造成钢中铝氧化	● 中间包内低氧分压 ● 保证中间包液面高度，防止交换钢包时空气卷入	Ar 清洗置换
	⑦ 促进中间包内钢水夹杂物上浮去除	● 防止钢包和结晶器间短路流 ● 中间包内生成上升流 ● 通过层流延长钢水停留时间 ● 吹氩促进夹杂物上浮	挡墙、坝设置 多孔挡墙 挡墙、坝、湍流抑制器
	⑧ 防止中间包覆盖渣进入结晶器	● 保证中间包液面高度 ● 浸入式水口（SEN）上部吹氩 ● 中间包下渣监测 ● 快速停止流出 ● 防止中间包涡流	 电磁波方式 采用塞棒 采用塞棒
	⑨ 防止中间包覆盖渣和包壁附着 Fe_tO，造成钢中铝氧化	● 滑板水口部位低氧分压 ● SEN 内部低氧分压	Ar 清洗 向钢液吹氩
	⑩ 防止浸入式水口内壁与钢中铝反应，生成 Al_2O_3 夹杂物	● 防止与水口耐火材料中 SiO_2 反应 ● 防止水口耐火材料中 SiO_2 被碳还原生成 SiO，与钢中铝反应 ● 吹入 Ar，防止 Al_2O_3 附着、堆积	采用低 SiO_2 含量水口 采用低碳水口
	⑪ 防止连铸结晶器保护渣卷入生成大型夹杂物	● 降低结晶器钢水表面流速 ● 使用高黏度保护渣 ● 防止结晶器内钢水偏流 ● 降低结晶器钢水液面波动	采用电磁制动、SEN 结构优化、Ar 流量优化 采用电磁制动 采用电磁制动 高精度液面自动控制
	⑫ 防止凝固坯壳捕捉夹杂物、气泡	● 增加凝固前沿钢水流速，防止夹杂物附着 ● 增加初期凝固部分的供热，减轻“手指”形坯壳发达程度	采用电磁制动、SEN 结构优化 采用电磁制动、SEN 结构优化
	⑬ 减少携带夹杂物、气泡钢水的冲击深度	● 降低结晶器内钢水下降速度 ● 防止结晶器内钢水“偏流”	SEN 出口角度优化，电磁制动 防止 SEN 黏结堵塞，电磁制动

5.3.1　低硫钢生产技术

硫主要以硫化物（MnS、FeS）的形式存在，除对钢材的热加工性能、焊接性能、抗腐蚀性能有大的影响外，对力学性能的影响主要表现在：

（1）与钢材轧制方向相比，非轧制方向强度、延展性、冲击韧性等显著降低；

（2）显著降低钢材的抗氢致裂纹（HIC）的能力。

用于高层建筑、重载桥梁、海洋设施等重要用途钢板中的硫目前控制在0.008%以下，将来会降到0.005%以下；用于含 H_2S 等酸性介质油气输送用管线钢硫含量目前已降低到 $(1\sim5)\times10^{-4}\%$。

众所周知，脱硫的热力学条件是高温、高碱度、低的氧化性，因此脱硫应注意以下三点：金属液和渣中氧含量要低；使用高硫容量的碱性渣；钢渣要混合均匀。

生产超低硫钢（$w[S]\leqslant0.001\%$ 或 $w[S]\leqslant0.004\%$），转炉流程主要采用铁水预处理＋转炉冶炼＋钢水二次精炼脱硫的工艺，电炉流程采用电炉炼钢＋钢水二次精炼脱硫的工艺。

5.3.1.1　铁水脱硫预处理

铁水预处理可以深度脱硫，也可以部分脱磷。目前广泛采用在铁水包或鱼雷罐中喂线、喷粉的铁水预处理方法，或采用机械搅拌（如KR）法脱硫。喷粉可以造就良好的动力学条件，所喷粉状脱硫剂主要组成举例如下：

（1）Mg 或 Mg + CaO 或 Mg + CaC_2 或 CaO + $CaCO_3$ + CaF_2 或 CaC_2 + $CaCO_3$；

（2）48% ~52% Mg 粉 +1.0% MgO +30% ~40% Al +5% ~10% SiO_2；

（3）60% CaC_2 +20% CaO +5% C。

所喂包芯线的主要组成为：100%镁粉或70%镁粉+30%钙粉。

采用上述方法可将铁水中硫含量从0.04% ~0.02%脱至0.008% ~0.002%水平。

5.3.1.2　转炉超低硫钢的生产工艺

经铁水预处理后的铁水兑入转炉前需仔细扒渣，转炉应使用低硫清洁废钢并采用复合吹炼，并适当增大铁水比，尽量减少废钢和熔剂造成的回硫。终点操作要防止钢水过氧化，并采用挡渣出钢工艺。在出钢过程中进行炉渣改质，实现白渣出钢对脱硫和控制钢水含氧量都有极大的意义。通常在出钢过程中添加石灰粉80%、萤石10%、铝粉10%和罐装碳化钙进行钢液脱硫，控制钢包渣中 $w(FeO)+w(MnO)\leqslant1.0\%$，可使出钢脱硫率达34%。有的厂家还进行底吹氩搅拌，可使 $w[S]<0.003\%$。具体生产流程和操作指标见图5-4。

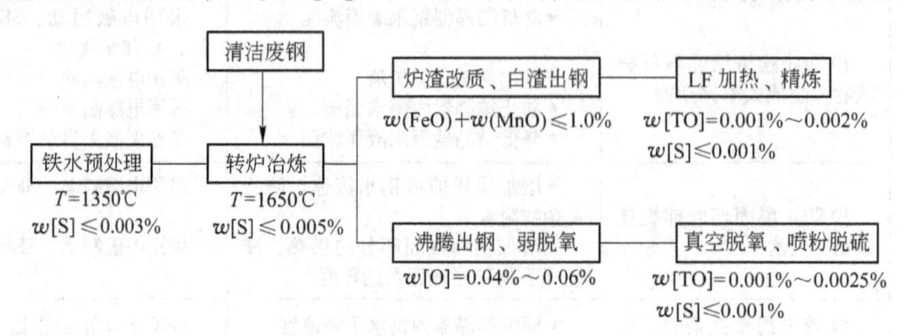

图5-4　转炉冶炼超低硫钢生产工艺

5.3.1.3 电炉超低硫钢的生产工艺

电炉冶炼超低硫钢需要对炉料进行调整。采用直接还原铁代替部分废钢，保证电炉出钢时 $w[S] \leqslant 0.02\%$ 是关键环节。电炉冶炼超低硫钢生产工艺流程与操作指标如图5-5所示。

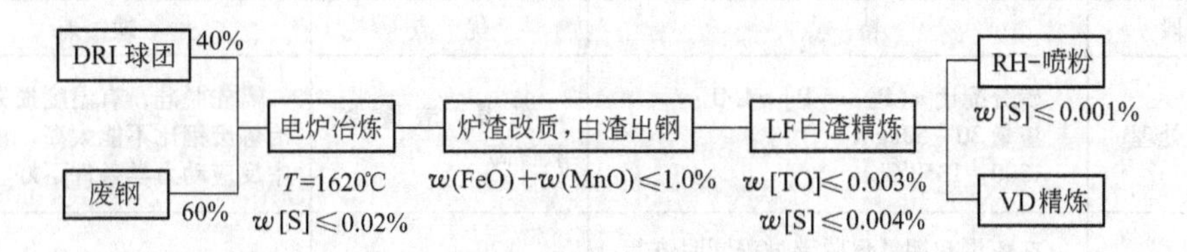

图5-5 电炉冶炼超低硫钢生产工艺

5.3.1.4 二次精炼脱硫

二次精炼是生产超低硫钢所必不可少的手段，所用方法主要为喷粉、真空、加热造渣、喂线、吹气搅拌，实践中常常是几种手段综合采用。所形成的精炼设备及其精炼效果如表5-9所示。根据生产钢种是否需要真空处理，可进一步将二次精炼划分为LF精炼和真空喷粉精炼两大类。此外，钢中的长条形（尤其是沿晶界分布的）硫化物是产生氢致裂纹的必然条件，对钢水进行钙处理可将其改变为球形，降低其危害，一般钙硫比（$w[Ca]/w[S]$）接近2为佳。

表5-9 二次精炼工艺及其脱硫效果

工 艺	精 炼 方 法	$w[S]/\%$
TN、KIP	喷吹 $CaO-CaF_2-Al_2O_3$ 或 Ca-Si	<0.001
LF	加热、造还原渣	<0.001
V-KIP	真空喷粉	<0.001
VD	真空造渣	<0.001
VOD-PB、RH-PB	真空喷 $CaO-CaF_2$ 粉	≤0.0002

鞍钢万雪峰在报告中提出最佳的深脱硫剂主要组成为：$w(CaO)=64\%$；$w(Al)=10\%$。要求：石灰活性度不小于300mL；钝化铝粉粒度为30~50μm；脱硫剂 $w(S)<0.02\%$，$w(C)<0.01\%$，$w(P)<0.02\%$。X70生产的工艺路线为：铁水预处理—转炉—RH—LF（深脱S）—CC。经铁水预脱硫处理（喷吹钝化Mg+CaO粉）后的铁水 $w[S]<0.0020\%$；在转炉冶炼阶段控制造渣原料的含硫量，最大限度减小出钢下渣量，钢包净空控制在550~600mm；在RH进行脱碳、脱气处理后，采用铝脱氧处理；要求入LF工位时，钢水温度大于1600℃，投入深脱硫剂1t，同时进行大氩量底吹搅拌，但必须控制底吹流量小于能使钢液裸露的范围内，以减少钢液增氮，使渣充分混匀，混匀后适量减小氩气流量，然后进入LF进行正常冶炼。

5.3.2 低磷钢生产技术

磷对钢材的延展性、低温韧性、调质钢的回火脆性有很大影响，磷属于偏析较严重的元素，对凝固有较大影响，会造成组织结构脆化（“冷脆”）。对于大多数钢种磷降到

0.01%左右即可满足钢材的延展性要求，对于少数钢种要求磷含量在0.003%以下。

脱磷的热力学条件是低温、高碱度、高的氧化性，目前磷的去除主要也是在铁水预处理、转炉或电炉冶炼、二次精炼三个阶段进行，三个阶段脱磷的特点如表5-10所示。

表5-10 各工序脱磷特点比较

阶 段	特 点	优 点	缺 点
铁水预处理	磷分配比 $w(P)/w[P]=150$ 渣量30~50kg/t 1300~1350℃	低温、渣量少、氧位高	需先脱硅，有温度损失，转炉冶炼废钢比不能太高，鱼雷罐车中反应动力学条件不好
转炉或电炉冶炼	在炼钢初期氧化脱碳过程同时进行，磷分配比 $w(P)/w[P]=100$ 渣量70~100kg/t 1650~1700℃	搅拌条件好，钢渣易于分离	高温、渣量大、氧位稍低
二次精炼	磷分配比 $w(P)/w[P]=150$ 渣量10~15kg/t 1600~1650℃	渣量少	需进行钢液加热，脱氧前需除渣，有温度损失

低磷钢生产分普通低磷钢（$w[P]\leqslant0.01\%$）和超低磷钢（$w[P]\leqslant0.005\%$ 或 $w[P]\leqslant0.003\%$）生产两种工艺。其生产工艺决定于成品钢材对磷含量的要求，如图5-6所示。普通低磷钢生产，主要依靠铁水脱磷预处理和氧气转炉炼钢脱磷将钢中磷脱除至0.01%以下。超低磷钢生产则除了铁水脱磷预处理和氧气转炉炼钢脱磷外，对钢水还进行精炼脱磷处理，将磷脱除至0.003%以下。

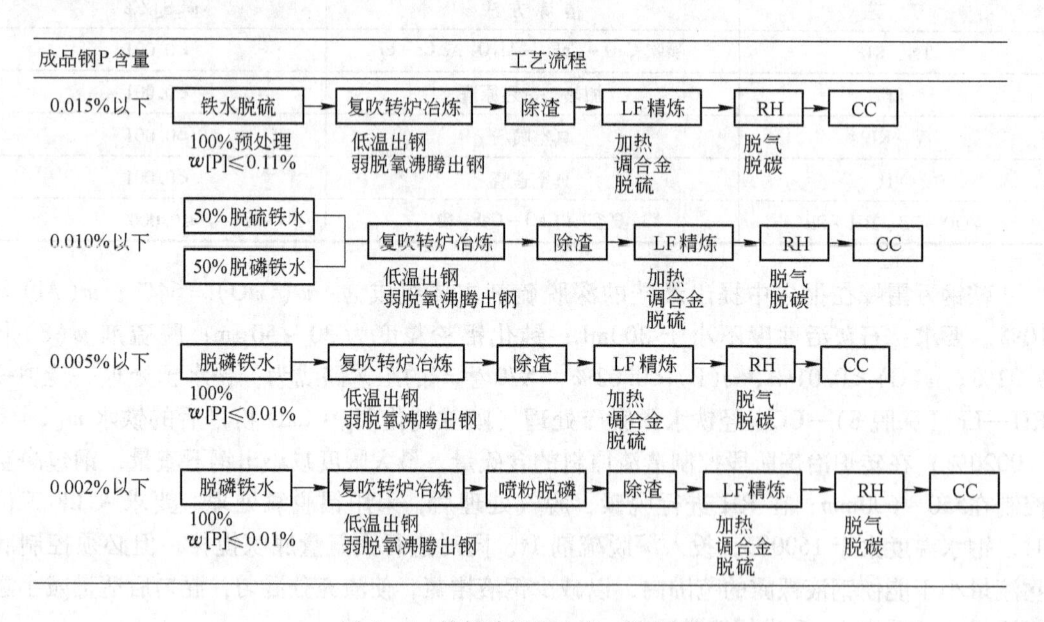

图5-6 超低磷钢的生产工艺流程

5.3.2.1 铁水脱磷预处理

铁水脱磷预处理目前主要有在鱼雷车、铁水罐中喷粉脱磷和在氧气转炉中对铁水进行脱磷处理两种方式。采用鱼雷车或铁水罐内喷粉脱磷方法，须先对铁水进行脱硅处理，将

$w[Si]$ 脱除至0.10% ~0.15%，然后再对铁水进行脱磷处理。脱磷剂主要采用 $Fe_2O_3-CaO-CaF_2$ 系，炉渣碱度控制在2.5 ~5，处理终了 $w[P]$ 脱除至0.015% ~0.05%。

典型的转炉双联法工艺流程为：高炉铁水—铁水脱硫预处理—转炉脱磷—转炉脱碳—二次精炼—连铸。在氧气转炉中进行铁水脱磷处理，可以利用转炉的氧枪、加料和除尘等装置，且不需要先行脱硅处理，还具有可以向炉内加入废钢冷却、处理时间短、渣铁分离完全等优点，处理后的铁水兑入另外的转炉进行炼钢。如川崎发明的SRP法使用转炉进行预脱磷，其脱碳炉中产生的炉渣作为脱磷剂返回脱磷炉中，采用两座转炉同时作业的目的是避免回磷。在脱磷炉中磷在10min内脱到0.011%，同时可熔化7%的废钢，其后在脱碳炉中很容易生产出 $w[P]<0.010\%$ 的低磷钢水。

5.3.2.2　转炉吹炼脱磷

前期脱磷采用顶吹低流量、高枪位，底吹高流量搅拌的吹炼技术。若后期脱磷的条件不好，可采用双渣法造渣，转炉吹炼前期脱磷结束后，排除炉渣，再造渣吹炼，此时，可按常规模式进行。

不脱氧或弱脱氧出钢可以防止出钢过程中回磷；在出钢过程中对炉渣进行改性，还可以进行深脱磷处理。在CaO基钢包渣系中加入 Li_2O，当 $w(Li_2O)$ 为15%时，该渣系处理钢液时的脱磷率 $\eta_P \geqslant 70\%$，处理终了时 $w[P] \leqslant 0.009\%$，达到了理想的脱磷效果。若出钢时磷含量为0.008%，处理终了时能达到 $w[P] \leqslant 0.004\%$ 的水平。

近年，攀钢提出了一种在转炉炉内加入复合脱磷剂的新型转炉预处理单渣法脱磷技术。该技术使用的高效复合脱磷剂由攀钢自主开发，脱磷剂成分为：25% ~45% CaO，35% ~55% TFe、≤0.08% S、≤0.08% P；粒度小于50mm，熔点1280℃。

5.3.2.3　二次精炼脱磷

对于少数要求极低磷含量的钢种如低温容器罐用钢，除通常的铁水脱磷预处理和氧气转炉炼钢脱磷外，还须进行钢水二次精炼脱磷处理。

采用炼钢低温不脱氧出钢，出钢后钢包内除渣，钢包喷粉脱磷，LF电弧加热，最后进行合金化，由此可将磷降到0.003%以下。

钢水炉外脱磷的同时要氧化钢中的合金元素，因此脱磷一般在合金化以前进行。目前，钢水脱磷的主要方法有：出钢过程中的加脱磷剂脱磷，利用出钢过程中的强烈搅拌以及高的氧分压，混冲脱磷；顶渣加喷粉脱磷，通过吹气使得渣钢能够充分混合，达到有效脱磷；出钢后直接将脱磷剂加入钢包中脱磷等。脱磷后要将脱磷渣扒除（以防止回磷和合金元素的损失）再合金化，进行LF升温、脱硫、RH脱气等操作。图5-7为日本钢管福山厂采用钢包中喷吹转炉渣和偏硅酸钠脱磷，生产0.002%以下极低磷钢的工艺示意图。

5.3.3　低氧钢生产技术

氧主要是以氧化物系非金属夹杂物的形式存在于钢中。非金属夹杂物对钢材的疲劳特性、加工性能、延性、韧性、焊接性能、抗HIC性能、耐腐蚀等性能均有显著的影响。

硬线钢丝、钢轨、轴承钢、弹簧钢等中高碳合金钢或优质碳钢，对钢中夹杂物有严格要求。为保证钢材质量，必须采用低氧钢精炼工艺技术。

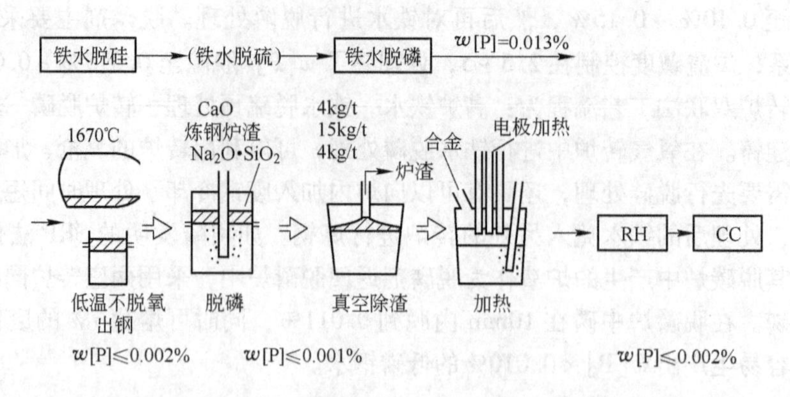

图 5－7　日本钢管福山厂生产超低磷钢的工艺

5.3.3.1　钢中氧的转换

当转炉吹炼到终点时，钢水中溶解的氧，称为溶解氧 $[O]_{溶}$。出钢时，在钢包内必须进行脱氧合金化，把 $[O]_{溶}$ 转变成氧化物夹杂，它可用 $[O]_{夹}$ 表示，所以钢中氧可用总氧 $w[TO]$ 表示：

$$w[TO]=w[O]_{溶}+w[O]_{夹}$$

出钢时：钢水中 $w[O]_{夹}\to 0$，$w[TO]\to w[O]_{溶}$；

脱氧后：根据脱氧程度的不同 $w[O]_{溶}\to 0$，$w[TO]=w[O]_{夹}$。

氧主要以氧化物系非金属夹杂物的形式存在于钢中，实际上，除部分硫化物以外，钢中的非金属夹杂物绝大多数为氧化物系夹杂物。因此，可以用钢中总氧 $w[TO]$ 来表示钢的洁净度，也就是钢中夹杂物水平。钢中 $w[TO]$ 越低，则钢就越“干净”。川崎 Mizushima 把中间包 $w[TO]$ 作为钢水洁净度标准，生产试验表明：中间包钢水总氧含量 $w[TO]<0.003\%$，冷轧薄板不检查，用户接受；$w[TO]=0.003\%\sim0.0055\%$，冷轧薄板需检查；$w[TO]>0.0055\%$，冷轧薄板降级使用。产品质量缺陷不仅与钢中总氧 $w[TO]$ 有关，还与夹杂物种类、尺寸、形态和分布有关。

为使钢中 $w[TO]$ 较低，必须控制：

（1）降低 $w[O]_{溶}$。控制转炉终点 $a_{[O]}$，它主要取决于冶炼过程。

（2）降低夹杂物的 $w[O]_{夹}$。控制脱氧、夹杂物形成及夹杂物上浮去除。

（3）连铸过程。一是防止经炉外精炼的“干净”钢水再被污染；二是要进一步净化钢液，使连铸坯中的 $w[TO]$ 达到更低的水平。

为减少所生成夹杂物的数量，首先必须降低转炉终点氧含量，转炉采用复吹技术和冶炼终点动态控制技术可使转炉终点氧 $w[O]_{溶}$ 控制在 $0.04\%\sim0.06\%$ 范围。提高转炉碳含量和温度的双命中率、减少后吹、加强溅渣护炉后高炉龄的复吹效果是降低转炉终点 $w[O]_{溶}$ 的有效措施，既可节约铁合金消耗，更重要的是从源头上减少钢中夹杂物生成，提高钢的洁净度，这对生产低碳钢或超低碳钢的冷轧薄板是非常重要的。钢包渣中 $w(FeO)+w(MnO)$ 与钢水中氧含量有正比关系，因而减少出钢下渣量很重要，广泛采用挡渣帽＋挡渣锥的挡渣方法，提高转炉终渣 $w(MgO)$ 含量和碱度也有利于减少下渣。

采用真空处理技术（RH、VOD、VD 等），钢水在未脱氧情况下进行真空碳脱氧，然后进行脱氧、合金化，脱氧产物上浮。真空处理后的高碳钢液中总氧含量即可降低到

0.001%以下，低碳钢液总氧含量可降低到0.003% ~0.004%以下。

钢中氧的复杂性在于钢水冷却凝固过程中因氧的溶解度降低将进一步生成脱氧产物，钢水在浇注过程中会因为二次氧化而与大气、炉渣、耐火材料发生氧化反应形成大颗粒夹杂物。钢中夹杂物的数量、尺寸、分布、形状、类型都将对钢材的性能产生很大的影响。

5.3.3.2 低氧钢精炼的基本工艺

对低氧钢精炼工艺的基本要求有：

（1）严格控制钢中总氧含量，一般要求钢中 $w[TO] \leqslant 0.0025\%$。对于轴承钢，为提高钢材的疲劳寿命，则要求钢中 $w[TO] \leqslant 0.001\%$。

（2）严格控制钢中夹杂物的形态，避免出现脆性 Al_2O_3 夹杂物。如硬线钢精炼，要求严格控制钢中夹杂物成分中 $w(Al_2O_3) \leqslant 25\%$，为此，则需要控制钢水含铝量不大于0.0004%，即采用无铝脱氧工艺。

（3）严格控制钢中夹杂物的尺寸，避免出现大型夹杂物。

低氧钢精炼的基本工艺有：

（1）精确控制炼钢终点，实现高碳出钢，防止钢水过氧化。

（2）严格控制出钢下渣量，并在出钢过程中进行炉渣改质。控制钢包渣中 $w(FeO) + w(MnO) \leqslant 3\%$，炉渣碱度 $R \geqslant 2.5$，避免钢水回磷并在出钢过程中进行Si－Mn脱氧。

（3）LF炉内进行白渣精炼，控制炉渣碱度 $R \geqslant 3.5$，$w(Al_2O_3) = 25\% \sim 30\%$；渣中 $w(FeO) + w(MnO) \leqslant 1.0\%$（最好小于0.5%），实现炉渣对钢水的扩散脱氧。同时完成脱硫的工艺任务。

（4）白渣精炼后，喂入Si－Ca线，对夹杂物进行变性处理。控制钢中夹杂物成分，保证 $w(Al_2O_3) \leqslant 25\%$。

（5）冶炼轴承钢等超低氧钢时（$w[TO] < 0.001\%$），LF白渣精炼后应采用VD炉进行真空脱气。在VD炉脱气过程中应控制抽气速率和搅拌强度，避免渣钢喷溅。通过VD炉脱气并继续进行钢—渣脱氧、脱硫反应。然后加入铝进行深脱氧，并喂入Si－Ca线对夹杂物进行变性处理。

（6）在连铸生产中，应采用全程保护工艺，避免钢水氧化，出现二次污染。应采用低黏度、保温性好的速熔保护渣，采用较低的拉速，保证钢液面平稳。严格控制钢液卷渣形成大型皮下夹杂。

（7）为避免铸坯中心疏松和成分偏析，应采用低温浇注工艺，控制钢水过热度不大于20℃，过热度波动不超过±10℃。

5.3.4 低碳低氮钢生产技术

汽车、家电等用冷轧薄板钢广泛采用连续退火工艺，不仅工序合理、能源效率高，而且更好地满足了薄板材的延展性、深冲性及耐时效性（抗老化性）等日益苛刻的要求。为此，一般要求严格控制钢中 $w[C] + w[N] \leqslant 0.005\%$，C、N高纯化势在必行。

自20世纪80年代中期以来，日本、美国等发达国家一直致力于开发和扩大超低碳、超低氮钢大规模的生产，其中日本开发的工艺技术最引人注目，其特点是：

（1）高纯化目标高。21世纪初，已达到 $w[C] + w[S] + w[P] + w[H] + w[N] + w[TO] \leqslant 0.005\%$（最好的达到0.00282%）。

（2）高纯化分级细（见表5－11）。

表5－11 低碳低氮钢高纯化等级的划分

等 级	w[C]/%	w[N]/%	钢 种
极低级	≤0.001	≤0.001	极薄带钢、厚镀层薄板
超低级	≤0.002（0.0015）	≤0.002（0.0015）	电工钢、超深冲钢、含Ti或Ti＋Ni的薄板
特低级	≤0.006（0.0035）	≤0.004（0.0028）	IF钢
低 级	0.01～0.035	0.004～0.006	特殊深冲钢、涂层薄板

注：（ ）内为实物抽样测定值。

（3）高纯化开发应用早。20世纪80年代末，新日铁下属几个厂（名古屋、君津、大分等）率先确立了C、N高纯化的生产工艺，C、N同时达到0.001%。

（4）高纯化规模大。2001年，日本超低C、N钢的产量达1200×10^4t；处理设备容量大，如新日铁下属三大公司：大分钢铁厂1号RH－OB 340t，君津钢铁厂RH－OB 305t，名古屋钢铁厂2号RH－OB 270t（处理深冲钢70×10^4t/a）。

（5）高纯化作业时间短。达到预期目标的二次精炼作业时间是影响炼钢与连铸在时间、温度、产量上有效配合的关键，缩短作业时间是个非常突出的问题。目前，多数厂的作业时间一般不超过25min，其中15min之内w[C]达到0.001%。

（6）高纯化设备及相关技术先进。

代表性的钢种有：无间隙原子钢（IF钢，Interstitial Free Steel）、超低碳贝氏体钢（ULCB钢，Ultra－Low Carbon Bainite Steel）、超纯铁素体不锈钢（SFSS，Super－Clean Ferritie Stainless Steel）、硅钢（Silicon Steel）。

5.3.4.1 超低碳钢的精炼

超低碳钢的碳含量范围视具体要求而异，没有一个公认的严格标准。一般认为钢中w[C]≤0.08%，可称为超低碳钢，这主要是根据铁碳相图和一般转炉的冶炼极限来确定的。近年来的文献将w[C]≤0.03%称为超低碳钢（ULCS，Ultra－Low Carbon Steel），而将为w[C]≤ 0.01%称超微碳钢（Extra－Low Carbon Steel）。

钢中碳对钢的性能影响最大，碳含量高能增加钢的强度，但使塑性下降、冲压性能变坏。因此一般优质深冲型铝镇静钢要求w[C]≤0.05%，IF钢要求w[C]≤0.007%。钢中碳的控制主要集中于两点：炉外精炼使钢中碳达到极低水平、防止精炼与连铸过程增碳。

A 转炉冶炼超低碳钢的要点

（1）采用高铁水比，入炉铁水的硫含量低于0.003%，采用高纯度氧气，炉内保持正压。

（2）转炉冶炼后期，增大底部惰性气体流量，加强熔池搅拌，采用低枪位操作；保持吹炼终点钢液中合适的氧含量。

（3）提高吹炼终点钢液碳含量和温度的双命中率。

（4）采用出钢挡渣技术；出钢过程中不脱氧，只进行锰合金化处理。

（5）多数钢厂使用钢包顶渣改质，降低钢包顶渣氧化性。

B 精炼脱碳

20世纪80年代以来，国际上应用最多的真空精炼装置是RH、VOD、VD，其中VOD

主要用于超低碳不锈钢的精炼，RH 与 VD 相比，真空室较高，精炼超低碳钢时钢水剧烈沸腾，并且 RH 采用大氩气量大循环时，可在短时间内将氢脱至0.0001%，因此 RH 更适合于超低碳深冲钢、镀层钢板的生产。

RH 高效脱碳三个阶段：①脱碳（13～17min）；②加铝脱氧；③纯搅拌脱气（7～10min）。强大的真空系统抽气能力和高真空度是获得超低碳的必要条件；加快钢水环流速率的措施（如提高真空度，增加上升管氩气流量，增加上升、下降管截面积），特别是采取增加浸渍管内径和提高氩气流量的措施非常有效；采用工艺控制模型、强制脱碳、炉气在线分析、动态控制技术，有利于 RH 工艺过程的精确控制（化学成分、温度控制）。

图5-8为 RH 脱碳模型简图，关于脱碳反应，在 $w[C]>0.005\%$ 范围内，钢水内的 CO 生成反应（内部脱碳）是主反应，而在 $w[C]<0.003\%$ 范围内，从真空槽内的自由表面放出 CO（表面脱碳）是主反应。RH 真空处理过程中控制脱碳主要有以下两个因素：①钢液环流量（为浸入管直径的函数）；②从真空室中提取 C 的速率（为真空室横截面积及搅拌能的函数）。

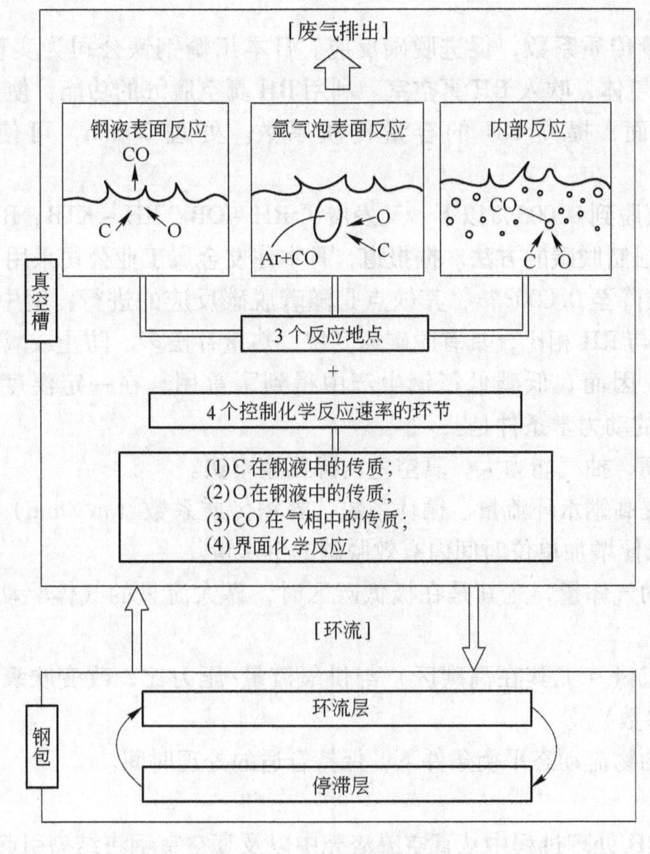

图5-8　RH 脱碳模型简图

目前国外常用的增大 RH 脱碳速度的方法有：

（1）增大环流量，即增大吸嘴内径，改圆形吸嘴为椭圆形。

（2）增大驱动氩气流量。

（3）增大泵的抽气能力，其中采用水环泵和蒸汽泵联用可提高泵的抽气能力，降低

RH 能耗和水耗。

(4) 向驱动氩气中掺入氢气，在碳含量小于 0.002% 时可使脱碳速率增加一倍。

(5) 在真空室侧墙安装氩气喷嘴，吹氩到真空室内，可增大反应界面面积，尤其在碳含量小于 0.003% 时可显著提高脱碳速率，此法在 10min 可将碳从 0.021% 降至 0.001%。

(6) 减少真空室的法兰盘数可提高真空度，减少漏气，减少钢水污染。

采用 RH 可以实现超低碳钢精炼。但当钢中 $w[C] \leqslant 0.002\%$ 时，由于钢水静压力的影响，RH 脱碳速度减弱，趋于停止。为了进一步降低钢中含碳量，日本开发出了以下工艺：

(1) 提高钢水循环流量 Q，促进脱碳反应（REDA 法）。新日铁八幡钢厂对 350t DH 炉进行改造：取消真空室下部槽和吸嘴，将真空室直接插入钢水中，利用钢包底吹氩搅拌能，大幅度提高钢水的循环流量。使熔池混匀时间从 80s 降低到 40～60s，脱碳速度明显提高。处理 20min，可保证钢水 $w[C] \leqslant 0.001\%$；处理 30min，钢水 $w[C]$ 可达到 0.0003%。

(2) 提高容量传质系数，促进脱碳反应。日本川崎钢铁公司为实现超低碳钢冶炼，采用 H_2 作为搅拌气体，吹入 RH 真空室。利用 RH 真空脱气的功能，使 H_2 从钢液中逸出时增加了反应界面，提高 RH 的容量传质系数。处理 20min，可使钢中 $w[C]$ 达到 0.0003%。

为了将钢中碳脱到 0.005% 以下，又发展了 RH－OB、RH－KTB、RH－PTB、VOD－PB 等吹氧、喷粉强制脱碳的方法。据报道，日本住友金属工业公司采用 VOD－PB 喷吹氧化粉剂法，可将碳降至 0.0003%，其缺点是随着脱碳反应的进行，钢中氧含量会逐渐增多。而 RH－KTB 与 RH 相比，具有脱碳速度快、热量补偿多、防止或减轻真空室结冷钢、操作安全等优点，因而在低碳低氮钢生产中得到了重用。在一定温度条件下，有利于 RH－KTB 深脱碳的动力学条件是：

(1) 真空度高，抽气能力大，真空室内降压速率快。

(2) 尽可能提高钢水环流量、循环系数、容积传质系数（m^3/min）或钢水质量速度系数（t/min），以便增加单位时间内有效脱碳的钢水量。

(3) 增大驱动气体量，尤其是在极低碳区时，靠大流量的气体驱动和搅拌，创造有效脱碳的机会。

(4) 加大供氧量（尤其在高碳区）与供氧流量/压力比，改变吹氧操作方式（枪结构、枪位和工艺参数）等。

(5) 在正常的物流动态平衡条件下，保持合适的处理时间。

C　防止增碳

首先是防止 RH 处理过程中从真空罐渣壳中以及真空室钢渣结瘤引起的增碳，特别是在钢包用炭化稻壳保温的情况下，这种现象尤为突出。其次是连铸过程中碳的控制。在浇铸含碳量小于 0.03% 的超低碳钢种时，最突出的问题是保护渣对钢水的增碳。目前，国内增碳水平一般在 0.001% 左右，而国外先进厂家可将其控制在 0.0003% 范围内。为了避免或减少超低碳钢钢水增碳，必须降低熔渣中碳含量。可以在满足基本性能要求的基础上，尽量减少原始渣的配碳量。用于超低碳钢的保护渣，应配入易氧化的活性炭质材料，并严格控制其加入量；也可以在保护渣中配入适量的 MnO_2，它是氧化剂，可以抑制富碳层的形成，并能降低其含碳量，还可以起到助熔剂的作用，促进液渣的形成，保持液渣层厚度。此外，还可以配入 BN 粒子取代碳粒子，成为控制保护渣结构的骨架材料。连铸过程中，降低耐火材料中的碳含量，或者使钢水与含碳材料接触面最小；中间包使用不含碳或碳含量少的保温材料；结晶器使用无碳保护渣，都有助于防止增碳。

5.3.4.2 超低氮钢的冶炼

氮在钢中的作用具有两重性：一方面可作为固溶强化元素，提高钢的强度；另一方面作为间隙原子，显著降低钢的塑性。氮对钢材性能的危害主要表现为：加重钢材的时效；降低钢材的冷加工性能；造成焊接热影响区脆化；对于新一代汽车用超深冲 IF 钢冷轧钢板，要求氮含量低于 0.0025%；对于厚板，为了保证焊接热影响区的韧性，钢中氮应低于 0.002%。

超低氮钢的冶炼，本质是控制钢液界面处氮的吸附（吸氮）与脱附（脱氮）这一可逆反应。脱氮（或吸氮）为界面反应，由于氮的原子半径较大，同时气—钢表面大部分被钢的表面活性元素硫、氧所吸附，因此，钢液脱氮，实际效果很差。

钢中氮的去除比较困难，目前生产低氮钢主要采用在转炉炼钢过程中提高铁水装入比，在炼钢过程中尽可能脱氮，在出钢、二次精炼和连铸过程中尽可能保护钢水防止吸氮的策略。据报道，铁水脱氮和二次精炼脱氮已有所进展。相对于全工序脱氮，钢水吸氮造成的影响相当显著。

A 铁水脱氮

铁水氮含量是影响钢水终点氮含量的重要因素，低氮铁水主要靠高炉的顺行来获得，高温、高钛、高锰、高硅均有助于减少铁水氮含量。铁水脱氮也是可行的，CRM 公司试验证明使用以碳酸盐和氧化物为主的基本反应剂（如 $CaCO_3$、铁矿石等）来降低铁水氮含量是可行的。铁水脱硅的同时也能脱氮，COCKERILI - SAMBRE 钢厂铁水工业性试验证明，在鱼雷罐车中加入 40kg/t 烧结矿粉，脱氮率可达 50%。铁水预处理脱氮显著（尤其脱硫和脱硅、磷后，$w[N] \leqslant 0.001\%$），但认为低氮的铁水对转炉最终低氮的钢没有直接关系。

B 转炉脱氮

降氮主要在转炉炼钢工序，由于转炉搅拌强、脱碳量大、脱氮条件好，加之采用一系列防止吸氮措施，出钢时 $w[N]$ 可小于 $(6 \sim 10) \times 10^{-4}\%$。脱氮程度高低取决于铁水加入量、转炉的吹炼控制、出钢脱氧制度等。高的矿石加入量和铁水比可降低终点钢中氮含量，复吹工艺对降低终点钢水氮含量起着重要作用，其中最重要的是底吹气体的性质和用于保护喷嘴的介质种类，氧气中氮含量也是影响钢水终点氮含量的重要因素，而吹炼末期的补吹可使钢中氮含量明显增高。

防止转炉过程吸氮的主要措施有：吹炼末期炉内正压操作；防止钢水 C 含量过低；吹炼末期添加铁矿石（或铁皮）促进成渣；提高氧气纯度；采用动态控制防止补吹；不脱氧出钢，控制出钢口形状不散流，尽可能缩短出钢时间，在钢包内添加含 CaO 的顶渣。

C 二次精炼脱氮

精炼过程氮主要来源于与钢水接触的大气、加入的合金及熔剂。钢液去氮主要靠搅拌处理、真空脱气或两种工艺的组合促进气体与金属的反应来实现。目前真空脱气装置中脱氮效果并不明显，这主要与钢中较高的氧、硫含量有关。当钢中界面活性元素硫、氧较高时，钢液的脱氮速度很低，甚至陷于停顿状态。但在钢中 $w[S]<0.005\%$ 时，利用 VD 装置大气量底吹处理钢水有较好的脱氮效果。

住友金属公司开发的 VOD - PB 法在真空下向钢水深处吹入粉状材料（铁矿粉和锰矿粉），在精炼的高碳期间生成 CO 小气泡，可得 $w[N]<0.002\%$ 钢水。该公司随后开发的 RH - PB 法可得 $w[S]=0.0005\%$、$w[N]=0.0015\%$ 的钢水。预计真空喷粉脱氮的优势将进一步发挥。

真空室的密封性对实现低氮也是极重要的，整体式真空室有利于低氮钢的生产。川崎发现在 RH 下降管内压力小于管外压力，其耐火材料内气体主要成分是氮气，空气通过浸渍管的耐火材料侵入钢液可造成吸氮。通过采用水冷法兰、夹紧螺栓、在 RH 浸渍管周围进行氩封、抑制钢液吸氮，可达到 $w[N]=0.001\%\sim0.002\%$ 水平，而无氩封时为 0.0027%。

生产实践表明，在精炼超低碳钢时，由于高浓度 S（0.01% ~0.015%），特别是较高浓度 O 和较少的脱碳量（低于 0.03% ~0.04%）的制约，当 $w[N]<0.002\%$ 后，真空脱氮效果有限。控制氮主要是抑制钢水从炉气吸氮。吸氮随表面活性元素 O、S 含量不同，过程机理有所差别，多为液相传质和界面反应混合限制，表面活性元素使脱氮速率减慢。

目前钢水所采用的真空精炼法，其脱氮效果不显著，时间长，设备复杂。实践表明，在 V - KIP 真空喷粉处理过程中，当 $w[N]$ 低于 0.0035% 时，真空处理基本上不能够脱氮；RH 生产 $w[N]\leqslant0.003\%$ 的超低氮钢有很大的困难。如采用 RH - KTB 深脱氮，可能存在真空脱氮、CO 和氩气泡携带脱氮、熔渣脱氮等途径；脱氮区域主要在气—液间进行（如真空室下部钢液自由表面、钢液—CO 和钢液—Ar 界面等），也有可能在钢液—熔渣界面发生脱氮反应。为提高真空脱氮效率，可采用以下措施：

（1）提高钢水纯净度，降低钢液表面活性元素 S、O、Si 含量，降低碳和强氮化元素 Ti、Al 等。

（2）提高真空度，增大抽气能力，保持密封效果。

（3）加大氩气量（尤其是精炼后期），强化搅拌，提高扩散系数 D_N 和单位脱气面积（F/V）。

（4）在工艺允许下，适当延长处理时间。

（5）喷吹还原气体（如 H_2）有利于提高脱碳速度。

（6）喷吹细小 Fe_2O_3 粉末，有利于真空脱氮。

合成渣在还原条件下，对氮有非常高的溶解能力，其溶解度为 1.33% ~1.88%。成国光、赵沛等研究认为，真空下采用 50% SiO_2 - 40% B_2O_3 - 10% TiO_2 精炼渣系，有明显的脱氮效果。

阎成雨、刘沛环通过试验研究了 $CaO-TiO_2-Al_2O_3$、$CaO-Al_2O_3-SiO_2$ 及 $CaO-B_2O_3-SiO_2$ 渣系中 TiO_2、Al_2O_3 及 B_2O_3 含量对钢水脱氮率的影响。研究认为：钢和渣中氧位越低，脱氮率越高。增加渣中碳、铝及钢中铝的含量，可以提高合成渣脱氮效果。

水渡等人也发表了用渣脱氮的实验室研究结果。为了得到对脱氮有效的分配系数，在降低钢水中氧活度的同时，必须使渣具有高碱度。但现在还没有找到控制这些因素的有效方法，而没有实现实用化。使用钢包精炼来进行熔渣脱氮，还有渣量增加和强化反应容器密封等问题，从经济观点来看也是困难的。

精炼后连铸过程中主要防止钢液二次氧化吸氮，其解决措施与上文讨论的避免钢液从大气中吸氧方法一致。

综上所述，超低氮钢的冶炼必须从炼钢全流程出发，综合采取以下措施：

（1）提高转炉脱碳强度，保持炉内微正压。用 CO 洗涤钢水，实现脱氮。

（2）改善终点操作，提高终点脱碳速度和终点命中率，减少倒炉次数。

（3）沸腾出钢，防止钢水吸氮。

（4）真空下进一步降低 S、O 含量，采取措施提高真空脱氮的效率。

（5）完善精炼钢水的保护浇注，避免二次吸氮。

采用上述工艺，可生产 $w[N] \leqslant 0.002\%$ 的超低氮钢。

此外，应同时重视辅助设备及相关技术的研究开发，如无碳钢包衬及覆盖渣处理技术、真空室耐火材料寿命与材质、防止和清除真空室壁上冷凝钢问题、防止连铸过程增碳、增氮技术、定期快速测温取样技术（不增碳取样器、极低含量分析精度技术等）、过程监视及控制技术（采用 DDC、CRT 数字同步计算机等）。

5.3.4.3 武钢超低碳钢冶炼

A 工艺路线

武钢超低碳钢冶炼工艺路线：铁水预脱硫（KR 法）—脱磷转炉（脱 Si、P）—复吹转炉（脱碳、升温）—RH - KTB—CC。高纯度冷轧薄板钢精炼工艺见表 5 - 12。

表 5 - 12 武钢高纯度冷轧薄板钢精炼工艺

工艺	铁水预处理		复合吹炼	二次精炼		连 铸
设备	KR	LD - ORP①	LD - OB/Ar	RH - KTB	RH - WPB	大板坯
精炼功能	脱硫	① 脱硅 ② 脱磷 ③ 脱硫	① 脱碳 ② 脱磷 ③ 升温	① 吹氧脱碳 ② 热补偿 ③ 脱氧 ④ 控制成分、温度 ⑤ 脱气 ⑥ 净化钢水	① 深脱碳 ② 喷粉脱磷、硫 ③ 净化钢水 ④ 控制夹杂	① 全密封连铸 ② 进一步减少夹杂
要求	高效脱硫 $w[S] \leqslant 0.002\%$ $w[N] \leqslant 0.002\%$ $T > 1230℃$	同时脱 Si、P $w[Si] < 0.06\%$ $w[P] \leqslant 0.020\%$ $w[S] < 0.0025\%$ $T > 1350℃$ $w[N] < 0.0025\%$	高效脱碳 $w[C] \leqslant 0.04\%$ $w[TO] \leqslant 0.054\%$ $w[N] \leqslant 0.0014\%$ $T \geqslant 1680℃$ 下渣量从严控制 $w(FeO) + w(MnO) < 2\%$	快速深脱碳 $w[C] \leqslant 0.001\%$ $w[TO] \leqslant 0.002\%$ $w[N] \leqslant 0.0013\%$ 严防增氮 严防增碳	进一步高纯化 $w[C] < 0.0010\%$ $w[TO] < 0.0020\%$ $w[N] < 0.0013\%$ 严防增氮 严防增碳	严防增碳 严防增氮

① LD - ORP 为转炉铁水预处理脱磷。

B 技术要求

（1）KR 铁水脱硫（$w[S] \leqslant 0.002\%$，1230 ~ 1270℃）。

（2）脱磷转炉铁水脱 Si、P（小流量低氧位，$w[P] \leqslant 0.020\%$，1300 ~ 1400℃）。

（3）复吹转炉少渣吹炼（复吹脱碳升温，1700℃）。

（4）钢水低碳、弱脱氧挡渣出钢（出钢过程中为防止回磷，往钢包投入 $CaO + CaF_2$ 系粉剂）。

(5) RH－KTB 精炼（深脱碳、脱气、去夹杂等）。

(6) 连铸保护浇注。

C 生产试验结果

钢水冶炼终点 $w[C]=0.034\%$，KTB 终点 $w[C]=0.0015\%$，中间包 $w[C]=0.0016\%$（后序增碳为 0.0001%，增碳率为 6.7%）；真空精炼终点 $w[N]=0.0019\%$，中间包 $w[N]=0.0019\%$，几乎不增氮。

5.3.5 氢的去除技术

氢是钢中有害的元素，钢中含氢将使钢变脆，称之为氢脆。在钢的各类标准中一般不作数量上规定，但氢会使钢产生白点（发裂）、疏松和气泡缺陷。

氢的去除以前主要在炼钢过程通过 CO 激烈沸腾得到，自真空处理技术出现以后钢中氢已可稳定控制在 0.0002% 以下。杜绝各工序造渣剂、合金料、覆盖剂以及耐火材料的潮湿，避免碳氢化合物、空气与钢水接触，都有助于降低钢中氢的含量。

5.3.6 钢中残余有害元素控制技术

控制钢中残余有害元素，是当前国际纯净钢发展的要求。钢中有害元素指 Cu、P、S、As、Sn、Pb、Sb、Bi 等元素，其中 As、Sn、Pb、Sb、Bi 简称五害元素。

Cu 的熔点较低，钢中铜含量高，钢在加热过程中铜在晶界析出，易造成裂纹缺陷。As、Sn、Pb、Sb、Bi 几种元素易在晶界附近偏聚，导致晶界弱化，降低钢的蠕变塑性，还有可能造成钢的表面裂纹缺陷。

国内外某些钢厂对钢中残余有害元素含量的限制“标准”见表 5－13 和表 5－14。

表 5－13 钢中残存元素的实际含量和允许含量（w） %

元 素	“工业纯”钢实际含量	“高纯”钢实际含量	允许含量	
			一般用途钢	深冲和特殊用途钢
Cu	0.08～0.21	0.018	0.250	0.100
Sn	0.010～0.021	0.001	0.050	0.015
Sb	0.002～0.004	0.001		0.005
As	0.010～0.033	0.002	0.045	0.010
Pb			0.0014～0.0021	
Bi			0.0001～0.00015	
Ni	<0.06			0.100

表 5－14 国外一些钢厂对钢中残余有害元素含量的限制“标准”

钢种名称	对残余有害元素限制要求（w）/%			备 注
	Sn	Sb	As	
油井专用钢管	≤0.025		≤0.030	意大利达尔明钢厂
抗硫油井管	≤0.006		≤0.006	
油井专用钢管	≤0.010			德国曼内斯曼钢管厂
抗硫油井管	≤0.005			
抗硫油井管	≤0.005	≤0.005	≤0.005	日本住友钢管厂
石油化工用钢	≤0.010	≤0.010	≤0.010	
油井专用钢管	≤0.010	≤0.010	≤0.010	日本川崎钢管厂
海洋结构用高强度钢	≤0.002	≤0.005	≤0.004	

国内残余元素控制“标准”：

（1）薄板坯钢材中残余元素总量应控制在0.20%以下。

（2）不同薄板产品所允许的最大残余元素值（Cu、Ni、Cr、Mo与Sn的总含量）：饮料罐板材为0.18%；深冲板材为0.26%；低碳板材为0.30%；普通板材为0.315%。

现代化高性能新钢种对钢中有害元素的控制已不只限于S、P、H、O、N，还必须考虑Ni、Cu、Pb、Sn、As等残余有害元素的影响。因Cu、As、Sn、Pb、Sb、Bi元素在炼钢过程中基本上无法去除，为此，首先要针对其具体用途和钢种制定不同“标准”，合理安排组织生产。

铁水脱除技术目前主要是采用：CaO或CaC_2与CaF_2渣系、硅钙合金脱除铁水中的残余元素砷。与CaO相比，CaC_2的脱砷效率更高；使用硅钙合金脱砷，其效率也较高，但成本也会比较高。

固态废钢预处理技术主要有机械挑选法，含铜废钢冷冻处理，选择性熔化、铅浴或铝浴法，电化学方法，氯化法，氨浸出法，硫化渣法等多种方法。这些方法主要用于脱除废钢中的铜，少数方法还可脱除锡、锌等其他残余元素。虽然它们是降低或消除残余有害元素不利影响的有效方法，但其一般投资大，经济上不划算，而且少数方法还存在脱除率较低、处理时间较长等缺点。

钢液脱除技术目前主要是采用：真空挥发处理铅和锌；CaC_2-CaF_2渣系或硅钙合金脱砷（其中采用CaC_2-CaF_2渣系对钢液进行脱砷效果最好，但容易导致钢中碳含量增加较多）；喂钙线与造$CaO-Al_2O_3-SiO_2$系顶渣复合工艺脱锡；熔体过滤法及反过滤法、铵盐法脱铜。但这些方法的应用尚须进一步研究与探讨。

对于电炉钢而言，主要是控制废钢、生铁等原材料的质量。在资源条件及成本允许的情况下，可用生铁、DRI等废钢代用品对钢中残余元素进行稀释处理。对于转炉钢而言，主要是控制铁水的质量。

在钢中添加适量的B、Al、Si或Ti也可以在不同程度上减少或消除钢中铜所造成的热脆。一定量的稀土可以与钢中的砷、锡、锑、铋、铅等杂质作用形成熔点较高的化合物，如：La_4Sb_3（1690℃），LaSb（1540℃）；La_4Bi_3（1670℃），LaBi（1615℃）；Y_5Pb_3（1760℃），Y_5Sn（1940℃）等。在低碳钢中，当$(w[RE]+w[As])/(w[O]+w[S])\geqslant 6.7$时，可出现脱砷产物。但由于稀土在钢液中的反应十分复杂，有关稀土与砷、锡等残余元素的反应目前仍在广泛研究中。

5.3.7 减少钢中夹杂物技术

减少钢中非金属夹杂一直是研究的重点，对夹杂物的要求主要体现在三个方面：含量低，尺寸小，轴承钢、硬线钢等要求不变形夹杂物要少。

5.3.7.1 关键技术

纯净钢生产中夹杂物的控制涉及多个环节，以转炉炼钢流程为例，关键技术主要有：

（1）炼钢终点控制技术。吹炼终点成分和温度的控制命中率高达90%，避免由于终点控制不好，多次补吹造成的钢水氧含量的增加。

（2）钢水真空处理技术（RH、LF-VD、VOD）。钢水在未脱氧的情况下进行真空碳脱氧，然后进行脱氧、合金化、脱氧产物上浮。真空处理后的高碳钢液中的全氧可降低到

0.001%，低碳钢液的全氧可降到0.003%~0.004%以下。

（3）严密的保护浇注技术，杜绝钢液与空气接触造成的二次氧化。

（4）在中间包、结晶器设置控流装置，促使微小夹杂物的碰撞、聚合、上浮，防止中间包和结晶器卷渣。

（5）减少带渣技术。出钢前提高炉渣碱度和 MgO 含量，降低炉渣流动性，减少出钢带渣；采用大包下渣自动检测技术，防止钢包渣进入中间包；控制中间包内钢水的液位。

5.3.7.2 生产措施

生产中针对夹杂物的去除和二次氧化所采取的措施有：

（1）出钢挡渣、扒渣、炉渣改性。

（2）真空精炼并吹气搅拌以有效去除夹杂。

（3）钢包到中间包、中间包到结晶器惰性气体保护浇注，中间包吹氩实现惰性气氛浇注，中间包密封或真空浇注等。

（4）钢包、中间包下渣检测，中间包采用防涡流技术。

（5）钢包全自动开浇和浸入式开浇技术。

（6）中间包使用挡墙、坝、阻流器控制钢水流动，使用过滤器或底吹氩减少夹杂，使用高碱度覆盖剂吸收夹杂，造还原性中间包渣，使用碱性耐材降低浸蚀，采用 H 型或大容量中间包等。

（7）中间包加热控制温度波动，可进一步促进夹杂物去除，同时对减轻开浇、连浇、浇注结束时钢水短路十分有效。

（8）采用立弯式结晶器促使夹杂上浮，结晶器采用电磁搅拌减少铸坯皮下夹杂物和气泡，采用 FC（Flow Control，流量控制）结晶器或电磁闸控制钢水流动同时减少液面波动，结晶器保护渣自动添加。

（9）低速浇注。通过铁水预处理、转炉复吹、二次精炼技术的有效配合，已能工业生产杂质含量小于0.01%的高纯钢。但对于纯净钢，钢中存在的夹杂物尺寸多小于25μm，在钢液中上浮速度很慢，很难进一步去除。减少微细夹杂物是目前研究的重点，日本川崎制铁千叶厂的4号板坯连铸机采用了电磁旋转离心搅动促进微细夹杂物上浮的技术，取得了较好的去除夹杂物效果，但考虑到投资与操作成本，已经停止了开发。

5.3.8 建立高效低成本纯净钢平台的关键技术

传统纯净钢制造流程（见图5-9），一般采用全量铁水脱硫预处理—传统转炉炼钢—LF 还原精炼—RH 真空精炼—全连铸工艺，可以生产出高纯净度钢水。有学者认为：传统的纯净钢生产流程存在着工艺流程长，生产工艺的波动造成钢水质量不稳定；钢水提纯主要依靠炉外精炼，造成能耗高、成本高、CO_2 排放量大等缺点。

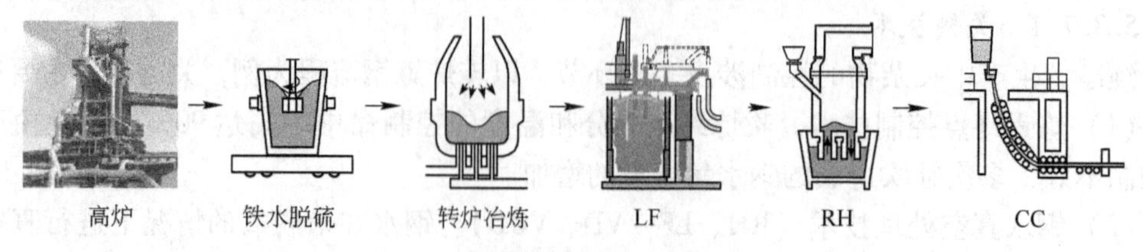

图5-9 传统纯净钢制造流程

大批量、快节奏地生产纯净钢是当今世界钢铁流程发展的一个重要趋势，其基本特征是优化单元操作，实现铁水全三脱处理、转炉少渣快速脱碳，从而形成大批量、低成本、快节奏的纯净钢生产流程（见图5-10），其效率与成本均大大优于传统流程。

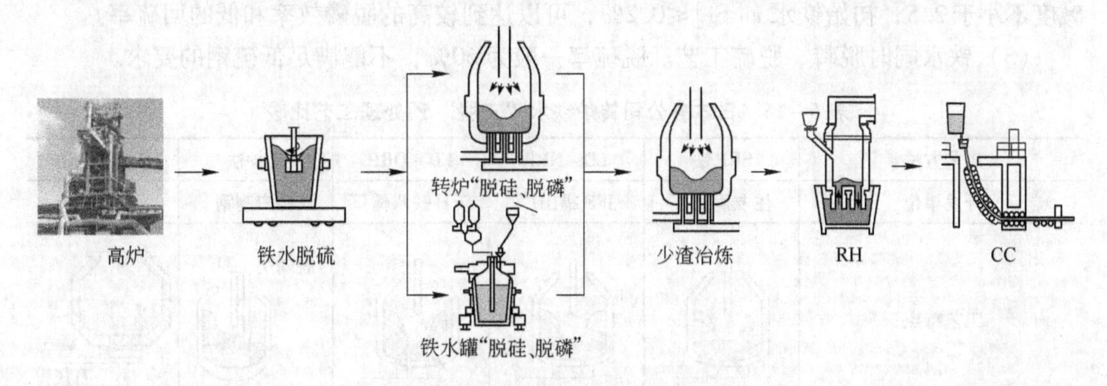

图5-10 日本纯净钢生产新流程

将传统纯净钢流程与日本纯净钢生产新流程相比较（见表5-15），可以看出新流程具有明显的技术经济竞争力。

表5-15 传统纯净钢流程与新流程比较

技术经济指标		传统纯净钢流程	纯净钢新流程
生产效率	供氧时间/min	12~17	9~10
	冶炼周期/min	28~45	20~25
	日产炉数/炉·座$^{-1}$	25~30	45~60
	转炉每吨容量年生产能力/t	10000	15000~20000
纯净度/%	w[P]	0.005~0.010	0.008~0.020
	w[S]	0.004~0.008	0.008~0.015
	w[H]	<0.00015	<0.0003
	w[N]	<0.0015	<0.0020
	$\sum w$(P+S+H+N)	0.01~0.015	0.025~0.030
消耗	石灰/kg·t^{-1}	60~70	30~35
	氧耗（标态）/m^3·t^{-1}	50	45
	钢铁料消耗/kg·t^{-1}	1085	1065
	锰铁消耗/kg·t^{-1}	标准（1.0）	
	铝耗/kg·t^{-1}	2.5~3.5	0.5~1.0
	渣量/kg·t^{-1}	100~120	50~70
成本	节铁（吨铁2000元计算）	标准	-36元/t
	节约合金	标准	-20元/t
	减少渣量	标准	-20元/t
	提高生产效率	标准	-24元/t

5.3.8.1 采用铁水“三脱”预处理工艺

A 转炉铁水“三脱”工艺的发展

总结日本近20年转炉铁水“三脱”预处理工艺的发展（见表5-16），主要采用以下三种工艺路线：

（1）低碱度、高 FeO 渣铁水脱磷工艺。其特点是渣量大、工艺简单，但脱磷效率低，铁损高。

（2）中、高碱度，低 FeO 渣铁水脱磷工艺。其特点是控制炉渣 $w(FeO) \leqslant 5\%$，炉渣碱度不小于 2.5，初始铁水 $w[Si] \leqslant 0.2\%$，可以达到较高的脱磷效率和低的回硫率。

（3）铁水同时脱磷、脱硫工艺。脱硫率一般为 60%，不能满足低硫钢的要求。

表 5－16　日本各公司转炉铁水“三脱”预处理工艺比较

工艺方法	SRP 法	LD－NRP	LD－ORP	H 炉法	Q－BOP 法
开发单位	住友鹿岛厂	JFE 福山厂	新日铁八幡厂	神户制钢	新日铁
工艺特点	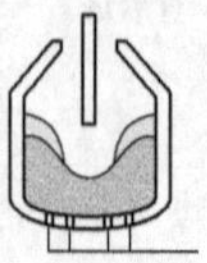	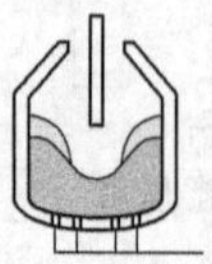	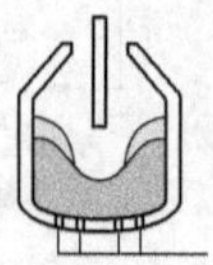	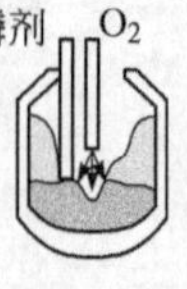 脱磷剂 O_2	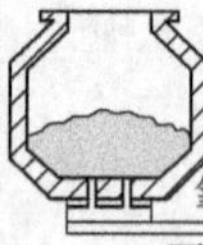 氧气 石灰粉
处理时间/min	8～10	9～10	10～12	脱磷 12～14，脱硫 5，总计 17～19	2.5
耗氧量（标态）$/m^3 \cdot t^{-1}$	13	16～18	10～18	8	6
底吹强度（标态）$/m^3 \cdot (min \cdot t)^{-1}$	0.3	0.16	0.14	0.14	2.4
脱磷率/%	80～93	70～90	70～90	75～85	93
脱硫率/%	50～60	10～20	10～20	70～80	50
$w(TFe)$/%	≤5	15～25	15～25	≤5	4.5

B　转炉脱磷预处理工艺

转炉脱磷预处理的优化原则是：

（1）实现高效脱磷，降低终点磷含量。

（2）提高渣钢间磷分配比，减少渣量。

（3）提高渣中 P_2O_5 含量，促进化渣。

（4）抑制脱碳，减少处理过程热损失。

脱磷预处理的工艺优化措施有：

（1）降低铁水处理温度。

（2）提高炉渣碱度。

（3）提高化渣速度。

（4）控制铁水硅含量，减少渣量。

（5）降低渣中 FeO 含量，减少铁损。

（6）加快生产节奏，缩短处理周期。

C　抑制回硫

半钢冶炼由于碳含量较高，熔池氧位低，有利于提高渣钢间硫的分配比，达到抑制回硫的冶金效果。

抑制半钢回硫的技术措施有：

（1）采用低氧位脱磷工艺，控制炉渣 $w(\mathrm{TFe}) \leqslant 5\%$。

（2）抑制脱磷过程中碳的氧化，控制处理终点 $w[\mathrm{C}] \geqslant 3.2\%$。

（3）采用高碱度脱磷、脱硫工艺，控制渣钢间硫的分配比不小于20。

（4）控制渣中 $w(\mathrm{FeO}) \leqslant 5\%$，保证渣钢间硫分配比不小于20。

5.3.8.2 转炉少渣冶炼

少渣冶炼的冶金特点如下：

（1）碳氧反应更接近平衡，减轻了钢水过氧化趋势。

（2）熔池脱碳速度快，熔池碳氧反应由氧扩散控制转变为碳扩散控制的临界碳含量由0.6%降低到0.15%，有利于避免钢渣过氧化。

（3）渣钢间脱磷、脱硫效率进一步提高。

（4）实现锰矿熔融还原，当 $w[\mathrm{C}] \geqslant 0.08\%$ 时，锰收得率达到90%以上。

（5）钢水纯净度高：$w[\mathrm{N}] \leqslant 0.0015\%$，$w[\mathrm{H}] \leqslant 0.00015\%$。

少渣冶炼的主要工艺措施有：

（1）严格控制渣量，吨钢20kg左右。

（2）适当提高供氧强度，减少粉尘排放量。

（3）采用定碳出钢工艺，实现高拉碳。

5.3.8.3 高碳出钢与真空碳脱氧

采用铁水“三脱”预处理和转炉少渣冶炼工艺后，解决了转炉低碳脱磷的技术难题，可以实现高碳出钢。为避免钢渣过氧化，生产低碳钢应将转炉出钢 $w[\mathrm{C}]$ 稳定在0.06%～0.08%，钢中 $w[\mathrm{O}]$ 从0.08%～0.1%降低到0.03%～0.04%；生产中、高碳钢应将转炉出钢 $w[\mathrm{C}]$ 提高到0.3%以上，使钢中 $w[\mathrm{O}]$ 降低到0.01%以下。这对于大幅度减少脱氧铝耗和脱氧生成的 Al_2O_3 夹杂总量具有重要意义，有利于提高铝脱氧的收得率，降低钢中夹杂物总量。

真空碳脱氧的意义有：

（1）碳脱氧产物为气体，不会污染钢水。

（2）真空有利于碳氧反应，达到理想的脱氧效果。

（3）可大幅度降低脱氧和去除夹杂物的成本。

真空碳脱氧的工艺措施如下：

（1）采用沸腾出钢工艺避免钢水污染。

（2）适当提高转炉终点 $w[\mathrm{C}]$，实现RH热补偿。

（3）优化RH工艺参数，促进碳氧反应平衡。

（4）提高铝深脱氧的收得率，减少铝耗。

5.3.8.4 改变夹杂物上浮机制

RH精炼通常采用铝脱氧工艺，生成的脱氧夹杂物大多为细小的 Al_2O_3 夹杂。夹杂物的控制措施有：

（1）优化RH处理模式，降低脱氧前钢水氧含量。

（2）降低渣中 FeO + MnO 含量。

（3）提高熔池搅拌能，促进 Al_2O_3 夹杂聚合上浮。

(4) 强化钢水脱氢，利用析出的微小氢气泡携带细小夹杂物上浮（NK－PERM法）。

5.3.8.5 京唐公司新一代纯净钢生产流程

首钢京唐公司采用新一代纯净钢生产流程（见图5－11），与传统炼钢流程的最大差异是，在铁水预处理脱硫后，脱硅、脱磷和脱碳分别在两个转炉中进行，使得钢中S、P、C、O等杂质元素的去除过程明显优化。

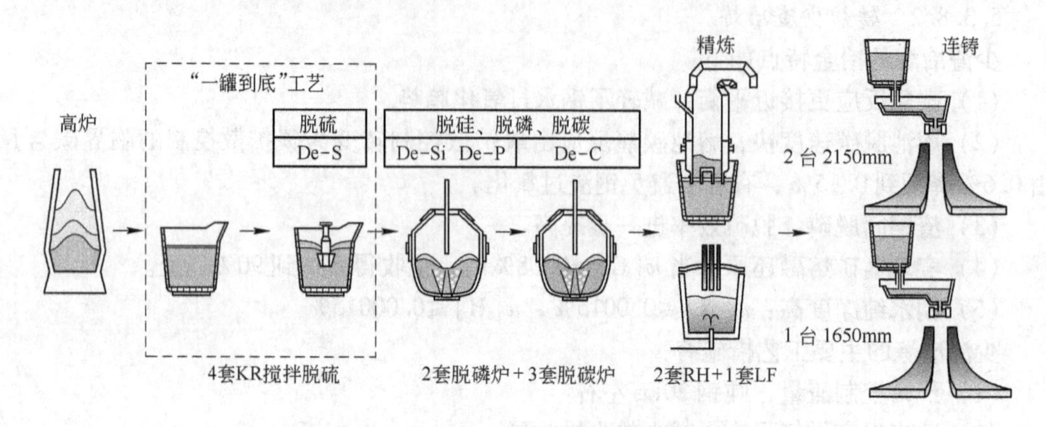

图5－11 首钢京唐公司纯净钢生产流程

A 全流程硫的控制

在脱磷和脱碳转炉中，钢水和炉渣氧位迅速升高，渣—钢间硫的分配比 L_S 降低，因此，防止回硫是纯净钢生产流程中的主要问题，最大限度地扒除KR脱硫渣、严格控制石灰和废钢等原辅材料中的硫含量是十分必要的，对于极低硫钢还需进行深度脱硫的LF或RH精炼。终点硫的控制主要取决于脱磷转炉中的回硫量。在铁水预处理KR脱硫后，可以将 $w[S]$ 稳定地脱至0.0020%左右。而在脱磷转炉中，由于石灰、脱磷剂特别是废钢等炼钢原辅料不可避免地带入硫，以及KR脱硫扒渣未扒尽等因素，将会导致较大程度的回硫。在现有冶炼条件下脱磷炉半钢平均 $w[S]$ 为0.011%，而在脱碳转炉中几乎不能脱硫，所以利用转炉出钢合成渣洗过程继续脱去少量硫，约为0.0020%，如果不经LF精炼炉脱硫，铸坯中的 $w[S]$ 可控制在0.0067%左右。在无法控制废钢硫含量及KR脱硫渣扒不净的条件下，应将炉渣碱度提高至2.0以上，可减少回硫。若可使 $L_S>6$，就可以将半钢回硫量控制在0.0050%以内。

B 全流程磷的控制

根据热力学分析，在C与P选择性氧化的转折温度（1400℃）以下，以及较高氧位时造碱度合适的渣，是在脱磷炉实现保碳脱磷的关键。通过添加废钢和造渣剂等将温度控制在1300～1350℃较低范围内，并且造碱度合适的渣，可将半钢 $w[P]$ 降低至0.03%以下。降低熔池温度和提高炉渣碱度均可提高脱磷炉的脱磷率。此外，在脱磷炉内如果能在较低FeO下实现脱磷，则可降低铁耗。

脱碳炉内虽然冶炼终点温度高（1650～1680℃），但因其具有很高的氧位，即使在少渣冶炼条件下仍可继续脱磷，只要将脱磷炉半钢 $w[P]$ 含量控制在小于0.03%，即可保证脱碳炉终点 $w[P]$ 达到0.006%。而对于冶炼超低磷钢，需将半钢 $w[P]$ 降低至0.008%以下。

C 脱碳转炉中碳和氧的控制

由于铁水经全三脱处理，因而可以实现高碳出钢，防止钢、渣过氧化。对于生产低碳钢，转炉终点 $w[C]$ 可控制在 0.07% ~0.08%，终点 $w[P]$ 小于 0.007%，终点 $w[O]$ 小于 0.035%，而生产中高碳钢可以将转炉终点 $w[C]$ 提高到 0.3% 以上，使钢中 $w[O]$ 降低到 0.010% 以下，这对于大幅度减少脱氧铝耗和减少氧化物夹杂总量具有重要意义。

采用首钢京唐公司自主研发的半钢冶炼模型后，对于低碳钢中 $w[C]$ 的误差在 0.01% 以内，温度误差可控制在 ±10℃ 以内，冶炼命中率达到 85% 以上，满足了工艺要求。

D 技术经济指标

在新流程的工艺条件下，铁水的脱硅、脱磷和脱硫从炼钢转炉冶炼中分离出来，使转炉的功能简化为脱碳和升温。但由于兑入脱碳炉的半钢 Si、Mn、P 等元素含量低，可能存在热量不足的问题，因此，须加快生产节奏、缩短辅助时间、减少炉衬散热和实现少渣冶炼，以保证新流程顺行。采用“全三脱”新工艺的总渣料和钢铁料消耗明显低于常规工艺，平均分别降低约 17.8kg/t 和 10.3kg/t，若降低铁水中硅含量还可以进一步降低渣料消耗。此外，如果将脱碳炉渣及转炉除尘灰制成高效脱磷球供脱磷炉造渣使用，不仅可提高脱磷炉渣碱度、缩短成渣时间，还可进一步节省石灰 5kg/t、矿石 19kg/t。

由于脱磷后铁水中 C 和 Si 含量较低，并且由于散热导致铁水温度降低，热量吸入有所减少，而另一方面，少渣冶炼使得炉渣支出热量减少。根据少渣冶炼热平衡计算，用脱磷铁水时收入的热量比普通铁水少 335MJ/t，而在支出的热量方面，炉渣显热减少 109MJ/t，铁矿石等冷却剂少用 155MJ/t，炉气显热减少 63MJ/t，基本处于平衡状态。此外，新流程大大提高了转炉作业率，当转炉日产炉数从 20 炉提高到 34 炉时，由于转炉的辐射散热减少，可提高出钢温度约 50℃，当日产炉数提高到 50 炉以上时，少渣冶炼的热收入高于常规冶炼。因此，通过少渣冶炼和提高转炉作业率可实现脱碳转炉的热平衡。

5.4 纯净钢生产与质量控制

5.4.1 轴承钢

5.4.1.1 轴承钢的生产质量

轴承寿命是轴承钢要求的主要性能指标，轴承的疲劳寿命是一个统计概念：即在一定的载荷条件下，用破坏概率与循环次数之间的关系来表示。除疲劳寿命之外，轴承还必须满足高速、重载、精密的工艺要求，因而要求轴承钢具备高强韧性、表面高硬度耐腐蚀、淬透性好、尺寸精度高、尺寸稳定性好等性能指标。表 5-17 给出了轴承钢的性能指标要求。

表 5-17 轴承钢的性能指标要求

轴承性能要求	轴承具有的特性	对轴承材料的要求
耐高荷重	抗形变强度高	硬度高
能进行高速回转	摩擦和磨损小	耐磨强度高
回转性能好	回转精度高，尺寸精度高	纯净度、均匀度高
具有互换性	尺寸稳定性好	
能够长期使用	具有耐久性	疲劳强度高

图 5－12 给出了影响轴承钢疲劳寿命的主要因素。提高轴承钢疲劳寿命的技术关键是：

（1）尽最大可能减少钢中夹杂物，提高钢材纯净度。

（2）严格控制和消除钢中碳化物缺陷，提高钢材的组织均匀性。

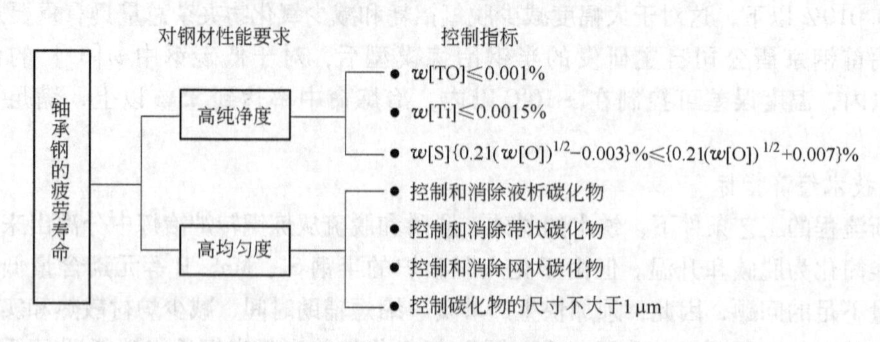

图 5－12　影响轴承钢疲劳寿命的主要因素

A　轴承钢的氧含量

氧含量是轴承钢纯净度重要的标志之一。轴承钢接触疲劳寿命试验结果表明：$w[O]\leqslant 0.001\%$ 时疲劳寿命可提高 15 倍；$w[O]\leqslant 0.0005\%$ 时，疲劳寿命可提高 30 倍。

国外已将 $w[O]$ 控制在 0.0008% 左右，如山阳特殊钢公司 1990 年高碳铬轴承钢总氧为 0.0005%，低碳镍铬钼轴承钢总氧为 0.00075%，钢包脱气、RH 脱气、LF 精炼、完全垂直连铸起了很大作用；其后，通过改善操作工艺、优选稳定的耐火材料、电弧炉采用偏心炉底出钢、LF 双透气砖底吹搅拌、RH 环流管扩径，2001 年高碳铬轴承钢总氧已降到 0.00047%，超纯净的是 0.00037%，最好的是 0.00003%；低碳镍铬钼系轴承钢总氧为 0.00067%。瑞典 SKF 公司轴承钢氧含量一般为 0.0005% ～0.0008%，波动偏差为 0.00006%。

大冶钢厂真空脱气精炼 GCr15 钢的氧含量已由电弧炉熔炼的 0.003% 降到 0.0011%，材质的疲劳寿命提高两倍以上，与瑞典 SKF 轴承钢相比，无明显差异，接近 ESR 钢水平。

B　轴承钢的非金属夹杂物

非金属夹杂物的含量是衡量轴承钢纯净度的又一项重要指标。轴承钢非金属夹杂物的评级如表 5－18 所示。

表 5－18　轴承钢非金属夹杂物的评级

厂名	工　艺	非金属夹杂物评级							
		A 细	A 粗	B 细	B 粗	C 细	C 粗	D 细	D 粗
SKF	100t EF→除渣→ASEA－SKF→IC	1.32	0.79	0.88	0	0	0	0	0
山阳	90t EF→EBT→LF→RH→CC	1.35	0.12	1.4	0	0	0	0.9	0.04
蒂森	EF→RH→IC			1.5	0.1			1.0	0
	TBM（转炉）→RH→IC			1.3	0			1.2	0.2
	TBM→RH→CC			1	0.2			0.7	0.22
	TBM→Ca 处理→CC							1.0	0.5

C 国外轴承钢中微量元素、残余元素和气体的含量

国外主要轴承钢厂家所采用的工艺方法及钢中微量元素的含量如表5-19所示。

表5-19 国外主要轴承钢厂家所采用的工艺方法及钢中微量元素的含量（w） %

厂名	生产工艺	TO	Ti	Al	S	P
SKF	100t EF→除渣→ASEA-SKF→IC	0.00081	0.00134	0.036	0.020	0.008
山阳	90t EF→倾动式出钢→LF→RH→IC	0.00083	0.0014~0.0015	0.011~0.022	0.002~0.013	
	90t EF→倾动式出钢→LF→RH→CC	0.00058	0.0014~0.0015	0.011~0.022	0.002~0.013	
	90t EF→偏心炉底出钢→LF→RH→CC	0.00054	0.0014~0.0015	0.011~0.022	0.002~0.013	
神户	铁水预处理→转炉→除渣→LF→RH→CC	0.0009	0.0015	0.016~0.024	0.0026	0.0063
爱知	80t EF→真空除渣→LF→RH→CC	0.0007	0.0015	0.030	0.002	0.001

在世界各国高碳铬轴承钢中，对残余元素的规定仅有钼、铜、镍三个元素，而瑞典SKF标准则增加了对磷、砷、锡、锑、铅、钛、钙等的规定。瑞典SKF已在其轴承钢标准中明确规定：砷、锡、锑、铅应分别控制在0.04%、0.03%、0.0005%、0.0002%以下。日本住友金属公司的小仓钢铁厂对连铸轴承钢的残余元素的控制水平如表5-20所示。

表5-20 小仓钢铁厂对连铸轴承钢残余元素或有害元素的控制水平

元素	P	S	Cu	Ni	Ti
炉数	143	143	143	143	143
平均值（w）/%	0.0084	0.0049	0.013	0.013	0.011
标准偏差	0.0015	0.0009	0.005	0.002	0.0003

高碳轴承钢的氮含量一般控制在0.008%左右。氢为间隙元素，使轴承钢在压力加工应力条件下会产生白点缺陷，且分布极不均匀。瑞典OVAKO公司轴承实物中w[H]均不大于0.0001%。

5.4.1.2 轴承钢的生产工艺

典型轴承钢工艺流程如表5-21所示。

表5-21 国内特钢企业主要工艺流程及高碳铬轴承钢的质量

生产厂	工艺流程	铸坯尺寸/mm×mm	w[TO]/%
上钢五厂三炼钢	100t EAF→120t LF→VD→IC/CC	220×220	0.00086
兴澄	100t DCEAF→115t LF→VD→CC	300×300	0.00071
锡钢	30t EAF→40t LF→VD→IC/CC	180×220	0.00096
长城特钢	30t EAF→40t LF→VD→IC/CC	200×200	0.00102
大冶钢厂四炼钢	50t EAF→60t VHD→IC/CC	350×470	0.00092
西宁三炼	60t EAF→60t LF→VD→IC/CC	235×265	0.00112
抚顺特钢	50t EAF→60t LF→VD→IC/CC	280×320	0.00091
北满特钢	40t EAF→40t LF→IC		0.00109
本钢特钢	30t EAF→40t LF→IC		0.00118
大连钢厂	40t EAF→40t LF→VD→IC		0.00114

A　轴承钢电炉生产技术

轴承钢最传统的生产是采用电炉工艺。目前，国际上电炉生产轴承钢，按是否采用连铸技术，可分为两类：一类是以瑞典 SKF 公司为代表的“UHP EAF→ASEA - SKF→IC”工艺；另一类是以日本山阳公司为代表的“UHP EAF→LF→RH→CC”工艺流程。图 5 - 13 给出两种工艺流程的比较。

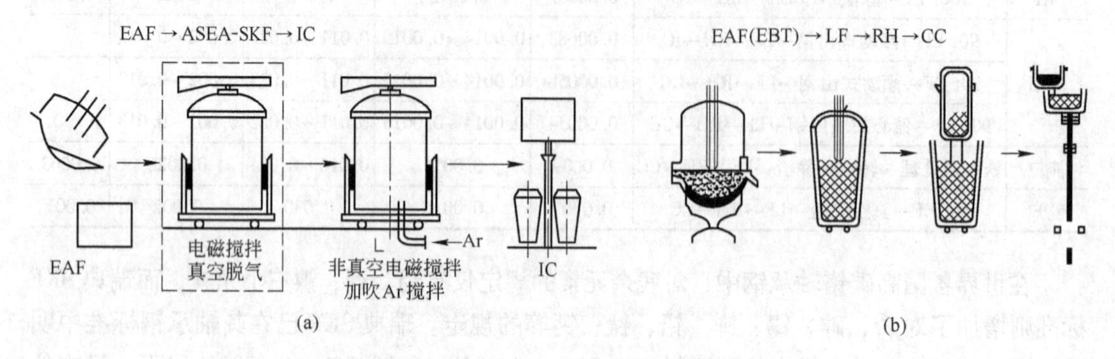

图 5 - 13　两种工艺流程的比较

（a）瑞典 SKF 公司的轴承钢生产工艺流程；（b）日本山阳公司的轴承钢生产工艺流程

近几年，SKF 流程出现取消真空精炼、采用钢包内铝沉淀脱氧和 SKF 精炼炉内吹氩加电磁搅拌的工艺，生产出高质量轴承钢。山阳厂轴承钢生产工艺的特点之一是采用高碱度渣精炼，生产超纯净轴承钢，钢中硫含量控制在 $w[S] \leqslant 0.002\%$。

B　轴承钢转炉生产技术

采用转炉工艺生产轴承钢，出现于 20 世纪末期，其具有明显的技术优势：

（1）原料条件好，铁水的纯净度和质量稳定性均优于废钢。

（2）采用铁水预处理工艺，进一步提高铁水的纯净度，适宜低成本生产高纯净度的优质特殊钢。

（3）转炉终点控制水平高，钢渣反应比电炉更趋近平衡。

（4）转炉钢的气体含量低。

（5）连铸和炉外精炼装备和工艺水平与电炉基本相当。

采用转炉生产轴承钢，日本和德国采用完全不同的生产工艺。两者主要的技术差别在于对炼钢终点碳的控制。日本采用全量铁水“三脱”预处理工艺，转炉采用少渣冶炼、高碳出钢技术，生产低磷低氧钢。德国采用转炉低拉碳工艺，保证转炉后期脱磷效果，依靠出钢时增碳生产轴承钢。国外轴承钢的生产工艺和设备特点如表 5 - 22 所示。

表 5 - 22　世界主要轴承钢生产企业的工艺和设备特点

国　别	瑞典	德国	意大利	日本	法　国		俄罗斯
厂　家	SKF	GMH	ABS	山阳	Ascometal/Fos	Ascometal/Dunes	奥斯科尔钢厂
电炉炉型	AC	DC	AC	AC	AC	AC	AC
出钢量/t	100	122 ~ 132	80	90	120	95	150
出钢方式	OBT	EBT	EBT	EBT	EBT	EBT	EBT
废钢比例/%	100	100	100	100	100	100	100

续表 5-22

国别	瑞典	德国	意大利	日本	法国		俄罗斯
厂家	SKF	GMH	ABS	山阳	Ascometal/Fos	Ascometal/Dunes	奥斯科尔钢厂
精炼方式	ASEA-SKF	LF	LF	LF	LF	LF	
精炼渣	合成渣	活性石灰	石灰石	合成渣	合成渣	合成渣	合成渣
夹杂物分析	在线	离线	离线	离线	离线	离线	离线
搅拌形式	电磁	底吹氩两点	底吹氩	底吹氩	底吹氩或氮	底吹氩或氮	底吹氩
真空方式	VD	VD	VD	RH	RH	RH	DH
浇注方式	模铸	连铸	连铸	连铸和模铸	模铸	连铸	连铸
保护浇注手段	有	吹氮	有	有	离线	离线	有
结晶器电磁搅拌		有	有	有		有	

C 轴承钢炉外精炼技术

轴承钢的炉外精炼工艺，根据对硫的不同控制要求，分为“高碱度渣”和“低碱度渣”两种精炼工艺：

(1) 高碱度渣精炼工艺。控制渣中碱度 $w(CaO+MgO)/w(SiO_2+Al_2O_3)\geqslant 3.0$，渣中 $w(FeO)<1.0\%$。其特点是具有很高的脱硫能力，可生产 $w[S]\leqslant 0.002\%$ 的超低硫轴承钢。同时，高碱度渣的脱氧能力强，可大量吸附 Al_2O_3 夹杂，使钢中基本找不到 B 类夹杂。但由于渣中 CaO 含量高，容易被铝还原生成 D 类球形夹杂，对轴承钢的质量危害甚大。因此，对钢中铝含量要严格控制，尽可能避免 D 类夹杂的生成。

(2) 低碱度渣精炼工艺。控制炉渣碱度 $w(CaO+MgO)/w(SiO_2+Al_2O_3)=1.2$，渣中 $w(FeO)<1.0\%$。该渣系由于碱度低，消除含 CaO 的 D 类夹杂，对 Al_2O_3 夹杂也有较强的吸附能力和一定的脱硫能力，并有利于改变钢中夹杂物的形态，大幅度提高塑性夹杂的比例，有利于提高钢材质量。

用酸性渣处理钢液时，夹杂物的性质和形态得到明显改善，但氧含量仍较高，夹杂物的数量并未减少。

国内外生产实践证实，各种炉外精炼方法（真空或非真空）采用合适的脱氧工艺，加强对钢液的搅拌，都能将氧含量降到很低，而要降低 A 类和 D 类夹杂物的数量，则主要依赖于精炼渣的化学成分。

轴承钢炉外精炼的处理工艺，按采用的精炼设备主要可分为以下三种类型：

(1) LF+VD 精炼工艺。这种工艺是最传统的精炼工艺，适用于电炉生产。其优点是在于进行充分的渣—钢精炼，可以有效地降低钢中氧含量并改变夹杂物形态，实现高效脱硫。

(2) RH 精炼工艺。多用于转炉轴承钢精炼，其特点是在真空下强化钢中碳氧反应，利用碳脱氧和铝深脱氧，吹氩弱搅拌上浮夹杂物，并具备一定的脱硫能力。该工艺的优点是铝的利用率提高，Al_2O_3 夹杂可以充分上浮，钢中不存在含钙的 D 类夹杂物。

(3) SKF 精炼工艺。采用真空、加铝深脱氧和强电磁搅拌促进夹杂物上浮，适宜生产超低硫、氧含量的轴承钢。

D　轴承钢连铸工艺

近几年，轴承钢连铸工艺迅速地发展，特别是日本山阳厂采用立式连铸机生产轴承钢大圆坯，不仅可用于生产轴套，也可以生产滚动体，标志着轴承钢连铸技术已经成熟。国外大多使用弧形铸机生产轴承钢，连铸钢的质量已达到或接近模铸钢。

轴承钢连铸工艺技术介绍如下：

（1）钢水准备。轴承钢模铸时钢中含铝为0.02%~0.04%，相应的钢中氧含量约为0.0009%；由于连铸的浸入式水口直径小，如果采用与轴承钢模铸同样的精炼工艺，易产生水口结瘤，影响铸坯表面质量，甚至造成堵水口事故。

滚珠轴承钢不准使用钙处理钢水，钙处理后，残留在钢中的铝酸钙夹杂物直径为10~30μm，很难在精炼时去除，对疲劳寿命有害。

德国萨尔钢厂从1995年起，按不含铝（钢中$w[Al]=0.001\%$）的方案生产滚珠轴承钢，出钢时只用硅脱氧。该厂统计结果如下：$w[C]=0.94\%\sim0.97\%$（占大部分）、$w[Ti]=0.001\%$（占90%）、$w[Al]=0.001\%$（占80%）、$w[TO]=0.0008\%\sim0.0015\%$。浇注时水口内没有沉积物，虽然$w[TO]$比含铝钢高，但宏观和显微纯度与含铝钢相等，滚珠寿命显著高于含铝钢。

另外，由于动力学的原因，在精炼过程中，真空下碳的脱氧速度很慢且效果差，如果在真空条件下依靠碳脱氧，钢中氧含量可能会大于0.002%，但通常要求$w[TO]\leqslant0.001\%$，$w[N]\leqslant0.008\%$，$w[H]\leqslant0.0003\%$，$w[TTi]\leqslant0.002\%$，$w[Mn]/w[S]\geqslant30$。

（2）铸坯断面。连铸轴承钢一般用较大断面的铸坯，借助大压缩比达到改善中心偏析和中心疏松的目的。据资料介绍，矩形坯较方坯的中心疏松和中心偏析程度轻，所以选用180mm×220mm的矩形坯，宽厚比为1.22。根据计算，采用此种矩形坯，在同等条件下，拉速可以是200mm×200mm方形坯的1.23倍，因此用矩形坯，等量钢水的浇注时间可以缩短。

（3）温度控制。研究和实践表明，降低过热度有利于提高等轴晶率，改善铸坯内部质量。低过热度和降低拉速应合理匹配。重要的是，要确保中间包钢温的连续稳定，尽可能降低浇注过程钢液的降温速度，掌握钢包和中间包温降规律。加强钢包和中间包的烘烤，钢包和中间包加盖，并加足合适的覆盖剂以及红包出钢等措施，确保中间包钢温度波动小，拉速稳定，以保证铸坯质量。为了避免连铸坯中碳的严重偏析，要求采用低过热度浇注工艺。钢水过热度应控制在15~20℃范围内。

（4）全程保护浇注。应采用长水口接缝吹氩工艺，控制浇注过程中钢水增氮量小于0.0005%。

（5）防止钢水二次氧化。为防止注流二次氧化，用机械手将长水口安装在钢包滑动水口下水口的下方，并用氩气环密封。中间包采用碱性工作层，为T形罐。使用塞棒和整体浸入式水口保护浇注。例如某厂的中间包内设挡渣墙，工作液面高度800mm、溢流面高度850mm，工作状态容量约12.5t、溢流状态约13.5t。深中间包及挡渣墙有利于夹杂物上浮，提高钢水的纯净度，同时采用轴承钢专用结晶器保护渣，提高铸坯表面质量。

（6）低拉速弱冷工艺。轴承钢属于裂纹敏感钢种，二冷需要弱冷。采用气-雾冷却系统，系统使用的压缩空气压力一般为0.15~0.20MPa，二冷比水量很小，配合慢拉速，确保铸坯矫直时铸坯温度大于900℃。轴承钢拉速一般控制在0.6~0.8m/min，视铸坯断面尺寸，适当调整拉速，二冷配水量通常为0.25～0.3L/kg。

（7）采用电磁搅拌技术。生产轴承钢采用电磁搅拌，对增加等轴晶、提高铸坯致密度和减轻碳偏析都极为有效。电磁搅拌的安装位置不同，对铸坯质量的影响也有不同。为达到多种目的，需组合使用电磁搅拌工艺。对于GCr15铸坯综合采用M－EMS＋F－EMS＋末端轻压下工艺技术，可以得到最佳冶金效果，并随浇注过热度的降低效果更加明显。

（8）结晶器液面检测及控制系统。结晶器液面检测及控制系统是保证稳定操作和良好铸坯质量的重要环节。

E 兴澄特钢公司轴承钢生产工艺

兴澄特钢公司生产轴承钢的工艺路线为：100t DC EAF（60%废钢＋40%生铁）—EBT出钢—115t LF精炼炉—VD真空脱气炉—连铸机（全弧形，两点矫直，5机5流，半径为$R12$m/$R23$m，300mm×300mm）—17架棒材连轧机。

兴澄特钢公司轴承钢精炼渣成分如表5－23所示。

表5－23 兴澄特钢公司和日本山阳轴承钢精炼渣成分（w） %

厂 名	CaO	SiO_2	Al_2O_3	MgO
兴澄特钢公司	50～60	8～12	20～30	5～8
日本山阳公司	57.8	13.3	15.8	4.3

钢水过热度为20～30℃；冷却强度为0.20L/kg；拉速为0.50～0.55m/min；采用进口保护渣；二冷采用气雾冷却。采用MEMS：$F=2$Hz，$I=320$A，坯壳生成比较均匀；采用FEMS：$F=20$Hz，$I=450$A，能够打断中心部位架桥，较好地补给凝固收缩所需的钢液。

兴澄特钢公司2001年生产GCr15轴承钢平均氧含量达到0.000735%，最好水平达到0.00043%。

5.4.2 硬线用钢

硬线是指60～85系列钢号的优质碳素结构钢线材（盘条）。它用于生产轮胎钢丝（w[C]＝0.80%～0.85%）、弹簧钢线（w[C]＝0.60%～0.75%）、预应力钢丝、镀锌钢丝、钢绞线和钢丝绳用钢丝等。硬线盘条是指优质中、高碳素钢以及变形抗力与硬线相当的低合金钢、合金钢及某些专用钢制造的ϕ5.5～12mm（大规模盘条ϕ12～25mm）的硬质线材，是加工弹簧、钢丝绳、轮胎钢帘线和低松弛预应力钢丝的原材料。

5.4.2.1 硬线钢的基本质量要求

硬线钢不但要求强度高，而且要求延伸、韧性好，以利于拉拔成为不同规格的钢丝。优质钢是通过铅浴处理来达到这种性能的。铅浴处理是将高碳钢奥氏体化以后，迅速移到A_{r1}以下温度中等温处理，以期获得索氏体或以索氏体为主的金相组织。

高级别硬线是指磷、硫夹杂含量比一般硬线更少、钢质更纯净、强度更高、韧性更好的硬线，主要用于制作有重要用途的高强度钢丝绳和弹簧钢丝。其安全系数要求很高，因而冶炼和轧制的难度也较大。非金属夹杂物含量低，脆塑性夹杂在1.5级以下。组织为索氏体，晶粒度为10级。脱碳层在2%以下。直径偏差和不圆度达到良好水平。优质硬线用钢中，子午线轮胎钢帘线用钢的质量要求最严，它要求对从冶炼、连铸到轧钢的每一工序进行严格控制。生产优质硬线必须满足以下技术要求：

（1）钢质纯净度，钢中磷、硫等有害成分得到有效控制。

（2）对生产硬线的原料须进行探伤和低倍检查，表面质量不符合要求的必须修磨或剔除。

（3）轧制工艺严格控制，不得有黏钢、错辊现象。

（4）为了得到强度高、拉拔性能好的硬线产品，必须严格控制线材的终轧温度和控制冷却温度。

（5）线材性能均匀、组织细小。

（6）盘条脱碳层深度一般不大于公称直径的2%。

（7）盘条不得有耳子、折叠、结疤、裂纹等缺陷。

影响线材性能的五个参数为：①化学成分；②偏析；③纯净度；④表面质量；⑤宏观组织和微观组织。

高碳钢线材的质量检验项目和化学成分分别如表5－24和表5－25所示。表5－26示出了我国硬线钢主要牌号的化学成分。

表5－24　高碳钢线材质量要求检验项目

成　分	碳
合金化元素	锰、硅、铝
非金属残余元素	磷、硫、氮、氧
金属残余元素	铜、铬、镍、锡、铝、钴
物理性能	直径、不圆度、抗拉强度、断面收缩率、氧化铁皮
碳偏析	二次偏析
夹杂物	数量、类型、最大尺寸
组　织	平均粒度、粒度一致性、马氏体、贝氏体、二次渗碳体、粗片状珠光体
表　面	脱碳、裂纹、粗糙度、轧入氧化皮、氧化铁皮结构和厚度

表5－25　日本硬线钢的化学成分

钢　号	标准号	化学成分 (w)/%				
		C	Si	Mn	P	S
SWRH67A	JIS 3506	0.64～0.71	0.15～0.35	0.30～0.60	0.03	0.03
SWRH67B	JIS 3506	0.64～0.71	0.15～0.35	0.60～0.90	0.03	0.03
SWRH72A	JIS 3506	0.69～0.76	0.15～0.35	0.30～0.60	0.03	0.03
SWRH72B	JIS 3506	0.69～0.76	0.15～0.35	0.60～0.90	0.03	0.03
SWRH77A	JIS 3506	0.74～0.81	0.15～0.35	0.30～0.60	0.03	0.03
SWRH77B	JIS 3506	0.74～0.81	0.15～0.35	0.60～0.90	0.03	0.03
SWRH82A	JIS 3506	0.79～0.86	0.15～0.35	0.30～0.60	0.03	0.03
SWRH82B	JIS 3506	0.79～0.86	0.15～0.35	0.60～0.90	0.03	0.03

表 5-26　我国硬线钢的化学成分

钢　号	标准号	化学成分（w）/%							
		C	Si	Mn	P	S	Ni	Cr	Cu
65	GB/T 699	0.62~0.70	0.17~0.37	0.50~0.80	≤0.035	≤0.035	≤0.25	≤0.25	≤0.25
70	GB/T 699	0.67~0.75	0.17~0.37	0.50~0.80	≤0.035	≤0.035	≤0.25	≤0.25	≤0.25
75	GB/T 699	0.72~0.80	0.17~0.37	0.50~0.80	≤0.035	≤0.035	≤0.25	≤0.25	≤0.25
75Mn	GB/T 699	0.72~0.80	0.17~0.37	0.90~1.20	≤0.035	≤0.035	≤0.25	≤0.25	≤0.25
80	GB/T 699	0.77~0.85	0.17~0.37	0.50~0.80	≤0.035	≤0.035	≤0.25	≤0.25	≤0.25
80Mn	GB/T 699	0.77~0.85	0.17~0.37	0.90~1.20	≤0.035	≤0.035	≤0.25	≤0.25	≤0.25
85	GB/T 699	0.82~0.90	0.17~0.37	0.50~0.80	≤0.035	≤0.035	≤0.25	≤0.25	≤0.25
85Mn	GB/T 699	0.82~0.90	0.17~0.37	0.90~1.20	≤0.035	≤0.035	≤0.25	≤0.25	≤0.25

5.4.2.2　硬线钢的基本生产工艺

在现代中小型短流程钢厂中硬线钢的生产流程为：电炉冶炼—炉外精炼—连铸—高速线材轧制，即采用超高功率直流电弧炉或三相交流电弧炉熔炼，钢包精炼炉脱硫、去除气体和夹杂物以及调整钢液成分、温度，连铸成小方坯。钢坯加热后经有控制冷却的无扭高速线材轧制成成品线材。目前世界上采用这类生产工艺生产优质硬质线材的钢铁厂主要有日本住友电气工业公司、美国乔治城钢厂和德国汉堡钢厂等。

PC 钢丝（预应力混凝土用钢丝）及钢绞线母线用 82B 钢的转炉冶炼工艺一般为：铁水预处理—转炉冶炼—炉外精炼—连铸（保护浇注）。

A　硬线钢的电炉冶炼

由于优质硬线盘条用钢对钢水的纯净度有较高的要求，炉料成分及炉料中的残余元素都会影响钢水的纯净度。

82B 钢碳含量高，坯料不可避免地存在着中心偏析，因而在冶炼时尽可能降低磷、硫元素的含量以避免由于磷、硫形成的低熔点化合物使碳、锰等元素集中在这个熔融区，造成偏析。

a　生产硬线钢对电炉炼钢原料的要求

为了防止从原料中带入有害气体和元素，必须净化原料，严格把关：

（1）采用 DRI（海绵铁/HBI）；

（2）采用厂内回收废钢。

对废钢、生铁、铁合金的要求如表 5-27 和表 5-28 所示。其中数据表明，生产硬线钢对原料的要求比较高，随着线材最终产品直径的减小，对原材料的要求更加严格。

表 5-27　废钢和生铁成分的要求（w）　　%

线材品种	Cr	Ni	Cu	Mo
普通级别	<0.05	<0.05		
高级 ϕ<0.20mm	<0.02	<0.02	<0.01	<0.01

表 5-28　铁合金成分的要求（w）　　%

合　金	C	S	P	Al	Ti	N	Ca
FeMn	6~8	<0.02	<0.05	<0.01	<0.05	<0.020	
FeSi（低 Al，Ti）	<0.1	<0.02	<0.05	<0.1	<0.05	<0.010	<0.1

b　生产硬线钢对电炉工艺的要求

在电炉炼钢工艺过程中，必须防止钢水渗氮，使钢液中氧含量维持在高水平，碳含量脱至比正常含量大0.5%，以便在钢液中产生有效的CO沸腾搅拌效果，增加过程的脱氮效果。同时尽早形成泡沫渣，降低在通电阶段氮的渗入。硬线钢出钢时对各种成分的要求如表5－29所示。

表5－29　硬线钢出钢时对各种成分的要求

元　素	$w[C]/\%$	$w[P]/\%$	$w[Cr]/\%$	$w[Ni]/\%$	$w[Cu]/\%$	$w[N]/\%$	温度/℃
普通硬线钢	<0.015	<0.015	<0.05	<0.05	<0.15	<0.0060	1640，1660
高级硬线钢	<0.012	<0.012	<0.02	<0.05	<0.05	<0.0050	1640，1660

出钢过程要快速而且无渣，钢流短而集束，尽量减少出钢过程中的氧化和增氮。出钢添加剂中氮和硫的含量必须很低，可以使用FeSiMn合金和其他低氮、硫的脱氧剂。钢包衬砖应选择低Al_2O_3和TiO_2含量的耐火材料，推荐用镁砖或煅烧白云石砖（在渣线部位用MgO－Cr砖）。在冶炼普通级别的硬线钢前，钢包必须浇注一炉无铝钢水，而冶炼高级别的硬线钢（直径小于0.2mm）之前，该钢包必须浇注2～3炉无铝钢水。

B　硬线钢的转炉冶炼

a　对铁水的要求

为了减少钢中夹杂物的含量，要求硬线钢冶炼终点高拉碳，使补吹的次数受到限制，因而必须采用硫、磷含量较低、物理热和化学热较高的铁水。唐山钢铁公司采用的铁水性能指标为：$w[S] \leqslant 0.050\%$，$w[P] \leqslant 0.100\%$，$w[Si] = 0.60\% \sim 0.80\%$，温度不低于1400℃。

b　吹炼工艺的基本原则

吹炼工艺（见图5－14）的基本原则如下：

（1）进行前期脱磷，实现脱磷保碳的目的；

（2）针对不同铁水采用不同的造渣方法，如双渣法；

（3）变化枪位，改变渣料的加入方法，控制炉温均匀地上升；

（4）确立最佳的温度制度；

（5）减少沥青焦的加入量，终点高拉碳。

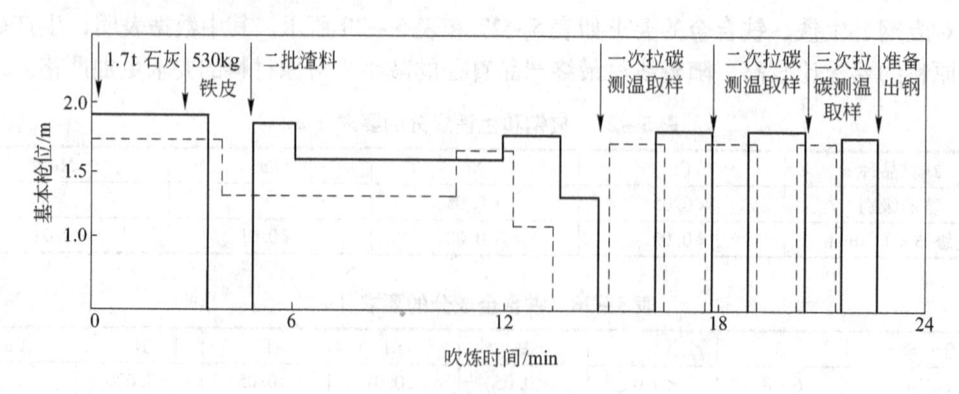

图5－14　硬线钢吹炼工艺

C　硬线钢的炉外精炼

硬线钢对钢中夹杂物有严格的要求。为保证钢材质量，必须采用低氧钢精炼工艺技术（见5.3.3节）。

a　硬线钢对LF工艺的要求

钢包在精炼阶段必须尽可能地密封，以防止空气进入反应区。一般可以采取如下措施：

（1）高氧位（低碳）完全敞开式出钢；

（2）排烟系统和炉盖分开，钢包周围造成负压；

（3）渣厚大于弧长；

（4）最佳的氩气搅拌。

炉后渣料使用优化过的合成渣，碱度为1.5～2，主要成分为石灰、SiO_2和无铝助熔剂。高级硬线钢为了得到低熔点的夹杂物，终铝含量控制在0.003%～0.004%。

为了使夹杂有充分的时间扩散，铁合金应尽可能早地加入。

b　硬线钢对VD真空处理工艺的要求

真空处理可有效地降低钢中氮和氢的含量，同时可充分脱硫。为了降低硬线钢拉制中的加工硬化，对于直径在0.10～0.20mm的细线应控制终点氮含量在0.003%～0.004%。要获得良好的脱氮效果，硫和氧的含量必须低。真空处理过程的液渣搅拌和脱硫同样有利于提高脱氮效率。高品质硬线钢要求$w[H]<0.0002\%$。

高级别硬线钢生产难度较大。攀钢在试制中，一是采取多项技术措施，提高硬线钢的纯净度；二是严格控制钢坯加热气氛、加热温度和线材轧后控制冷却。同时，十分注意钢锭模的干燥及冷钢坯用砂轮清理。

D　硬线钢对连铸工艺的要求

（1）提高钢水的纯净度，减少非金属夹杂的含量。要求：①采用大容量中间包；②采用全程保护工艺，避免钢水二次氧化；③监测钢包下渣。

（2）表面无缺陷铸坯。要求：①结晶器电磁搅拌；②合理的结晶器振动；③低黏度、保温性好的速熔保护渣；④精确控制结晶器液面，采用较低的拉速，保证钢液面平稳，严格控制钢液卷渣形成大型皮下夹杂。

（3）控制偏析和吸氮。硬线钢含碳量高，容易在铸坯连铸的过程中产生偏析，导致C、Mn、S、Cr等有害元素含量增加，局部区域会形成马氏体组织。

如果连铸过程工艺参数控制得不理想，过热度太高，结晶器冷却过弱，二冷强度不够等，则柱状晶过于发达，等轴晶受到抑制，增强的柱状晶结构导致跨液芯的搭桥的形成，也将进一步地助长中心偏析的形成。为避免铸坯中心疏松和成分偏析，应采用低温浇注工艺，控制钢水过热度不高于20℃，过热度波动不超出±10℃。

为了防止钢水在浇注过程中吸氮，可采用以下措施：

1）钢包和中间包之间的钢流采用氩气保护；

2）中间包内的钢水液面上覆盖保护渣；

3）采用浸入式水口浇注；

4）中间包的特殊形状设计；

5）结晶器液面自动控制。

（4）采用高效结晶器。由于生产硬线钢的连铸机的拉速都比较快，因此必须采用高效结晶器，如奥钢联的“钻石”结晶器、达涅利“HSCDANAM”多锥度结晶器和康卡斯特的“CONVEX”型高效结晶器。其中达涅利“HSCDANAM”结晶器的技术参数为：长度1000mm，水缝宽3.25mm，入水压力10×10^5Pa，平均水速14~17m/s，多锥度（4锥度），浇注速度3.0mm/min。

（5）提高二次冷却强度。提高二次冷却强度是减少高碳钢铸坯碳偏析非常有效的手段，提高二次冷却强度可以使铸坯液芯热量被迅速带走，液芯温度迅速下降，同时在强冷条件下，凝固前沿平衡前进，不会出现个别突出点，抑制了铸坯柱状晶的生长，扩大了等轴晶区域。因此，为了提高铸坯的质量，在生产高碳硬线钢，特别是预应力钢绞线（82B等）、钢帘线（B70LX等）高档次品种时，必须采用强冷却工艺。这也是目前国际上通常所采用的方法。

国外硬线钢连铸机的比水量（m^3/t）为：德马克1.71，奥钢联1.9，达涅利2.0，康卡斯特2~2.5。生产高碳硬线钢和生产普碳钢比较，比水量增加1~1.5m^3/t，水压增加0.4~0.6MPa。

5.4.2.3 包钢硬线钢生产工艺

包钢SWRH82B高碳硬线的生产工艺为：转炉冶炼—钢包精炼—真空脱气—大方坯连铸—开坯和高线轧材，并采取严格控制化学成分、降低过热度、二冷与拉速合理匹配、末端电磁搅拌等措施，减少铸坯疏松和纵向碳偏析，以满足82B硬线钢的内部质量要求；同时加入少量合金元素，配合控制冷却，大幅度提高82B硬线的性能。

A 转炉冶炼

由80t氧气顶吹转炉冶炼，采用恒压变枪位、高拉补吹、炉后增碳工艺操作，用单渣法冶炼；出钢时使用挡渣塞挡渣，加完合金后向钢包内加入200kg石灰粉。

B 精炼

钢包精炼操作在全程吹氩状态下进行，电极加热采用从低级数到高级数逐渐提高升温速度的方式，根据钢水成分及温度变化进行造渣、微调和升温操作。钢包炉精炼后的钢水经VD炉真空脱气处理，进一步降低钢中有害气体含量，提高钢的纯净度。

C 大方坯连铸

82B钢由弧形四流大方坯连铸机按优质高碳钢连铸工艺进行拉坯浇注，铸坯规格为280mm×380mm和280mm×325mm，采用结晶器电磁搅拌，末端电磁搅拌，进一步提高铸坯质量。

5.4.3 石油管线钢

5.4.3.1 管线钢的质量要求

制造石油、天然气集输和长输管或煤炭、建材浆体输送管等用的中厚板和带卷称为管线用钢（Steel for Pipe Line）。管线钢主要用于石油、天然气的输送。随着石油、天然气开采量的增加，对管线钢的需求量也日益增多，对钢材质量要求更为严格，在成分和组织上要求“超高纯、超均质、超细化”。

管线钢可分为高寒地区、高硫地区和海底铺设用三类。由于工作环境比较恶劣，要求钢应具有良好的力学性能，即高屈服强度、高韧性和良好的可焊接性能，还应具有良好的耐低温性能、耐腐蚀性、抗海水、抗 HIC（Hydrogen Induced Cracking）和 SSCC（Sulfide Stress Corrosion Cracking）等，要防止出现管线的低温脆性断裂和断裂扩展以及失稳延性断裂扩展等。这些性能的提高需要降低钢中杂质元素如碳、磷、硫、氧、氮和氢的含量到较低的水平，其中要求 $w[\mathrm{S}]<0.001\%$；输送酸性介质时，管线钢要能抗氢脆，所以要求 $w[\mathrm{H}]\leqslant 0.0002\%$；对于钢中的夹杂物，要求最大直径 $D<100\mu\mathrm{m}$，控制氧化物形状，消除条形硫化物夹杂的影响。

对于优质管线钢，杂质的含量应当达到表 5－30 中的水平。

表 5－30 优质管线钢质量要求钢中有害元素的含量

炼钢		应用		
		高强厚壁管	低温管	腐蚀性气体传递管
纯净钢	$w[\mathrm{S}]<0.005\%$	◇	◇	
	$w[\mathrm{S}]<0.001\%$	○	○	□
	$w[\mathrm{P}]<0.010\%$	○	○	□
	$w[\mathrm{P}]<0.005\%$			○
	$w[\mathrm{H}]<0.00015\%$	□	○	◇
	$w[\mathrm{N}]<0.004\%$	◇	◇	◇
钙处理	$w[\mathrm{Ca}]=0.001\%\sim0.0035\%$	○	○	□
低碳钢	$w[\mathrm{C}]<0.10\%$	□	□	□
	$w[\mathrm{C}]<0.05\%$	○	○	□
夹杂物控制		◇	◇	□
中心偏析控制		◇	◇	□
化学成分精调		□	□	□

注：□—必不可少的；◇—必要的；○—理想的。

石油管线钢强度一般要求达到 600～700MPa，管线钢中 $w[\mathrm{TO}]+w[\mathrm{S}]+w[\mathrm{P}]+w[\mathrm{N}]+w[\mathrm{C}]+w[\mathrm{H}]\leqslant 0.0092\%$，钢中脆性 Al_2O_3 夹杂物和条状 MnS 夹杂成痕迹，晶粒细化，满足管线钢的力学性能和使用性能要求。因此，为了满足石油、天然气的输送，超低硫钢的生产工艺迅速发展。目前大工业生产中已可以稳定生产 $w[\mathrm{S}]\leqslant 0.001\%$ 的超低硫钢。同时随着输送距离、输送压力、输送介质以及自然环境的不断变化，管线钢的要求及钢级在不断提高。目前已批量生产的管线钢钢级有 X52、X60、X65、X70、X80，而 X100、X120 钢级管线钢近年已研制成功。

石油管线钢是一个随着使用要求不断变化的钢种，典型的各钢种成分见表 5－31。表 5－32 给出了具有铁素体＋贝氏体显微组织的高变形性管线钢的力学性能。

表 5-31 典型管线钢的化学成分（w） %

牌号	C	Si	Mn	P	S	Cr	Mo	Ni
X52	0.08	0.14	0.87	0.0080	0.0030	0.035	0.004	0.013
X60	0.04	0.27	1.19	0.0050	0.0020	0.030	0.020	0.110
X70	0.05~0.08	0.25	1.62	0.0070	0.0010	0.030	0.150	0.150
X80	0.04	0.30	1.80	0.0060	0.0020	0.050	0.20	0.020
X100	0.08	0.30	1.90	0.0060	0.0010	—	0.25	0.030
牌号	Nb	V	Ti	Cu	Al	N	Ca	C_{eq}
X52	0.022	0.005	0.008	0.015	<0.03	0.0910	0.002	0.236
X60	0.049	0.040	0.015	0.230	0.034	0.0071	0.0023	0.275
X70	0.060	0.040	0.022	0.20	0.040	0.0040	0.0010	
X80	0.045	0.005	0.015	0.020	0.0030	0.0060		
X100	0.050		0.015	0.17	0.03	0.0020		

表 5-32 具有铁素体+贝氏体显微组织的高变形性管线钢的力学性能

钢 级	尺 寸			拉 伸 性 能				冲击性能	
	外径/mm	壁厚/mm	外径/壁厚	屈服强度/MPa	抗拉强度/MPa	屈强比	n 值	冲击功/J	转变温度/℃
X65	762.0	19.1	40	463	590	0.78	0.16	271	-98
X80	610.0	12.7	48	553	752	0.74	0.21	264	-105
X100	914.4	15.0	61	651	886	0.73	0.18	210	-143

A 管线钢抗硫化氢行为的要求

管线钢最常见的 H_2S 环境断裂可分为两类（见图 5-15）：氢致开裂（HIC）和硫化物应力腐蚀开裂（SSCC）。HIC 和 SSCC 会引起管道早期失效，甚至导致恶性事故发生。

管线钢的 HIC 是指在含 H_2S 的油气环境中，因 H_2S 与管线钢作用产生的氢进入管线钢内部而导致的开裂，最常见的表现形式为氢致台阶式开裂。当然，如果裂纹处在钢管近表面，则也常表现为氢鼓泡。管线钢的 SSCC 是指在含 H_2S 的油气环境中，因 H_2S 和应力对管线钢的共同作用产生的氢进入管线钢内部而导致的开裂。这是管线钢最常见的一种失效形式。SSCC 是一种特殊的应力腐蚀，属于低应力破裂，所需的应力值通常远低于管线钢的抗拉强度，多表现为没有任何预兆下的突发性破坏，裂纹萌生并迅速扩展。对 SSCC 敏感的管线钢在含 H_2S 的油气环境中，经短暂时间后，就会出现破裂，以数小时到数月情况为多。因此，管线钢在投入使用之前一般要经过 HIC 和 SSCC 的检测。

对管线钢的板材和钢管已制定了标准化的评估检验方法，其中最常采用的是 NACE 试验规范。例如，对于 HIC，在 NACE 试验规范 TM02—84 标准溶液中，裂纹长度率 $CLR \leq 15\%$，裂纹厚度率 $CTR \leq 5\%$，裂纹敏感率 $CSR \leq 2\%$，目前这 3 个评定参数通常作为在酸性环境条件下管线钢抗 HIC 的指标。总的来说，管线钢的 HIC 和 SSCC 都与氢的扩散和富集有关，可以归结为氢脆引起的开裂。在含 H_2S 的油气环境中，H_2S 在水溶液中逐步发生离解，即 $H_2S \rightarrow H^+ + HS^-$，$HS^- \rightarrow H^+ + S^{2-}$；而铁在水溶液中发生的反应为 $Fe \rightarrow Fe^{2+} +$

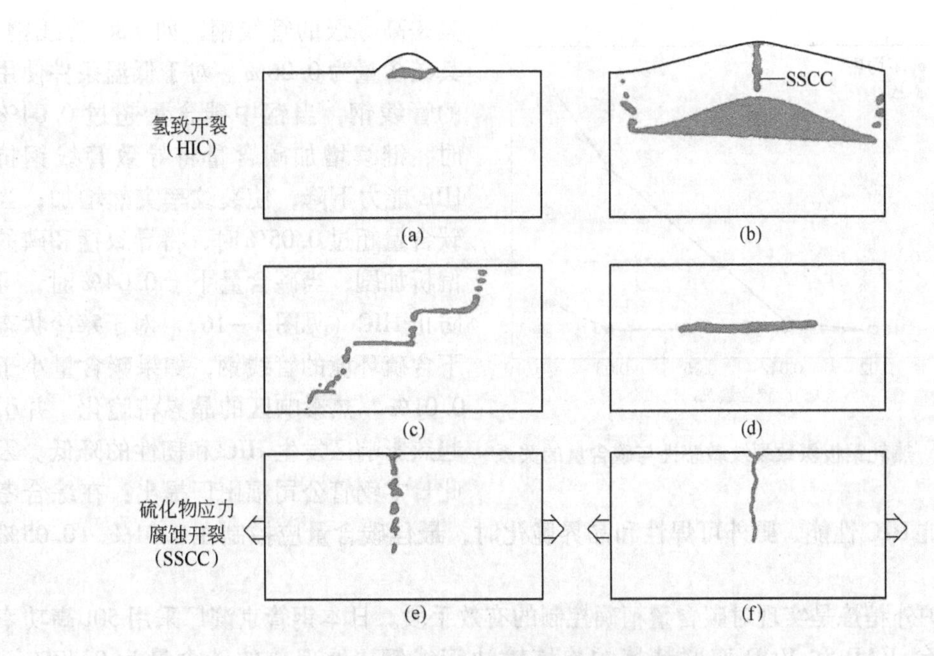

图 5-15　H_2S 环境下的各种开裂形态

(a) 氢鼓泡，HIC；(b) 伴随着台阶状开裂的氢鼓泡，HIC；(c) 台阶状开裂，HIC；
(d) 直线状开裂，HIC；(e) 低强度钢的 SSCC；(f) 高强度钢的 SSCC

2e，其中 Fe^{2+} 与 S^{2-} 结合，形成 FeS，即 $Fe^{2+}+S^{2-}\rightarrow FeS$，所放出的电子被 H^+ 吸收，即 $2H^+ + 2e\rightarrow 2H$。反应生成的氢，一部分结合成氢气溢出，一部分进入管线钢内，扩散到夹杂物、偏析区、微孔等缺陷周围或应力集中区域富集。当富集的氢达到一个临界值时，导致开裂。HIC 和 SSCC 最大的区别在于，HIC 不需要外加应力就可产生；SSCC 则必须有拉应力作用，并且这个应力必须大于管线钢所对应的抗 SSCC 临界值。

管线钢的 H_2S 环境断裂，受环境介质、材质本身以及工艺因素的影响。在环境介质方面，主要是 H_2S 浓度、pH 值和温度的影响。H_2S 浓度愈高，pH 值愈低，钢的开裂敏感性便愈大，并且敏感性在室温附近最严重。在材质方面，化学成分、组织结构和力学性能是 3 个重要的因素。其中化学成分的影响比较复杂，一般而言，硫、磷等元素有害，Mo、V、Ti、Nb 等元素有益，C、Mn、Ni、Si 等元素还存在争议。由于氢致裂纹易沿珠光体和带状结构扩展，控制管线钢的显微组织，减少珠光体和带状结构，增加针状铁素体含量可改善管线钢的抗 H_2S 性能；就组织结构而言，采用细化晶粒，并尽可能使碳化物、硫化锰和氧化物等夹杂物变为均匀、细小的球状形态，便能改善管线钢的抗 H_2S 性能；反之组织结构上的不均匀性，对管线钢的抗 H_2S 性能十分有害。此外，管线钢的强度、硬度愈高，抗 H_2S 性能一般愈差，为此，一般要求 HRC 不大于 22 或屈服强度不大于 690MPa。由于热轧工艺制度影响到管线钢的组织结构和强度水平，因而也影响到管线钢的抗 H_2S 性能。

B　高级管线钢中元素的作用与控制

(1) 碳。按照 API（American Petroleum Institute，美国石油学会）标准规定，管线钢中的碳含量通常为 0.18% ~0.28%，但实际生产的管线钢中的碳含量却在逐渐降低，尤

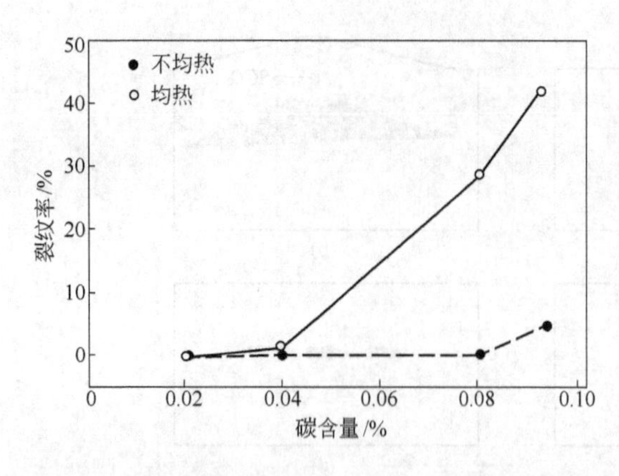

图5-16 热轧钢板氢致裂纹敏感性与碳含量的关系

其是高等级的管线钢，如X80管线钢，其碳含量为0.06%。对于低温条件使用的管线钢，当钢中碳含量超过0.04%时，继续增加碳含量将导致管线钢抗HIC能力下降，使裂纹率突然增加；当碳含量超过0.05%时，将导致锰和磷的偏析加剧；当碳含量小于0.04%时，可防止HIC（见图5-16）。对于寒冷状态下含硫环境的管线钢，如果碳含量小于0.01%，热影响区的晶界将脆化，并引起热影响区发生HIC和韧性的降低。因此日本钢管公司福山厂提出：在综合考虑管线钢抗HIC性能、野外可焊性和晶界脆化时，最佳碳含量应控制在0.01%～0.05%之间。

采用炉外精炼是实现对碳含量精确控制的有效手段。日本钢管京滨厂采用50t高功率电炉与一台VAD和VOD双联精炼炉冶炼输油管线钢。处理前的碳含量为0.40%～0.60%，在VOD中真空室压力低于9.3kPa时，吹入氧气流量为800～1000m^3/h，处理后碳含量可降为0.03%～0.05%。其他钢厂在RH上采用增大氩气流量、增大浸渍管直径和吹氧等方式进行真空脱碳，保证了管线钢精确控制碳含量的要求。

精炼后还要避免耐火材料造成的增碳问题。通常采用以下防范措施：

1）使用不含碳或低碳的耐火材料；

2）同一耐火材料的反复使用。

（2）硫。硫是管线钢中影响钢的抗HIC能力和抗SSCC能力的主要元素。法国G. M. Pressouyre等研究表明：当钢中硫含量大于0.005%时，随着钢中硫含量的增加，HIC的敏感性显著增加。当钢中硫含量小于0.002%时，HIC明显降低，甚至可以忽略此时的HIC。日本K. Yamada等认为：当X42等低强度管线钢中硫含量低于0.002%时，裂纹长度比接近于零。然而由于硫易与锰结合生成MnS夹杂物，当MnS夹杂变成粒状夹杂物时，随着钢强度的增加，单纯降低硫含量不能防止HIC。如X65管线钢，当硫含量降到0.002%时，其裂纹长度比仍高达30%以上。此外，硫还影响管线钢的低温冲击韧性。从图5-17可见，降低硫含量可显著提高管线钢的冲击韧性。

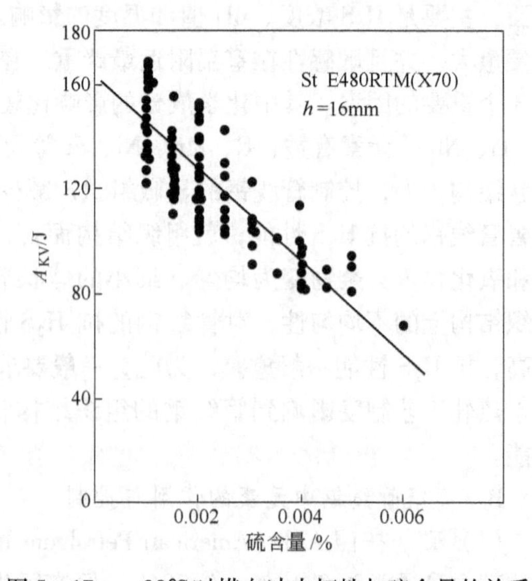

图5-17 -20℃时横向冲击韧性与硫含量的关系

管线钢中硫的控制通常是在炉外精炼时采用喷粉、加顶渣或使用钙处理技术完成的。采用RH-PB法可以将钢中硫含量

控制在 $w[S]\leqslant0.001\%$。新日铁大分厂采用 RH - Injection 法喷吹 $CaO-CaF_2$ 粉剂 4～5kg/t 后，钢中硫稳定在 0.0005% 左右。君津制铁所单独采用 LF 精炼，钢中硫含量最低降到 0.001%，而采用 OKP（铁水预处理）→LD - OB（顶底复吹转炉）→V - KIP - CC 生产极低硫管线钢时，在 V - KIP 中保持 $w(CaO)/w(Al_2O_3)\geqslant1.8$，吹入脱硫粉剂 13kg/t（65% CaO、30% Al_2O_3、5% SiO_2），可以生产出 $w[S]\leqslant0.0005\%$ 的管线钢。

（3）氧。钢中氧含量过高，氧化物夹杂以及宏观夹杂增加，严重影响管线钢的纯净度。钢中氧化物夹杂是管线钢产生 HIC 和 SSCC 的根源之一，危害钢的各种性能，尤其是当夹杂物直径大于 50μm 后，严重恶化钢的各种性能。为了防止钢中出现直径大于 50μm 的氧化物夹杂，减少氧化物夹杂数量，一般控制钢中氧含量小于 0.0015%。

采用炉外精炼可获得较低的氧含量，国外的精炼工艺及 TO 的控制水平见表 5 - 33。

表 5 - 33 国外炉外精炼工艺及 w[TO] 控制水平

钢 厂	工 艺	w[TO]/%
新日铁君津制铁所	RH + KIP	29×10^{-4}
	V - KIP（碱性钢包）	15×10^{-4}
室兰制铁所	LF - RH 或 LF - VOD	10×10^{-4}
日本其他厂	RH	20×10^{-4}

另外，由于耐火材料供氧，钢水在运输和浇注过程中应尽量减少二次氧化。通过改进中间包挡墙和坝结构，以及选择良好的中间包覆盖渣和连铸保护渣，可取得较好的效果。

（4）氢。钢中氢是导致白点和发裂的主要原因。管线钢中的氢含量越高，HIC 产生的几率越大，腐蚀率越高，平均裂纹长度增加越显著（见图 5 - 18）。

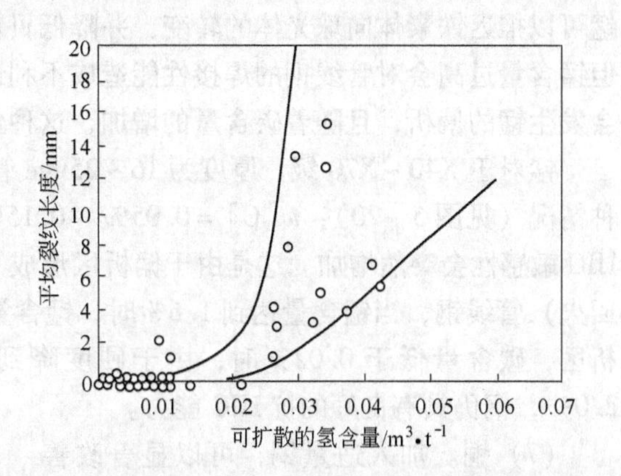

图 5 - 18 可扩散的氢含量与平均裂纹长度的关系

利用转炉 CO 气泡沸腾脱氢和炉外精炼脱气过程可很好地控制钢中的氢含量。采用 RH、DH 或吹氩搅拌等均可控制 $w[H]\leqslant0.00015\%$。鹿岛制铁所使用 RH 脱氢处理，氩气流量为 $3.0m^3/min$ 时，成品中 $w[H]$ 为 0.00011% 左右。

另外，要防止炼钢的其他阶段增氢。采用钢包和中间包预热烘烤可以有效降低钢水的吸氢量。连铸过程中，在钢包和中间包系统中对保护套管加热和同一保护套管的反复使用可明显降低钢液的吸氢量。

（5）磷。由于磷在管线钢中是一种易偏析元素，在偏析区其淬硬性约为碳的 2 倍。由 2 倍磷含量与碳当量 $w(2P+C_{eq})$ 对管线钢硬度的影响可知：随着 $w(2P+C_{eq})$ 的增加，含 0.12%～0.22% C 的管线钢的硬度呈线性增加；而含 0.02%～0.03% C 的管线钢，当 $w(2P+C_{eq})$ 大于 0.6% 时，管线钢硬度的增加趋势明显减缓（见图 5 - 19）。

磷还会恶化焊接性能，对于严格要求焊接性能的管线钢，应将磷限制在 0.04% 以下。

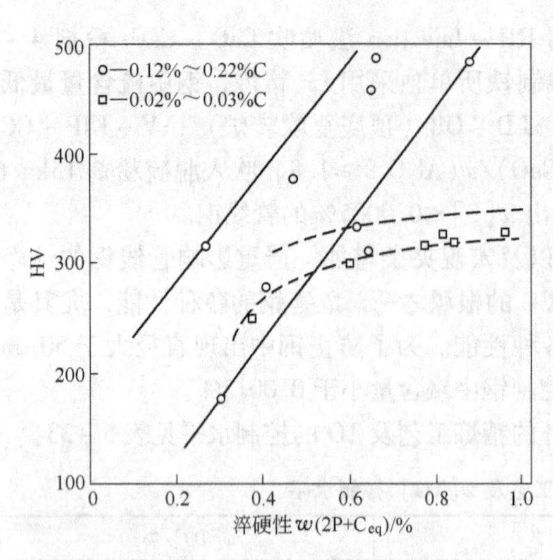

图 5-19　偏析区管线钢硬度和淬硬性的关系

磷能显著降低钢的低温冲击韧性，提高钢的脆性转变温度，使钢管发生冷脆。低温环境用的高级管线钢，当磷含量大于 0.015% 时，磷的偏析也会急剧增加。

在整个炼钢过程中均可脱磷，如铁水预处理、转炉以及炉外精炼，但最终脱磷都是采用炉外精炼来完成。名古屋厂采用 RH-PB 脱磷将 $w[P]$ 降到 0.001%。鹿岛制铁所采用 LF 分段工艺进行精炼，脱磷终了时 $w[P]<0.001\%$，成品中 $w[P]<0.0015\%$。LF 分段精炼工艺要点如下：

1）转炉脱磷出钢后，在 LF 中吹入气体，进行强搅拌脱磷；

2）完全去除脱磷渣，防止回磷，然后进行还原精炼；

3）喷吹 CaSi 粉剂，获得超低磷钢。

（6）锰。由于高级管线钢要求较低的碳含量，因此通常靠提高锰含量来保证其强度。锰可以推迟铁素体向珠光体的转变，并降低贝氏体的转变温度，有利于形成细晶粒组织。但锰含量过高会对管线钢的焊接性能造成不利影响。当锰含量超过 1.5% 时，管线钢铸坯会发生锰的偏析，且随着碳含量的增加，这种偏析更显著。

锰对于 X40 ~ X70 级、厚度为 16 ~ 25mm 管线钢抗 HIC 性能也有影响，这主要分为三种情况（见图 5-20）：$w[C]=0.05\%\sim0.15\%$ 的热轧管线钢，当锰含量超过 1.0% 时，HIC 敏感性会突然增加。这是由于偏析区形成了硬“带”组织的缘故。对于 QT（淬火 + 回火）管线钢，当锰含量达到 1.6% 时，锰含量对钢的抗 HIC 能力没有明显影响。但在偏析区，碳含量低于 0.02% 时，由于硬度降到低于 300HV，此时即使钢中锰含量超过 2.0%，钢仍具有良好的抗 HIC 能力。

（7）铜。加入适量铜，可以显著改善管线钢抗 HIC 的能力。随着铜含量的增加，可以更有效地防止氢原子渗入钢中，平均裂纹长度明显减小。当铜含量超过 0.2% 时，能在钢的表面形成致密保护层，HIC 会显著降低，钢板的平均腐蚀率明显下降，平均裂纹长度几乎接近于零。

但是，对于耐 CO_2 腐蚀的管线钢，添加铜会提高腐蚀速度。当钢中不添加铬时，添加 0.5% Cu 会使腐蚀速度提高 2 倍；而添加 0.5% Cr 以后，铜小于 0.2% 时，腐蚀速度基本不受影响，当铜达到 0.5% 时，腐蚀速度明显加快。

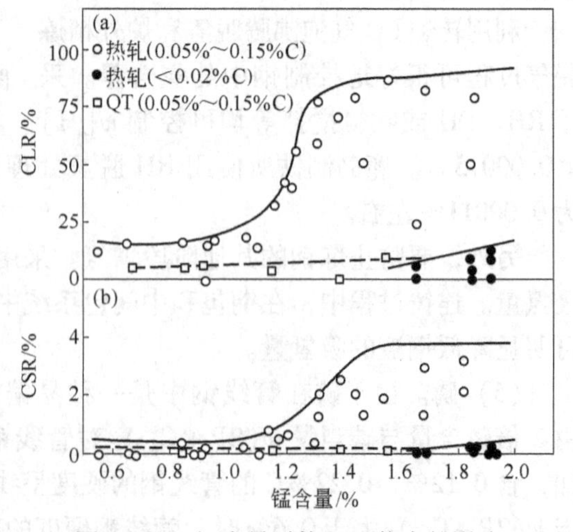

图 5-20　锰含量对抗 HIC 能力的影响
（a）裂纹长度比（CLR）；（b）裂纹敏感性比（CSR）

(8) 夹杂物。在大多数情况下，HIC 都起源于夹杂物，钢中的塑性夹杂物和脆性夹杂物是产生 HIC 的主要根源。分析表明，HIC 端口表面有延伸的 MnS 和 Al_2O_3 点链状夹杂，而 SSCC 的形成与 HIC 的形成密切相关。因此，为了提高抗 HIC 和抗 SSCC 能力，必须尽量减少钢中的夹杂物、精确控制夹杂物的形态。

钙处理可以很好地控制钢中夹杂物的形态，从而改善管线钢的抗 HIC 和 SSCC 能力。如图 5-21 所示，当钢中硫含量为 0.002% ~0.005% 时，随着 $w[Ca]/w[S]$ 的增加，钢的 HIC 敏感性下降。但是，当 $w[Ca]/w[S]$ 达到一定值时，形成 CaS 夹杂物，HIC 会显著增加。因此，对于低硫钢来说，$w[Ca]/w[S]$ 应控制在一个极其狭窄的范围内，否则，钢的抗 HIC 能力明显减弱。而对于硫低于 0.002% 的超低硫钢，即便形成了 CaS 夹杂物，由于其含量相对较少，$w[Ca]/w[S]$ 可以控制在一个更广的范围内。

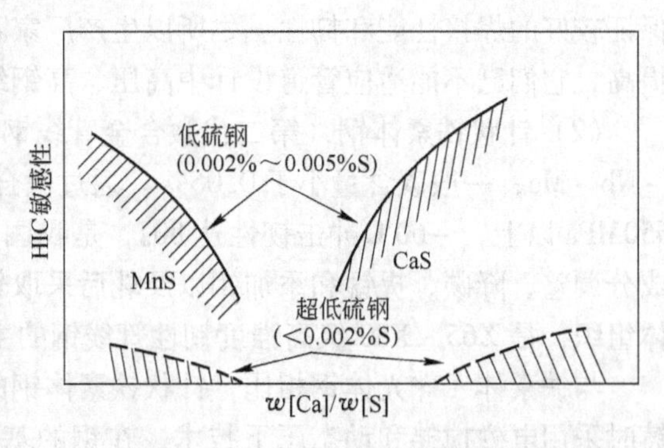

图 5-21 $w[Ca]/w[S]$对抗 HIC 性能的影响

管线钢成分设计基本思想为：采用低碳设计，以提高管线钢的韧性、延性与焊接性能（低碳当量 C_{eq}）；降低硫、磷等有害元素含量，并喂 Ca-Si 线球化处理，提高其横向冲击韧性和抗 HIC、SSCC 的能力；采用铌、钒、钛、镍、钼、铜的复合微合金化设计，其中微合金化元素铌、钒、钛通过晶粒细化和沉淀硬化（包括应变诱导析出）影响钢的性能，镍、钼可抑制珠光体的转变，铜可提高耐腐蚀性。

如 X60 含锰和钒，工艺过程经热轧和正火；X70 含锰、铌和钒，碳稍微低一点，控制轧制；X80 的碳更低，含锰、铌和钛，必须控制轧制及加速冷却；X100 含锰、钼、铌和钛，控制轧制及加速冷却；X120 含锰、铜、镍、铬、钼、钒、铌、钛和硼，控制轧制及大规模加速冷却。

本钢 X70 钢的化学成分中，$w[V]+w[Nb]+w[Ti]\leqslant 0.15\%$、$w[Ni]+w[Cr]+w[Cu]\leqslant 0.50\%$，$w[C]$ 每减少 0.01%，$w[Mn]$ 的最大允许量可增加 0.05%，但在产品分析中 $w[Mn]$ 不得超过 1.75%，$w[Mo]+w[Cr]+w[Mn]$的总量不应超过 $w[Mn]$ 的最大允许量 +0.20%。

新型的 HTP（高温轧制）高强度管线钢采用超低碳（0.03% 左右）高铌（0.10% 左右）含铬的成分设计，具有十分优良的性能，用铬替代钼可显著地降低成本，已应用于美国第一条 X80 管线。

5.4.3.2 管线钢的类型与组织特性

按照组织形态归类，管线钢有以下 4 种类型。

(1) 铁素体 + 珠光体钢及少珠光体钢（第一代微合金管线钢）。

1) 铁素体 + 珠光体钢的代表钢种为我国 20 世纪 70 ~80 年代生产的 X52 ~X65。它以高纯净度和细晶粒的铁素体 + 珠光体为基体，并综合使用了微量的碳、铌、钒、钛。其典型化学组成为 C-Mn-Nb-Ti 或 C-Mn-Nb-Ti-V。目前生产这一类型钢的厂家不多。

2) 少珠光体钢典型的化学组成为 Mn-Nb、Mn-V、Mn-Nb-V 等，一般碳含量小于0.10%，铌、钒、钛的总含量小于0.10%，代表钢种为20世纪60～70年代生产的X56、X60、X65。这类钢突破了传统的热轧正火工艺，进入了微合金化生产阶段，轧制时采用控轧技术，目前仍在生产的厂家也不多。

3）以上两种钢由于实施微合金化和控轧技术等，可将强度提高到500MPa左右，并保证较好的焊接性能和韧性。之所以生产厂家不多，主要原因是现代输气管道的设计压力提高，它们已不能适应管道设计中高压、高钢级、富气输送的要求。

（2）针状铁素体钢（第二代微合金管线钢）。针状铁素体钢的典型化学组成为C－Mn－Nb－Mo，一般碳含量小于0.06%。通过微合金化和控制轧制，可使钢的屈服强度达到650MPa以上，－60℃冲击韧性达80J，是我国“西气东输”工程唯一指定的钢种。依靠成分调整、降碳、提锰和添加钼以及轧后采取较高的冷却强度，易形成贝氏体类型的铁素体组织，是X65～X80级高强度韧性管线钢的主要成分规范。

与铁素体＋珠光体钢相比，针状铁素体钢的纯净度更高，对硫化物进行了钙处理，连铸时采用电磁搅拌和动态压下技术，在钢的基体中加入0.2%～0.4%的钼，以促使针状铁素体生成，实施控轧控冷后晶粒更细化。这种钢具有比铁素体＋珠光体型管线钢更好的焊接性能（$w(P)_{cm}$≤0.20%），其对脆性断裂、硫化氢或二氧化碳引起的阳极腐蚀（点蚀）、硫化氢应力腐蚀断裂（SSCC）、氢诱发裂纹（HIC）、延性断裂（DDF）方面的“抗力”要比其他钢种高得多，是目前我国管线钢生产主要钢种。

（3）超低碳贝氏体钢。超低碳贝氏体钢在成分设计上选择了碳、锰、铌、钼、硼、钛的最佳组合，在较大的冷却速度范围内也能形成贝氏体组织。通过实施控轧控冷工艺，其屈服强度提高到700MPa以上，晶粒也更加细化。目前我国已有厂家生产此钢种。

（4）低碳索氏体钢。据报道，为了使管线钢具有更优良的韧性，国外已开发了低碳索氏体管线钢，轧制时可实施控轧控冷，如果装备的轧制力参数达不到要求，则可采用淬火＋回火的热处理工艺。

5.4.3.3 管线钢的生产工艺

钢水净化，特别是硫含量的降低，是高韧性管线钢不可缺少的前提条件；钢水钙处理，确保夹杂物球化、变性是提高横向冲击韧性的重要保证；微钛处理是保证管线钢晶粒细化、横向冲击值稳定的有效手段；而冶炼工艺的优化是高韧性管线钢生产的关键。

管线钢的生产路线分为两条：①铁水预处理—转炉—炉外精炼—连铸或模铸；②电炉—炉外精炼—连铸或模铸。下面以武钢管线钢生产工艺为例作具体说明。

武钢管线钢冶炼工艺路线为：高炉铁水—铁水脱硫预处理—250t顶底复合吹炼转炉—钢包吹氩—RH真空处理—LF处理—连铸。

武钢管线钢的冶炼成分控制在$w[C]\pm0.015\%$、$w[Mn]\pm0.15\%$较窄的范围内，钢中微合金元素钒、铌、钛含量波动值很低，对于钢中有害杂质元素如磷可做到0.018%以下，硫可做到0.003%以下。其实际熔炼成分如表5－34所示。

管线钢生产的工艺要点与质量控制如下：

（1）入炉铁水经过铁水预处理后，$w[S]<0.0050\%$。

（2）顶底复合吹炼。转炉顶底复吹后挡渣出钢并加入炉渣改质剂。

（3）炉外精炼。RH真空处理脱氢并净化钢水；LF处理进行升温，造渣脱硫和钙处理。

表 5-34 武钢管线钢实际熔炼成分范围

钢级	板厚/mm	熔炼成分范围（w）/%						
		C	Si	Mn	P	S	Nb+V+Ti	其他元素
X52	6~16	0.07~0.10	0.15~0.30	0.9~1.30	0.01~0.025	0.01~0.010	0.01~0.03	0.02~0.06
X56	6~8	0.07~0.10	0.15~0.30	1.1~1.30	0.01~0.018	0.01~0.010	0.02~0.04	0.02~0.06
X60	6~11.5	0.05~0.08	0.15~0.30	1.1~1.4	0.005~0.018	0.01~0.004	0.03~0.06	0.03~0.22
X65	8~14.5	0.04~0.08	0.15~0.30	1.2~1.4	0.008~0.018	0.01~0.003	0.03~0.08	0.18~0.20
X70	8~10	0.02~0.05	0.15~0.35	1.4~1.7	0.01~0.015	0.01~0.004	0.03~0.20	0.10~0.20
X80	8~10	0.02~0.05	0.15~0.35	1.4~1.8	0.01~0.015	0.01~0.004	0.03~0.07	0.30~0.50

1）超深脱硫技术：从原辅材料中的硫含量入手，从铁水脱硫开始加强各个工序的脱硫控制。在200多炉超深脱硫炉次中，最低成品硫含量达0.0005%。

2）钙处理技术：武钢钙处理是处理管线钢的一项关键技术，目的是硫化物球化改性，即变为球状高熔点的CaS，以提高管线钢抗裂纹性能，使管线钢中成品钙含量平均达到0.002%左右，满足管线钢硫化物变形要求，并减少对连铸耐火材料的侵蚀。

管线钢中硫的控制通常是在炉外精炼时采用喷粉、加顶渣或钙处理技术完成。采用RH-PB法可以将钢中硫含量控制在 $w[S] \leqslant 0.001\%$。各工序钢中纯净度如表5-35所示。

（4）精炼结束后钢包经60t大容量中间包进行浇注，铸机是双流弧形板坯连铸机。

（5）按照管线钢专用热轧数学模型轧制。

（6）精轧机组采用弯辊、窜辊、板形闭环控制技术，卷取机实行弹跳卷钢。

（7）在精轧机出口处安装X射线测厚仪、光电平直度和宽度测量仪进行板形、尺寸监控。

表 5-35 武钢各工序钢中纯净度的变化

项 目	w[TO]/% 浇次1	w[TO]/% 浇次2	显微夹杂个数 /个·mm^{-2}	大型夹杂数量（每10kg）/mg
吹氩后	0.00215	0.00208	7.28	31.52
RH处理后	0.00205	0.00165	4.74	10.87
LF处理后	0.00213	0.00173	2.46	32.27
中间包	0.00240	0.00210	3.78	36.56
铸坯	0.00182	0.00147	2.79	1.13

5.4.4 齿轮钢

用于制造齿轮的齿轮钢品种多、用量大，是合金结构钢中一个典型钢种。齿轮在工作时，齿根受弯曲应力作用，易产生疲劳断裂，齿面受接触应力作用，易导致表面金属剥落，因此要求钢质必须具有良好的抗疲劳强度。齿轮一般经机加工成型，为保证表面粗糙度，要求齿轮钢具有良好的切削性能。机加工后经淬火和回火处理，为保证齿间咬合精度，减少震动和噪声，又要求钢质具有良好的淬透性和尺寸稳定性。

齿轮钢的牌号和化学成分见表5-36（GB 5216—2004），其中20CrMnTi钢用量最大，

表5－36　齿轮钢牌号和化学成分

序号	统一数字代号[①]	牌号[②]	化学成分（w）/%								
			C	Si	Mn	Cr	Ni	Mo	B	Ti	V
1	U59455	45H	0.42～0.50	0.17～0.37	0.50～0.85						
2	A20155	15CrH	0.12～0.18	0.17～0.37	0.55～0.90	0.85～1.25					
3	A20205	20CrH	0.17～0.23	0.17～0.37	0.50～0.85	0.70～1.10					
4	A20215	20Cr1H	0.17～0.23	0.17～0.37	0.55～0.90	0.85～1.25					
5	A20405	40CrH	0.37～0.44	0.17～0.37	0.50～0.85	0.70～1.10					
6	A20455	45CrH	0.42～0.49	0.17～0.37	0.50～0.85	0.70～1.10					
7	A22165	16CrMnH	0.14～0.19	≤0.37	1.00～1.30	0.80～1.10					
8	A22205	20CrMnH	0.17～0.22	≤0.37	1.10～1.40	1.00～1.30					
9	A25155	15CrMnBH	0.13～0.18	0.17～0.37	1.00～1.30	0.80～1.10			0.0005～0.0030		
10	A25175	17CrMnBH	0.15～0.20	0.17～0.37	1.00～1.30	1.00～1.30			0.0005～0.0030		
11	A71405	40MnBH	0.37～0.44	0.17～0.37	1.00～1.40				0.0005～0.0035		
12	A71455	45MnBH	0.42～0.49	0.17～0.37	1.00～1.40				0.0005～0.0035		
13	A73205	20MnVBH	0.17～0.23	0.17～0.37	1.05～1.45				0.0005～0.0035		0.07～0.12
14	A74205	20MnTiBH	0.17～0.23	0.17～0.37	1.20～1.55				0.0005～0.0035	0.04～0.10	
15	A30155	15CrMoH	0.17～0.23	0.17～0.37	0.55～0.90	0.85～1.25		0.15～0.25			
16	A30205	20CrMoH	0.17～0.23	0.17～0.37	0.55～0.90	0.85～1.25		0.15～0.25			
17	A30225	22CrMoH	0.19～0.25	0.17～0.37	0.55～0.90	0.85～1.25		0.35～0.45			
18	A30425	42CrMoH	0.37～0.44	0.17～0.37	0.55～0.90	0.85～1.25		0.15～0.25			
19	A34205	20CrMnMoH	0.17～0.23	0.17～0.37	0.85～1.20	1.05～1.40		0.20～0.30			
20	A26205	20CrMnTiH	0.17～0.23	0.17～0.37	0.80～1.15	1.00～1.35				0.04～0.10	
21	A42205	20CrNi3H	0.17～0.23	0.17～0.37	0.30～0.65	0.60～0.95	2.70～3.25				
22	A43125	12Cr2Ni4H	0.10～0.17	0.17～0.37	0.30～0.65	1.20～1.75	3.20～3.75				
23	A50205	20CrNiMoH	0.17～0.23	0.17～0.37	0.60～0.95	0.35～0.65	0.35～0.75	0.15～0.25			
24	A50215	20CrNi2MoH	0.17～0.23	0.17～0.37	0.40～0.70	0.35～0.65	1.55～2.00	0.20～0.30			

注：根据需方要求，16CrMnH和20CrMnH钢中的Si含量（质量分数）允许不大于0.12%，但此时应考虑其对力学性能的影响。

① 高级优质钢统一数字代号的末位数字是“7”，其余大写的拉丁字母和前四位阿拉伯数字一样，如40CrAH的统一数字代号是“A20407”。

② 高级优质钢的牌号表示是在牌号后加“A”，如40CrAH。

它也是许多特钢企业创优质名牌的主导产品，广泛应用于各汽车制造厂、齿轮箱厂。新型汽车齿轮钢分类与代表钢号的化学成分如表 5－37 所示。

表 5－37　新型汽车齿轮钢分类与代表钢号的化学成分（w）　%

钢　类	代表钢号	C	Mn	Si	P	S	Cr
Cr 钢	SCr420H	0.17～0.23	0.55～0.90	0.15～0.35	≤0.030	≤0.030	0.85～1.25
$MnCr_5$ 钢	$16MnCr_5$	0.14～0.19	1.00～1.40	≤0.12	≤0.035	0.020～0.035	0.80～1.20
	$25MnCr_5$	0.23～0.28	0.60～0.80	≤0.12	≤0.035	0.020～0.035	0.80～1.10
B 钢	ZF_6	0.13～0.18	1.00～1.30	0.15～0.40	≤0.030	0.015～0.035	0.80～1.10
	ZF_7	0.15～0.20	1.00～1.30	0.15～0.40	≤0.030	0.015～0.035	1.00～1.30
CrMo 钢	SCM420H	0.17～0.23	0.55～0.90	0.17～0.37	≤0.030	≤0.030	0.85～1.25
	SCM822H	0.19～0.25	0.55～0.90	0.15～0.35	≤0.030	≤0.030	0.85～1.25
CrNi 钢	$14CN_5$	0.13～0.18	0.70～1.10	≤0.35	≤0.035	≤0.035	0.80～1.10
	$19CN_5$	0.16～0.21	0.70～1.10	0.15～0.35	≤0.035	0.020～0.040	0.80～1.20
CrNiMo 钢	SAE8620H	0.17～0.23	0.60～0.95	0.15～0.35	≤0.035	≤0.030	0.35～0.65
CrNiMoNb 钢	SNCM420H	0.19～0.25	0.40～0.70	0.20～0.35	≤0.025	≤0.025	0.45～0.75

钢　类	代表钢号	Mo	Ni	B	Al	Ti	Cu
Cr 钢	SCr420H		≤0.25				≤0.30
$MnCr_5$ 钢	$16MnCr_5$						
	$25MnCr_5$						
B 钢	ZF_6			0.001～0.003			≤0.25
	ZF_7			0.001～0.003			≤0.25
CrMo 钢	SCM420H	0.15～0.35			0.02～0.05	≤0.01	≤0.25
	SCM822H	0.35～0.45	≤0.25				≤0.25
CrNi 钢	$14CN_5$	≤0.10	0.80～1.10		0.02～0.05		≤0.30
	$19CN_5$	≤0.10	0.80～1.10		0.02～0.05		≤0.30
CrNiMo 钢	SAE8620H	0.15～0.25	0.35～0.75				≤0.25
CrNiMoNb 钢	SNCM420H	0.20～0.30	1.65～2.00	Nb:0.04～0.08			

近年来，随着引进高档轿车生产线钢材的国产化、国外齿轮钢的生产，进一步推动了国内齿轮钢生产工艺的改进和质量的提高。目前齿轮钢已由原来的电炉冶炼，演变为钢包精炼、真空脱气、喂线、连铸、连轧一条优质、高效、低成本的短流程生产线。

5.4.4.1　齿轮钢的质量要求与控制措施

A　齿轮钢的质量要求

齿轮钢材质量对齿轮强度性能和工艺性能的影响如表 5－38 所示。

（1）淬透性带。淬透性是齿轮钢的一个主要特性指标，淬透性和淬透性带宽的控制主要取决于化学成分及其均匀性。淬透性带宽越窄，越有利于提高零件的热处理硬度和组织的一致性、均匀性，减小热处理零件变形，提高啮合精度，降低噪声。在这方面汽车齿轮比其他机械齿轮有更严格的要求，其高档轿车用齿轮钢要求淬透性带宽 4～8HRC，且同

表 5－38　齿轮钢材质量对齿轮强度性能和工艺性能的影响

钢材质量		齿轮性能	
项　目	表　现	工艺性能	强度性能
成　分	元素波动	切削性变化且热变形波动大，杂质元素 $w[Mo]>0.04\%$ 时，即对切削性产生不良影响	有些元素会降低齿轮硬化层表面质量（如硅多时，促使表面层晶界氧化），从而降低齿轮寿命
	杂质元素		
淬透性	高	切削困难且热变形大	易断齿（因齿心部位强度过高）
	低	粗糙度高，去毛刺困难；热处理后心部硬度偏低	易产生齿面硬化层压溃失效现象
	波动大	因齿轮材料硬度波动，而使制齿精度下降，热变形波动增加	
纯净度	氧含量超标		降低齿轮材料接触疲劳强度
	夹杂物		降低齿轮疲劳寿命
	硫含量过低	降低切削性	
晶粒度	过细	切削性差	
	过粗	热变形大	疲劳寿命低
	混晶	热变形波动大	
高倍组织	魏氏组织超标	切削性差，热变形波动大	
	带状组织超标	切削性差，热变形波动大	
	粒状贝氏体过多	切削性差（料硬），热变形大	
低倍缺陷	偏析	热变形波动大	
	疏松		降低齿轮强度
	发纹		降低齿轮强度
弯冲值(ZF 标准)	不足		影响齿轮疲劳寿命

一批料淬透性波动不大于4HRC。我国目前对齿轮的带宽控制情况是：骨干企业是两点控制，J_9 一般为6～8HRC，J_{15} 一般为6～10HRC；一般企业单点控制。例如，桑塔纳、切诺基、捷达轿车用齿轮钢要求单点（J_{10}）控制，淬透性带宽不大于7HRC。国外对齿轮钢淬透性带宽的控制一般是全带控制在4～7HRC。

（2）纯净度。纯净度是齿轮钢的一个主要质量指标。齿轮钢的纯净度主要指氧化物夹杂和除了硫以外其他有害元素的含量（齿轮钢有时保持一定的硫含量：0.020%～0.035%，以改善切削性能）。齿轮耐疲劳强度与钢中的氧含量和非金属夹杂物有密切关系。我国目前对齿轮钢的氧含量要求是小于0.002%，国外一般要求小于0.0015%。非金属夹杂按 JK 系标准评级图评级，一般要求级别 A≤2.5、B≤2.5、C≤2.0、D≤2.5。过量的钛在钢中易形成大颗粒、带棱角的 TiN，这是疲劳裂纹的发源地，因此，工业发达国家标准中都没有含钛的齿轮钢。

（3）晶粒度。晶粒尺寸的大小是齿轮钢的一项重要指标。细小均匀的奥氏体晶粒可以稳定末端淬透性，减小热处理变形，提高渗碳钢的脆断抗力。齿轮钢要求奥氏体晶粒度细于5级，特殊用途要求细于6级，20CrMnTiH 钢含有钛，晶粒度7级。晶粒细化主要通过添加一定量的细化晶粒元素如铝（钢中 $w[Al]=0.020\% \sim 0.040\%$）、钛和铌来达到。但对要求疲劳性能的钢种，不宜用钛来细化晶粒。与精炼钢相比，电炉钢晶粒长大倾向严重。

（4）加工性和易切削性。汽车齿轮用钢是热加工用钢，严格地说是热顶锻用钢，故对棒材的表面质量要求很高，许多齿轮厂要求表面无缺陷、端头无毛刺交货。

随着机械加工线的自动化，为了不断提高劳动生产率，适应高速程控机床的需要，要求齿轮钢具有良好的易切削性能。

B 质量控制措施

生产齿轮钢的质量控制措施有：

（1）运用数理统计和计算机控制技术，确定最佳化学成分控制目标，实现窄淬透性带控制。

抚钢通过对数百炉数据的统计分析，进一步优化后得出 20CrMnTiH 钢淬透性 J_9 值与合金元素含量关系的回归方程式：

$$J_9 = 5.563 + 56.559w[C] + 5.42w[Mn] + 7.48w[Si] + 8.487w[Cr] - 20.186w[Ti] \quad (5-4)$$

式（5-4）在生产中应用仍然有一定难度，为此对生产给出合金元素调整目标值，$w[C]=0.20\%$，$w[Mn]=0.95\%$，$w[Cr]=1.15\%$，$w[Ti]=0.07\%$，指导炉前加料。

（2）应用喂线技术，准确控制易氧化元素含量。易氧化元素钛、铝、硼的控制曾经是电炉炼钢的老大难问题，自从使用钢包吹氩、喂线技术以后，此问题被顺利解决。不但提高了化学成分命中率，而且减少合金加入量，降低了冶炼成本。根据抚钢经验，喂硼铁包芯线时应注意外包铁皮不能氧化生锈，否则影响硼的收得率。用铝板包硼铁插入包中也是一种有效的加硼方法。电炉冶炼 40MnB 钢，包中喂钛插硼，硼收得率为 20% ~48.6%，平均为 42.7%。

（3）炉外精炼脱氧、去除非金属夹杂物。20CrMnTiH、40MnBH、20MnVBH 等钢种已广泛采用超高功率电炉—偏心底出钢—LF（V）的工艺路线生产。汽车用新型齿轮钢明确要求进行真空脱气处理，因此炉外精炼已成为齿轮钢生产的主导生产工艺。

宝钢特钢采用包中吹氩、喂钛铁线后再喂入 1.071kg/t 硅钙，控制 $w[Ca]=0.005\%$，$w[Al]=0.025\%$，取得了明显效果。

（4）加铌细化晶粒。微合金化技术已得到广泛应用，钢中加入微量铌（0.005% ~0.025%），生成 Nb（C，N）弥散在钢中，可以同铝一样起到细化晶粒和防止晶粒长大的作用。冶炼新型齿轮钢真空脱气结束前 3 ~5min 按 0.02% 计算加入铌铁，收得率约为 100%，晶粒度可达 8 ~9 级。

5.4.4.2 齿轮钢的生产工艺

A 齿轮钢生产技术要点

齿轮钢生产技术要点如下：

（1）低氧含量控制。国内外大量研究表明，随着氧含量的降低，齿轮的疲劳寿命大幅度提高。这是由于钢中氧含量降低，氧化物夹杂随之减少，减轻了夹杂物对疲劳寿命的不利影响。通过 LF 钢包精炼加 RH（VD）真空脱气后，模铸钢材氧含量可不大于 0.0015%，日本采用双真空工艺（真空脱气、真空浇注）可以达到不大于 0.001% 的超低氧水平。

(2) 窄淬透性带的控制。渗碳齿轮钢要求淬透性带必须很窄，且要求批量之间的波动性很小，以使批量生产的齿轮的热处理质量稳定、配对啮合性能提高、使用寿命延长。压窄淬透性带的关键在于化学成分波动范围的严格控制和成分均匀性的提高，可通过建立化学成分与淬透性的相关式、通过计算机辅助预报和补加成分、收得率的精确计算进行控制。

(3) 组织控制技术。细小的奥氏体晶粒对钢材及制品的性能稳定有重要意义。日本企标规定晶粒度必须在6级以上。带状组织是影响齿轮组织和性能均匀性的重要原因，对钢的冶炼到齿轮的热处理各个环节适当控制，可以显著减小带状组织的影响。

(4) 表面强化技术。强力喷丸可焊合齿轮表面的发纹、去除表面黑色氧化物、提高表面硬度和致密度、减少切削加工造成的表面损伤、改善齿轮的内应力分布，是提高齿轮寿命和可靠性的重要措施。

B　LF(/VD) 冶炼齿轮钢工艺

电炉熔化和升温—LF白渣精炼—小方坯连铸的工艺路线，更适合中小钢厂实现低成本、快节奏的市场竞争需要。

LF精炼齿轮钢的关键技术包括：

(1) 电炉调整钢铁料加入量，保证炉内留钢量达到设计要求，从而确保氧化渣不进入LF精炼钢包。

(2) LF氩气搅拌、白渣精炼，控制 $w(FeO)+w(MnO)<1.0\%$。山东莱芜特殊钢厂采用40t UHP电炉和50t LF设备生产齿轮钢、锚链钢，操作工艺简洁实用。其冶炼过程的化学成分分析结果如表5-39所示。

表5-39　UHP电炉和LF冶炼过程化学成分分析结果 (w)　%

过程样	样次	C	Mn	Si	S	P	Cr	Ti
UHP全熔		0.05	0.05		0.045	0.006	0.07	
LF全分析Ⅰ	1	0.13	0.84	0.08	0.049	0.010	0.97	
	2	0.13	0.86	0.09	0.051	0.011	0.97	
LF全分析Ⅱ	1	0.18	0.92	0.14	0.033	0.010	1.12	
	2	0.18	0.94	0.14	0.032	0.011	1.14	
成品		0.21	0.96	0.25	0.016	0.011	1.15	0.062

含硼齿轮钢的配料、电炉、LF操作工艺过程同上述20CrMnTiH，只是在LF精炼后加硼。加硼工艺如下：先加铝0.5~0.8kg/t，再按0.05%计算加入钛铁，吹氩搅拌2min，不计损失按规格上限计算插入硼铁量。硼收得率为55%~90%。铝、钛、硼也可以采用喂线方式加入。

新型汽车齿轮钢要求氧含量不大于0.002%，钢液需经真空脱气处理。因此，LF精炼后钢包入VD罐进行真空脱气。

C　EF—VAD 冶炼齿轮钢工艺

钢包精炼加真空脱气可以达到如下目的：

(1) 纯洁钢水。深度脱氧，提高钢液纯净度，提高冷锻及疲劳强度性能，控制

w[TO] 不大于0.0015%，甚至在0.0009%（常规冶炼钢为0.0025%～0.004%）。

（2）精确控制钢中主要元素的成分。为保证汽车齿轮零件具有均匀的性能、在热处理时不变形、运行时噪声低，除一定的淬透性外，特别要求严格的淬透带。成分微调可使主要元素控制在不大于±（0.02%～0.04%）极窄范围内波动，从而获得较窄的淬透带（4～5HRC），为过去大气冶炼钢规定标准8～10HRC的1/2。

（3）精确控制硫含量。硫的存在将恶化冷锻疲劳性，但从切削性观点看应适当保留，故要求硫在极窄范围内存在（0.01%～0.015%），使冷锻和切削性兼备。

（4）温度调整以保证连铸机正常操作。精炼汽车齿轮钢的质量与常规大气冶炼法相比，转动疲劳寿命可提高1.5～2倍以上。除了众所周知的可以提高金属收得率（8%～10%）外，连铸在齿轮生产中还有其特殊的地位：

1）因连铸坯冷却凝固快，加上电磁搅拌作用，可使成分更加均匀，它不会产生铸锭法固有的钢锭头部严重的正偏析及底部沉淀晶带的负偏析，尤其是成分波动小（≤±0.02%），是钢锭法的1/2。因此，淬透带可控制在1.5～2.5HRC范围内，是钢锭材的1/2，常规材的1/4。

2）获得更高的钢液纯净度。因钢包和中间包使夹杂物上浮，加上密封铸造，消除了铸锭时汤道内夹杂物带入的机遇，从而更加减少发纹缺陷，进一步提高使用寿命。

3）可进一步减少 w[TO] 含量，比铸锭时减少约0.00025%，具有更高的疲劳寿命。

D 宝钢特钢齿轮钢生产

宝钢特钢生产齿轮钢的化学成分如表5－40所示。

表5－40 宝钢特钢生产齿轮钢的化学成分（w） %

C	Si	Mn	Cr	Ti	P	S	Ni	Cu	W	Mo
0.18～0.23	0.17～0.37	0.80～1.10	1.00～1.30	0.04～0.10	≤0.035	0.035	≤0.30	≤0.20	≤0.10	≤0.06

工艺流程为：

100t直流电弧炉—100t钢包精炼炉—100t VD精炼炉—Concast五机五流连铸机（140mm×140mm）—热轧一火成材（≤ϕ50mm）—检验入库。

工艺技术要点为：

（1）采用DC电弧炉初炼，控制终点 w[C]＝0.03%～0.06%；w[P]≤0.012%，保证粗钢水质量。

（2）采用LF，准确控制碳、锰、硅、铬、钛等主要元素至中上限，确保淬透性及力学性能。

（3）采用VD真空脱气处理，真空度66.7Pa下保持20min，控制 w[TO]≤0.0025%，w[N]≤0.01%，提高钢水纯洁度。

（4）连铸采用大包保护套管，中间包浸入式水口保护浇注，以防止钢水二次氧化；在结晶器及凝固末端采用电磁搅拌装置，选择0.6L/kg的二冷配水量，保证铸坯及轧材的低倍组织优良。

（5）采用全步进梁三段式加热炉加热，要求钢坯温度均匀，阴阳面温差小，出钢速度均匀。

（6）17机架半连轧机一火成材，轧后缓冷。

（7）控制成品投料压缩比，保证轧材质量。

主要技术指标为：

（1）力学性能：$A_{KV} \geqslant 55J$。

（2）末端淬透性：$J_9 = 30 \sim 37HRC$，$J_{15} = 22 \sim 34HRC$。

（3）低倍组织：一般疏松不大于2.0级，中心疏松不大于2.0级，偏析不大于1.0级。

（4）非金属夹杂：塑性不大于2.5级，脆性不大于2.5级，塑性+脆性不大于4.5级。

5.4.5 不锈钢

5.4.5.1 定义与分类

不锈钢一般是不锈钢和耐酸钢的总称。不锈钢是指耐大气、蒸汽和水等弱介质腐蚀的钢，而耐酸钢则是指耐酸、碱、盐等化学侵蚀性介质腐蚀的钢。不锈钢与耐酸钢在合金化程度上有较大差异。不锈钢虽然具有不锈性，但并不一定耐酸；而耐酸钢一般则均具有不锈性。为了保持不锈钢所固有的耐腐蚀性，钢必须含有12%以上的铬。

不锈钢钢种很多，性能又各异，常见的分类方法有：

（1）按钢的组织结构分类，如马氏体不锈钢（如2Cr13、3Cr13、4Cr13）、铁素体不锈钢（如0Cr13、1Cr17、00Cr17Ti）、奥氏体不锈钢（如1Cr17Ni7、1Cr18Ni9Ti、0Cr18Ni11Nb）和双相不锈钢（如1Cr18Mn10Ni5Mo3N、0Cr17Mn14Mo2N、1Cr21Ni5Ti）等。

（2）按钢中的主要化学成分或钢中一些特征元素来分类，如铬不锈钢、铬镍不锈钢、铬镍钼不锈钢、超低碳不锈钢、高钼不锈钢、高纯不锈钢等。

（3）按钢的性能特点和用途分类，如耐硝酸（硝酸级）不锈钢、耐硫酸不锈钢、耐点蚀不锈钢、耐应力腐蚀不锈钢、高强度不锈钢等。

（4）按钢的功能特点分类，如低温不锈钢、无磁不锈钢、易切削不锈钢、超塑性不锈钢等。

目前常用的分类方法是按钢的组织结构特点和按钢的化学成分特点以及两者相结合的方法来分类。例如，把目前的不锈钢分为：马氏体钢（包括马氏体铬不锈钢和马氏体铬镍不锈钢）、铁素体钢、奥氏体钢（包括Cr-Ni和Cr-Mn-Ni（-N）奥氏体不锈钢）、双相钢和沉淀硬化型钢等五大类，或分为铬不锈钢和铬镍不锈钢两大类。

5.4.5.2 性能及用途

对不锈钢在耐蚀性、力学性能和工艺性等方面有一定要求，主要如下：

（1）较高的耐蚀性。

（2）一定的力学性能。

（3）良好的工艺性能（焊接性、冷变形性等）。

合金元素对不锈钢组织的影响基本上可分为两大类：铁素体形成元素，如铬、钼、硅、钛、铌等；奥氏体形成元素，如碳、氮、镍、锰、铜等。当这两类作用不同的元素同时加入到钢中时，不锈钢的组织就取决于它们综合作用的结果。根据基本组织，不锈钢可分为五大系列。

A 马氏体系（M）不锈钢

一般Cr含量为13%～18%、C含量为0.1%～1.0%，其基体为马氏体（M），美、日钢种牌号为400系列。它可分为三类：

（1）Cr13型，如1Cr13、2Cr13、3Cr13、4Cr13等钢号。

（2）高碳高铬钢，如9Cr18、9Cr18MoV等。

（3）低碳17% Cr-2% Ni钢，如1Cr17Ni2。

马氏体不锈钢具有高的淬火硬化性能、高的强度和耐磨性。含C较低的1Cr13、2Cr13、1Cr17Ni2对应地类似于结构钢中的调质钢，可以制造机械零件，如汽轮机叶片等要求不锈的结构件；3Cr13、4Cr13、9Cr18等钢对应地类似于工具钢，用来制造要求有一定耐腐蚀性的工具，如医用手术工具、测量工具、轴承、弹簧、日常生活用的刀具等，应用比较广泛。

B 铁素体系（F）不锈钢

一般Cr含量为13%~30%、C含量小于0.25%，其基体为铁素体（α-Fe），美、日钢种牌号也为400系列。它有三种类型：

（1）Cr13型，如0Cr13、0Cr13Al、0Cr11Ti等。

（2）Cr17型，如1Cr17、0Cr17Ti、1Cr17Mo等。

（3）Cr25-30型，如1Cr28、1Cr25Ti、00Cr30Mo2等。

为了提高某些性能，可加入Mo、Ti、Al、Si等元素，如Ti元素可提高钢的抗晶界腐蚀的能力。

铁素体不锈钢在硝酸、氨水等介质中有较好的耐蚀性和抗氧化性，特别是抗应力腐蚀性能比较好，常用于生产硝酸、维尼龙等化工设备或储藏氯盐溶液及硝酸的容器。

铁素体不锈钢的力学性能和工艺性比较差，脆性大，韧脆转变温度在室温左右，所以多用于受力不大的有耐酸和抗氧化要求的结构部件。

铁素体不锈钢在加热和冷却过程中基本上无同素异构转变，是高温冷却不产生硬化的钢种，多在退火软化态下使用。

C 奥氏体系（A）不锈钢

奥氏体不锈钢的主要成分是：≥18% Cr和≥8% Ni。18% Cr和8% Ni的配合是世界各国奥氏体不锈钢的典型成分（18% Cr-8% Ni、<0.1% C，常称为18-8钢）。奥氏体系不锈钢具有单相奥氏体组织（γ），美、日钢种牌号为300系列（典型钢号为304）；近年来对该钢种开展了许多的研究工作，发展成形形色色的300系钢种，该系列也包括节Ni型含锰的200系钢种。其中铬镍奥氏体钢有0Cr18Ni9、0Cr18Ni9Ti、00Cr19Ni10、0Cr18Ni18Mo2Cu2Ti等，铬锰镍奥氏体钢有1Cr18Mn8Ni5N，铬锰氮奥氏体钢有0Cr17Mn13Mo2N等。

在18% Cr和8% Ni的基础上再增加Cr、Ni含量，可提高钢的钝化性能，增加奥氏体组织的稳定性，提高钢的固溶强化效应，使钢的耐腐蚀性等性能更为优良。加入Ti、Nb元素是为了稳定碳化物，提高抗晶间腐蚀的能力；加入Mo可增加不锈钢的钝化作用，防止点腐蚀倾向，提高钢在有机酸中的耐蚀性；Cu可以提高钢在硫酸中的耐蚀性；Si使钢的抗应力腐蚀断裂的能力提高。

奥氏体不锈钢含有较多的Cr、Ni、Mn、N等元素。与铁素体不锈钢和马氏体不锈钢相比，奥氏体不锈钢除了具有很高的耐腐蚀性外，还有许多优点。它具有高的塑性，容易加工变形成各种形状的钢材，如薄板、管材、丝材等；焊接性好；韧度和低温韧度好，一般情况下没有冷脆倾向；因为奥氏体是面心立方结构，所以不具有磁性。由于奥氏体比铁素体的再结晶温度高，所以奥氏体不锈钢还可用于550℃以上工作的热强钢。因为奥氏体不锈钢含有大量的Cr、Ni等合金元素，所以价格比较贵。奥氏体组织的加工硬化率高，因此容易加工硬化，使切削加工比较困难。此外，奥氏体不锈钢的线膨胀系数高，导热性差。奥氏体不锈钢是应用最广泛的耐酸钢，约占不锈钢总产量的2/3。由于奥氏体不锈钢具有优异的不锈耐酸性、抗氧化性、抗辐照性、高温和低温力学性能、生物相容性等，所以在石油、化工、电力、交通、航空、航天、航海、国防、能源开发以及轻工、纺织、医学、食品等工业领域都有广泛的用途。

奥氏体不锈钢具有良好的抗均匀腐蚀的性能，但因其有冷加工硬化和局部腐蚀非常敏感的特性，因而限制了其使用范围。在局部抗腐蚀方面，奥氏体不锈钢仍存在下列问题：

（1）奥氏体不锈钢的晶间腐蚀。晶界腐蚀是指腐蚀过程是沿着晶界进行的，其危害性最大。奥氏体不锈钢在450～850℃保温或缓慢冷却时，会出现晶间腐蚀。含碳量越高，晶间腐蚀倾向性越大。此外，在焊接件的热影响区也会出现晶间腐蚀。这是由于在晶界上析出富Cr的$Cr_{23}C_6$，使其周围基体产生贫铬区，从而形成腐蚀原电池而造成的。这种晶间腐蚀现象在前面提到的铁素体不锈钢中也是存在的。

工程上常采用以下几种方法防止晶间腐蚀：

1）降低钢中的碳量，使钢中含碳量低于平衡状态下在奥氏体内的饱和溶解度，即从根本上解决了铬的碳化物（$Cr_{23}C_6$）在晶界上析出的问题。通常钢中含碳量降至0.03%以下即可满足抗晶间腐蚀性能的要求。

2）加入Ti、Nb等能形成稳定碳化物（TiC或NbC）的元素，避免在晶界上析出$Cr_{23}C_6$，即可防止奥氏体不锈钢的晶间腐蚀。

3）通过调整钢中奥氏体形成元素与铁素体形成元素的比例，使其具有奥氏体+铁素体双相组织，其中铁素体占5%～12%。这种双相组织不易产生晶间腐蚀。

4）采用适当热处理工艺，可以防止晶间腐蚀，获得最佳的耐蚀性。

（2）奥氏体不锈钢的应力腐蚀。应力（主要是拉应力）与腐蚀的综合作用所引起的开裂称为应力腐蚀开裂，简称SCC（Stress Crack Corrosion）。奥氏体不锈钢容易在含氯离子的腐蚀介质中产生应力腐蚀。当含Ni量达到8%～10%时，奥氏体不锈钢应力腐蚀倾向性最大，继续增加含Ni量至45%～50%，应力腐蚀倾向逐渐减小，直至消失。

防止奥氏体不锈钢应力腐蚀的最主要途径是加入2%～4%的Si，并从冶炼上将N含量控制在0.04%以下，此外还应尽量减少P、Sb、Bi、As等杂质的含量。另外可选用A－F双相钢，它在Cl^-和OH^-介质中对应力腐蚀不敏感。当初始的微细裂纹遇到铁素体相后不再继续扩展，铁素体含量应在6%左右。

D 双相系不锈钢

所谓双相，就是基体以两相所组成，一般为奥氏体－铁素体（A－F）型。它具有奥氏体加铁素体复相组织，如0Cr21Ni5Ti、1Cr21Ni5Ti、0Cr17Mn13Mo2N、00Cr18Ni5Mo3Si2等，铁素体含量为50%～70%（体积）。

A－F双相钢的主要成分为18%～26%Cr、4%～7%Ni，根据不同用途分别加入Mn、Cu、Mo、Ti、N等元素。由于奥氏体不锈钢抗应力腐蚀性能比较低，而铁素体不锈钢的抗应力腐蚀性能较高，如果具有奥氏体和铁素体两相组织，则双相钢的抗应力腐蚀性能将明显提高。并且双相钢中有奥氏体的存在，可降低铁素体不锈钢的脆性，提高可焊性。两相的存在还降低了晶粒长大倾向。另外，铁素体的存在又提高了钢的强度和抗晶间腐蚀能力。由于其兼具奥氏体型和铁素体型钢的优点，具有高的强度和耐卤化物等腐蚀性，近些年发展很快。

E 沉淀硬化型不锈钢

沉淀硬化（或称析出硬化）型不锈钢的成分与奥氏体型近似，只是含 Ni 量较低和添加了少量 Al、Ti、Cu 等元素。经过适当热处理后，可发生马氏体相变，并在马氏体基体上析出金属间化合物，产生沉淀强化。少量合金元素的作用是在热处理时具有时效强化能力，能在奥氏体基体中分布弥散强化相，形成高强系列钢种。这类钢属于高强度或超高强度不锈钢，如 0Cr17Ni4Cu4Nb、0Cr17Ni7Al 等。

奥氏体 - 马氏体双相不锈钢也称为超高强度不锈钢。由于航空航天事业的发展，有些零部件的要求也不断地提高，所以铝合金不能胜任，需要用既耐热、耐蚀又具有高强度的钢来代替。为达到高强度铝合金的比强度水平，高强度钢的抗拉强度至少要达到 1100MPa。根据材料性能要求和成型加工工艺的可行性，开发超高强度不锈钢的设计思想是：使钢在室温时基体为奥氏体；在加工成型后，通过低温处理将奥氏体转变为马氏体，变形要小；然后通过较低温度的沉淀硬化处理，使钢进一步得到强化。超高强度不锈钢是奥氏体 + 马氏体双相钢，所以奥氏体和马氏体组织的比例决定了钢的强度等性能。同样可以通过调整合金化和热处理工艺来调节钢的性能。

在成分设计上，Cr 含量在 13% 以上可满足钢的耐蚀性；Ni 含量使钢在高温固溶处理后具有亚稳定奥氏体组织。通过 Cr、Ni 和 Mo、Al、N 等元素的综合作用，可将马氏体相变点 M_s 调整在室温到 -78℃之间，以便通过冷处理或塑性变形产生马氏体相变。Cu、Mo、Al、Ti、Nb 等元素能析出金属间化合物等第二相，如 Ni（Al，Ti）、NiTi 等沉淀相，这些沉淀相与马氏体呈共格关系，从而导致了沉淀强化效应。为了保证良好的耐蚀性、焊接性和加工性，碳含量比较低，为 0.04% ~0.13%。

从工艺性角度考虑，此类钢有较大的优越性。固溶处理后为奥氏体组织，易于成型加工；经马氏体相变和时效强化处理后，又具有高强度钢的优点，并且热处理温度不高，大为减少了变形氧化的倾向。这种强度和工艺特点使得该钢成为制造飞行器蒙皮、化工压力容器、弹簧、垫圈等比较理想的材料。由于在温度较高时，沉淀强化相会继续析出和粗化，使钢脆性增大，所以这类钢的使用温度应在 315℃以下。

表 5 -41 列出了 GB/T 1220—1992 中的几个最常见的不锈钢的化学成分，并列出了与

表 5 -41 几个最常见不锈钢的化学成分（GB/T 1220—1992）(w) %

中国钢号	美国钢号	C（≤）	Si（≤）	Mn（≤）	Cr	Ni	Mo	组织
1Cr17Mn6Ni5N	201	0.15	1.00	5.50 ~ 7.50	16.00 ~ 18.00	3.50 ~ 5.50	N：≤0.25	奥氏体
1Cr18Mn8Ni5N	202	0.15	1.00	7.50 ~ 10.00	17.00 ~ 18.00	4.00 ~ 6.00	N：≤0.25	
1Cr18Ni9	302	0.15	1.00	2.00	17.00 ~ 19.00	8.00 ~ 10.00		
0Cr18Ni9	304	0.07	1.00	2.00	17.00 ~ 19.00	8.00 ~ 11.00		
0Cr18Ni10Ti	321	0.08	1.00	2.00	17.00 ~ 19.00	9.00 ~ 12.00	Ti：≥5 × w[C]	
00Cr19Ni10	304L	0.030	1.00	2.00	18.00 ~ 20.00	8.00 ~ 12.00		
0Cr19Ni9N	304N	0.08	1.00	2.00	18.00 ~ 20.00	7.50 ~ 10.50	N：0.10 ~ 0.25	
0Cr17Ni12Mo2	316	0.08	1.00	2.00	16.00 ~ 18.50	10.00 ~ 14.00	2.00 ~ 3.00	
00Cr17Ni14Mo2	316L	0.030	1.00	2.00	16.00 ~ 18.50	12.00 ~ 15.00	2.00 ~ 3.00	
0Cr17Ni12Mo2N	316N	0.08	1.00	2.00	16.00 ~ 18.50	10.00 ~ 14.00	2.00 ~ 3.00 N：0.10 ~ 0.22	

续表 5－41

中国钢号	美国钢号	C（≤）	Si（≤）	Mn（≤）	Cr	Ni	Mo	组织
1Cr13	410	0.15	0.50	1.00	11.5～13.00			马氏体
2Cr13	420	0.16～0.25	1.00	1.00	12.00～14.00			马氏体
1Cr17	430	0.12	0.75	1.00	16.00～18.00			铁素体
1Cr17Ti		0.12	0.80	0.80	16.00～18.00		Ti：5×w[C]～0.80	铁素体

注：除 201 和 202 钢号要求 w[S]≤0.030%、w[P]≤0.060% 外，表中其余钢号均要求 w[S]≤0.030%、w[P]≤0.035%。

国标牌号相对应的美国 AISI 标准牌号，其中中国钢号使用的是旧牌号。我国 2007 年颁布的不锈钢新牌号标准，Cr 之前的数字表示碳的万分之几的含量（旧牌号：Cr 之前的数字表示碳的千分之几的含量），调整了个别材质元素含量；新牌号中碳含量较之以前更加明确，对产品生产技术也有了更高的要求。

5.4.5.3　不锈钢脱碳、脱硫与控氮

A　不锈钢脱碳

碳除了在马氏体不锈钢中有提高硬度的作用外，对耐蚀性大多是有害的，对铬 13 型和铬 17 型不锈钢的韧性及冷加工性的有害性也是非常明显的。不锈钢脱碳工艺的合理性不仅决定成品碳含量的水平，而且对铬的回收率、终点温度、硅铁消耗、炉衬寿命和冶炼周期等指标都有明显的影响。

a　AOD 炉脱碳工艺的改进

目前，AOD 法的脱碳工艺已经有了很大的发展。基本特征是更加靠近 C－Cr－T 的平衡曲线，工艺更加合理，效果更加明显，因此也称之为高效率精炼法，其工艺要点如下：

（1）钢水 w[C] 在 0.7% 以上时采用全 O_2 吹炼，此时并不会发生铬的氧化。

（2）钢水 w[C] 在 0.7% 以下到 0.11% 之间时，连续降低 $\varphi(O_2)/\varphi(Ar)$，从 4/1 变为 1/2，这个区域 C－O 平衡的碳含量是由 p_{CO} 决定的，吹入的氧气使钢中的碳不断降低，p_{CO} 也随之降低，提高了脱碳效率。

（3）钢水 w[C]≤0.11% 时，进行全 Ar 吹炼，提高脱碳速度，减少铬的氧化。依靠钢中氧和渣中的铬氧化物脱碳。

（4）以较短的时间还原出钢。

这种方法可取得降低精炼成本、缩短精炼时间和延长炉衬寿命的效果。

b　复吹脱碳 AOD 法

为了提高脱碳初期的升温速度和钢水温度，以提高氧效率，日本星崎厂 1978 年在 20t AOD 炉开发了顶底复吹 AOD 法（AOD－L 法）。顶底复吹 AOD 法的特征是在 w[C]≥0.5% 的脱碳Ⅰ期从底部风枪送一定比例的氧、氩混合气体，从顶部氧枪吹入一定速度的氧气，进行软吹或硬吹，反应生成的 CO（大约 1/4 或更多的 CO）经二次燃烧，其释放的热量约有 75%～90% 传到熔池，迅速提高钢液温度以利于快速脱碳，脱碳速度从 0.055%/min 提高到 0.087%/min。据报道，按此工艺生产，冶炼时间比原来工艺缩短了

20min，硅铁单耗和 Ar 单耗（标志）分别降到了 7.5kg/t 和 11.3m³/t。

日本大同特殊钢公司 1993 年开发了 AOD－VCR 转炉工艺。在 AOD 炉上增设真空装置，一方面采用 AOD 的强搅拌特征，另一方面在减压条件下不吹氧，利用钢中溶解氧和渣中氧化物，在低碳范围改善脱碳的功能，可生产成本低廉而性能优良的超纯铁素体不锈钢。

c　VOD 炉脱碳工艺

VOD 炉的脱碳主要由开始吹氧的温度、真空度、供氧速度、终点真空度（真空泵的启动台数）及底吹氩流量控制。VOD 炉的操作实例的工艺参数如表 5－42 所示。

表 5－42　VOD 炉操作实例的工艺参数

生产厂家	容量/t	初炼条件		真空脱碳条件			
		温度/℃	w[C]/%	吹氧速度（标态）/m³·h⁻¹	CO 效率/%	脱碳时间/min	压力/kPa
A	45	1700	0.3	600	60	25	0.13
B	50	1600	0.4	800～1000	35	76	0.03
C	60	1630	0.3	600～900	40	40	0.93～1.07

进入 VOD 炉的钢水条件为 w[C]≤0.3%、w[Si]≤0.3%，并扒渣。初期脱碳时，为了减少喷溅量，适当提高氧枪的高度，在真空度达到 6.7～26.7kPa 后开始吹氧，并不断提高真空度。到脱碳末期，脱碳反应速度的限制环节由氧供给速度转为氧在钢中的扩散，所以供氧速度要减小，氩气搅拌要强化。临近脱碳终点时提前停氧，用氩气搅拌促使真空下碳与氧的反应。脱碳的终点控制广泛使用监测废气成分变化的方法，也有根据废气成分、废气流量、真空度及耗氧量来判定脱碳的终点。VOD 炉脱碳速度一般约为 0.02%/min，如图 5－22 所示。超低碳不锈钢的精炼要注意在降低终点碳含量的同时抑制成本的增大和精炼时间的延长，为此应加强氩气搅拌和适当控制温度。

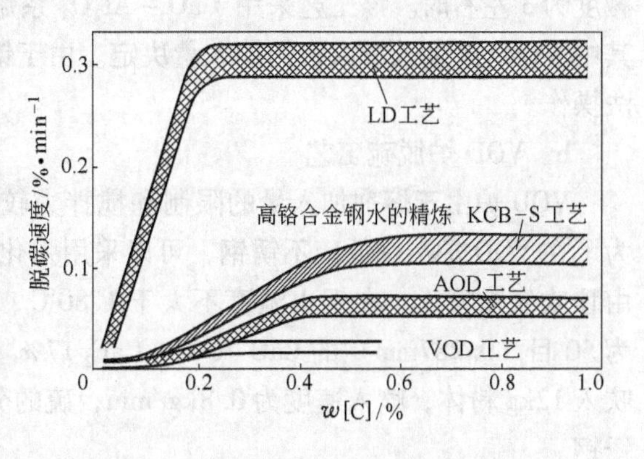

图 5－22　不同冶炼方法脱碳速度的比较

带有强搅拌的 VOD 法称为 SS－VOD 法。传统的 VOD 法的降碳、氮效果均以 0.005%（甚至 0.01%）为界，而强搅拌 VOD 法（SS－VOD）采用多个包底透气砖或 ϕ2～4mm 不锈钢管吹氩，氩流量可由通常的 40～150L/min（标态）增大到 1200～2700L/min（标态）。由于大量用 Ar，碳含量可达到 0.003%～0.001% 的水平。因此该方法适于冶炼超低碳不锈钢和超纯铁素体不锈钢。

B　不锈钢脱硫

除了易切削不锈钢中含有 0.1%～0.35% 的硫以提高切削性之外，硫在不锈钢中是极为有害的，主要影响钢的热塑性和耐蚀性，特别是耐点蚀性及耐锈性。

a　AOD 炉脱硫工艺

AOD 法脱硫的要点是控制炉渣的碱度和提高对钢水的搅拌力。一般炉渣碱度控制在 2.3～2.7 左右，脱硫能力明显提高。过高的碱度造成化渣困难，反而使脱硫能力降低。加强钢水搅拌是提高脱硫反应的重要因素，AOD 炉脱硫能力高于 VOD 炉，主要是由于 AOD 炉有较强的搅拌，增大了炉渣与钢水的接触面积。

实际应用的 AOD 炉脱硫工艺主要有以下 3 种：

（1）脱碳期同时脱硫。日本川崎公司开发的脱碳期脱硫工艺对含硫 0.15% 的高硫钢水进行脱硫。该工艺为了实现在脱碳同时进行脱硫，在 $\varphi(O_2):\varphi(Ar)=1:4$ 的条件下用 10% 钢水重量的造渣剂（60% CaO、20% CaF_2、20% CaSi），分 4～5 批加入。在脱碳期内除渣 3 次，钢水温度为 1650～1700℃，其结果钢中的碳含量从 0.2% 降至 0.011%，硫从 0.15% 降至 0.010%，硅从 0.15% 升至 0.28%。

（2）还原期双渣法脱硫。还原期双渣法脱硫是在铬还原后除渣，造新渣进行脱硫精炼。由于重新造渣，排除了还原渣中对脱硫有害的 MnO、FeO 低价氧化物，所以该工艺可以冶炼小于 0.001% 的超低硫不锈钢。

（3）快速脱硫。新日本制铁公司光制铁所的快速脱硫工艺是在铬还原期由原工艺添加 CaO、CaF_2、Fe－Si 改为添加 CaO、Al 进行还原和脱硫。该工艺最大脱硫能力是熔渣碱度为 3 左右时。该工艺采用 $CaO-Al_2O_3$ 系熔渣要比 $CaO-SiO_2$ 渣有更高的脱硫能力。其中，CaO 的加入量由铝的加入量决定。由于铝的加入，钢水温度得到补偿，有利于双渣法操作。

b　VOD 炉脱硫工艺

VOD 炉由于熔剂加入量的限制和搅拌力较弱的缺点，所以脱硫能力没有 AOD 炉强。为了在 VOD 炉冶炼低硫不锈钢，可以采用强化脱硫工艺。该法是提高熔渣碱度，将粉剂由顶吹氧枪喷入。在钢水温度不大于 1780℃、真空压力小于 1.33kPa 的条件下吹入粒度为 50 目（0.287mm）的 CaO 76% －CaF_2 17% －SiO_2 7% 的粉体，碱度 2.5 以上，每吨钢吹入 12kg 粉体，喷入速度为 0.8kg/min，硫的分配比达到 400 以上，可以冶炼出超低硫不锈钢。

C　不锈钢控氮

氮在铬 13 型和铬 17 型铁素体不锈钢中的固溶度很低，因此，沿晶界析出 CrN 和 Cr_2N。这种氮化铬与同时析出的 $(Cr, Fe)_{23}C_6$、$(Cr, Fe)_7C_3$ 的共同作用，造成铁素体不锈钢的韧性及晶间抗腐蚀性能降低。但是，氮在奥氏体不锈钢和双相不锈钢中沿晶界富集，抑制了 $Cr_{23}C_6$ 的析出，对其抗晶间腐蚀性能是有利的。氮可以明显提高钢的屈服强度，所以对抗应力腐蚀性能是有利的。氮是表面活性元素，形成的 Cr_2N 在表面富集，对耐点蚀和缝隙腐蚀也是有利的。

a　AOD 炉生产的氮合金化工艺

由于 AOD 炉没有外加热源，因此采用吹入氮气进行合金化。AOD 炉的氮合金化包括两个内容：一是控制残余氮含量不大于 0.07%，以提高产品耐蚀性，同时明显降低镍和氩气的消耗量，降低成本；二是冶炼含氮不锈钢。氮合金化的基本工艺是在脱碳期或加上还原期先用氮气进行吹炼，然后再用氩气吹炼，如图 5－23 和图 5－24 所示。

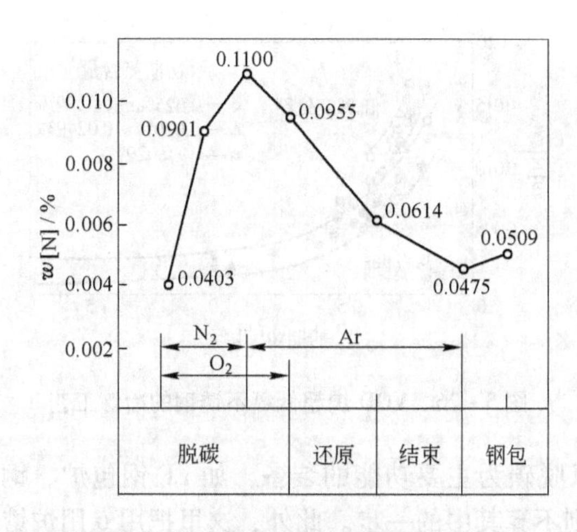

图 5-23 脱碳前Ⅱ期用氮气吹炼与成品氮含量的关系

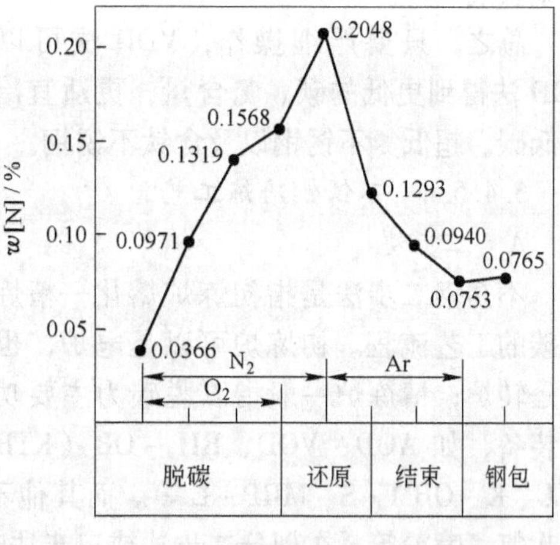

图 5-24 在还原中期以前一直用氮气的情况下氮含量的变化

b AOD 法超低氮不锈钢的冶炼工艺

AOD 法冶炼氮含量小于 0.01% 的超低氮不锈钢是十分困难的。在使用纯氩吹炼的条件下，钢中的氮含量最低一般在 0.02%，有的可达到 0.03%，如图 5-25 所示。日本相模原厂采取很多措施后，使钢中的氮含量降至 0.01% 以下。主要措施是：AOD 炉兑入钢水后，因为硫和氧使脱氮速度降低，所以先进行脱硫操作；为了提高脱碳速度，减少增氮，进行氧化脱硅，扒渣后再进行脱碳。这样使钢中的氮含量从入炉的 0.02% 降低到 0.006% 以下，为了防止脱碳中期至出钢前增氮，将炉帽由非对称型改为近似对称型，缩小与吸尘罩的间隙，并使吸尘力与排气量相对应，防止从间隙中侵入空气而增氮，同时对加料口封闭。为了防止出钢时和在钢包中增氮，缩短出钢距离，钢包加盖并通氩气密封。

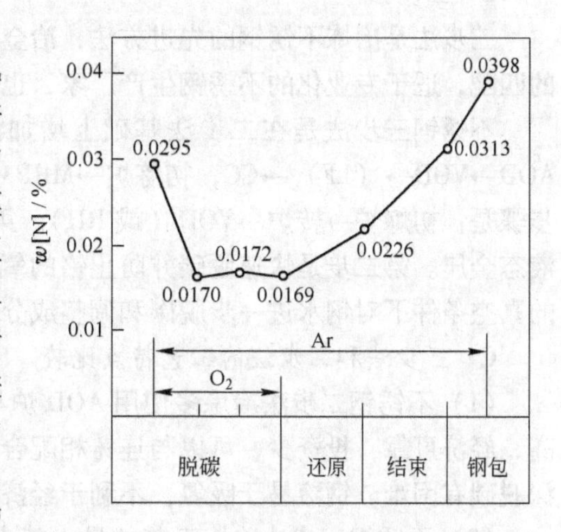

图 5-25 整个阶段全用氩气时钢中含氮量的变化

c VOD 炉超低氮不锈钢的冶炼工艺

VOD 炉的脱氮是通过钢中氮向 CO 气泡中转移进行的，脱氮反应与脱碳反应是同时进行的。确保脱碳量、强化钢水搅拌、适当的温度和防止精炼后的吸气，是工艺关键。初始碳量 0.5% 时成品氮可达到 0.050% 以下，如图 5-26 所示。为了在初始碳量 0.2% ~ 0.3% 实现氮含量小于 0.005% 的冶炼，采取在脱碳期将氧枪插入钢水中吹入氧气，借助渣—钢界面的强搅拌快速脱氮的措施。VOD 炉在开始真空脱碳后由于真空室漏气，氮含量还有上升。当漏气速度小于 $1.6m^3/min$（标态）时，可基本防止增氮。为了防止空气的渗入，可在上盖和真空室的密封衬之间通入氩气，出炉和浇注过程中采用炉渣覆盖熔池和注流氩气保护。

总之，只要严细操作，VOD 法可以比 AOD 法得到更低的碳、氮含量，更适宜冶炼超低碳、超低氮不锈钢以及含钛不锈钢。

5.4.5.4　不锈钢冶炼工艺

A　二步法

不锈钢二步法是指初炼炉熔化—精炼炉脱碳的工艺流程。初炼炉可以是电炉，也可以是转炉；精炼炉一般指以脱碳为主要功能的装备，如 AOD、VOD、RH－OB（KTB）、CLU、K－OBM－S、MRP－L 等。而其他不以脱碳为主要功能的装备，如 LF 钢包炉、钢包吹氩、喷粉等，在划分二步法或三步法时则不算其中的一步。此外，这里把用专用炉熔化铬铁的操作，如芬兰 Tormio 厂、巴西 Acesita 厂和我国太钢第二炼钢厂电炉熔化合金的工艺，也不列入其中的一步。

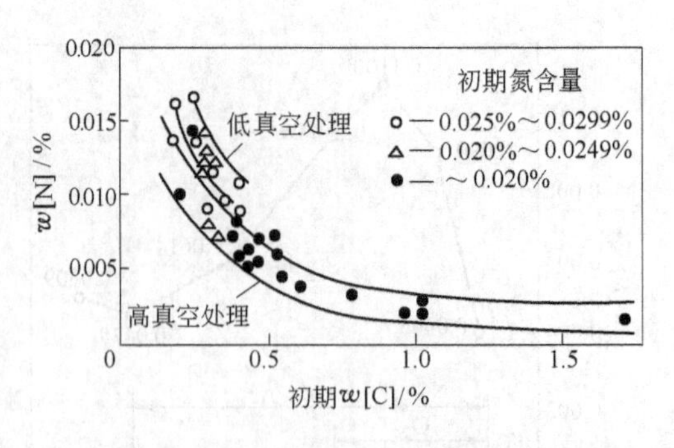

图 5－26　VOD 炉超低氮不锈钢的冶炼工艺

B　三步法

三步法是冶炼不锈钢的先进方法，冶金质量好，有利于初炼炉—精炼炉—连铸机之间的匹配，适于专业化的不锈钢生产厂家，也适于联合钢铁企业生产不锈钢和特殊钢。

不锈钢三步法是在二步法基础上增加深脱碳的装备。通常的三步法有：初炼炉→AOD→VOD→（LF）→CC，初炼炉→MRP－L→VOD→（LF）→CC 等多种形式。其基本步骤是：初炼炉→转炉→VOD（或 RH）。第一步只起熔化和合金化作用，为第二步提供液态金属。第二步是快速脱碳并防止铬的氧化。第三步是在 VOD 或 RH－OB、RH－KTB 的真空条件下对钢水进一步脱碳和调整成分。

C　三步法和二步法的工艺特点比较

（1）不锈钢二步法冶炼多使用 AOD 炉与初炼炉配合，可以大量使用高碳铬铁，效率高，经济可靠，投资少，可以与连铸相配合。其不足之处是风口附近耐火材料的寿命低，深脱碳有困难，钢液易于吸氢，不利于经济地生产超低碳或超低氮不锈钢。

（2）不锈钢三步法冶炼工艺的最大特点是可使用铁水，在原料选择的灵活性、节能和工艺优化等方面具有相当的优越性。三步法的品种范围广，氮、氢、氧及夹杂物的含量低。三步法的生产节奏快，转炉炉龄高，整个流程更均衡和易于衔接。但三步法增加了一套精炼设备，投资较高。

（3）三步法适用于生产规模较大的专业性不锈钢厂或联合企业型的转炉特殊钢厂，产量较小的非专业性电炉特殊钢厂可选用二步法。

国外新建的不锈钢冶炼车间多采用二步法，即电炉→AOD 精炼炉，但考虑到有时 AOD 炉精炼时间较长，跟不上电炉节奏，常设有 LF，必要时作加热保温用，以保证连铸连浇率。例如新建的北美不锈钢公司采用电弧炉→AOD→LF；浦项不锈钢二厂采用电弧炉→K－OBM－S 转炉；比利时 Carinox 厂采用电弧炉→AOD 炉等。我国新建不锈钢冶炼车间多采用三步法即电炉→AOD→VOD，也设有 LF，虽各有优缺点，但二步法设备组成和操作过程简化，是值得进一步研究探讨的。

综上所述，不锈钢的生产流程各有千秋。采用什么流程生产特殊钢，不应单纯模仿，应深入思考各种流程的内涵，结合企业的实际情况而定。

D 转炉铁水冶炼不锈钢技术

转炉铁水冶炼不锈钢技术可以分作两大类：

第一类，以铁水为原料，不用电弧炉熔化钢，在转炉内用铁水加铬矿或铬铁合金直接熔融还原、初脱碳，再经真空处理终脱碳精炼。根据使用合金料不同这类技术又分为两类：①采用高碳铬铁做合金料；②采用铬矿砂做合金料。

第二类，采用部分铁水冶炼。先用电炉熔化废钢与合金，然后与三脱处理后的铁水混合，再倒入转炉进行吹炼。

采用转炉铁水冶炼不锈钢的优点有：①原料中有害杂质少；②转炉中可实现熔融还原铬矿；③氩气消耗低；④利用廉价热铁水，节约电能，缓解废钢资源紧张；⑤转炉炉衬寿命长（900~1100 炉）；⑥有利于连铸匹配；⑦产品范围广，特别适于生产超低碳、氮和铬不锈钢；⑧有利于降低成本。

转炉铁水冶炼不锈钢的工艺技术是成熟可靠的。目前世界上采用转炉铁水冶炼不锈钢的厂家有 4 家，它们是新日铁八幡、川崎千叶、巴西 Acesita 和中国太钢。上述四个厂的原料、工艺、设备、产量、品种的对比如表 5-43 所示。

表 5-43 不锈钢生产厂家原料、工艺、设备、产量、品种的对比

厂 家	原 料	工艺和设备	年产量/万吨	品种	投产年份
新日铁八幡厂	全铁水（预处理）加铬铁	2×160t LD-OB+160t REDA+160t VOD+吹 Ar 站	50	400 系	1983
川崎制铁千叶厂	全铁水（预处理）加铬铁	1×160t SR-KCB+1×160t DC-KCB+1×160t VOD	70	400 系，300 系	1994
巴西 Acesita 厂	40%~50%（预处理）加预熔合金（不锈废钢和铬铁水）	2×35t EAF+1×75t MRP-L+1×75t VOD+LF	35	300 系	1996
中国太钢	40%~50%（预处理）加预熔合金（碳素废钢和铬铁、镍）	1×30t EAF+1×80t K-OBM-S+1×80t VOD+LF	55	300 系，400 系	2002

工艺设备中 K-OBM-S 由奥钢联公司开发，它在顶吹碱性氧气转炉 BOF 基础上增加了底吹喷嘴或侧吹喷嘴。MRP（Metal Refining Process）转炉精炼工艺是德国曼内斯曼-德马克公司于 1983 年开发的，炉衬寿命高（1000 次以上），脱碳速度快（>0.1%）。MRP 转炉炉底气体喷嘴的数目取决于转炉的几何尺寸；底吹喷嘴是套管式的，通过中心管喷吹精炼用的气体，外管通保护气体，中心管和外管的气流工作压力都是独立的，互不影响；它是在底吹转炉基础上发展起来的，早期通过底吹喷嘴交替喷吹氧气和惰性气体，后来又增加了顶枪，顶部喷吹氧气，底部喷吹惰性气体，形成 MRP-L 型精炼炉。

K-OBM-S→VOD 与 MRP-L→VOD 的比较如表 5-44 所示。

表 5-44 K-OBM-S→VOD 与 MRP-L→VOD 的比较

工 艺	EAF→K-OBM-S→VOD（LF）	EAF→MRP-L→VOD
产品质量	高	高
品 种	可生产超低碳、氮钢	可生产超低碳、氮钢
成 本	较 低	较 低
冶炼周期	较 短	较 长
连浇次数	较 多	较 少
投资、运行成本	较 高	较 高

图5－27描述了阿赛斯塔工艺流程。一台35t电弧炉生产合金预熔体，然后将其同脱磷铁水一起装入80t AOD－L转炉。这里既有二步法工艺也有三步法工艺。

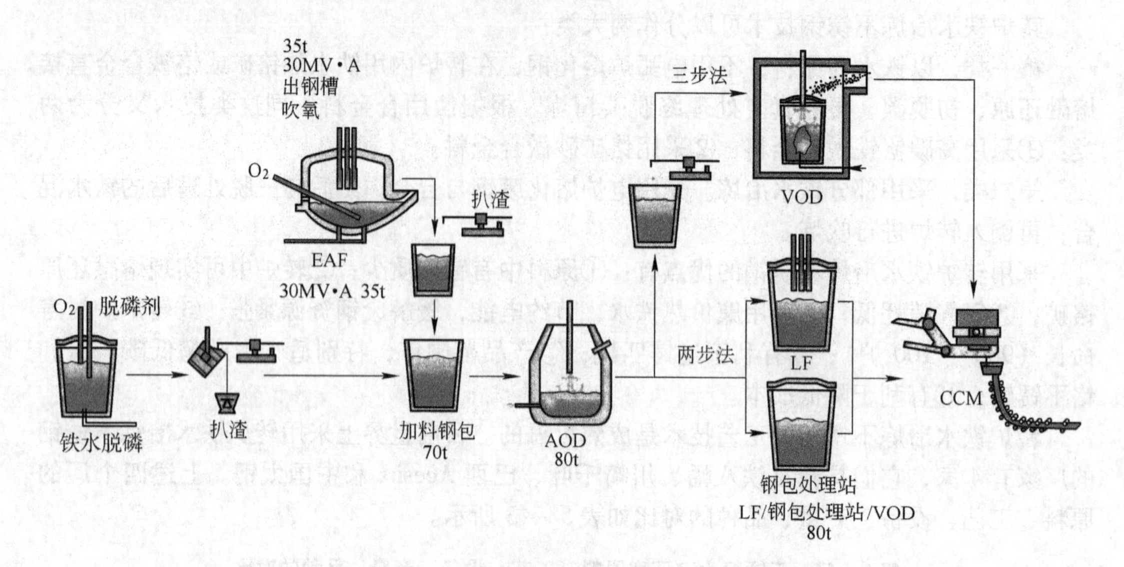

图5－27　阿赛斯塔新AOD钢厂的工艺路线

川崎公司在其千叶一厂应用了KMS－S技术并停止了电弧炉的使用。其双转炉工艺在第一个外热式KMS－S转炉中通过铬矿还原、加C和二次燃烧而使铁水合金化，熔体铬含量达到10%～13%的水平；第二个自热式K－OBM－S转炉将熔体中的碳从5.5%脱至0.17%（见图5－28）。通过出钢口出钢时，用气动挡渣塞将渣分离。K－OBM－S转炉可以不进行最终渣还原。含Cr氧化物的渣随后在KMS－S转炉中还原，用石灰造渣。在下步VOD处理时调整氮和碳含量至期望值，熔体被精确合金化。

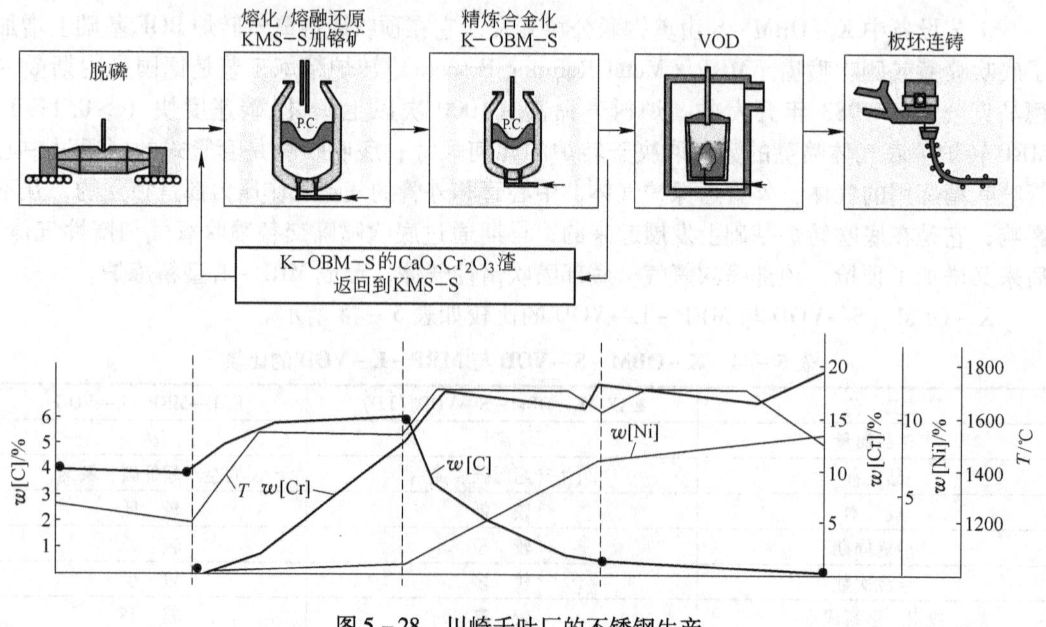

图5－28　川崎千叶厂的不锈钢生产

2002年底，基于铁水的不锈钢工艺路线开始在太原钢铁公司投入生产。太钢二炼钢厂采用三脱铁水（进行脱P、脱S、脱Si处理）和30t超高功率电弧炉熔化的合金料为主要原料，通过80t K－OBM－S转炉快速升温、脱碳及初步合金化后，再经VOD炉精炼，之后进入板坯连铸机浇注。为保证连浇率达到4炉以上，还设有LF，必要时不锈钢水在LF工位保温再送往连铸机。既可以采用二步法，也可以采用三步法，因为安装了一台VOD设备。此工艺可生产低成本、高质量的Cr系和Ni－Cr系不锈钢。

太钢第二炼钢厂采用K－OBM－S转炉工艺冶炼不锈钢，在实践中解决了以下关键问题：

（1）热量不足与热补偿。不锈钢属于高合金钢，需加入大量的合金冷料，若只以铁水的物理热和化学热在转炉内冶炼不锈钢，其能量是不够的。太钢第二炼钢厂冶炼不锈钢工艺，采用电炉合金预熔液，可补偿上述热量不足。为了节约成本，提高铬、镍的回收率，对于热量不足较小的钢种可采用在转炉中补加少量焦炭来达到热平衡。

（2）K－OBM－S炉龄。主要通过控制吹炼过程渣中MgO含量和还原后期炉渣碱度、降低底部风嘴供氧强度来提高炉龄，目前炉龄已接近600次。

（3）铬回收率的控制。为了提高铬回收率，应迅速吹氧提高钢液温度至1650℃以上，以抑制铬氧化；同时控制转炉终点碳在0.15%～0.35%之间，得到较高的铬回收率。太钢EAF→K－OBM－S→VOD工艺中铬回收率可稳定控制在90%以上，比EAF→AOD工艺约提高2%。

（4）镍回收率的控制。为提高镍回收率，将全部镍板在转炉氧化期及以后加入，其回收率已接近96%，与EAF→AOD工艺水平基本相当。

（5）氩气消耗。氩气是K－OBM－S转炉底部供气的理想气体，但氩气比较昂贵，且资源紧张。为节约氩气消耗，该工艺冶炼不锈钢304可以实现全程以氮代氩。该工艺冶炼铬不锈钢可比AOD工艺节省约50%以上的氩气。

（6）硫化物、氧化物。采用K－OBM－S→VOD工艺生产的不锈钢冷轧板，硫化物＋氧化物不大于1.5级的达到100%，比EAF→AOD工艺提高约50%；其中硫化物＋氧化物不大于1.0级的达到90%以上，有利于生产高质量的不锈钢。

（7）连浇炉数。在实际生产中，该工艺已显出生产节奏快的优势。随着操作的逐步稳定及生产组织和设备维护水平的不断提高，平均连浇炉数已达到4炉/次，最高连浇炉数已达10炉/次。

E 电弧炉冶炼不锈钢技术

电弧炉冶炼不锈钢流程可有一步法、二步法和三步法。一步法已被淘汰，在此不做介绍。电弧炉二步法有“电弧炉＋AOD”或“电弧炉＋VOD”两种双联工艺，这两种流程的不锈钢冶炼工艺在此不作介绍。下面主要介绍应用较广泛的“电弧炉＋AOD＋VOD”三步法的冶炼工艺。电弧炉三步法不锈钢冶炼工艺的冶炼品种主要是超低碳、超低氮不锈钢。

先将电弧炉初炼得到的不锈钢母液（可由废钢、铁水及铬水冶炼得到），在扒渣站经扒渣、测温取样后装入AOD，然后将AOD转炉倾动到垂直位置开始处理过程。整个AOD处理过程包括脱碳期和还原期，主要功能为脱碳、还原、成分和温度调整。AOD转炉的目的是将含碳 3.80% ~4.20% 的含铬金属液脱至 VOD 所需的起始碳含量（约 0.25%），出钢温度控制在 1680℃左右。

AOD 脱碳过程：在转炉顶部吹氧的同时，通过底侧部风口向 AOD 吹入氧气和氮气或氧气和氩气的混合气体，加快脱碳速率。当碳含量达到临界点时，逐步降低氧气流量，增大氮气或氩气的流量，氧气和氮气或氩气的比例从 9∶1 降低至 1∶1，以降低一氧化碳分压，确保降碳保铬的热力学条件，使钢液中铬的氧化降低到最低限度，减少还原剂的消耗。开始吹炼时，顶枪吹氧量与底枪吹氧量之比约为 2∶1。当钢水中碳含量降到 0.6% 时，减少氧气吹入量，并增加惰性气体吹入量。当碳含量降到 0.3% 时，停止顶枪吹氧，以避免铬被大量氧化。并进一步降低氧气流量，增大惰性气体流量，直到将碳脱到 0.25%。当碳含量达到目标要求，停止吹氧，开始进入还原期。

AOD 还原期的任务是将吹炼过程中被氧化到渣中的铬和锰还原到钢液中。先将炉底侧部风口的氮气切换成氩气，通过料仓将还原渣料（石灰、CaF_2、Al 和 Fe - Si）加入 AOD，炉渣碱度控制在 1.5 ~1.8。加大炉底风口氩气的吹入强度，使熔池形成较好的动力学条件，加速和充分还原，同时可以达到良好的脱硫效果。强烈搅拌约 8min，铬和锰将被从渣中还原出来，钢水温度也会降低到约 1680℃。倒掉部分炉渣并测温、取样，将钢水和部分炉渣一起混出至炉下的钢水罐内，通过渣钢混冲进一步还原渣中的氧化铬。吊包到扒渣站将钢包中的炉渣全部扒除。

如钢种对氮气含量有严格要求，炉底侧部风口稀释气体应采用氩气；如没有特别要求，可采用氮气代替氩气在脱碳前期或全程作为稀释气体，以降低氩气的消耗。

经扒渣后的钢水，由精炼跨吊至真空罐内进行 VOD 处理。VOD 处理的任务（功能）是深脱碳、还原、脱硫、去除夹杂物、成分和温度调整。首先接上吹氩管，测钢包净空，测温、取样，盖上真空盖抽真空。抽真空到压力低于 20kPa 时，加渣料造渣。当压力低于 5kPa 时，通过真空下钢液中自然碳氧反应，在钢液中产生大量一氧化碳气泡，并借助强吹氩搅拌，将钢液中氮气脱去，脱氮时间约 10min。然后进行真空吹氧脱碳精炼，碳含量达到目标成分时，进一步降低真空度，使真空室内压力达到 0.1kPa 以下。借助于高真空，在高真空下进行钢液中溶解的碳和氧的反应。随后加入还原剂和渣料，进行还原操作。然后破真空，并在盖上常压盖情况下进行常压下钢水成分和温度的调整，使钢水成分和温度满足连铸的需要，然后运至连铸钢水罐回转台浇注。

5.4.5.5　国内主要不锈钢生产企业

国内目前不锈钢生产厂家主要有太钢、宝钢、抚顺特钢和长城特钢等，其流行工艺为：电炉熔化—初脱碳—调成分、温度—出钢—AOD—吹氧脱碳—高真空脱碳—脱氧—加渣料、脱氧剂—还原精炼—破真空、测温—浇注。

太钢是中国最大的不锈钢生产企业，2003 年已进入世界不锈钢十强之列，现已形成年产 300 万吨以上不锈钢的产能。张家港浦项不锈钢有限公司，是目前中国最大的冷轧不锈钢薄板生产企业。宝钢已具有年产 150 万吨不锈钢的生产能力。

5.4.6　重轨钢

近年来随着铁路行车速度的不断提高，重轨的损坏由过去的磨损转变成各种形式的疲劳损坏，尤其铁路高速化以后，行车的安全性及舒适性就显得更为重要。因此，良好的抗疲劳性能和焊接性能是提速和高速铁路用重轨的基本特征。这些特征在重轨内部质量上的反映就是高的纯净度和成分控制精度。

5.4.6.1 重轨钢的质量要求

随着高速铁路的发展，现代铁路运输、重载和高密度的运输方式使重轨的服役条件趋于恶化，对重轨质量提出了更高的要求：

（1）重型化，60kg/m 重轨将逐步成为我国铁路的主要轨型，以保证列车的稳定。

（2）钢质纯净化，重轨钢生产过程中尽可能降低杂质、稳定成分、改善组织性能。

（3）强韧化，通过对钢材材质进行热处理或合金化等提高其强度、韧性，延长重轨使用寿命。

（4）良好的可焊性，以适应超长无缝线路的要求。

（5）重轨表面无缺陷或少缺陷，减少重轨因早期损伤而提前下道；平直度高，以适应高速列车的要求。

（6）重轨定尺化，提高铺设及维护换轨的效率。

国内高速铁路重轨标准对重轨内部质量的要求见表 5－45。

表 5－45 高速铁路、普通铁路用钢轨对内部质量要求的对比

标 准	w[TO]/%	w[P]/%	w[S]/%	$w[\mathrm{Al}]_s$/%	w[H]/%	非金属夹杂/级			
						A类	B类	C类	D类
200km/h	≤0.002	≤0.030	≤0.030	≤0.004	≤0.00015	≤2.5	≤1.5	≤1.5	≤1.5
300km/h	≤0.002	≤0.025	0.008～0.025	≤0.004	≤0.00015	≤2.0	≤1.0	≤1.0	≤1.0

GB 2585—2007 规定，钢水氢含量应不大于 $2.5\times10^{-4}\%$；钢水氢含量大于 $2.5\times10^{-4}\%$ 时，应对钢坯或钢轨进行缓冷处理。若采用钢坯的缓冷工艺，可不做钢水氢含量检验。成品钢轨的氢含量不得大于 $2.0\times10^{-4}\%$。

钢水或成品钢轨总氧含量不得大于 $30\times10^{-4}\%$。若供方能保证钢轨中非金属夹杂物符合要求，可不做氧含量检验。

5.4.6.2 重轨钢的化学成分

根据 GB 2585—2007，重轨钢的化学成分见表 5－46，残留元素含量见表 5－47。

表 5－46 重轨钢牌号及化学成分

<table>
<tr><th rowspan="2">牌 号</th><th colspan="8">化学成分（w）/%</th></tr>
<tr><th>C</th><th>Si</th><th>Mn</th><th>S</th><th>P</th><th>V①</th><th>Nb①</th><th>RE（加入量）</th></tr>
<tr><td>U74</td><td>0.68～0.79</td><td>0.13～0.28</td><td>0.70～1.00</td><td>≤0.030</td><td>≤0.030</td><td rowspan="4">≤0.030</td><td rowspan="5">≤0.010</td><td>—</td></tr>
<tr><td>U71Mn</td><td>0.65～0.76</td><td>0.15～0.35</td><td>1.10～1.40</td><td>≤0.030</td><td>≤0.030</td><td></td></tr>
<tr><td>U70MnSi</td><td>0.66～0.74</td><td>0.85～1.15</td><td>0.85～1.15</td><td>≤0.030</td><td>≤0.030</td><td>—</td></tr>
<tr><td>U71MnSiCu</td><td>0.64～0.76</td><td>0.70～1.10</td><td>0.80～1.20</td><td>≤0.030</td><td>≤0.030</td><td>—</td></tr>
<tr><td>U75V</td><td>0.71～0.80</td><td>0.50～0.80</td><td>0.70～1.05</td><td>≤0.030</td><td>≤0.030</td><td>0.04～0.12</td><td></td></tr>
<tr><td>U76NbRE</td><td>0.72～0.80</td><td>0.60～0.90</td><td>1.00～1.30</td><td>≤0.030</td><td>≤0.030</td><td rowspan="2">≤0.030</td><td>0.02～0.05</td><td>0.02～0.05</td></tr>
<tr><td>U70Mn</td><td>0.61～0.79</td><td>0.10～0.50</td><td>0.85～1.25</td><td>≤0.030</td><td>≤0.030</td><td>≤0.010</td><td></td></tr>
</table>

① 除 U75V 牌号中的 V，U76NbRE 牌号中的 Nb 为加入元素外，其他牌号中的 Nb、V 为残留元素。

表 5-47　残余元素上限（w）　　%

Cr	Mo	Ni	Cu①	Sn	Sb	Ti	Cu + 10Sn	Cr + Mo + Ni + Cu
≤0.15	≤0.02	≤0.10	≤0.15	≤0.040	≤0.020	≤0.025	≤0.35	0.35

① U71MnSiCu 中 Cu 的加入量为 0.10% ~0.40%。

5.4.6.3　重轨钢生产技术

A　重轨生产工艺路线

重轨钢生产典型的工艺路线如下：铁水预处理—转炉—LF—VD—WF—CC。

转炉出钢时必须采用好的挡渣设备严格挡渣出钢，在出钢至 1/3 时加入部分铁合金和脱氧剂进行脱氧、合金化，出钢至 2/3 时加毕，此时加入部分顶渣料以提前造渣精炼，进行渣洗、混冲、预脱硫，出钢过程中进行吹氩搅拌，出完钢根据钢液面覆盖情况加保温剂，送往 LF。若钢包中转炉渣超量，则炉后不加顶渣料，仅加保温剂，先运至扒渣机工位进行扒渣处理后，再送往 LF 工位加渣料进行精炼处理。

钢包吊到 LF 处理线的钢包车上后，由人工接通钢包底吹氩的快速接头，钢包车启动运行到 LF 处理工位，钢包炉盖下降，进行钢水测温，根据要求的钢水成分及温度确定物料的投入量（含喂线）及电力投入量，电极下降，通电加热，测温取样，根据测温取样的结果进行温度和成分的再调整。测温取样可能进行多次，由温度及成分调整的结果决定。当钢水温度和成分达到目标值后，处理结束，投入保温剂，钢包台车从处理工位开出。在整个处理过程中均进行钢包底吹氩搅拌，但在不同阶段其流量不同。

经过 LF 处理后的钢水送往 VD 工序，当钢包吊到 VD 工序时，先由人工接通钢包底吹氩的快速接头，再将钢包吊放到 VD 罐内的钢包座上，进行钢水测温后 VD 盖车启动运行到处理工位，降下 VD 盖并自密封，选择合适的抽真空曲线进行真空处理，需要合金微调时可进行真空加料，处理完毕后破真空，提升 VD 盖并移走盖车，根据需要进行喂线处理（WF），测温取样后吊出钢包并取下吹氩快速接头，将钢包吊往连铸机回转台进行浇注。

重轨钢含碳量较高，因而增碳显得很重要。转炉出钢时钢水含碳量控制为 0.2% ~0.3%，炉后增碳至 0.60% ~0.65%，在 LF 处理时再增碳 0.10% ~0.15% 至标准成分的中上限，经 VD 处理后即可达到钢种成分要求，也可 LF 不做专门增碳而在 VD 工位将碳直接增至钢种要求的范围。

现代高速、重载铁路的发展对钢轨质量提出了更高的要求。Al_2O_3 等脆性夹杂是引起钢轨疲劳裂纹的主要原因，高速重轨要求钢中 $w[O] \leq 0.002\%$、$w[Al] \leq 0.004\%$，因此如何控制钢中全氧含量、夹杂物的数量与形态一直是高速重轨钢冶炼的重要课题。吴杰、齐江华等人以 U75V 重轨钢为例，对重轨钢精炼过程的脱氧与夹杂物控制进行了探讨，其研究工艺路线如下：铁水预处理（脱硫）—100t 顶底复吹转炉（脱磷、脱碳）—出钢合金化（加入锰铁、硅铁）—吹氩（均匀成分，3 ~5min）—LF 精炼（全程吹氩、化渣、升温、调节成分，40 ~50min）—RH 精炼（最高真空度 67Pa，时间约 30min）—大方坯连铸（280mm ×380mm 方坯）。LF 和 RH 精炼时炉渣碱度控制在 2.5 ~3.0。研究结果表明，高真空高碱度有利于脱氧，但易引起钢中铝含量升高，不利于夹杂物的形态控制；建议高速重轨钢的冶炼在 LF 精炼过程炉渣保持较高碱度，利于脱氧，而在 RH 精炼过程，在保证脱氢效果的前提下，适当降低炉渣碱度和减少精炼时间，有利于控制钢中夹杂物的形态。

攀钢2003年建成投产的6机6流大方坯连铸机在工艺配置和铸机装备上达到了国际先进水平，开发形成了提高重轨钢连铸大方坯内部质量的成套工艺技术，包括结晶器电磁搅拌、二冷动态控制、凝固末端动态轻压下等核心工艺技术，成功地解决了重轨钢铸坯中心偏析、中心疏松、中心缩孔、中心裂纹等中心缺陷较严重的技术难题，确保了攀钢重轨钢大方坯连铸工艺顺行，铸坯合格率99.97%，连铸坯轧成的钢轨的内部质量和力学性能能够满足350km/h的技术要求。

B 包钢重轨钢生产

（1）工艺路线。铁水脱硫扒渣—铁水包内喷粉（镁基脱硫剂）脱硫—80t SRP法脱磷—80t复吹转炉半钢冶炼—LF钢水加热、脱硫、合金化成分微调—VD法真空脱气—挡渣出钢（或扒渣）—大方坯连铸（带电磁搅拌，280mm×325mm，280mm×380mm，319mm×410mm）—铸坯堆垛缓冷—质量检查—缺陷处理—轨梁轧制—余热淬火。80t顶底复吹转炉冶炼所用的中磷铁水经过铁水包喷粉脱硫及SRP法脱磷处理后，半钢含磷量不大于0.035%，含硫量不大于0.01%，转炉钢水终点含磷量将不大于0.015%。转炉冶炼周期为35min，与连铸同步。转炉出钢采用气动挡渣工艺，尽可能减少进入钢包中的渣量。如果挡渣失败，可在钢水进入精炼之前检查扒渣。钢水在LF内加热提温及成分微调处理。经过LF处理后的钢水随着钢包进入到VD工位。在66.7Pa真空下处理约20min，使氢含量降至0.0002%以下。在VD工位备有双线喂线机，可根据需要继续对钢水进行成分微调、脱氧及夹杂物变性处理。在连铸机和精炼设备之间有过程计算机进行工艺状态通讯，及时协调生产节奏，保证连铸机生产顺行。

由于轨梁厂采用余热淬火生产热处理钢轨，所以钢水必须经过真空处理，使$w[H]\leqslant 0.0002\%$。

（2）重轨钢各个工艺过程的成分。包钢重轨钢各个工艺过程的成分控制如表5-48所示。

表5-48 包钢重轨钢成分的控制（w） %

项 目	C	Si	Mn	P	S	Al_s	H
淬火钢	0.75~0.82	0.13~0.28	0.70~1.00	≤0.040	≤0.040		≤0.0002
包钢内控	0.75~0.80	0.13~0.28	0.70~1.00	≤0.020	≤0.010	0.01~0.012	≤0.0002
目标值	0.77±0.02	0.20±0.025	0.853±0.05	≤0.020	≤0.010	0.01~0.012	≤0.0002
转炉出钢	0.2		0.25	≤0.015	≤0.010	0.01~0.012	0.0003~0.0005
LF前	0.65	0.18	0.70	≤0.020	≤0.010	0.01	0.0003~0.0005
VD前	0.65	0.20	0.85	0.020	≤0.010	0.01~0.012	0.0003~0.0005
VD后	0.77	0.20	0.85	0.020	<0.010	0.01~0.012	≤0.0002

（3）VD真空脱气。VD真空处理钢液的目的是完成重轨钢等钢种的钢液脱氢、脱氮和脱氧处理，同时具有真空加料、喂线等功能及对钢液进行成分微调和夹杂物变性处理。

VD真空脱气主要设备及工艺参数为：真空罐外径5.0m、高度4.6m，罐盖直径5.2m、高1.8m，防辐射屏直径3.4m，盖提升行程400mm，真空罐抽气管道直径1.0m，真空泵抽气能力 250kg/h（297K 空气，0.7MPa），极限真空度 0.02～0.04kPa，VD 处理作业周期 35min，VD 处理能力（双工位）6.0×10^5t/a。

VD 炉操作过程为：钢包用吊车放入真空罐内，连接氩气管，调节氩气流量至 30～50L/min（标态），使钢液表面沸腾，并测温取样（3min）；移动罐盖运输车到处理位置，降下罐盖（各 1min）；选择处理模式，启动真空系统 4min 后达最大真空度 20～40Pa；深真空处理氩气流量为 250～300L/min（标态），真空罐内压力保持在 20～40Pa，处理时间为 15min，并根据钢种成分要求加入备好的合金材料；根据钢液温度降低值计算处理时间，若时间合适泄真空，提盖并移走真空罐盖（3min）；测温取样后喂线，并对钢液进行软吹氩气去除夹杂，软吹时间为 6min；进行最后一次钢液测温取样，合适后，加入覆盖渣，停止吹氩，用吊车把钢水送去连铸。

（4）重轨钢的质量验收。新的重轨钢生产工艺具有以下特点：

1）钢水质量好，$w[P]\leqslant0.02\%$、$w[S]\leqslant0.02\%$（部分钢种小于 0.005%）、$w[H]\leqslant0.0002\%$，化学成分精确控制波动范围小（$w[C]\pm0.025\%$），纯净度高，温度可精确控制；

2）连铸坯表面质量好，无缺陷坯可达 98%；

3）铸坯内部组织均匀；

4）金属收得率高，约比模铸提高 10% 以上；

5）重轨的实物质量提高；

6）重轨质量的均匀性可保证重轨线余热淬火的工艺要求；

7）在轧态重轨生产线上取消缓冷工艺，显著提高轧钢厂的重轨生产能力。

5.4.7 弹簧钢

弹簧钢有板弹簧、圆柱弹簧、涡卷弹簧、碟形弹簧、片弹簧、异形弹簧、组合弹簧、橡胶弹簧和空气弹簧等。弹簧在周期性弯曲、扭转等交变力条件下工作，经受拉、压、冲击、疲劳腐蚀等多种作用，有时还要承受极高的短时突加载荷。鉴于弹簧钢的工作条件比较恶劣，因此对弹簧钢的要求十分严格，必须具有较好的抗疲劳性能和抗弹减性等。

世界各国弹簧用钢一般为优质高碳碳素弹簧钢和 Si－Mn 系、Cr－ Mn 系、Cr－V 系合金钢。碳素弹簧钢一般做弹簧钢丝、涡卷弹簧和片弹簧用，大部分弹簧都采用合金弹簧钢。由于 Cr－Mn 系、Cr－V 系合金弹簧钢具有较好的淬透性，且表面脱碳倾向小，故国外大都采用 Cr－Mn 系、Cr－V 系合金钢来制造弹簧，如美国的弹簧钢之王 5160（H）钢就是 Cr－Mn 系合金钢。由于我国铬资源不足，弹簧钢一般采用 Si－Mn 系合金钢。Si－Mn 系合金钢虽脱碳倾向性大、淬透性较差，但抗弹减性优于 Cr－Mn 系合金钢。我国常用弹簧钢主要是 60SiMn 钢，随着各行各业的需求，也相应引进了国外部分钢号。

5.4.7.1 弹簧钢的质量要求

当前用于制造弹簧的钢材包括碳素钢、合金钢以及不锈耐酸钢，通常后者作为不锈耐酸钢的应用特例不划入弹簧钢系列，因此弹簧钢是指碳素弹簧钢和合金弹簧钢。碳素弹簧钢的碳含量一般在 0.50%～0.80% 之间，个别超过 0.80%，如制造冷拉碳素弹簧钢丝的 T9A。为了保证弹簧的各种使用性能，严格控制碳含量是此类弹簧钢的技术关键。合金弹簧包括：Si－Mn（60Si2Mn，相当于美国的 SAE9260，日本的 SUP6、SUP7）；Cr－Mn 系

（55CrMnA，类似美国的 SAE5155H，日本的 SUP9）；Cr－Si 系（55CrSiA，日本的 SUP12，美国的 SAE9254）；Cr－V 系（50CrVA、SUP10、SAE6150）；CrMnB 系（60CrMnBA、SAE51B60、SUP11A）。表 5－49 给出了几个主要弹簧钢牌号及化学成分（GB/T 1222—2007）。

表 5－49　弹簧钢牌号及化学成分

序号	统一数字代号	牌号	化学成分（w）/%										
			C	Si	Mn	Cr	V	W	B	Ni	Cu①	P	S
										不大于			
1	U20652	65	0.62～0.70	0.17～0.37	0.50～0.80	≤0.25				0.25	0.25	0.035	0.035
2	U20702	70	0.62～0.75	0.17～0.37	0.50～0.80	≤0.25				0.25	0.25	0.035	0.035
3	U20852	85	0.82～0.90	0.17～0.37	0.50～0.80	≤0.25				0.25	0.25	0.035	0.035
4	U21653	65Mn	0.62～0.70	0.17～0.37	0.90～1.20	≤0.25				0.25	0.25	0.035	0.035
5	A77552	55SiMnVB	0.52～0.60	0.70～1.00	1.00～1.30	≤0.35	0.08～0.16		0.0005～0.0035	0.35	0.25	0.035	0.035
6	A11602	60Si2Mn	0.56～0.64	1.50～2.00	0.70～1.00	≤0.35				0.25	0.25	0.035	0.035
7	A11603	60Si2MnA	0.56～0.64	1.60～2.00	0.70～1.00	≤0.35				0.35	0.25	0.025	0.025
8	A21603	60Si2CrA	0.56～0.64	1.40～1.80	0.40～0.70	0.70～1.00				0.35	0.25	0.025	0.025
9	A28603	60Si2CrVA	0.56～0.64	1.40～1.80	0.40～0.70	0.90～1.20	0.10～0.20			0.35	0.25	0.025	0.025
10	A21553	55SiCrA	0.51～0.59	1.20～1.60	0.50～0.80	0.50～0.80				0.35	0.25	0.025	0.025
11	A22553	55CrMnA	0.52～0.60	0.17～0.37	0.65～0.95	0.65～0.95				0.35	0.25	0.025	0.025
12	A22603	60CrMnA	0.56～0.64	0.17～0.37	0.70～1.00	0.70～1.00				0.35	0.25	0.025	0.025
13	A23503	50CrVA	0.46～0.54	0.17～0.37	0.50～0.80	0.80～1.10	0.10～0.20			0.35	0.25	0.025	0.025
14	A22613	60CrMnBA	0.56～0.64	0.17～0.37	0.70～1.00	0.70～1.00			0.0005～0.0040	0.35	0.25	0.025	0.025
15	A27303	30W4Cr2VA	0.26～0.34	0.17～0.37	≤0.40	2.00～2.50	0.50～0.80	4.00～4.50		0.35	0.25	0.025	0.025

① 根据需方要求，并在合同中注明，钢中残余铜含量应不大于 0.20%。

弹簧钢最重要的应用是制造车辆弹簧。弹簧必须具备下述性能：

（1）良好的力学性能，主要是指弹性极限、比例极限、抗拉强度、硬度、塑性、屈强比等。同时追求所有性能都具有最高水平是不可能的，可根据具体使用条件和工作环境，使某些性能具有高指标，其他指标具有适宜的配合就可以保证弹簧的最佳综合性能。

（2）良好的抗疲劳性能和抗弹减性能。疲劳和弹性减退是弹簧破坏和失效的两种主要形式，抗弹减性能是实现弹簧轻量化的主要障碍。

（3）良好的工艺性能，包括淬透性、热处理工艺性能（淬火变形小）、不易过热、组织和晶粒均匀细小、回火稳定性高、不易脱碳、不易石墨化和氧化等以及良好的加工成型性能。

为保证上述各项性能，除合理选择钢种外，弹簧钢必须具有良好的内在质量和表面质量。

良好的内在质量是由冶金过程决定的。首先应保证准确的化学成分，这样才能在加工和热处理后得到确保性能的显微组织、良好稳定的淬透性以及各种性能。另外，应有高的纯洁度，磷、硫等杂质元素和氧、氢、氮等要低。不但要求钢中的各种非金属夹杂物含量低，而且要求控制其形状、大小、分布和成分，尤其是要减少尺寸大、硬度高、不易变形的夹杂物数量，这些有害夹杂是应力集中源，易引起裂纹及疲劳破坏。

表面质量是弹簧钢另一重要技术指标，包括表面脱碳和表面缺陷（裂纹、折叠、结疤、夹杂、分层等）。弹簧钢在承受弯、扭、交变应力等各种载荷时，表面应力最大，各种缺陷是应力集中源，在使用过程中易引起早期破坏和失效。据统计，表面夹杂物引起弹簧破损的比率为40%，表面缺陷和脱碳引起破损的比率为30%。弹簧制品表面除表面喷丸强化外，还保留了钢材供货状态的表面，因此钢材的表面状态对弹簧的工作性能和寿命具有很大影响。弹簧钢的尺寸公差和精度是保证成品使用性能和寿命的重要影响因素。对采用圆形截面的钢丝制成的弹簧来说，它的强度和刚度分别与钢丝直径的三次方和四次方成正比，故钢丝截面的微小变化都会对其强度和刚度产生很大影响。扁钢的厚度和宽度也有相似的影响。

5.4.7.2 超洁净化冶炼技术

A 降低夹杂物含量

降低有害的富 Al_2O_3、SiO_2 等氧化物夹杂和 TiN 系夹杂物的含量和细化其尺寸，可显著地提高钢的疲劳性能。

过去，为了提高弹簧钢的质量，降低钢中夹杂物的含量，主要采用电炉－电渣重熔或真空重熔法生产。由于生产成本高，这两种方法的使用受到限制，只能用于高级弹簧上。二次冶金技术的大力发展和逐步完善，为大批量经济地生产低夹杂物含量的优质弹簧钢提供了可能。

DH 或 RH 真空脱气是人们熟悉的处理方法。其主要目的在于严格限制钢中氧含量、降低夹杂物的含量和减小夹杂物的尺寸。采用脱气工艺生产弹簧钢具有成本低、产量大的优点。

国外钢厂一般都采用带有钢水再加热的精炼装置，即 LF＋RH 流程。使用这种流程生产超洁净弹簧钢的厂家有大同特殊钢、爱知钢公司、德国克虏伯等厂家。

B 夹杂物变形处理

目前，越来越多的钢厂改变过去将 ASEA - SKF、VAD 主要用来减少夹杂物的做法，而是利用 ASEA - SKF、VAD 的精炼合成渣来控制夹杂物的组成、形态和分布（变性处理），消除不变形和有害夹杂物。

神户制钢的 ASEA - SKF 处理工艺是夹杂物变性处理方法的代表。这种工艺用电弧炉使钢水保持适当温度，同时采用电磁搅拌去除夹杂物。另外，为了消除不可避免混入的铝产生的不良影响，控制钢水加热和搅拌时钢包顶部渣的组成。通过调整炉渣碱度，将钢中氧含量控制在最佳值，可使混入的铝产生的夹杂物由高熔点的 Al_2O_3、$CaO \cdot Al_2O_3$、$MgO \cdot Al_2O_3$ 等转变成 $CaO \cdot Al_2O_3 \cdot SiO_2 \cdot MnO$ 这样在热轧时易变形的低熔点复合夹杂物。这种处理方法的关键是调整渣的碱度以控制钢中的氧含量，同时控制混入的铝和 Al_2O_3。

控制钢液的脱氧条件，使钢液脱氧产物组成分布在多元塑性夹杂物区是夹杂物形态控制技术的关键。对 60Si2CrVA 而言，为了获得目标组成范围的塑性夹杂物，钢液中 $w[Al] < 0.0015\%$、$w[Ca] < 0.0001\%$。为此，必须用含铝尽可能低的硅铁合金化，并用适宜组成的合成渣精炼钢液。

住友金属小仓钢厂开发了一种新的超洁净气门弹簧钢的生产工艺。其工艺特点如下：

（1）用 Si 代替 Si - Al 脱氧，以减少富 Al_2O_3 夹杂物。

（2）改变钢包耐火材料的成分，以减少 Al_2O_3 夹杂物。

（3）使用碱度严格控制的专用合成渣，以控制夹杂物的化学组成。

（4）为了细化夹杂物，特别是细化线材表面层的夹杂物，连铸工艺必不可少。连铸工艺也可有效地减少表面缺陷。连铸中，除采用电磁搅拌外，也有应用轻压下技术以减轻连铸坯的中心偏析，使材质更均匀。

其生产结果表明，有害不变形 Al_2O_3 夹杂含量明显降低，而且剩余夹杂物组成是低熔点和易变形的 $CaO - SiO_2 - Al_2O_3$ 复合夹杂，表层和中心的夹杂物尺寸明显减小，夹杂物总量下降。

在小钢包中精炼高级弹簧钢时，由于精炼时小钢包中温降大，一般必须有加热装置，而且大多数精炼时要采用高真空，这就会增加每吨钢的生产成本和投资。为此，日本住友公司（SEI）成功地开发出了一种没有加热装置的小容量钢包精炼工艺。其主要特点是高的搅拌能以及合适的精炼渣。低碱度渣可以将高碱度渣的极限 Al_2O_3 量降低约一半，明显降低线材中大型夹杂物的数量，比高碱度渣的低 1/10；盘条中的夹杂物最大尺寸一般小于 15μm，消除了大夹杂物对疲劳性能的影响。试验表明，采用此工艺，气门弹簧钢丝的疲劳寿命要比以往工艺提高 10 倍。

20 世纪 70 年代，随着我国稀土在钢铁生产中应用的研究和推广，对弹簧钢进行稀土处理，改变硫化物，特别是钢中高硬度的刚玉（Al_2O_3）夹杂物的形态、性质和分布，对提高 60Si2Mn、55SiMnVB 等弹簧钢疲劳寿命有明显效果。稀土处理使弹簧钢疲劳寿命提高的主要原因被认为是钢中高硬度的棱角状 Al_2O_3 转变成了硬度较低的铝酸盐（$REAl_{11}O_{18}$ 或 $REAlO_3$）、稀土氧硫化物（RE_2O_2S）和具有较好热变形能力的稀土铝氧化物（$REAlO_2$、$RE(Al, Si)_{11}O_{18}$、$RE(Al, Si)O_3$）；稀土夹杂物的线膨胀系数也比 Al_2O_3 大，如硫氧化铈 $a = 11.5 \times 10^{-6}/℃$，而 Al_2O_3 的 $a = 6.5 \times 10^{-6}/℃$。

用稀土处理弹簧钢的不足之处是稀土夹杂物密度大，熔点高，不容易上浮，浇钢时容易引起水口堵塞；稀土与各耐火材料都能起化学反应腐蚀钢包内衬，同时使钢中夹杂物总量增加。因此，用稀土来控制弹簧钢夹杂物形态的作用是十分有限的。

5.4.7.3　弹簧钢生产工艺

在现代化的电弧炉炼钢厂，常规弹簧钢的生产工艺是：电弧炉熔化废钢、吹氧脱磷降碳，铁合金放入钢包内烘烤，偏心炉底出钢—LF 精炼，成分微调，终脱氧—喂 Si－Ca 线—连铸（模铸）。精炼全过程吹氩。

转炉冶炼弹簧钢的工艺流程有：BOF + VAD + CC、BOF + LF + RH + CC、BOF + LF + VD + CC，也有采用 BOF + LF + CC 的。

A　抚顺特钢弹簧钢生产工艺

抚顺特钢生产弹簧钢采用的工艺路线为：

（1）UHP（超高功率）电炉—LF（钢包精炼炉）—VD（真空精炼炉）—模铸。

（2）EAF 冶炼—钙处理—模铸。

真空精炼工艺特点为：

（1）超高功率电炉无渣出钢，防止渣对钢水的污染，并减轻后面的脱氧负担。

（2）LF 工位 SiC 粒脱氧，碱性渣精炼，控制最佳炉渣成分、渣量、白渣保持时间，加上包底透气砖吹入氩气搅拌，控制最佳流量，使钢中氧含量明显降低。

（3）VD 真空精炼保证在真空度不大于 100Pa 条件下，处理 15min，控制最佳氩气流量，在最佳热力学和动力学条件下，使钢中氧含量进一步降低。

采用电弧炉冶炼，包中钙处理工艺。在精选炉料、加强脱氧、减少夹杂物的同时，向包中喷吹 Ca－Si 粉，改善夹杂物形态呈球状。

钙处理工艺特点为：

（1）精选炼钢用原材料，合金料（低钛），降低钢中钛含量，减少氮化钛夹杂。

（2）氧化期加强吹氧去碳，去碳量不小于 0.30%，保证钢中有害气体（氢、氮）及夹杂物的去除。

（3）为降低钢中铝含量，减少 Al_2O_3 夹杂，不用铝脱氧，而采用 Ca－Si 粉，同时增大用量，加强脱氧。

（4）浇注前向包中喷吹 Ca－Si 粉（2.5kg/t），并延长镇静时间，使夹杂物尽可能球化。

其他措施有：

（1）钢材轧制时，钢坯低温加热，减少钢材表面脱碳。

（2）采用辊底式连续退火炉进行钢材退火，单层摆料，确保组织、硬度均匀。

抚顺特钢按美国弹簧实物生产的弹簧钢的化学成分如表 5－50 所示，采用真空精炼、钙处理两种工艺从不同的角度控制冶金质量。精炼工艺以提高纯净度、降低氧含量、减少 Al_2O_3 夹杂为主；而钙处理工艺以改善夹杂物呈球状形态为主。

表 5－50　弹簧钢的化学成分（w）　　%

工 艺	C	Mn	Si	S	P	Ni	Cr	W	V	Mo	Cu	Ti	Al
真空精炼	0.62	0.90	0.25	0.012	0.011	0.11	0.82	0.01	0.05	0.05	0.09	0.0030	0.006
钙处理	0.595	0.91	0.29	0.0315	0.017	0.07	0.86	0.01	0.02	0.04	0.02	0.0020	0.0001
美国弹簧	0.58	0.96	0.24	0.022	0.013	0.10	0.81	0.02	0.03	0.04	0.22	0.0025	0.003

B 宣钢弹簧钢生产工艺

使用转炉冶炼 + LF 精炼 + CC（EMS）工艺流程，生产 65Mn 钢。

（1）弹簧钢的吹炼工艺特点是：提前去除磷、硫，控制钢中氢含量和准确地控制终点碳。为了提高脱磷率，前期炉渣碱度应控制在 1.8 ~ 2.2。吹炼时间短，热量不富余，所以在吹炼过程中，要少加或不加冷却剂，如果需要加冷却剂，可使用矿石和铁皮，以利于造渣脱磷。终渣碱度一般控制在 3.0 以上。吹炼硅锰弹簧钢时，为防止回磷，应该采用双渣法并防止出钢时下渣进入钢包。出钢温度 1650 ~ 1660℃，加入的铁合金要严格烘烤。终点碳控制采用低拉碳增碳法，终点碳控制在 0.08% ~ 0.14%，加入碳锰合金块 0.9kg/t（增碳量在 0.40% 左右）、石油焦增碳。脱氧用硅钙钡 1.5kg/t，并加入精炼预熔渣 300kg/炉对进入钢包的转炉渣进行变性操作。出钢渣变性的过程中，要降低钢液中的溶解氧，为此，用硅铝钡 2kg/t 加大出钢过程的沉淀脱氧，同时加渣料形成有利于吸附夹杂物的顶渣。

（2）LF 进站温度 1525 ~ 1540℃，出站温度 1545 ~ 1560℃，出站碳量 0.64% ~ 0.66%。规范铝脱氧剂用量 10kg/炉，Ca - Si 线喂线量 200m/炉、喂线速度大于 2m/s。

（3）连铸结晶器采取强冷为 110 ~ 130m³/h，且结晶器铜管长 900m，坯壳相对较厚。二冷采用弱冷，比水量为 0.6 ~ 0.8L/kg，可抑制柱状晶生长并实行自动配水。连铸机目标拉速为 2m/min，辅之以液面自动控制，使拉速更加稳定。采用结晶器电磁搅拌技术，配合二冷弱冷可基本解决中心偏析、疏松和缩孔问题，表面质量也得到改善。

5.4.7.4 弹簧钢的高强度化

目前弹簧钢的发展趋势是向经济性和高性能化方向发展。国外现有弹簧钢钢号比较齐全，力学性能、淬透性和疲劳性能等基本上可以满足目前的生产和使用要求。目前，一方面是充分发挥现有弹簧钢的潜力，如改进生产工艺、采用新技术、对成分进行某些调整等，进一步提高其性能，扩大应用范围，如针对发动机用高性能气门而提出的超纯净弹簧钢；另一方面是进行新钢种的研究开发，由于影响提高弹簧设计应力的两个最主要因素是抗疲劳和抗弹性减退，因此这两个因素成为当今弹簧钢钢种研究开发的主题，如近来开发出 UHS1900、UHS2000、ND120S 等耐腐蚀疲劳的高强度弹簧钢和 SRS60、ND250S 等弹减抗力优良的高强度弹簧钢。表 5 - 51 是研究开发高强度弹簧钢时通常采用的手段。值得注意的是，高强度弹簧钢新钢种的开发，必须在提高钢的力学性能和应用性能的同时兼顾其经济性，才能被广大用户所接受。

表 5 - 51 高强度弹簧钢研究开发的主要手段

钢 种 开 发	加工方法的改善
① 高硬度化：增加碳含量； ② 改善韧性：添加细化晶粒的元素；降低碳含量； ③ 提高疲劳性能：减少夹杂物的数量和控制夹杂物的形态；改善钢材表面状况（粗糙度、表面缺陷和脱碳）； ④ 改善弹减抗力：固溶强化（高硅化），晶粒细化，析出强化（添加 Mo、V 等），提高硬度（低温回火）； ⑤ 改善环境敏感性（延迟断裂、腐蚀疲劳等）：添加合金元素； ⑥ 改善加工性能	① 喷丸处理； ② 表面处理，渗碳及氮化处理； ③ 强压处理

5.4.7.5 弹簧钢合金化的研究进展

传统的弹簧钢的强度水平难以满足现代工业发展的要求。解决这一问题的一个重要途径便是充分发挥合金元素的作用，达到最佳合金化效果。

A 碳含量的变化

碳是钢中的主要强化元素，对弹簧钢性能的影响往往超过其他合金元素。弹簧钢需要较高的强度和疲劳极限，一般在淬火+中温回火的状态下使用，以获得较高的弹性极限。为保证强度，弹簧钢中必须含有足够的碳。但随钢中碳含量的上升，钢的塑性、韧性会急剧下降。当前世界各国所广泛使用的弹簧钢，碳含量绝大部分在0.45%~0.65%。

为了克服弹簧钢强度提高后韧性和塑性降低的难题，也有把碳含量降低的趋势。当前纳入标准的弹簧钢中含碳较低的有日本的SUP10（0.47%~0.55%）、美国的6150（0.48%~0.53%）等。国内对低碳马氏体弹簧钢进行了深入的研究，并开发出了一系列的低碳弹簧钢，如28SiMnB、35SiMnB、26Si2MnCrV等，其碳含量在0.30%左右。研究结果表明，这些弹簧钢可以在低温回火的板条状马氏体组织下使用，有足够强度和优良的综合力学性能，尤其是塑、韧性极好。

可见，降低弹簧钢中的碳含量是研究开发新一代超高强度弹簧钢的一个重要手段。此时，因碳含量降低所造成的强度和硬度降低，可通过优化合金元素和降低回火温度来改善。

B 合金元素作用

合金元素在弹簧钢中的主要作用是提高力学性能、改善工艺性能及赋予某些特殊性能（如耐高温、耐蚀）等，对此已有相当的了解。但随着弹簧钢进一步的高强度化和长寿命化，特别是要满足一些新的性能要求，必须对合金元素的作用有更加深入的了解。

（1）硅。很多弹簧钢以硅为主要合金元素，它是对弹减抗力影响最大的合金元素。这主要是由于硅具有强烈的固溶强化作用；同时，硅能抑制渗碳体在回火过程中的晶核形成和长大，改变回火时析出碳化物的数量、尺寸和形态，提高钢的回火稳定性，从而提高位错运动的阻力，显著提高弹簧钢的弹减抗力。据报道，在0.60%C-0.90%Mn-0.20%Mo的钢中，随着硅含量增加，碳化物颗粒数目增加，而碳化物颗粒尺寸和间距则缩小。因此，近年来研制开发的很多高强度弹簧钢均含有较高的硅，如RK360含2.51%Si，ND250S含2.5%Si，ND120S含1.70%Si。

在现有的标准弹簧钢中，SAE9260和SUP7的抗弹减性最好，这两个钢种化学成分相同，含硅量为1.8%~2.2%，是现有标准中含硅最高的弹簧钢。但硅含量如果过高，将增大钢在轧制和热处理过程中的脱碳和石墨化倾向，并且使冶炼困难和易形成夹杂物，因此过高硅含量弹簧钢的使用仍需慎重。

（2）铬。由于铬能够显著提高钢的淬透性，阻止Si-Cr钢球化退火时的石墨化倾向，减少脱碳层，因此是弹簧钢中的常用合金元素，以铬为主要强化元素的弹簧钢50CrV4在世界各国有较广泛的应用，美国用量最大的弹簧钢5160属于Mn-Cr系钢。在新研制的高强度弹簧钢中也总是含有不同数量的铬。由于资源问题，美国曾研究低铬或无铬的悬挂弹簧用钢。然而，多数研究者认为铬对提高弹减抗力的作用为负。文献指出钢中铬含量在0.35%~0.56%范围内将削弱1.0%Si弹簧钢中Si和C提高弹减抗力的作用；在Si-Cr、Si-Cr-V、Si-Cr-Mo钢中铬对弹减抗力有不好的作用。

（3）镍。由于镍元素较贵，在弹簧钢中应用较少。然而，近年来研究开发的一些超高强度弹簧钢中却有一些含有镍，如日本大同的 RK360（ND250S）钢和韩国浦项的 Si - Cr - Ni - V 钢中均含有约 2% Ni，ND120S 钢中则含有 0.5% Ni。这些钢中加 Ni 的作用除保证钢在超高强度下的韧性和提高钢的淬透性外，另一个重要作用便是抑制腐蚀环境下蚀坑的萌生和扩展。

（4）钼。钼可以提高钢的淬透性，防止回火脆性，改善疲劳性能。现有标准中加钼的弹簧钢不多，加入量一般在 0.4% 以下。

弹簧钢中加入钼（含量在 0.4% 以下）能改善抗弹减性，因为钼可以生成细小弥散的碳化物阻止位错运动。

（5）微合金化元素。像 SUP7、SAE9260 这类钢的硅含量已达最高值，再靠提高硅含量来提高弹减抗力很困难。要想开发弹减抗力更好而且综合性能优良的新材料，必须寻找新的途径。其中一个重要途径便是利用析出强化和晶粒细化强化技术，如加入微合金元素钒和铌。

钒和铌都是强碳化物生成元素，固态下所析出的细小弥散的 MC 型碳化物具有很强的沉淀强化效果，提高钢的强度和硬度。20 世纪 80 年代初，日本爱知制钢公司开发了以 SUP7 为基础，添加钒和铌析出强化的新钢种（SUP7 - V - Nb）；20 世纪 90 年代初，美国 Rockwell 公司开发出了微合金元素钒处理的改进型 SAE9259 和 SAE9254 弹簧钢。

硼是强烈提高淬透性的元素，0.001% ~0.003% 的硼的作用分别相当于 0.6% Mn、0.7% Cr、0.15% Mo、1.5% Ni。有报道认为硼能提高钢的抗弹减性，因为硼以间隙原子形式溶入奥氏体、铁素体时，特别容易聚集在位错线附近，阻碍位错运动，抑制变形过程。现有弹簧钢中含硼的钢种，我国标准中有 55Si2MnB、55SiMnVB、60CrMnBA。

5.4.8 IF 钢

IF 钢（Inerstitial Free Steel，无间隙原子钢，也称为微合金化超深冲钢）是一种超低碳（0.005% ~0.01%）的无间隙原子的纯净的铁素体钢。它具有优良的深冲性能、优异的塑性应变比（$\overline{\gamma}$）、高的应变硬化指数（n）、良好的伸长率及非时效的特性。

以 IF 钢为基础发展起来的高强度 IF 钢、热镀锌和电镀锌 IF 钢、高强度烘烤硬化（BH）钢板等品种系列，可满足汽车工业对材料的轻量、耐蚀、抗凹和成型等综合性能的需求，几乎能满足各种形状复杂的冷冲压成型零件的性能需求。IF 钢主要用作汽车冲压用钢，也可用于船舶和家电行业。表 5 - 52 给出了日本新日铁 IF 钢的牌号和用途。

表 5 - 52 新日铁 IF 钢的牌号和用途

级 别	牌 号	特 点	主要用途
一般用途	SPLY	较迟发生时效，具备良好的加工性能和低的强度	较轻冲压的部件，如轿车车门、车顶等
DQ	SPMY	具备优异的加工性能，在冲压性能上仅次于 SPCE 级别	冲压部件，如轿车侧板、底板
EDDQ	SPUD	超低碳钢，具备优异的冲压性能	轿车前、后、侧面板
	SSPDX	超低碳钢，具备优异的冲压性能	超深冲部件，如轿车油箱等

5.4.8.1　化学成分

间隙原子碳、氮对冲压用钢的结构、$\bar{\gamma}$值与时效特性等影响极为重要。固溶的碳、氮不利于｛111｝织构的形成，急剧降低$\bar{\gamma}$值。此外，碳、氮含量高（特别是氮）还将明显增大冲压用钢的时效硬化倾向。钛、铌元素在冲压用钢中主要起“净化”作用，即将碳、氮间隙原子从铁素体中清除出来，从而获得较纯净的铁素体，有利于｛111｝织构的形成而增大$\bar{\gamma}$值，并保证了冲压用钢的非时效性。因而IF钢必须具有超低碳（≤0.005%）、超低氮（≤0.003%）、微量的钛或铌合金化、杂质含量低等特点。

A　碳含量

传统的IF钢含碳量为0.005%～0.01%。现代IF钢采用转炉冶炼，经过改进的RH处理，在连铸中采用防增碳措施等，可以使碳含量大大降低，一般含碳量小于0.005%，含氮量小于0.003%。日本新日铁公司生产的IF钢的碳含量现已稳定控制在0.0015%以下，包括炼钢时碳低于0.001%，后续过程增碳不超过0.0002%。德国蒂森钢铁公司IF钢的碳含量稳定控制在0.002%～0.003%的水平，氮在0.003%以下。

碳含量变化显著地影响钢材的性能，降低钢中碳含量可以提高钢板的延展性和塑性应变比$\bar{\gamma}$值，同时钢材的屈服强度和抗拉强度也呈下降趋势。大量统计数据表明：随着碳含量的增加，产品性能稳定性也在降低，最终影响到IF钢的成材率。

B　钛含量

超低碳钢（0.001%～0.005%C）如果不经过钛、铌处理，其塑性应变比$\bar{\gamma}$值不高。这是因为基体中少量的碳会严重阻碍｛111｝再结晶织构的发展。因此必须进行微合金化处理，以消除碳间隙原子的不利影响，从而促进钢中有利织构充分发展，提高钢板的成型性能。

固溶钛对$\bar{\gamma}$值和伸长率δ的影响是：当钢中钛过剩量在0～0.4%的范围内，随过剩钛量的增加，$\bar{\gamma}$值、伸长率δ急剧增大，$\Delta\gamma$值减小；当过剩钛量在0.04%附近时，可得到$\bar{\gamma}$值、δ的最大值；之后随着过剩钛量的增加，$\bar{\gamma}$值、δ均减小，$\Delta\gamma$值增大。因此，在冶炼时要注意控制合金元素的添加量，过剩钛以0.02%～0.04%为宜，以获得最佳的深冲性能。钛含量过多，不仅增加生产成本，而且使固溶钛量增多，再结晶温度升高，对产品的性能和表面质量都不利。根据宝钢生产数据统计，为获得优良的综合深冲性能，应保证IF钢的成分为：≤0.005%C、≤0.003%N、≤0.01%S、$w[Ti]/w[C]=3\sim5$，过剩钛为0.02%～0.04%。此外，还要控制钢中Cu、Ni、Cr、Mo、Sn等残余元素的含量。

我国优质冷轧低碳IF钢板化学成分（熔炼成分）参考值见表5－53（GB/T 5213—2008）。其中DC01为一般用钢，DC03为冲压用钢，DC04为深冲用钢，DC05为特深冲用钢，DC06为超深冲用钢，DC07为特超深冲用钢。表5－54给出了国内外部分钢铁厂IF钢性能。

表5－53　冷轧低碳钢的化学成分（w）　　%

牌　号	C	Mn	P	S	Al①	Ti②
DC01	≤0.12	≤0.60	≤0.045	≤0.045	≥0.020	—
DC03	≤0.10	≤0.45	≤0.035	≤0.035	≥0.020	—
DC04	≤0.08	≤0.40	≤0.030	≤0.030	≥0.020	—

续表 5－53

牌 号	C	Mn	P	S	Al①	Ti②
DC05	≤0.06	≤0.35	≤0.025	≤0.025	≥0.015	—
DC06	≤0.02	≤0.30	≤0.020	≤0.020	≥0.015	≤0.30③
DC07	≤0.01	≤0.25	≤0.020	≤0.020	≥0.015	≤0.20③

① 对于牌号 DC01、DC03 和 DC04，当 $w[C]\leqslant 0.01\%$ 时，$w[Al]\geqslant 0.015\%$。

② DC01、DC03、DC04 和 DC05 也可以添加 Nb 或 Ti。

③ 可以用 Nb 代替部分 Ti，钢中 C 和 N 应全部被固定。

表 5－54 国内外部分钢铁厂 IF 钢性能

钢厂或标准	钢 种	板厚 /mm	σ_s /MPa	σ_b /MPa	σ_s/σ_b	δ/%	BH /MPa	N	$\bar{\gamma}$	$\Delta\gamma$
川崎		0.8	130	290	0.45	52.9		0.27	2.25	0.53
宝钢		1.2	141	289	0.49	49		0.24	2.63	0.44
武钢		1.0	89	277	0.32	45.0		0.30	2.11	0.55
法国 Solla 标准	E180BH		≥180	≥300～360		$\delta_{80}\geqslant 34$	≥40	≥0.17	≥1.6	
	E220BH		≥220	≥320～400		$\delta_{80}\geqslant 32$	≥40	≥0.15	≥1.5	
	E260		≥260	≥380～440		$\delta_{80}\geqslant 30$	≥40	≥0.15	≥1.5	
德国 Sew094 标准	Zst180BH		≥180	≥300～380		$\delta_{80}\geqslant 32$	≥40			
	Zst220BH		≥220	≥320～400		$\delta_{80}\geqslant 30$	≥40			
	Zst260BH		≥260	≥360～440		$\delta_{80}\geqslant 28$	≥40			
日本 JISG3135	Spfc35BH		≥185	≥340～420		$\delta_{50}\geqslant 34$ (≥35)	≥30			

5.4.8.2 冶炼工艺

IF 钢的一般生产工艺流程为：铁水预处理—转炉—RH 真空脱气—连铸—热轧—冷轧—退火—平整，如图 5－29 所示。日本钢厂采用先进生产流程，如图 5－30 所示。生产过程的每一个环节，都将影响钢材的最终性能。冶炼工艺主要解决脱碳和防止增碳、降氮和防止增氮、控制钢纯净度及微合金化。

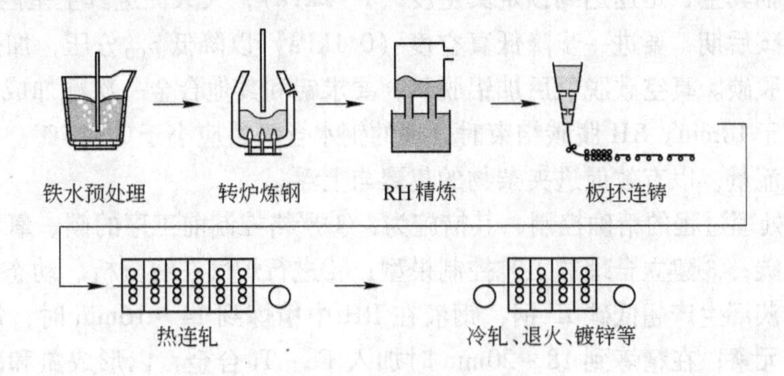

图 5－29 IF 钢常规生产流程

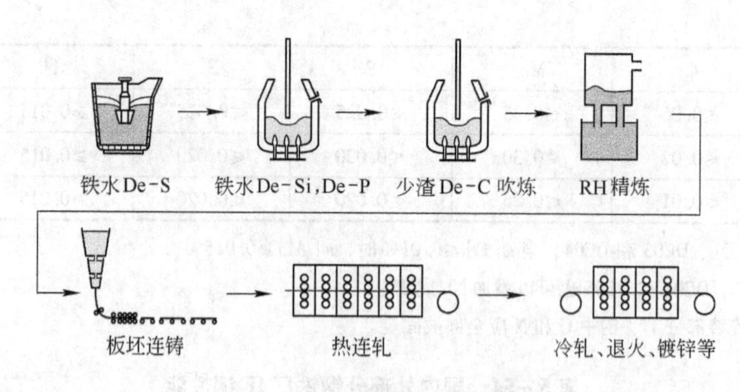

图5-30　IF钢先进生产流程

A　铁水预处理

生产优质IF钢必须进行铁水脱硫预处理，通过同时喷吹含Mg和CaC_2的混合物使硫脱除到0.01%以下，并吹氩搅拌使成分均匀。铁水脱硫渣中含有大量的硫，为防止脱硫渣进入转炉，采用鱼雷罐稀渣、挡渣技术，减少铁水渣进入铁水罐，并将铁水罐内的渣扒净。

B　转炉冶炼

常规转炉冶炼终点碳一般控制在0.01%~0.04%。目前冶炼中降氮主要依靠转炉，真空处理时原始氮含量少于0.002%时，基本不降氮，若密封性能不好，会导致增氮。因此，转炉停吹后，避免钢水与空气接触，是防止钢水后期增氮的关键。

宝钢吹炼前期脱磷，采用顶吹低氧流量、高枪位、底吹高流量搅拌的吹炼技术。经10多分钟的吹炼，可将铁水磷从0.080%降至0.003%~0.008%。转炉脱磷时，当熔池温度在1350℃左右，炉渣碱度控制在3.2~3.6，脱磷率可达90%以上。转炉吹炼前期脱磷结束后，排除炉渣，再造渣吹炼（双渣法脱磷）。此时，可按常规模式吹炼，直至停吹。可使用高质量的活性石灰或全铁水炼钢，以防转炉过程回硫。

生产IF钢转炉终点渣∑FeO控制在15%~25%，采取挡渣出钢措施，包内渣层应控制在50mm以下。出钢后立即向钢包内加入炉渣改性剂（由$CaCO_3$和金属铝粉组成，铝含量为30%~55%），可将w(TFe)降低到2%~4%范围内。

C　RH精炼

采用大泵抽真空，迅速达到预定真空度（1~2kPa），大大促进真空室内C-O反应速度。而进入脱碳后期，要进一步降低真空度（0.1kPa）以降低p_{CO}分压，加强钢液循环等措施保证后期脱碳。真空碳脱氧后加铝脱氧，要求铝和其他合金一次配加成功，确保纯脱气处理时间大于10min。RH脱碳结束时合理的钢水含氧量应小于0.025%。处理过程中尽可能增大吹氩流量，以有效促进夹杂物的集聚与上浮。

加强RH处理过程的精确控制，其措施为：①严格控制前工序的碳、氧和温度；②前期吹氧强制脱碳；③建立合理的工艺控制模型；④进行炉气在线分析、动态控制。

奥钢联林茨厂生产超低碳IF钢，钢液在RH中精炼到14~16min时，加入铝粒作为脱氧剂和合金元素；在精炼到18~20min时加入Fe-Ti合金，以形成氮和碳化合物。有时需要加入Fe-Mn合金调整锰含量，加入废钢调整钢液温度。随着镁铬炉衬中铬氧化物的减少，铬在钢液中的含量会有所增加，处理到第19~20min时，由于Fe-Ti的加入，铬含量会有暂时性的增加。镍、硫含量在真空处理时没有变化。铜含量因加入铝粒和Fe-Ti合金而稍有增加。

D 连铸

IF钢浇注过程采取保护浇注措施：①加强大包-长水口之间的密封；②中间包使用前用Ar清扫；③提高大包滑动水口开启成功率；④采用专用长水口、浸入式长水口；⑤保证中间包钢水高于临界高度；⑥中间包采用碱性覆盖剂。

在RH中真空脱碳后，后步工序的增碳因素很多。若选用低碳覆盖剂、低碳或无碳保护渣、无碳耐火材料及其他有效措施，其增碳量可控制在0.001%以下。

5.4.8.3 宝钢IF钢生产技术

A 化学成分及性能

宝钢IF钢的化学成分为：0.0035% C、0.002% Si、0.14% Mn、0.003% P、0.008% S、0.006% Al、0.054% Ti、0.010% Nb。宝钢根据冲压性能的不同将IF钢分成三个系列：BIF1、BIF2、BIF3。其中BIF1和BIF2为Ti-IF，BIF3为Nb+Ti-IF钢，其力学性能目标如表5-55所示。

表5-55 IF钢系列产品的力学性能目标

钢 种	w[C]/%	w[N]/%	σ_s/MPa	σ_b/MPa	δ/%	n	$\bar{\gamma}$
BIF3	≤0.003	≤0.003	≤170	260~320	41	0.22	2.2
BIF2	≤0.005	≤0.004	≤180	260~330	40	0.21	2.0
BIF1	≤0.007	≤0.0045	≤190	260~330	38	0.20	1.8

B 工艺特点

工艺流程：铁水预处理（铁水脱硫，除渣）—转炉冶炼（前期脱磷，造双渣脱磷）—RH真空脱气（容量，300t/炉）—中间包冶金—保护浇注—热轧—冷轧—退火—平整。

超深冲IF钢生产技术要点如表5-56所示。

表5-56 超深冲IF钢生产技术要点

影响工序	冶 炼	热 轧	冷 轧	退 火
技术要点	① 超低碳、氮；② 钢质纯净；③ 添加适量的合金元素	① 低的板坯加热温度；② 晶粒细化：终轧温度略大于A_{r3}；轧后快冷	大的冷轧压下率	① 再结晶晶粒均匀粗大；② 发展再结晶晶织构

转炉前期脱磷结束后，排除炉渣，再造渣吹炼直至停吹，吹炼终点成分为：w[C]=0.04%~0.07%、w[P]=0.0010%~0.0028%、w[S]=0.0016%~0.0030%、w[O]=0.080%~0.055%、w[N]=0.0012%~0.0020%。

a 超低碳控制技术

超低碳IF钢中碳控制可从转炉终点碳的控制、RH脱碳及防止增碳三方面考虑。

图5-31为RH脱碳处理前后钢中碳、氧含量的变化。可见，进入RH脱碳的最佳钢

水成分范围应控制在 $w[C]=0.03\%\sim0.04\%$、$w[O]=0.05\%\sim0.065\%$。此成分范围的钢水脱碳处理后 $w[C]$、$w[O]$ 均较低，减少了脱氧用铝量，有利于提高钢水的纯净度。

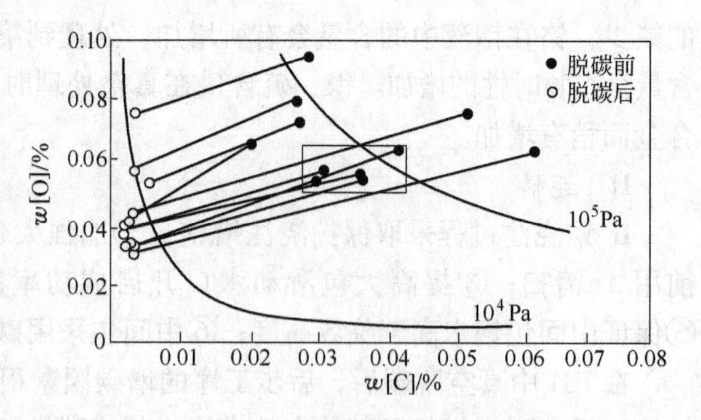

图 5-31　RH 脱碳前后碳和氧的含量

为满足钢种和多炉连浇的要求，提高 RH 脱碳速率、缩短脱碳时间是关键。为此：

（1）采用“硬脱碳”方式，在脱碳初期，真空室压力快速下降，加速脱碳。

（2）RH 脱碳后期通过 OB 喷嘴的环缝吹入大量氩气，以增加反应界面，加速脱碳。

为防止 RH 后钢水增碳，采取的主要措施有：

（1）减少 RH 真空槽冷钢。冷钢不仅对 RH 脱碳不利，而且容易引起 RH 脱碳后的钢水增碳。

（2）中间包覆盖剂。采用低碳含量的高碱度覆盖剂，减少钢水在中间包增碳。

（3）结晶器保护渣。采用低碳高黏度保护渣。

采用以上措施后，宝钢生产超低碳 IF 钢时，RH 脱碳终点至铸坯的增碳量可控制在 0.0007% 以内。

b　低氮控制技术

在 IF 钢生产中，减少吹炼终点氮含量和避免钢水增氮是获得低氮钢水的主要途径。其主要措施为：

（1）提高铁水比，控制转炉吹炼中矿石的投入量。

（2）提高氧气纯度，控制转炉炉内为正压，不允许再吹。

（3）在吹炼后期，采用低枪位操作。

（4）采用长水口和中间包覆盖剂。

（5）钢包水口和长水口连接处采用氩气和纤维体密封。

采用这些措施后，RH 终点氮含量能够控制在 0.002% 以下，平均为 0.0013%。浇注过程中的增氮量控制在 $1.5\times10^{-4}\%$ 以下。

c　夹杂物控制技术

宝钢冶炼 IF 钢过程中采用了一系列旨在减少 Al_2O_3 夹杂物、降低全氧含量和阻止卷渣的措施，包括：

（1）挡渣出钢，使钢包渣层厚度不大于 100mm。

（2）钢包渣改质。出钢时向钢包表面加入改质剂，降低渣的氧化性。

（3）控制 RH 中氧浓度和纯脱气时间。

（4）采用中间包纯净化技术。

1）中间包三重堰结构，以增加钢水平均停留时间，增大钢水流动轨迹，促进夹杂物上浮；

2）挡墙上使用碱性过滤器，以吸附钢水中的夹杂物，可以使流经过滤器的钢水流动平稳；

3）中间包内衬为碱性涂料，既不氧化钢水又能吸附夹杂物；

4）采用可以较好吸附 Al_2O_3 夹杂的新型覆盖剂。采用上述措施，钢包至中间包总氧量可去除 20% ~30%。

（5）为了防止结晶器保护渣卷入，采用不易卷入的高黏度保护渣。

（6）在连铸操作方面，保持适量的氩气吹入量和维持结晶器液面稳定。

5.4.8.4 日本新日铁的 IF 钢生产方法

新日铁的 IF 钢生产水平世界领先，为了适应安全和轻量化的要求，开发了抗拉强度级别为 340 ~1270MPa 的各类冷轧及镀锌高强度汽车板。

新日铁君津制铁所冶炼 IF 钢，工序控制措施见表 5 -57，关键技术为：

（1）用 KR 法脱硫（$w[S]\leqslant 0.002\%$）。

（2）采用 LD - ORP 法。脱磷转炉弱供氧，大渣量，碱度为 2.5 ~3.0，温度为 1320 ~1350℃，纯脱磷时间约为 9 ~10min，冶炼周期约 20min，废钢比通常为 9%。

表 5 -57 新日铁冶炼 IF 钢工序控制措施

工序		预定目标	控制措施
铁水预处理	铁水包	减少转炉渣量和降低终点炉渣的氧化性	采用铁水包内喷粉脱磷
转炉冶炼	吹炼	降低转炉出钢钢水中碳含量	转炉冶炼终点钢液中碳含量控制
	出钢	减少转炉的下渣量	采用挡渣器挡渣出钢
RH 真空精炼	RH	减少钢液中 Al_2O_3 夹杂物生成量	脱氧之前钢液中氧含量的控制
		促使钢液中 Al_2O_3 夹杂物上浮	钢包内钢液循环时间的控制
	钢包	降低钢包渣的氧化性	采用顶渣改质
		防止耐火材料污染	采用非氧化性耐火材料
连铸	钢包	减少钢包的下渣量	采用钢包下渣监测
		防止钢液二次氧化	采用浸入式长水口
	中间包	防止钢液二次氧化	采用中间包密封
		防止中间包覆盖剂污染钢液	采用低碳、低 SiO_2 系列中间包覆盖剂
		防止中间包覆盖剂的卷入	优化中间包结构
		促进钢液中夹杂物上浮	采用 H 型中间包
		稳定钢液温度	采用等离子或感应加热
	浸入式水口	防止夹杂物的卷入	控制水口吹氩的流量和压力 优化水口形状和结构
		防止水口堵塞	水口采用 Mg - C 内涂 Zr 质耐火材料
	结晶器	防止结晶器保护渣卷入	采用高黏度结晶器保护渣 控制结晶器内液面波动
		防止连铸坯表层夹杂物富集	控制结晶器振动 采用电磁搅拌
		防止连铸坯上 1/4 处夹杂物富集	采用立弯式连铸坯

（3）脱磷后钢水（$w[P] \leqslant 0.020\%$）兑入脱碳转炉，总收得率大于92%。脱碳转炉强供氧，少渣量，冶炼周期为28 ~ 30min，脱碳转炉不加废钢。

【技术操作】

任务1　钢中显微夹杂物个数分析

钢中显微夹杂物是指尺寸小于50μm的夹杂物。一般来说，显微夹杂物以内生夹杂为主，在钢中弥散分布，对钢的宏观质量影响较小，主要影响钢的各种性能。

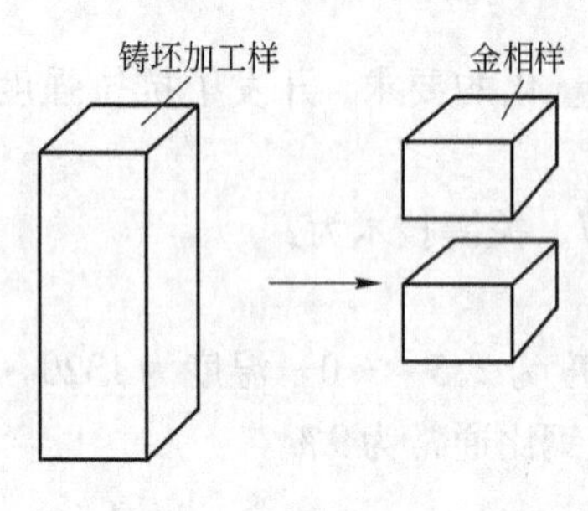

图5 - 32　小钢样加工成金相试样示意图

钢中显微夹杂物一般使用金相试样来分析，可将小钢样加工成金相试样，尺寸为20mm × 20mm × 15mm，如图5 - 32所示。

金相试样经过粗磨、细磨和抛光后，在金相显微镜上进行夹杂物分类，对各类夹杂物的数量进行统计，并用照相显微镜摄取典型夹杂的图片。夹杂物的相对个数按国内通常的做法进行分析，由式（5 - 5）进行计算。最后，使用扫描电镜对夹杂物进行成分分析。

$$I = \frac{\sum(d_i n_i)}{\pi B D^2 N/4} \tag{5-5}$$

式中　I——单位面积上当量直径为B的夹杂物的相对个数，个/mm²（由于此处夹杂物的个数是与当量直径为B的夹杂物进行比较而得来，故为相对个数，而不是直接数出来的夹杂物的实际个数）；

d_i——不同尺寸范围夹杂物的平均直径，μm（进行<5、5 ~ 10、10 ~ 15、15 ~ 20、>20μm分级，各级夹杂物的平均直径分别取2.5、7.5、12.5、17.5、30μm）

n_i——不同尺寸范围夹杂物的个数；

B——夹杂物的当量直径，国内通常取7.5μm；

D——视场直径，300μm；

N——视场数，200个。

任务2　钢中大型夹杂物的数量分析

（1）大样电解法。大型夹杂物一般使用大样电解法来进行数量分析。图5 - 33为电解大样加工示意图。图5 - 34为大样电解分析法的工艺流程，主要包括电解、淘洗、还原和分离等步骤。分离出来的大型夹杂物经粒度分级后，先进行形貌照相，然后利用电子探针进行定量成分分析。

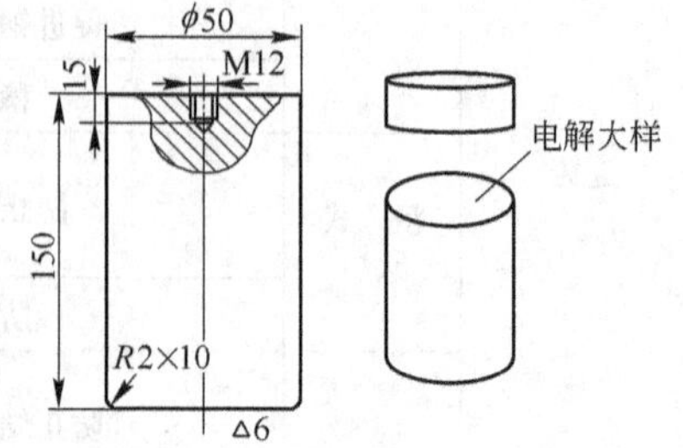

图5 - 33　电解大样加工示意图

（2）示踪剂跟踪法。示踪剂跟踪法是研究钢中大型夹杂物来源的重要方法，也是目前国内通用的做法。通过在不同外来物中（相对于钢水而言）加入特定的示踪物质，研究这些外来物进入钢中形成夹杂物的比例。

一般在钢包渣中加入渣量1% ~2%的氧化镧（每吨钢0.25kg），在中间包覆盖剂中加入渣量4%的氧化锶，在中间包涂料中配入4%的氧化铈。通过以上三种示踪剂跟踪钢包

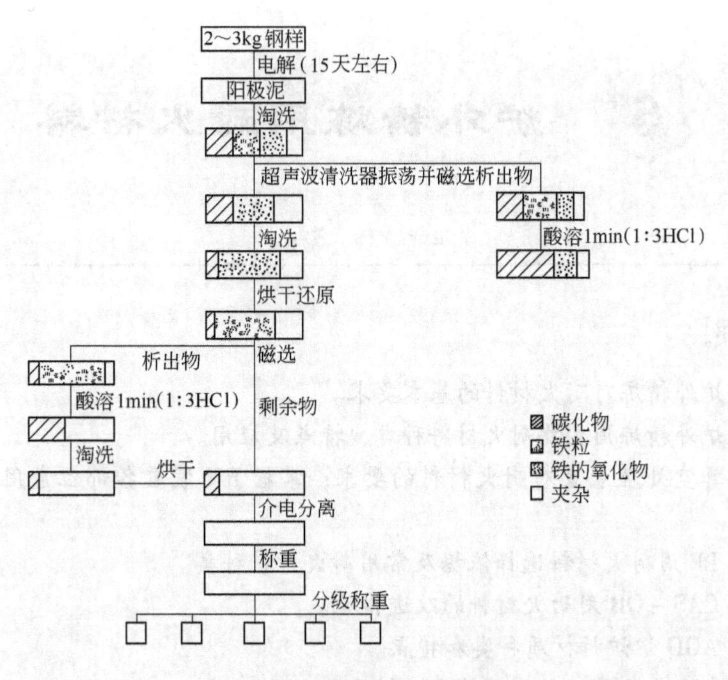

图5－34 大样电解工艺流程图

渣、中间包覆盖剂和中间包涂料进入钢中的情况，分析三种外来物对铸坯中夹杂物的影响。另外，中间包覆盖剂中含有Na、K元素，而其他外来物中很少含有这两种元素，这亦可作为分析中间包覆盖剂进入钢中成为夹杂物多少的依据。

【问题探究】

1. 何谓纯净钢？纯净度对钢材性能有何影响？
2. 影响轴承钢疲劳寿命的主要因素有哪些，提高轴承钢疲劳寿命的技术关键是什么？
3. 轴承钢炉外精炼的处理工艺，按采用的精炼设备主要分为哪几种类型？
4. 生产优质硬线必须满足哪些技术要求？
5. 对管线钢有何质量要求，高纯净度管线钢中元素如何控制？
6. 对齿轮钢有何质量要求，生产齿轮钢的质量控制措施有哪些？
7. 不锈钢冶炼方法有哪些，各有何特点？
8. 对重轨钢有何质量要求？
9. 对弹簧钢有何质量要求？简述其超洁净化冶炼技术。

【技能训练】

项目1　描述建立高效低成本纯净钢平台的关键技术。

项目2　描述IF钢的工艺流程与技术要点。

炉外精炼用耐火材料

【学习目标】

(1) 掌握炉外精炼对耐火材料的基本要求。

(2) 掌握炉外精炼用主要耐火材料种类、特点及应用。

(3) 掌握真空处理装置对耐火材料的要求；掌握 RH 装置各部位常用耐火材料选择。

(4) 掌握 LF 用耐火材料选择依据及常用耐火材料种类。

(5) 了解 CAS－OB 用耐火材料的改进措施。

(6) 掌握 AOD 炉炉衬材质种类和特点。

(7) 掌握底吹透气砖的类型、特点、材质及应用。

【相关知识】

由于各种炉外精炼装置对钢液的处理目的和操作条件不同，其耐火内衬的损毁机理也不一样。因而要求使用不同性能的耐火材料与之相适应，以提高各精炼装置的使用寿命和精炼处理效果，确保钢液的质量。

6.1 炉外精炼用耐火材料基础知识

6.1.1 炉外精炼过程钢、渣与耐火材料的作用

6.1.1.1 钢液对耐火材料的侵蚀

钢液成分和耐火材料中的化学组分发生反应，易造成耐火材料工作层的损坏。钢液对耐火材料的化学侵蚀机理分为 3 种：

(1) 钢液中的化学成分和耐火材料中的氧化物反应形成化学侵蚀，造成耐火材料的组分溶解析出，在钢液中溶解或钢液的流动冲刷作用下从耐火材料表面剥离。

(2) 钢液沿着气孔或缝隙向耐火材料内部渗透，渗透到耐火材料内部的钢液和耐火材料反应，生成低熔点的物相在耐火材料颗粒的晶界析出，降低颗粒间结合力，造成耐火材料的性能降低。

(3) 耐火材料内部在钢液精炼温度条件下发生化学反应，生成新的物相，造成耐火材料结构的改变。

钢液对耐火材料的物理侵蚀过程主要包括钢液的冲刷和高温作用。钢液流动造成的物理冲刷会引起耐火材料的摩擦损耗。在接钢或吹氩精炼过程中，钢液的流动造成耐火材料

的工作面磨损，耐火材料平滑的工作面逐渐变得不再平滑。钢液的温度太高，接近或高出耐火材料的荷重软化温度，也会造成耐火材料的软化，使其被冲刷或者溶解。

6.1.1.2　钢渣对耐火材料的侵蚀

耐火材料在高温下抵抗炉渣侵蚀的能力称为抗渣性。精炼过程中，耐火材料的气孔率、矿物组成对耐火材料抗渣性影响明显。

耐火材料损坏50%以上是由于炉渣的侵蚀形成的。在钢包中最明显的有两个渣线，即钢水开始精炼时，钢渣处于钢包的上部，形成一圈和渣层厚度相接近的上渣线；浇注结束时，残余钢渣到达钢包下部形成的下渣线。钢包最容易出问题和损坏的部位也是渣线部位。从溶解角度来看，耐火材料向炉渣的溶解过程可以分为单纯溶解、反应溶解、侵入变质溶解3种形式。

A　熔损

熔损主要指耐火材料中的氧化物组元和钢渣中的组元发生反应，从耐火材料上溶解到渣中，造成耐火材料被侵蚀的现象。如耐火材料中的氧化物组元、含碳耐火材料中的碳等与钢渣成分（CaO、SiO_2、FeO、MnO等）发生化学反应，造成耐火材料组分溶解析出。其化学反应如下。

（1）镁炭砖和顶渣中的氧化铁的反应：

$$(Fe_2O_3) + C = 2(FeO) + \{CO\}$$

$$(FeO) + C = [Fe] + \{CO\}$$

（2）碱度 $w(CaO)/w(SiO_2)$ 较高的钢渣和高铝质（或者刚玉质）耐火材料主成分反应，生成低熔点的化合物：

$$n(CaO) + (Al_2O_3) = nCaO \cdot Al_2O_3$$

（3）含CaO、MgO的炉渣和含石英的耐火材料起反应，形成低熔点的含镁的矿物组成。如形成钙镁橄榄石的反应式为：

$$MgO + 2CaO + SiO_2 = 2CaO \cdot MgO \cdot SiO_2$$

（4）含CaO、SiO_2的炉渣和镁炭砖中的成分起反应，生成含镁的低熔点矿物组成。

目前，为了减少钢渣对耐火材料的侵蚀，在钢渣中添加部分氧化镁成分，以减缓钢渣对耐火材料的侵蚀速度。

B　钢渣侵入耐火材料

钢渣沿耐火材料的气孔进入其内部，当温度变化时，钢渣和耐火材料中的氧化物成分反应，形成低熔点的液相，降低了耐火材料内部结构的强度，或造成耐火材料内部的体积变化，形成内部裂纹，降低耐火材料的使用寿命。

钢渣沿耐火材料的气孔进入其内部，钢渣凝固后体积膨胀，造成耐火材料的剥落。典型的有还原白渣进入钢包或RH耐火材料，温度降低以后体积膨胀引起耐火材料侵蚀加快。

6.1.2　炉外精炼用耐火材料使用条件及要求

炉外精炼用耐火材料的一般使用条件是：①长时间高温、真空；②炉渣的严重侵蚀、浸透；③炉渣和钢液的强烈冲刷与磨损；④温度骤变热震。

因此，炉外精炼所用耐火材料的基本要求有：

(1) 耐火度高，稳定性好，能抵抗炉外精炼条件下的高温与真空作用；

(2) 气孔率低，体积密度大，组织结构致密，以减少炉渣的浸透；

(3) 强度大，耐磨损，能抵抗钢渣冲刷磨损；

(4) 耐侵蚀性好，能抵抗酸及碱性炉渣的侵蚀作用；

(5) 热稳定性好，不发生热震崩裂剥落；

(6) 不污染钢液，有利于钢液的净化作用；

(7) 对环境的污染小；

(8) 从经济效益出发，要求钢包衬有良好的施工性能且价格适当。

6.1.3 炉外精炼常用耐火材料及其制品

6.1.3.1 常用耐火材料的基本类型

各类精炼设备所用典型耐火材料见表6-1。

表6-1 精炼设备用典型耐火材料

精炼设备	主要材质	其他材质
RH	镁铬砖	镁炭砖、高铝砖
DH	高铝浇注料	铝尖晶石浇注料
AOD	镁铬砖	镁钙砖
VOD	镁白云石砖	锆砖
LF	镁炭砖	镁白云石砖、铝镁炭砖、刚玉尖晶石砖、$MgO-MgO\cdot Al_2O_3-ZrO_2$ 砖
VAD	铝镁炭砖	炭砖
ASEA-SKF	$MgO-C$ 砖、$MgO-Cr_2O_3$ 砖	高铝砖

炉外精炼钢包内衬用耐火材料的品种和类型大致上可分为：

(1) 以铝镁炭砖为主要耐火材料的铝镁砖钢包内衬；

(2) 以白云石砖为主要耐火材料的白云石砖钢包内衬；

(3) 以铝镁尖晶石浇注料为主要耐火材料的铝镁尖晶石浇注钢包内衬；

(4) $MgO-CaO-C$ 砖钢包内衬；

(5) 全 $MgO-C$ 砖钢包内衬；

(6) 镁铬砖钢包内衬。

上述6种钢包内衬中，前3种钢包内衬占绝大多数。

我国钢包内衬材质主要有两大类：铝硅系材质为主的钢包内衬和镁钙系为主的钢包内衬。铝硅系材质为主的钢包内衬主要有：钢包用不烧砖，包括铝镁砖和铝镁炭砖（水玻璃结合）、树脂结合铝镁炭砖、镁铝炭砖；钢包用不定型耐火材料，包括水玻璃铝镁质耐火捣打料、水玻璃铝镁质耐火浇注料、超低水泥耐火浇注料、矾土尖晶石耐火浇注料。

我国镁钙系为主的钢包内衬主要有烧成油浸白云石砖、电熔镁白云石砖等，随着冶炼纯净钢的增加，需进一步扩大应用范围。今后，碱性耐火材料及其含碳的镁碳质和镁钙碳质不定型耐火材料的研究与开发十分必要。

高寿命用钢包耐火材料及喷补材料的研发和使用，保证了精炼作业率与钢水质量。目前，一般 LF－VD 钢包寿命可大于 60 炉，RH 钢包寿命可大于 100 炉。

6.1.3.2 常用耐火材料性能

A 镁铬砖

镁铬砖是以镁砂和铬矿为主要原料生产的 $w(MgO)$ 为 55%～80%、$w(Cr_2O_3)$ 为 8%～20% 的碱性耐火材料。镁铬砖耐火度高、荷重软化温度高、抗热震性能优良、抗炉渣侵蚀、适应的炉渣碱度范围宽，为炉外精炼用的最重要的耐火材料之一。

a 镁铬砖的分类

镁铬砖的主要矿物为方镁石、尖晶石和少量的硅酸盐。尖晶石相包括原铬矿中的尖晶石和烧成过程中形成的二次尖晶石。硅酸盐相包括镁橄榄石和钙镁橄榄石。根据制品所用原料和工艺的特点不同，镁铬砖可分为硅酸盐结合镁铬砖、直接结合镁铬砖、再结合镁铬砖、半再结合镁铬砖、预反应镁铬砖、不烧镁铬砖和电熔镁铬砖。炉外精炼用的镁铬砖主要为前 5 种类型的镁铬砖。

（1）硅酸盐结合镁铬砖。硅酸盐结合镁铬砖即普通镁铬砖，是以烧结镁砂和一般耐火级铬矿为原料，按适当比例配合，以亚硫酸盐纸浆废液为结合剂，混炼成型，约于 1600℃下烧成制得。在硅酸盐结合镁铬砖中，SiO_2 杂质含量较高（$w(SiO_2)=2.98\%\sim4.5\%$），制品的烧结是在液相参与下完成的，在主晶相之间形成以镁橄榄石为主的硅酸盐液相黏结在一起的结合，又称为陶瓷结合。

由于 SiO_2 杂质含量高，硅酸盐结合镁铬砖的高温抗侵蚀性能较差，强度较低。在炉外精炼装置中，应用于非直接接触熔体的内衬部位。

（2）直接结合镁铬砖。直接结合镁铬砖是以高纯镁砂和铬矿为原料，高压成型，于 1700～1800℃下烧成制得的优质固相结合镁铬质耐火材料。在直接结合镁铬砖中，由于 SiO_2 杂质含量低（$w(SiO_2)<2\%$），在高温下形成的硅酸盐液相孤立分散于主晶相晶粒之间，不能形成连续的基质结构。主晶相方镁石和尖晶石之间形成方镁石－方镁石、方镁石－尖晶石的直接结合。

因此，直接结合镁铬砖的高温机械强度高、抗渣性好、高温下体积稳定，适用于 RH、DH 真空脱气装置、VOD 炉、AOD 炉等炉外精炼装置。

（3）再结合镁铬砖。再结合镁铬砖又称为电熔颗粒再结合镁铬砖。以菱镁矿（或轻烧镁粉）和铬矿为原料，按一定配比投入电炉中熔化，合成电熔镁铬熔块，然后破碎，混炼，高压成型，于 1750℃以上高温烧成制得。在这种制品中，方镁石为主晶相，镁铬尖晶石为结合相，硅酸盐相很少，以岛状孤立存在于主晶相之间。

再结合镁铬砖具有高的高温强度和体积稳定性，耐侵蚀，抗冲刷，耐热震性介于直接结合砖和熔铸砖之间，适用于 RH、DH 真空脱气室、AOD 炉风口区、VOD 炉、LF 渣线等部位。

（4）半再结合镁铬砖。半再结合镁铬砖系以部分电熔合成镁铬砂为原料，加入部分铬矿和镁砂或烧结合成镁铬料作为细粉，按常规制砖工艺高温烧成制得。半再结合砖的主要矿物组成为方镁石、尖晶石和少量硅酸盐，方镁石晶间尖晶石发育完全，方镁石－方镁石和方镁石－尖晶石间直接结合，硅酸盐相呈孤立状态存在于晶粒间。

半再结合镁铬砖组织结构致密，气孔率低，高温强度高，抗侵蚀能力强，耐热震性能优于再结合镁铬砖，用于 RH 和 DH 真空脱气浸渍管、VOD 炉、LF、AOD 炉等炉外精炼装置的渣线部位。

（5）预反应镁铬砖。预反应镁铬砖是以轻烧镁粉和铬铁矿为原料，经共同细磨成粒度小于0.088mm 的细粉，压制成坯或球，于 1750 ~ 1900℃ 锻烧成预反应烧结料，再按常规制砖工艺生产，破碎，混炼，高压成型并在 1600 ~ 1780℃ 下烧成制得。预反应镁铬砖的主要矿物组成为方镁石、尖晶石和少量硅酸盐，晶间直接结合程度高。

预反应镁铬砖的组织结构致密，成分均匀，气孔率低，高温强度高，抗渣性好，耐热震性能较好，可用于 VOD 炉、LF 和 ASEA – SKF 炉等炉外精炼炉的渣线部位。

b　镁铬砖的组成与性能

镁铬砖的主要成分为 MgO 和 Cr_2O_3，还含有较多的 Fe_2O_3 和 Al_2O_3 及少量的 CaO 和 SiO_2 等氧化物，它们对镁铬砖性能的影响错综复杂，给耐火材料的生产和选用带来困难。

随着镁铬砖的中 $w(Cr_2O_3)$ 增加，镁铬砖的抗侵蚀性能提高，而镁铬砖的抗热震性能降低。因此，在以炉渣侵蚀为主要损毁机理的场合下，宜选用 $w(Cr_2O_3)$ 较高的镁铬砖；而在以热震损毁为主的场合下，宜选用 $w(Cr_2O_3)$ 较低的镁铬砖。

B　MgO – CaO 系耐火材料

MgO – CaO 系耐火材料因其原料来源丰富、价格比镁铬砖低廉、对高碱度炉外精炼炉渣的抗侵蚀性能好、有利于钢液净化、对环境污染小等优点，在 AOD 炉、VOD 炉和精炼钢包渣线等炉外精炼装置中的应用日益增加。

a　MgO – CaO 系耐火材料的分类

MgO – CaO 系耐火材料是 $w(MgO)$ 为 40% ~ 80%、$w(CaO)$ 为 40% 的耐火材料，包含白云石砖、镁白云石砖和镁钙炭砖。

（1）白云石砖。白云石砖是以经煅烧的白云石砂为主要原料制成 $w(CaO)$ 大于 40%、$w(MgO)$ 大于 30% 的碱性耐火材料。按生产工艺不同，白云石砖可分为焦油结合白云石砖、轻烧油浸白云石砖和烧成油浸白云石砖等，烧成油浸白云石砖又称为陶瓷结合白云石砖。生产焦油结合白云石砖时，先将白云石颗粒和粉料烘烤预热，加入脱水的焦油或沥青 7% ~ 10%，搅拌混合，机压成型。制得的砖经过 250 ~ 400℃ 低温加热处理，或经 1000 ~ 1200℃ 中温处理，再经真空 – 加压油浸，制得轻烧油浸白云石砖。烧成油浸白云石砖的生产工艺与上述工艺的区别在于临界颗粒减小，一般采用 5mm 或 3mm 的颗粒，结合剂采用石蜡或无水聚丙烯，砖坯经过 1600℃ 或更高温度的煅烧，形成陶瓷结合，再经真空 – 加压油浸，以提高制品的性能和防止水化。

白云石砖抗碱性炉渣的侵蚀性强，但在空气中易水化，不易长期存放。烧成油浸白云石砖的荷重软化温度达 1700℃ 以上，1400℃ 的高温抗折强度可达 12MPa，适用于 AOD 炉、VOD 炉及钢包内衬等。

（2）镁白云石砖。镁白云石砖是以 MgO 和 CaO 为主要成分的碱性耐火材料，$w(MgO)$ 为 50% ~ 80%，$w(CaO)$ 为 40% ~ 10%。镁白云石砖有焦油结合镁白云石砖、轻烧油浸镁白云石砖和烧成或陶瓷结合油浸镁白云石砖等品种。生产工艺与制造白云石砖相似，它们的配料原料可为天然白云石熟料加镁砂或合成白云石熟料加镁砂。其中，用石灰或白云石加轻烧镁砂人工合成的镁质白云石熟料作主原料的镁质白云石砖具有更均匀的组成和组织结构，以及较好的抗水化性能和抗侵蚀性等性能。

与白云石砖相比，镁白云石砖的 MgO 含量高，具有较好的抗炉渣侵蚀性能、抗水化性能和高温强度。用镁白云石砖取代镁铬砖应用于 AOD、真空精炼（RH、DH、VD）及 LF，是我国炉外精炼用耐火材料的一个重大突破。

(3) 镁钙炭砖。镁钙炭砖是以白云石砂、氧化钙砂、镁砂和鳞片石墨为主要原料制造的不烧含碳碱性耐火制品。配料中的镁钙质原料可以是烧结或电熔白云石砂、烧结或电熔镁白云石砂、烧结或电熔氧化钙砂和镁砂。因此，按配料中的主要骨料的品种，又相应分别称为白云石炭砖、镁白云石炭砖、镁钙炭砖或镁石灰炭砖。镁钙炭砖的生产工艺与 MgO - C 砖相似，不过要注意防止 CaO 水化，使用无水树脂作结合剂。生产时先按成分要求配料，混炼，成型，经 200 ~ 300℃低温处理和真空加压油浸处理制得最终产品。

镁钙炭砖兼有镁炭砖和白云石砖的优良性能，具有较好的抗炉渣侵蚀性能和抗渗透性能。

b MgO - CaO 系耐火材料的组成与性能

MgO - CaO 系耐火材料的主要成分为 MgO 和 CaO，主晶相为方镁石（MgO）和石灰（CaO）。它们之间在高温下不形成新的化合物，相关系比较简单，$w(\mathrm{CaO})/w(\mathrm{MgO})$ 与耐火材料的性能有密切的关系，需根据实际使用条件选用适当 $w(\mathrm{CaO})/w(\mathrm{MgO})$ 的耐火材料。

MgO - CaO - C 系耐火材料在高温真空下随着 CaO 含量的提高，耐火材料在真空下的稳定性提高。采用高碱度渣精炼工艺的装置，常以 MgO - CaO - C 系耐火材料作为内衬；而对于采用较低碱度渣工艺精炼的装置，一般用 MgO - Cr_2O_3 - Al_2O_3 系耐火材料作为内衬。

C 镁炭砖

镁炭砖是以电熔镁砂、高温死烧镁砂和鳞片石墨为主要原料，以酚醛树脂作为结合剂制造的不烧含碳碱性耐火材料。其生产工艺与一般耐火砖基本相同，但不需煅烧，只需经过 200 ~ 250℃热处理。为提高砖的抗氧化性能，配料中常添加 Al、Si、Mg 等金属粉及 SiC 粉。镁炭砖在高温下使用过程中，形成碳结合。耐火材料中的镁砂和炭素材料之间不存在互熔关系，镁砂和石墨各自保持自己的特性，并互相弥补它们的缺点，使镁炭砖具有优良的抗渣侵蚀性能、抗炉渣渗透性能和耐热震性能。按 YB 4074—91 标准，根据碳含量多少，镁炭砖分为 3 类：①$w(\mathrm{C})$为 10%，$w(\mathrm{MgO})$为 76% ~ 80%；②$w(\mathrm{C})$为 14%，$w(\mathrm{MgO})$为 74% ~ 76%；③$w(\mathrm{C})$为 18%，$w(\mathrm{MgO})$为 70% ~ 72%。在炉外精炼装置中，镁炭砖主要应用于各种钢包精炼炉内衬的渣线部位，一般使用碳含量较低的镁炭砖（$w(\mathrm{C}) < 14\%$）。

镁炭砖的优良抗炉渣渗透性、耐侵蚀性能及耐热震性能，在很大程度上归功于石墨（碳）所起的作用。石墨可有效地阻止炉渣的渗透，提高砖的热传导率和降低砖的弹性模量，但石墨含量增加，会使砖的强度下降和抗氧化性能降低。一般碳含量（质量分数）在 10% ~ 20% 范围内时，镁炭砖的耐侵蚀性能最好。

D　$Al_2O_3-MgO-C$ 系耐火材料

a　$Al_2O_3-MgO-C$ 系耐火材料的分类

$Al_2O_3-MgO-C$ 系耐火材料是为满足钢包内衬恶劣的使用条件而开发的代替高铝衬砖的钢包内衬专用耐火制品。按制品的主要成分和制砖原料不同，主要有铝镁炭砖、铝镁尖晶石炭砖和镁铝炭砖。

铝镁炭砖是以 $w(Al_2O_3)$ 大于85%的烧结高铝矾土熟料为骨料，加入电熔镁砂或烧结镁砂细粉和鳞片石墨，以酚醛树脂作为结合剂，机压成型后，经200~250℃热处理而制得。铝镁炭砖含 $w(Al_2O_3)$ 为60%~70%，$w(MgO)$ 为8%~14%，$w(C)$ 为8%~10%。为提高砖的抗氧化性能，配料中可适当添加金属铝粉、硅粉和SiC粉。铝镁炭砖具有含碳耐火材料的特性，抗炉渣渗透，耐侵蚀性好，耐热震性好，价格比较低，适用于各种精炼钢包非渣线部位。在使用过程中，在工作面附近的颗粒骨料周围，MgO与 Al_2O_3 反应形成耐侵蚀的铝镁尖晶石，并伴有一定的体积膨胀，可使砖缝缩小，内衬变得致密。

铝镁尖晶石碳砖的生产工艺与铝镁炭砖相同，区别在于采用预先烧结合成的铝镁尖晶石熟料作原料，取代或替代部分矾土和镁砂，从而可以调整和控制使用过程中尖晶石的形成和由此造成的膨胀效应，有利于改善耐火材料的抗侵蚀性能和在高温下的体积稳定性。铝镁尖晶石炭砖的组成和性质为：$w(Al_2O_3)$ 为74%，$w(MgO)$ 为8%~10%，$w(C)$ 为5%~9%，体积密度为3.09g/cm³，显气孔率为3%，耐压强度为92.2MPa（110℃×24h）和32.5 MPa(1600℃×3h)，高温抗折强度为7.8MPa(1400℃×1h)，线变化率为+1.5%(1600℃×3h)，荷重软化温度高于1700℃（0.2MPa×0.6%）。

镁铝炭砖与铝镁炭砖的主要差别在于作为主成分的 Al_2O_3 和MgO的含量是正好相反的变化，即前者MgO含量高，Al_2O_3 含量低，而后者MgO含量低，Al_2O_3 含量高。镁铝炭砖的组成和性质为：$w(MgO)$ 为65%~75%，$w(Al_2O_3)$ 为5%~15%，$w(C)$ 为5%~12%，体积密度为2.89~2.96g/cm³，显气孔率为4.13%~5.6%，常温耐压强度为82.7~98.6MPa，荷重软化温度高于1700℃。

b　$Al_2O_3-MgO-C$ 系耐火材料的组成与性能

$Al_2O_3-MgO-C$ 砖在炉外精炼钢包内衬上使用时，在砖的工作面附近，砖的主要成分 Al_2O_3 和MgO可发生反应生成铝镁尖晶石，并伴随体积膨胀。铝镁炭砖的抗渣性和膨胀随着MgO含量的增加而提高。烧后产生膨胀可使耐火材料内衬的砖缝缩小，内衬结构变得致密，但是，如果MgO加入量过多，砖的膨胀量过大，可造成开裂和使砖损毁。

随着MgO含量的提高，铝镁炭砖的高温荷重变形减少，即高温耐火性能得到改善，但膨胀也随之增大。随着尖晶石加入量从0增加到20%，耐侵蚀性显著提高，但当尖晶石加入量超过20%时，由于基质中 Al_2O_3 含量增加，砖的耐侵蚀性能反而下降。碳含量增加时，弹性模量降低，烧后膨胀减少，有利于提高耐火材料的抗热震性能。增加碳含量还可阻止炉渣渗透，提高耐火材料的抗渣性。但碳的缺点是易氧化，使砖的密度和强度降低，适宜的碳含量约为7%~9%。

E　耐火材料的性能与价格比较

炉外精炼常用耐火材料性能与价格比较见表6-2。

表 6－2 炉外精炼用耐火材料性能与价格比较

材料种类	抗渣性①	耐磨性	耐热震性	钢液净化	价格
镁炭砖	优/优	中	优	中	
再结合镁铬砖	优/中	优	中	中/差	
半再结合镁铬砖	优/中	优	中	中/差	高
预反应镁铬砖	优/中	优	中	中/差	
直接结合镁铬砖	优/中	优	中	中/差	
镁钙炭砖	中/中	中	优	优	
烧成油浸镁白云石砖	中/优	优	优	优	
烧成油浸白云石砖	差/优	优	优	优	
轻烧油浸镁白云石砖	中/优	中	优	优	
轻烧油浸白云石砖	差/中	中	优	优	
铝镁尖晶石炭砖	优/差	中	优	中/差	
镁铝炭砖	优/差	中	优	中/差	
铝镁炭砖	优/差	中	优	中/差	低
焦油白云石砖	差/中	差	优	优	
高铝砖	差/差	优	差	差	

① 抗渣性：低中碱度渣/高碱度渣。

6.1.4 炉外精炼用耐火材料的发展动向

6.1.4.1 直接结合镁铬砖发展动向

直接结合镁铬砖在一些炼不锈钢的炉外精炼炉如 VOD、AOD 以及 RH 真空室下部、底部、浸渍管中使用效果很好。

近来研究表明：镁铬砖气孔微细化不仅能提高耐火材料抗熔体的渗透性，还可以改善其抗热震性。一般在镁铬砖制砖中加 Fe－Cr 粉，也可加入 Cr 粉或 Al 粉以及 Cr_2O_3 微粉或 Al_2O_3 微粉。烧成时，由于金属氧化、生成尖晶石及固溶体时的体积效应，镁铬砖透气度降低，气孔微细化。

镁铬砖的主要问题是六价铬对环境产生污染。因此，在生产镁铬砖时，要防止对环境的污染。要对使用后残砖进行管理与处理，如在还原气氛下将高价铬转化为低价铬等。

6.1.4.2 镁钙（MgO－CaO）砖发展动向

镁钙砖用于精炼炉，无有害元素进入钢中，适用于冶炼洁净钢，同时没有环境污染问题。

镁钙砖的主要问题是 CaO 水化。加入 ZrO_2 使 MgO－CaO 材料中的 CaO 与 ZrO_2 形成高熔点化合物 CaO · ZrO_2，可防止 MgO－CaO 材料中 CaO 的水化，但 ZrO_2 昂贵。加入稀土氧化物可以抑制 MgO－CaO 材料水化，但纯稀土氧化物贵，且均匀化存在问题。加入添加剂虽可提高 MgO－CaO 材料的抗水化性，但一般都会明显地降低 MgO－CaO 材料的抗侵蚀性。

欧洲采用超高温竖窑煅烧生产镁钙砂，然后就近制镁钙砖，再用金属箔塑料抽真空包装。避免烧制好的 MgO－CaO 砖水化，除用金属箔塑料抽真空包装外，也可在适当温度下通入 CO_2 并浸渍草酸溶液，使显露出的游离 CaO 转变为 $CaCO_3$ 与草酸钙 CaC_2O_4。

6.1.4.3　镁炭砖与镁钙炭砖发展动向

含碳耐火材料与熔渣之间的润湿性差，具有抗熔渣渗透、抗热剥落与结构剥落等优点。因此，镁炭砖与镁钙炭砖适合用在优质碳素合金钢与低碳钢的一些炉外精炼钢设备如LF炉等作为炉衬。对于一些要求高的低碳钢，为避免镁炭砖或镁钙炭砖中碳过量进入钢液，现在开展了碳含量在5%以下的低碳镁质材料的研究开发。研究表明：石墨的比表面积大约在$5m^2/g$以上时，就可提高镁炭砖的抗热震性。值得注意的是，日本九州耐火材料公司采用团聚体型纳米炭黑并以加有少量B_4C的树脂为结合剂，研制出碳含量只有3%的低碳镁炭砖，但其优良性能与含石墨18%的镁炭砖相近，而热导率却很低。因此，纳米技术在不烧砖与不定型耐火材料中的应用是值得开展研究的。

6.1.4.4　无铬或低铬尖晶石砖发展动向

由于直接结合镁铬砖中的CrO_3（六价铬）会污染环境，因此，近年来不少研究者开展了以镁铝尖晶石为主，加入TiO_2、ZrO_2等或加入少量Cr_2O_3的方镁石-尖晶石砖的研究，以取代直接结合镁铬砖。但至今这类镁尖晶石砖在大型水泥窑的烧成带以及VOD、AOD、RH的一些蚀损严重部位仍处于研发与试验阶段。

此外，新型耐火材料如镁阿隆（MgAlON）结合镁质耐火材料的开发和研究取得了进展。MgAlON是AlON尖晶石与$MgO \cdot Al_2O_3$尖晶石的固溶体，其抗渣性、抗金属溶体的渗透性较好。在冶炼低碳钢特别是不含铬的超低碳钢以及含氮高的钢时，不会污染钢液。

6.2　真空处理装置用耐火材料

6.2.1　RH和RH-OB用耐火材料

6.2.1.1　RH耐火材料内衬

RH和RH-OB装置在真空密封条件下工作，其使用条件为：高温（约1600℃）操作、热循环（高达600℃）、气压循环（从大气常压至66.66Pa）、高速的钢水流动（经潜入管时为1m/s）以及与侵蚀性渣（硅酸钙、铝酸钙和铁酸盐）和氧化铁熔融物接触。RH和RH-OB内衬通常采用优质镁铬砖或碱性捣打整体衬或按照不同部位的使用条件采取分区砌衬的综合内衬。

RH脱气装置的典型内衬剖面如图6-1所示。

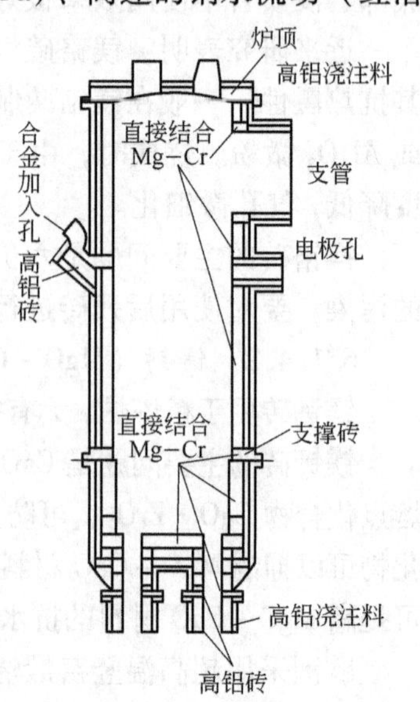

图6-1　RH脱气装置的典型内衬剖面

6.2.1.2　RH真空室用耐火材料

RH真空室耐火材料要求具有优良的耐侵蚀性及抗热震等性能。RH真空室一般采用镁铬砖。镁铬质耐火材料具有以下特性：

（1）良好的耐火性能。砖的主要组成均系高熔点物相（Cr_2O_3 2260℃、$MgCr_2O_4$ 2180℃、$MgFe_2O_4$ 1890℃），即使砖中SiO_2、CaO杂质共存，最低熔化温度也在1500℃以上。

（2）高温强度大。1500℃时的高温抗折强度，Cr_2O_3含量10%时为4MPa，含量增至20%时则为9.8MPa。

（3）抗酸性渣的侵蚀性良好，尤其在炉渣碱度小于

1.2 时，更显示它的优越性，同时也有一定抗碱性渣的能力。

RH 和 RH－OB 真空脱气装置目前多采用高纯高铬烧成的镁铬砖。吹氧口砖采用半再结合镁铬砖；升降管、底部、中下部内衬等侵蚀区采用高温烧成直接结合镁铬砖，升降管外衬用特级高铝捣打料、优质浇注料等。国内外均重视真空脱气装置，耐火材料内衬寿命的提高，所用的材料不尽相同。如：北美炼钢厂 RH/RH－OB 脱气装置所用 $MgO-Cr_2O_3$ 砖，包括传统的直接结合镁铬砖、再结合镁铬砖、半再结合镁铬砖以及特种的复合镁铬砖等。其中，以 $w(Cr_2O_3)/w(MgO)$ 为 0.2～0.4 的特种复合镁铬砖最好。产品特性见表 6－3。

表 6－3 RH 和 RH－OB 脱气装置用直接结合镁铬砖的特性

产品种类			A 砖（传统的）	B 砖（复合的）	C 砖（特种的）	D 砖（再结合的）
化学成分 (w)/%	MgO		63.7	61.7	60.0	59.8
	Cr_2O_3		15.2	18.0	21.3	19.2
	CaO		0.7	0.5	0.6	0.6
	SiO_2		1.6	1.1	1.0	1.8
体积密度/$g \cdot cm^{-3}$			3.1	3.2	3.3	3.3
显气孔率/%			16	16	13	13
常温耐压强度/MPa			37	62	63	46
耐热震性①	抗折强度/MPa	常温	4	9	10	11
		1260℃	12	12	14	16
		1480℃	3	3	4	5
	循环之前抗折强度		4	9	9	14
	1200℃下，循环之后的抗折强度/MPa		2	2	3	2
	损失率/%		50	78	67	86
	1300℃下，循环之后的抗折强度/MPa		1	1	2	1
	损失率/%		75	89	78	93
蚀损率②/$mm \cdot h^{-1}$			0.8	0.7	0.5	0.4
蚀损指数/%			100	88	62	50
用途			上部和中部筒体	通气管，管口，真空室底，下部、中部和上部筒体	通气管、吹氧风口、管口	下部筒体

注：A 砖是传统的较理想的直接结合 $MgO-Cr_2O_3$ 砖，抗热震性最好，但抗侵蚀性却最差。

B 砖是半再结合 $MgO-Cr_2O_3$ 砖，抗侵蚀性中等，但抗热震性好于 D 砖。

C 砖是一种以烧结镁砂为颗粒，以方镁石和氧化铬为结合基质的特种复合直接结合 $MgO-Cr_2O_3$ 砖，这种高铬砖是各种性能最佳综合，抗侵蚀性和抗热震性均居第二位，气孔率较低，强度较高。

D 砖是再结合镁铬砖，抗侵蚀性最佳，但热震破坏却最大，在传统的直接结合 $MgO-Cr_2O_3$ 砖中，则是以高温烧成的镁铬砖为好。

① 棒形试样循环试验测定；

② 旋转渣试验测定。

近年来，由于环保原因，国内外对无铬耐火材料进行了大量探索。$MgO-MgO \cdot Al_2O_3$ 砖取代 $MgO-Cr_2O_3$ 砖被广泛应用。$MgO-MgO \cdot Al_2O_3$ 砖（又称为 MgO－Sp 砖）

中，由于 MgO 和 $MgO \cdot Al_2O_3$ 的热膨胀性能的差异而产生微裂纹而提高了抗热裂剥落性能。但其结合组织和抗蚀性能有待改进。试验表明：加 TiO_2 的 MgO－Sp 砖性能有明显提高。MgO－C 砖通过在配料中加入金属等抗氧化剂和在筑炉时使用 MgO 结合剂提高抗氧化性能，也在 RH 装置上应用。此外，国外也在 RH 装置上进行了特种碱性耐火材料和耐火浇注料试用。

6.2.1.3　升降管用耐火材料

升降管由气体喷射管、支撑耐火材料的钢结构和耐火材料构成。钢结构被固定在中心，高温烧成镁铬砖为衬里，外面用浇注料。国内产品用于大型 RH 装置、升降管等部位，已达到进口产品水平，或超过同期产品实际使用效果。如洛阳某厂生产的低硅高强度镁铬砖、组装用耐火泥浆的性能均达到了进口产品实物水平，使用效果良好。5 个升降管用于宝钢 300t RH 炉，平均寿命 106.6 次，最高达 119 次，超过同期进口镁铬质升降管的水平。1992 年，镁铬砖在下部槽进行两个炉役的使用，分别为 124 次和 156 次，超过同期进口砖水平。当时由于 RH 炉刚经过大修，精炼工艺不稳定，OB 氧枪吹氧量大，吹氧次数多，却仍然保持较高的炉次。

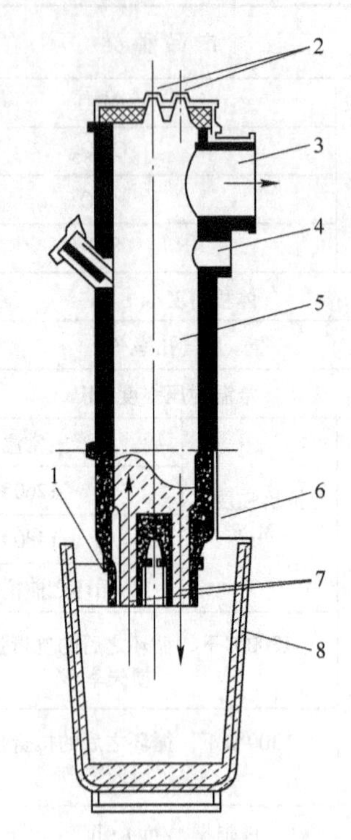

图 6－2　宝钢 RH 真空脱气装置用耐火材料
1—吹氩孔；2—顶盖；3—排气孔；4—电极孔；5—真空室上部；6—真空室下部；7—浸渍管（上升管与下降管）；8—钢包

宝钢从日本引进的 300t RH－OB 真空脱气装置的耐火材料主要为镁铬质。真空室下部槽、升降管用日本播磨公司和奥镁公司的半再结合和直接结合镁铬砖，下部槽的平均使用寿命分别为 180 次和 185 次，升降管的平均使用寿命分别为 80 次和 85 次。使用国产镁铬砖，下部槽和升降管平均使用寿命分别为 102 次和 70 次。

图 6－2 所示为宝钢 RH 真空脱气装置耐火材料应用示意图，各部位的耐火材料种类及性能见表 6－4。国外部分国家 RH 内衬用耐火材料的性质见表 6－5，RH 内衬材质与寿命见表 6－6。

表 6－4　宝钢 RH 真空脱气装置用耐火材料

使用部位		隔热衬		真空室	浸渍管	
耐火材料		轻质砖	硅钙板	直接结合镁铬砖	半再结合镁铬砖	高铝浇注料
化学组成 (*w*)/%	MgO			≥65	63.23	
	Cr_2O_3			≤13	22.40	
	Al_2O_3	≥48				≥90
	SiO_2			≤5	2.43	
	Fe_2O_3	≤2.0				
显气孔率/%				≤18	14	

续表 6-4

使用部位	隔热衬		真空室	浸渍管	
耐火材料	轻质砖	硅钙板	直接结合镁铬砖	半再结合镁铬砖	高铝浇注料
体积密度/$g \cdot cm^{-3}$	≤0.9	≤0.25	≥2.95	3.28	2.70
常温耐压强度/MPa	≥3.5	≥0.5	≥40	53.7	≥40（100℃）；≥30（1500℃，3h）
抗折强度/MPa		≥0.5	26.0（1200℃）	10.8（1400℃，0.5h）	≥3.0（1400℃）
耐火度/℃		1000（最高使用温度）			1850
荷重软化点/℃			≥1650	>1740	
导热系数/$W \cdot (m \cdot K)^{-1}$	≤0.40（350℃）	0.058（70℃）			
重烧线变化率/%		≤2.0（1000℃）			0.5（1500℃，3h）

表 6-5 部分国家 RH 内衬用耐火材料的性能

项目		日本			奥地利	美国	高铝砖
		A	B	C	Radex-BF_3	伯利桓厂	
化学组成（*w*）/%	SiO_2	1.8	1.99	1.4	2.34	0.7	10.5
	Al_2O_3	8.9	8.64	5.6	5.80	6.30	82.1
	Fe_2O_3	4.4	5.06	7.2	8.94	11.50	0.7
	CaO		0.73		1.54	1.40	
	MgO	7.4	71.61	53.6	60.38	60.0	0.1
	Cr_2O_3	9.9	11.99	31.4	21.3	19.3	
显气孔率/%		16.0	18.0	16.2	14.7	15.0	17.4
体积密度/$g \cdot cm^{-3}$		3.11	3.05	3.22	3.25	3.28	3.08
常温耐压强度/MPa		58.0	46.0	49.0	76.6		115
高温抗折强度/MPa			7.04（1400℃）		9.29（1400℃）	2.8（1400℃）	

表 6-6 RH 内衬材质与寿命

厂别	真空室容量/t	真空室	上升管	下降管	寿命/次		
					真空室	上升管	下降管
新日铁八幡厂	150	直接结合镁铬砖	高铝砖	高铝砖	432	200	200
川崎水岛厂	160	镁铬砖			1000		
前苏联某厂		镁铬砖、高铝砖	高铝砖	高铝砖	壁 800，底 450	200~250	200~150
德国蒂森公司	150	镁铬砖			壁 1050，底 550	150	150

根据武钢、宝钢 RH 和 RH－OB 插入管的工作条件，中钢集团洛阳耐火材料研究院（以下简称洛耐院）与之共同研制开发的镁铬砖具有高强度、抗侵蚀、耐热震性能，能满足大型精炼装置的需要，并全面实现国产化。采用高纯菱镁矿和铬精矿为主要原料，电熔与烧结合成料并用，引入少量高效添加剂，制成显微结构合理、性能良好的镁铬砖，其理化性能见表 6－7。该砖在武钢引进的 2 号 RH 和宝钢 300t 级 RH－OB 炉升降管上使用，平均使用寿命为 76.3 炉次和 111 炉次，平均侵蚀速率为 0.53mm/炉和 0.38mm/炉。

表 6－7 镁铬砖理化性能

项目		洛耐院	日本	奥地利 Radex
化学组成（w）/%	MgO	64.00	71.61	60.28
	Cr_2O_3	15.56	11.99	21.30
	SiO_2	1.97	1.99	2.34
	Al_2O_3	8.00	8.65	5.09
	Fe_2O_3	7.83	5.06	8.94
	CaO	1.23	0.73	1.54
显气孔率/%		14	18	15
体积密度/$g \cdot cm^{-3}$		3.27	3.05	3.25
常温耐压强度/MPa		121.0	46.0	76.6
高温抗折强度（1400℃，0.5h）/MPa		12.6	7.04	9.29
荷重软化温度/℃		>1700	>1730	>1720

6.2.1.4 升降管外衬用浇注料

RH 炉间歇式操作带来强烈热震破坏和熔渣侵蚀，导致升降管外衬浇注料因严重龟裂而损毁。为使浇注料的寿命达到与内衬寿命同步的目的，开发了低水泥或无水泥浇注料。材质为高铝、刚玉或铝镁质，加入适量的 Al_2O_3 或 MgO 超细粉可使耐蚀性有所提高。利用镁－铝浇注料产生的膨胀性，或加入 4% 左右的不锈钢耐热纤维，抗热震性大大提高。洛耐院研制的超低水泥铬刚玉－莫来石浇注料（ULC－AKI 型），用于武钢 RH 真空脱气炉升降管外衬，平均寿命为 79.7 次。

6.2.2 RH－KTB 用耐火材料

6.2.2.1 RH－KTB 用镁铬砖

RH－KTB 操作中由于钢水飞溅，二次燃烧使耐火材料表面也会附着金属。二次燃烧生成的 CO_2 与附着金属接触时则发生反应：$Fe(l) + CO_2(g) = FeO(l) + CO(g)$，决定耐火材料寿命的主要因素是 FeO 的侵蚀。采用低熔点的高铬含量镁铬砖，可以提高下部槽寿命，保证 KTB 操作稳定。

6.2.2.2 RH－KTB 用镁钙炭砖

日本千叶钢厂 85t 顶底复吹转炉冶炼不锈钢，二次精炼使用氧气顶吹喷枪，真空脱气（KTB），在 1700℃高温下长时间喷吹。喷吹期间渣的碱度由低向高急剧变化，使耐火材料内衬的使用条件趋于恶化。原用烧成白云石砖，在精炼期产生严重剥落，继而改用镁钙炭砖取得良好效果。在吹炼初期增加了 CaO 投入量，以获得高碱度炉渣，使炉衬寿命提高，耐火材料成本降低了60%。

6.2.2.3　RH炉用透气塞的发展

RH循环脱气法的主要工艺要求把惰性气体引入上升管。典型的装置是经过吹气管（钢管）喷吹氩气。现在开发了定向型多孔透气塞取代吹氩气的管子，除了改善流量控制外，透气塞使气泡分布均匀，并具有较小的蚀损速率。

6.3　钢包精炼用耐火材料

6.3.1　LF用耐火材料

6.3.1.1　LF工作条件及炉衬损毁因素

A　LF耐火材料内衬工作条件

LF耐火材料内衬工作条件主要是：

（1）精炼温度高达1700℃且加热时间长，如与电炉配合的40t LF每炉加热时间约13~26min，热点部位温度更高；

（2）熔渣的严重侵蚀，以碱性渣为主，碱度波动于2~3.5之间；

（3）底部吹氩搅拌，氩气流量50L/min，钢水上下激烈翻腾，对渣线内衬冲刷最为严重；

（4）部分时间处于较强的还原气氛下操作，冶炼时加入碳粉、铝粉、硅粉等还原剂；

（5）间歇操作，热震频繁；

（6）LFV真空下精炼时间长，平均每炉达30min以上，在极限真空度下（67~200Pa）还需保持15min。

B　LF炉衬损毁因素

LF炉衬损毁因素主要有：

（1）化学反应与熔蚀；

（2）熔渣的侵蚀；

（3）热冲击和机械冲刷；

（4）高温真空下（LFV）的挥发作用。

6.3.1.2　LF钢包各部位用耐火材料

一些国家的LF钢包用耐火材料见表6-8。不同容量LF耐火材料的选用及使用情况见表6-9。

表6-8　国外LF精炼钢包用耐火材料

国别	容量/t	内衬结构			寿命/次
		渣线	包壁	包底	
德国	110	镁炭砖（10%~12%C）	碳结合白云石砖	碳结合白云石砖	45~50
德国	60	碳结合镁砖	碳结合白云石砖	直接结合白云石砖	50~55
美国	70	碳结合白云石砖	碳结合白云石砖	碳结合白云石砖	45~60
日本	80	镁炭砖	镁炭砖	镁炭砖	110
瑞典	60	碳结合白云石砖	碳结合白云石砖	碳结合白云石砖	45
丹麦	120	碳结合白云石砖	碳结合白云石砖	碳结合白云石砖	30~35

表 6－9　不同容量 LF 耐火材料的选用及使用情况

公司		B	C	D	H	I	J
钢包容量/t		120	70	25	60	40，70	50
渣线	材质	MgO－C	MgO－C	$MgO-Al_2O_3-C$	MgO－C	MgO－C	MgO－C
	厚度/mm	230	180	150	130	114	130
	寿命/炉	35～40	70	40	40	60～100	35
包底	材质	MgO－C	MgO－C	MgO－C	MgO－C	MgO－C	MgO－C
	厚度/mm	230	180	150	130		130
	寿命/炉	35～40	40	40	40		35
迎钢面	材质	MgO－C	MgO－C	$MgO-Al_2O_3-C$	$MgO-Al_2O_3-C$	不烧成高铝砖	MgO－C
	厚度/mm	230	180	150	130	114	130
	寿命/炉	35～40	70	40	40	60～100	35
一般包壁	材质	不烧成高铝砖	MgO－C	$MgO-Al_2O_3-C$	不烧成高铝砖	不烧成高铝砖	不烧成高铝砖
	厚度/mm	230	180	150	130		130
	寿命/炉	35～40	70	40	40		35
衬垫材料	材质	不烧成高铝砖	氧化锆	$MgO-Al_2O_3-C$	$MgO-Al_2O_3-C$	氧化锆	氧化锆
	厚度/mm	180	180	114～130	180		150～180
	寿命/炉	70	70	40	40		35
处理时间/min		50～60	40～50	40	30～40		35～50
消耗量/$kg \cdot t^{-1}$		6.0	3.9	5.5	4.4		

A　炉盖用耐火材料

LF 精炼炉盖的浇注料要求为：

（1）浇注料应有良好的高温性能，以满足 LF 精炼炉操作中的高温作业和喷溅炉渣引起的侵蚀；

（2）浇注料的抗热震性和耐剥落性均优，以适应 LF 精炼操作中的温度变化及间歇作业；

（3）有较高的初期强度和良好的施工性能。

洛耐院等研制开发的炉盖浇注料选用电熔刚玉和阳泉特级矾土为主原料，纯铝酸钙水泥（4%～8%）作结合剂，加入 8%～12% 的二氧化硅和氧化铝超微粉及少量添加物。

B　渣线用耐火材料

LF 渣线区处于高碱度炉渣、高应力条件下，损毁十分严重。因此选用耐侵蚀、抗热震的优质镁炭砖（MgO－C 砖）或镁铬砖（$MgO-Cr_2O_3$）较多。为了进一步提高砖的耐蚀性，应对砖的砌筑方法及砖型加以改进。镁炭砖一般为横向弧形砖，在包口处用铁皮包挡，为防止金属加入物因膨胀引起向上推移，在钢包上部设有固定压砖为拱形砖，砌筑时，砖与铁皮紧压，空隙处用高铝浇注料充填，使之牢固连接为一体。以此改善热应力，并起隔热作用，防止包口砖温度过热，提高镁炭砖使用寿命。渣线用镁炭砖性能见表 6－10。

表 6-10 镁炭砖理化性能

使用部位		包	口	渣	线	
牌号 CRD		M1572	M1062	M1312	M1512G	M212G
化学组成 (w)/%	MgO	80	75	86	83	72
	C	14	9	13	15	19
体积密度/g·cm^{-3}		2.80	2.91	3.05	2.98	2.88
显气孔率/%		5.1	5.5	3.2	3.6	3.7
耐压强度/MPa		40.2	44.4	63.7	53.9	42.2
高温抗折强度/MPa		9.3	11.8	16.2	16.2	16.7
特点		抗氧化	抗氧化	耐侵蚀抗 FeO	耐侵蚀抗 FeO	耐剥落

原上钢五厂 40t LF 先后用于渣线部位的砖有两种：

(1) 电熔再结合镁铬砖。采用高纯原料合成的镁铬砂，经高压成型、高温烧成。砖的高温性能良好，直接结合程度高，具有高强度和抗热震性。

(2) 镁炭砖。选用高纯原料、鳞片石墨，含有金属抗氧剂、树脂结合的镁炭砖。

C 炉壁用耐火材料

LF 炉壁一般使用高铝砖。在镁砂配料中，添加 10% 左右的碳和适量的预合成镁铝尖晶石，可进一步提高砖的抗侵蚀性。

洛耐院、苏嘉公司、原上钢五厂共同开发的 40t LF 炉壁用无碳 MgO－CaO（不烧）砖，其主要原料采用山东镁矿白云石砂及无机盐类结合；平均蚀损速率为 3.17mm/炉。

包壁全部采用 MgO－C 砖，寿命比用其他砖大幅度提高。Al_2O_3－MgO－C 砖及 Al_2O_3－C 砖用于包壁也取得了较好的效果。目前钢包壁耐火材料从定型制品向不定型发展。从材质上看有镁碳、铝镁碳、铝尖晶石浇注料，镁钙系材料也是发展方向。

天津钢管公司 150t LF－VD 精炼炉渣线用镁钙炭砖，干法砌筑，其他部位用铝镁炭砖，如图 6－3 所示。

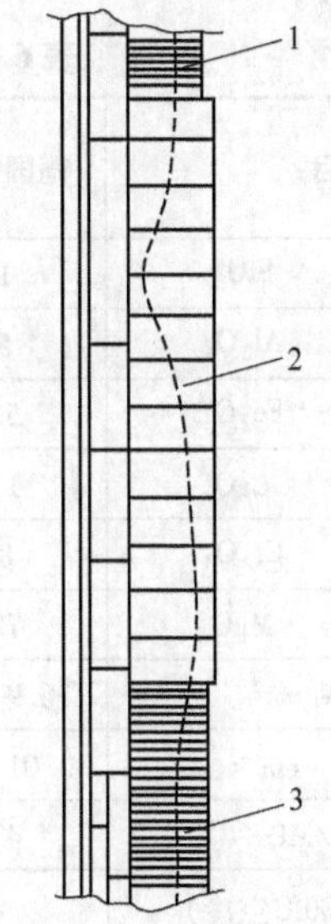

图 6－3 150t LF－VD 精炼钢包包壁内衬耐火材料
（虚线为停炉时衬砖的侵蚀曲线）
1—铝镁炭砖（1～22 环）；2—MgO－CaO－C 砖（23～35 环）；3—铝镁炭砖（36～39 环）

D 包底与透气砖用耐火材料

(1) 大型 LF 包底用浇注大砖。如日本 Asahi glass 公司开发的 Al_2O_3－MgO－SiO_2 系浇注大砖，抗渗透性良好。

(2) LF 包底用高钙质干式捣打料。如奥地利 Veitsch 镁砂公司开发的 LF 包底用 16% CaO 高钙质干式捣打料。

(3) LF 包底座砖用浇注料。如日本开发的含 Cr_2O_3 的超低水泥高铝浇注料。

(4) LF 用直通狭缝型透气砖。如国产刚玉质和铬刚玉透气砖。

6.3.1.3　精炼炉保温用耐火材料

（1）在精炼炉顶加保温盖。如福州第二钢厂250t钢包，使用保温盖（$w(Al_2O_3)$ 为62%的高铝隔热材料），改善了散热损失，减少了钢水的温降。攀枝花钢铁公司160t钢包盖用含锆纤维组合块。

（2）精炼炉内衬加隔热层。其材料主要有体积密度约为1.9g/cm^3 的耐火浇注料和高铝耐火纤维毡等。施工时在钢包壳上先砌片砖，然后浇灌耐火浇注料或贴铺纤维毡，最后砌筑或浇灌钢包工作衬。

（3）攀钢160t钢包内衬使用了耐火纤维隔热瓦。耐火纤维隔热瓦由耐火纤维、无机填料与无机结合剂制成。

6.3.2　ASEA－SKF钢包炉用耐火材料

ASEA－SKF法耐火材料内衬的工作条件为：

（1）承受电极电弧的强烈辐射，一般比同等直径和功率的电弧炉高几倍。

（2）经受高碱度、高温（>1700℃）炉渣的强烈侵蚀。

（3）高温真空下，MgO、Cr_2O_3 等氧化物有被碳还原的可能性。

（4）经受电磁搅拌和吹氩所造成的强烈冲刷和磨损。

（5）钢包炉内衬承受温度的急冷急热变化。

ASEA－SKF钢包炉生产中一般采用中性渣或高碱度炉渣，冶炼脱硫的钢种，渣线部位采用镁炭砖、镁铬砖、镁砖、镁白云石砖，目前一般用MgO－C砖；侧壁与包底用 $w(Al_2O_3)$ 为75%的高铝砖，钢水线下部用铝炭砖；对于无须脱硫操作，渣线用高质量的高铝砖（$w(Al_2O_3)>85\%$），包底用浇注料是发展方向。ASEA－SKF钢包炉内衬用砖的性能见表6－11。

表6－11　ASEA－SKF内衬用砖的性能

项　目		德国镁铬砖	日本镁铬砖 KBMC－1	美国镁铬砖	瑞典镁铬砖	中国再结合镁铬砖
化学组成 (w)/%	SiO_2	1.1	0.97	1.0	0.8	1.77～3.82
	Al_2O_3	5.4	2.36	5.4	0.3	4.75～7.65
	Fe_2O_3	5.25	4.57	12.0	0.3	4.2～8.0
	CaO	1.09	1.28	0.8	1.7	0.92～2.03
	Cr_2O_3	8.7	13.3	18.1	0.4	15.7～16
	MgO	78.0	76.9	62.7	96.0	63.8～69.4
显气孔率/%		16.9～17.1	14.8	13～16	19	9.0～10.4
体积密度/$g\cdot cm^{-3}$		3.01～3.02	3.11	3.2～3.3	2.9	3.1～3.3
耐压强度/MPa		43.8	50.8	352～364	457	1100～1250
抗热震性（1200℃空冷）/次		>20			25（1400℃）	>20
高温抗折强度（1450℃）/MPa		3.3			6.3（1600℃）	7.3
线膨胀率/%		1.95				1.67

ASEA－SKF 与 LF、VAD 等精炼钢包用耐火材料的损毁有相似之处。典型耐火材料内衬如图 6－4 所示。目前渣线部位基本用 MgO－C 砖代替了 $MgO-Cr_2O_3$ 砖，而侧壁用 MgO－C 砖、Al_2O_3-C、$Al_2O_3-MgO-C$ 以及 $Al_2O_3-MgO\cdot Al_2O_3$ 系耐火材料。随着技术的发展，包衬用含碳复合制品将会日趋完善。

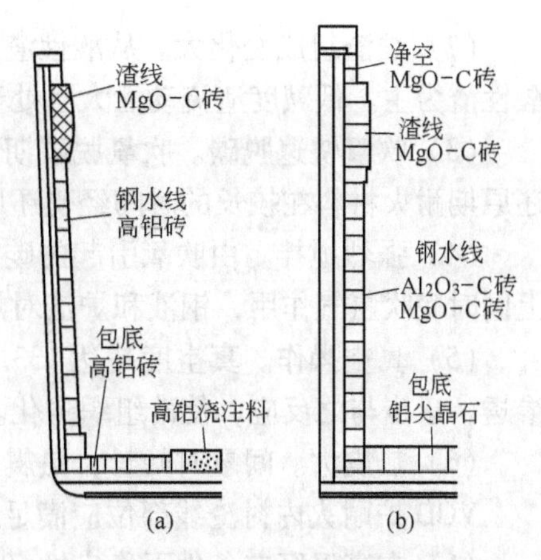

图 6－4 LF 钢包和 ASEA－SKF 钢包的典型内衬剖面

（a）LF 钢包；（b）ASEA－SKF 钢包

6.3.3 VAD 钢包炉用耐火材料

日本 VAD 法钢包内衬大都使用高铝质制品，包底使用磷酸盐结合起来的不烧制品。经工业试验，烧成高铝制品寿命为 69 次，不烧制品可达 82 次。为改善其质量，将高铝制品中的 SiO_2 的含量由 30% 降至 10% 左右。侧墙和炉底分别采用高铝砖和锆石英砖。日本钢管公司京滨厂在 VAD 钢包渣线处使用镁炭砖，寿命为 20～25 次。某厂试用综合砌包，渣线区用镁炭砖，钢水区采用刚玉炭砖，在 VAD 法的高侵蚀部位，日本推荐采用 900～1450℃的烧成镁炭砖（$w(MgO)=70\%\sim90\%$、$w(C)=10\%\sim30\%$）和烧成钙质制品（$w(CaO)\geq98\%$、$w(MgO)<1.0\%$、$w(SiO_2)+w(Fe_2O_3)+w(Al_2O_3)<1\%$）。VAD 炉内衬耐火材料的性能见表 6－12。

表 6－12 VAD 炉内衬耐火材料的性能

项目		半再结合镁炭砖	镁炭砖	高铝砖			锆石英砖
				烧成	不烧Ⅰ	不烧Ⅱ	
化学组成 (w)/%	SiO_2	1.3		11	9.3	4.6	30
	Al_2O_3	7.8		84	85.4	91.3	12
	Fe_2O_3	4.7		2			
	MgO	66.1	80	2（TiO_2）			53（ZrO_2）
	Cr_2O_3	18.7	15（C）				1.8
体积密度/$g\cdot cm^{-3}$		3.27	2.86	2.9～3.0	2.92	3.13	3.51
显气孔率/%		12.7	3.3	20～23	16.9	14.0	15.4
耐压强度/MPa		100.0	45.0	40.0～70.0	79.6	82.9	70.0
荷重软化温度/℃				>1650	>1600	>1650	>1600

6.4 不锈钢精炼装置用耐火材料

6.4.1 VOD 炉用耐火材料

6.4.1.1 VOD 炉衬的工作条件

受高温及低碱性渣的侵蚀，VOD 炉衬耐火材料的工作条件如下：

（1）温度高。精炼温度最高达 1800℃，一般波动于 1650～1750℃。

（2）炉渣组成变化大。从酸性渣到碱性渣波动范围很大，碱度在0.6～4之间，且以酸性渣为主。低碱度渣流动性大且处于高温时间长，渣线部位处于高蚀损区。

（3）吹氧快速脱碳。吹氧脱碳期长约占吹炼的4/5，而酸性渣在高温下精炼时间长使还原期耐火材料在较长的时间经受还原剂的作用，加剧了耐火材料的损耗。

（4）强烈搅拌。由吹氧引起的碳氧反应，产生大量的气体，促使钢水翻腾激烈；加上同时底吹氩气作用，钢液和炉渣对炉衬的冲刷磨损大。

（5）真空操作。真空度高达133.32Pa，致使砖内某些组分挥发，钢水、熔渣向砖内渗透，逐步与之反应，使砖组织劣化。

（6）热震大。间歇时间长，热震作用频繁。

VOD炉耐火内衬渣线部位应满足以下要求：

（1）在高温真空条件下稳定性好。

（2）在高温操作条件下，耐火材料应具有抗渣渗透能力，即使渗入也不至于降低耐火材料强度，而且抗VOD炉渣的侵蚀性能要高。

（3）具有良好的抗热震性能。

VOD炉用耐火材料主要类型有以优质镁铬砖为主要耐火材料的炉衬和以优质白云石砖为主要耐火材料的炉衬。VOD精炼炉炉衬渣线部位采用镁铬砖或镁钙砖，侧壁一般用镁铬、镁钙砖等，底部也使用镁铬砖、高铝砖，近年来包底也采用锆质砖。VOD内衬用碱性砖的性能见表6－13。

表6－13　VOD内衬用碱性砖的性能

项　目		直接结合镁铬砖	再接结合镁铬砖	半再接结合镁铬砖	高钙镁白云石砖	镁白云石砖
化学组成(w)/%	Al_2O_3	7.4	9.4	6.8	0.1	
	Fe_2O_3	4.0	7.9	10.5	0.8	
	CaO	0.9	1.1	0.8	18.9	10.5
	MgO	73	50.7	53.4	79.3	87.5
	Cr_2O_3	13.6	29.0	27.2		
体积密度/$g \cdot cm^{-3}$		3.05	3.31	3.34	3.11	2.97
显气孔率/%		16.8	14.4	14.3	11.4	14.7
耐压强度/MPa		89.2	98.8	54.0	87.0	87.0
高温抗折强度（1480℃）/MPa		9.1	13.9	7.6	3.3	
抗热震性（1200℃空冷）/次		6		10	10	

6.4.1.2　*VOD炉衬用$MgO-Cr_2O_3$系砖*

VOD内衬损毁的主要原因是高温及低碱性渣的侵蚀，精炼中熔融钢水可通过顶吹氧气、底吹氩气来进行强烈搅拌，操作条件苛刻。VOD内衬使用高耐蚀性、在真空下具有稳定性的镁铬砖。底部和钢水部位用直接结合镁铬砖。渣线部位用半再结合镁铬砖。VOD内衬使用寿命约75次。

VOD炉渣线部位用$MgO-Cr_2O_3$的损毁原因如下：

（1）炉渣优先溶解砖中MgO，蚕食尖晶石，破坏砖的直接结合。

（2）炉渣沿着裂缝进入砖内，使砖变质而剥落。

（3）Cr_2O_3 还原反应，减少了砖的直接结合基质，使砖变质。

（4）机械冲刷使变质层流失造成损毁。

（5）高温真空下砖的主要成分挥发，导致重量减轻、气孔增加、炉渣渗透量进一步增大，加速蚀损。

为适应炉外精炼技术的需要，我国研究开发了全合成镁铬砖、镁铝铬砖等用于 VOD 炉渣线和内衬。我国 VOD 炉用砖的性能见表 6－14。抚顺钢厂 30t VOD 炉渣线部位用优质镁铬砖和再结合镁铬砖，其余部位使用高铝砖，如图 6－5 所示。

表 6－14 我国 VOD 炉用砖的性能

项目		全合成镁铬砖	预反应镁铬砖	镁白云石砖	镁铝铬砖	
					1 号	2 号
化学组成 (w)/%	SiO_2	3.25	4.27	1.62	3.05	3.24
	Al_2O_3	11.23	6.95	0.45	6.86	7.84
	Fe_2O_3	6.92	5.05	1.98	14.45	12.30
	CaO	0.77	1.84	14.86	1.09	1.05
	MgO	62.55	71.85	80.2	67.5	69.46
	Cr_2O_3	15.29	8.84		14.45	12.30
显气孔率/%		16.7	17.6	13.0	14～16	15～16
体积密度/$g \cdot cm^{-3}$				3.02	3.10	3.20
常温耐压强度/MPa		52.3	43.9	71.4	60.2	63.9
抗热震性（1100℃水冷）/次		1	1～2	>11	2（1400℃）	2（1400℃）
常温抗折强度/MPa		10.4			7.9	9.3
高温蠕变率（1500℃，12h）/%					0.04	0.03
应用特征		高耐侵蚀性		高强度、耐剥落	高密度、抗渣蚀	

6.4.1.3 VOD 炉用 Mg－CaO 系砖

A MgO－CaO 系砖对 VOD 精炼法的适应性

除生产一般不锈钢外，VOD 炉近年来还用于精炼含 Ti、Al 不锈钢及超低 C 和 N 系特殊钢。当熔炼一般不锈钢时，进行脱 Si 为 Mg－CaO 系渣，炉渣碱度约为 1.4，精炼温度为 1600℃左右。熔炼特殊钢种时，炉渣为 $CaO-Al_2O_3$，碱度为 2 以上，精炼时间长，操作温度更高。MgO－CaO 系砖具有良好的耐热剥落性、耐结构剥落性和耐熔渣渗透性，能净化钢水，达到有效脱硫的目的，此外 MgO－CaO 系砖价格便宜、对环境污染较轻。因此，MgO－CaO 质（特别是镁白云石质）也被广泛应用于 VOD 炉。

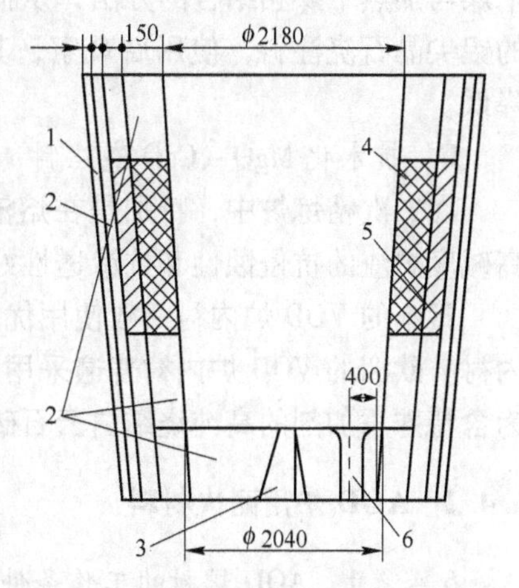

图 6－5 抚钢 VOD 炉耐火材料内衬结构
1—黏土砖；2—高铝砖；3—透气砖；4—普通镁铬砖；5—优质镁铬砖；6—滑动水口

B VOD 炉用白云石砖

改善渣线部位砖的使用性能是提高 VOD 炉内衬

的耐用性关键。日本开发的低透气率白云石砖，改善了砖的基质结构，同时粒度组成的改进，使其孔径分布更合理，因而开口气孔和封闭气孔之间的连通气孔率大为降低，使之具有低的透气性能，从而对抑制渣的浸透性极为有效。由于砖的强度、抗侵蚀性、耐渗透性能力等高温性能明显提高，损毁速度降低，VOD 炉内衬寿命提高约 10%。低透气性白云石砖的性能见表 6－15。

表 6－15 白云石砖的性能

项　目	改 进 砖	原 制 品
$w(MgO)$/%	64.0	64.0
$w(CaO)$/%	33.5	33.5
显气孔率/%	10.3	11.0
体积密度/$g \cdot cm^{-3}$	3.08	3.05
常温耐压温度/MPa	109	74
常温抗折温度（1500℃）/MPa	4.5	3.5
抗侵蚀指数	105	100
耐渗透指数	110	100

C　VOD 炉用镁白云石砖

VOD 炉渣线部位采用 MgO－CaO 系含碳制品，可以抑制炉渣渗透产生的损毁，耐剥落性良好。

宝钢特钢冶炼不锈钢 VOD 炉采用镁白云石砖；30t VOD 炉采用德国进口白云石砖砌筑包底、下渣线和上渣线工作层内衬，迎钢面用加厚砖，其余部位使用高铝砖。

MgO－CaO 质耐火材料应用存在的问题除了本身易水化外，在加热时还会发生不可逆收缩从而在接缝处损毁。

6.4.1.4　VOD 炉用浇注料

A　铝尖晶石浇注料

利用 VOD 炉真空处理设备无需在铁皮上开排气孔，即利用 VOD 真空设备，采用减压干燥与加热干燥相结合的方法，从而实现无爆裂干燥。VOD 炉内衬钢水部位采用改进后的铝尖晶石浇注料，使用后观察，其表面光洁、坚韧、无任何异常剥落现象，炉衬单耗降低。

B　抗水化 MgO－CaO 浇注料

在二次精炼炉中，特别是在熔渣侵蚀严重的渣线部位，抗水化 MgO－CaO 浇注料对高碱度炉渣的抗侵蚀性和抗渗透性好、耐剥落性优异。

日本的 VOD 炉内衬一般使用优质镁铬砖，部分 VOD 炉使用镁白云石砖和铝镁浇注料内衬。欧洲的 VOD 炉内衬普遍采用白云石质耐火材料砌筑。德国新开发的镁质白云石砖为含特殊添加剂的高纯烧结白云石砖，使用中可形成抗侵蚀性保护层。

6.4.2　AOD 炉用耐火材料

6.4.2.1　AOD 炉衬的工作条件

AOD 炉精炼过程对耐火材料的作用如下：

（1）为将钢中的碳含量降至很低（$w(C)<0.01\%$），精炼温度需达 1710～1720℃ 以

上，产生较大的热应力，引起热剥落和结构剥落。

（2）开始吹氧时，钢中硅氧化为SiO_2，炉渣变为碱度很低的酸性渣（$R \approx 0.5$）。而在脱硫期，需要高碱度炉渣（$R > 3.0$）。在精炼过程中，耐火材料受到酸碱度变化很大的酸碱性炉渣的侵蚀作用。

（3）大量喷吹氩气和氧气，钢液和炉渣搅动激烈，对喷嘴和喷嘴区耐火材料的侵蚀作用尤为严重。

（4）AOD炉为间歇式操作，炉衬工作面热震大。

因此，AOD炉用耐火材料应具有良好的抗热震性和抗渣性，耐机械磨损，抗冲刷，结构致密，并具有高强度。

AOD炉衬材质主要有镁铬质和白云石质两种类型。镁铬质耐火材料具有高温强度大、对中低碱度炉渣抗侵蚀性能好等优点；但受高碱度脱硫渣的侵蚀严重，且抗热震性差，废砖污染环境，价格较高。而白云石砖能克服上述缺点，随着冶炼操作过程造渣制度改进，AOD炉已趋向于采用白云石质耐火材料。图6－6是MgO－CaO质AOD炉典型内衬结构图。我国AOD炉现以镁白云石砖为主体材料，风口区使用再结合镁铬砖的组合炉衬。

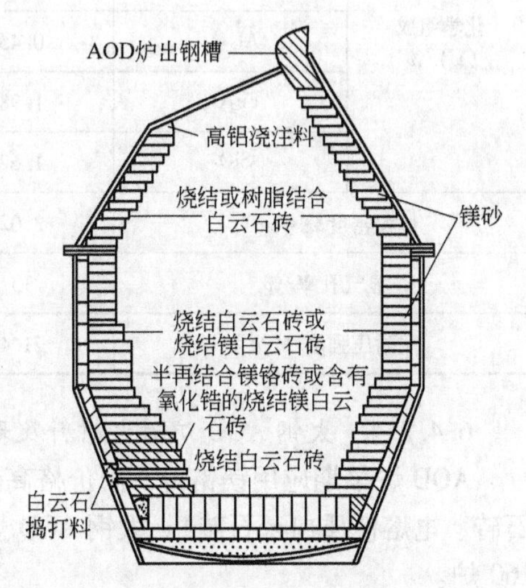

图6－6 AOD炉典型内衬结构

6.4.2.2 AOD炉用$MgO-Cr_2O_3$系砖

（1）炉帽。采用普通镁铬砖，因该部位侵蚀较轻，一般也用高铝浇注料，以磷酸盐结合，用金属件或陶瓷与炉帽外壳锚固。

（2）炉衬。通常AOD炉内衬用直接结合$MgO-Cr_2O_3$系砖、半再结合$MgO-Cr_2O_3$砖和再结合$MgO-Cr_2O_3$砖砌筑。这类$MgO-Cr_2O_3$砖中$w(MgO)=40\% \sim 60\%$，易还原性氧化物的Fe_2O_3应尽量低，$w(Cr_2O_3)/w(Fe_2O_3) \geqslant 2.5$，主要负荷部位$w(Cr_2O_3)/w(Fe_2O_3) > 3$。

（3）风口砖。AOD炉衬按部位使用$MgO-Cr_2O_3$的蚀损顺序是：吹风侧 > 耳轴侧 > 出钢侧，关键是风口砖。使用结果表明：采用具有高Cr_2O_3含量、低渗透性能的高纯直接结合镁铬砖、再结合镁铬砖和半再结合镁铬砖可获得高寿命。

近年来也开发了超高温烧成的致密再结合镁铬砖和镁锆砖，烧成和不烧镁锆砖作为风口砖在太钢AOD炉试用，炉龄达40次。

6.4.2.3 AOD炉用MgO－CaO系砖

MgO－CaO系耐火材料具有抗渣性、耐热震，高温真空下的稳定性好，高温强度较大。镁白云石砖可以适应渣的碱度的大范围波动，因为CaO与SiO_2生成C_2S的致密层保护砖不再侵蚀。虽然镁白云石砖的高温强度、防水化不如镁铬砖，但因价格低、无公害及其他优点，在AOD耐材中得到推广应用。

日本AOD炉在熔池和炉壁一般用镁铬砖，镁白云石砖用于炉底。在磨损和炉渣侵蚀剧烈部位用镁铬砖有利。在底部镁白云石砖蚀损速度比渣线和风口周围小，综合砌筑炉衬的蚀损速度对比，镁白云石砖为镁铬砖的1/3 ~ 1/2。表6 − 16为中国精炼炉用镁白云石质耐火材料的性能。

表6 − 16　中国镁白云石质耐火材料的性能

材料种类		1 烧成油浸 镁白云石砖	2 烧成油浸 镁白云石砖	3 电熔 镁白云石砖	4 烧成油浸 MgO − CaO 系砖
化学组成 (*w*)/%	MgO	80.2	73 ~ 76	66.55	
	CaO	14.86		27.32	13 ~ 42
	Al_2O_3	0.45			
	Fe_2O_3	1.98	<4		3 ~ 4
	SiO_2	1.62			
体积密度/$g \cdot cm^{-3}$		3.02	3.10 ~ 3.20	3.13	
显气孔率/%		13		4.2	
耐压强度/MPa		71.4	60 ~ 80	102.8	

6.4.2.4　太钢AOD炉耐火材料及寿命

AOD炉早期应用镁铬砖，因价格高且产生公害而发展镁白云石砖（烧成油浸镁白云石砖、电熔镁质白云石砖）。太钢AOD炉衬采用镁白云石砖取代镁铬砖，寿命增加120 ~ 160炉。

AOD炉砌筑方式有镁铬砖炉衬（理化指标见表6 − 17），镁白云石砖炉衬（理化指标见表6 − 18），熔池后墙用镁铬砖、炉身炉底用镁白云石混砌等3种形式。

表6 − 17　镁铬砖理化指标

化学组成 (*w*)/%				体积密度 /$g \cdot cm^{-3}$	显气孔率 /%	常温耐压强度 /MPa	荷重软化温度 /℃
MgO	Cr_2O_3	SiO_2	Fe_2O_3				
>65	18 ~ 20	<1.2	14	3.2	<16	≥50	≥1700

表6 − 18　镁白云石砖的理化指标

项　目	化学组成 (*w*)/%						体积密度 /$g \cdot cm^{-3}$	显气孔率 /%	常温耐压强度 /MPa
	MgO	CaO	SiO_2	Al_2O_3	Fe_2O_3	Mn_3O_4			
A型砖	62	37	0.5	0.3	0.7	0.2	2.98	13	66
B型砖	39	59	0.78	0.47	0.78	0.16	2.95	12.6	105

近年来，国外开始在AOD上大量使用低碳镁炭砖，采用$w(CaO)/w(SiO_2) \geq 2$的电熔镁砂和高纯鳞片状石墨为主要原料，以Al、Mg − Al、Si、B_4C、CaB_6为抗氧化剂，热固性酚醛树脂为结合剂制作。在AOD上使用后，AOD寿命达700次。

6.5 其他精炼技术用耐火材料

6.5.1 钢包吹氩精炼用耐火材料

吹气系统所用耐火材料的质量和结构应具备如下特性：

(1) 良好的透气性；

(2) 耐侵蚀并具有足够的强度；

(3) 抗钢水渗透性好；

(4) 具有良好的抗热冲击性，在反复吹氩时不开裂，不剥落；

(5) 安装简单、安全可靠。

6.5.1.1 *底吹法透气砖类型与结构*

按透气砖的内部结构，透气砖有弥散型、狭缝型、直通孔型和迷宫型等类型，如图6-7所示。

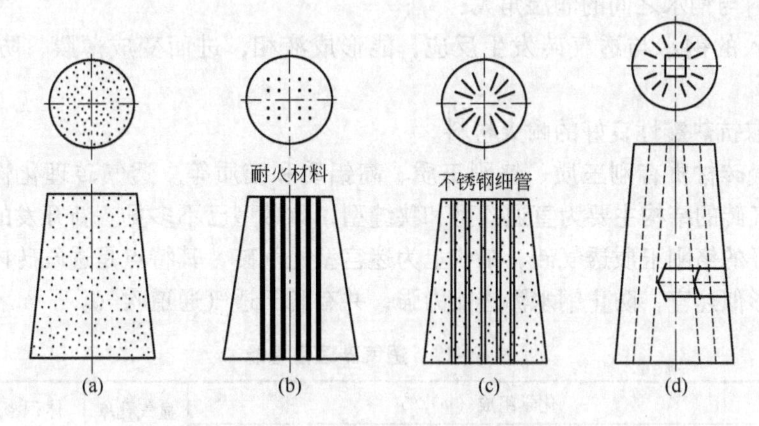

图6-7 钢包吹氩透气砖的类型

(a) 弥散型；(b) 狭缝型；(c) 直通孔型；(d) 迷宫型

(1) 弥散型：弥散型透气砖只限于用在精炼钢包，圆锥弥散型透气砖使用较为普遍。氩气通过砖本身的气孔形成的连通气孔通道吹入钢包。其缺点是强度低，易被磨损侵蚀，喷吹气泡流分布不佳，搅拌效果较差。

(2) 狭缝型：这种透气砖由数片致密耐火砖层叠起来，在片与片之间放入隔片，再用钢套紧固封闭，这样在片与片之间形成气体通道；或是在制造耐火材料时，埋入片状有机物质，烧成后形成直通狭缝或气孔通道。这种透气砖的强度较高，耐侵蚀性能好，透气性能好。其主要缺点是吹入气体的可控性较差。

(3) 直通孔型：由数量不等的细钢管埋入砖中而制成定向透气砖，或在制造耐火材料时埋入定向有机纤维，烧成后形成直通气孔通道。其造型一般为圆锥形或矩形。定向透气砖中气体的流动和分布均优于非定向型，气体流量取决于气孔的数量和孔径的大小。孔径一般在0.6~1.0mm之间。定向透气砖的使用寿命一般比非定向型高2~3倍。

(4) 迷宫型：这种透气砖通过狭缝和网络圆孔向钢包吹气，是在原来不规则狭缝型透气砖基础上改进而成，其安全可靠性高，供气量恒定。其狭缝布置形式如图6-8所示。

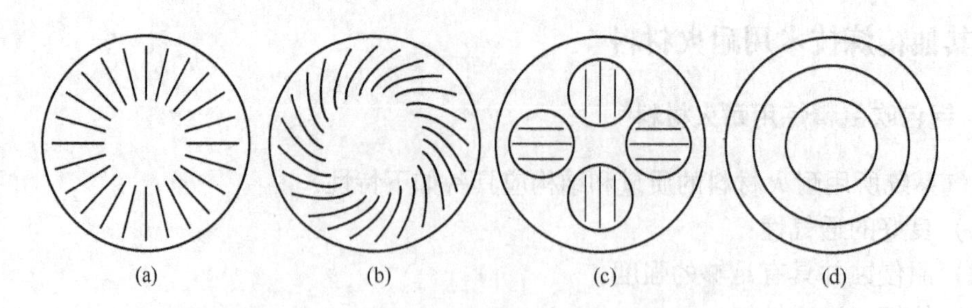

图6-8 迷宫型狭缝透气砖狭缝布置形式

(a) 星形;(b) 螺旋形;(c) 管状;(d) 环形

6.5.1.2 透气砖材质与应用

选择透气砖材质时应考虑如下因素:

(1) 在保证透气度恒定的条件下,气孔孔径应尽可能小;

(2) 材料与钢水之间的润湿角大;

(3) 渗入的钢水与透气砖发生反应,能形成液相,进而变成薄膜,防止钢水继续渗透;

(4) 采取抗热震性良好的耐火材料。

国产透气砖材质有刚玉质、铬刚玉质、高铝质和镁质等。透气砖理化性能见表6-19。目前透气砖的结构主要为直通孔型和狭缝型,弥散型已不多见。新开发的抗热震性和耐侵蚀性更好的铬刚玉质透气砖,结构上为迷宫型透气砖,其特点是透气砖内的透气通道为网络状,形似迷宫,防止钢水渗透能力强,并有利于透气通道吹气。

表6-19 透气砖理化性能

材质	化学组成 (*w*)/%							显气孔率/%	体积密度/$g \cdot cm^{-3}$	常温耐压/MPa
	MgO	Al_2O_3	SiO_2	CaO	ZrO_2	Fe_2O_3	Cr_2O_3			
铬刚玉质		90.67	1.80				1.45		3.22	107.3
电熔镁质	94.32	0.26	1.36	1.81		0.47		19	2.90	40.9
锆-莫来石		75.94	11.78		6.29	1.78		28	2.56	42.1
刚玉质		96.01	2.91			0.13		23	2.99	130.6
高铝-刚玉		82.08	11.64			1.83		22	2.65	87.3

铬刚玉质定向狭缝型透气砖,采用真空振动浇注成型,全自动控制干燥和高温烧成等工艺。该透气砖在引进150t LF炉和200t CAS-OB炉上使用,达到和超过同期进口奥地利Radex和日本品川产品水平。

透气砖的安装有内装式和外装式两种方式,如图6-9所示。图6-9(a)为内装式透气砖的装配情况。透气砖与座砖在钢包外预先组装在一起,在砌筑钢包时,清理好包底透气砖的位置,砌好垫砖,将带座砖的透气砖吊装至该位置,然后依次砌筑包底和包衬。图6-9(b)为外装式透气砖的装配情况,它由座砖、套砖和透气砖组成。在砌筑钢包时,在包底安装好透气砖座砖后即可砌包底及包壁,最后将套砖和透气砖外侧均匀地涂上耐火泥,依次用力装入座砖中,再在套砖和透气砖底部封上垫砖,盖上法兰,烘烤。内装式透气砖适用于钢包底衬砖与透气砖的寿命同步的情况下，而外装式特别适用于需经常更换透气砖的情况。表 6－20 为透气砖的座砖、套砖和耐火泥的性能。

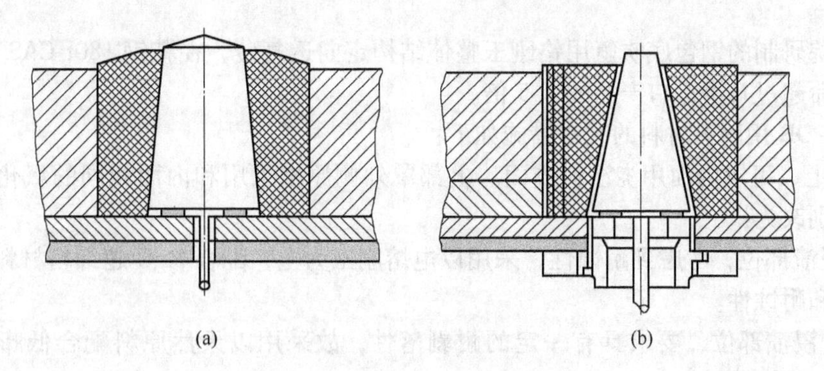

图 6－9 透气砖安装示意图
（a）内装式；（b）外装式

表 6－20 透气砖用座砖、套砖和耐火泥的性能

材料种类		座砖及套砖		耐火泥	
		镁铬质	高铝质	镁铬质	高铝质
化学组成（w）/%	MgO	≥92.0	≥88.0	≥90.0	≥80.0
	Cr_2O_3		2.0～5.0		6.0～15.0
体积密度/$g \cdot cm^{-3}$		≥3.05	≥3.05	≥2.0	≥2.0
常温耐压强度/MPa		≥45	≥25		
耐火温度/℃		≥1670	≥1680	≥1790	≥1790

6.5.2 CAS/CAS－OB 内衬用耐火材料

CAS－OB 内衬的寿命取决于包壁、包底和渣线的材质和使用。生产中要重视包衬的均衡蚀损以提高包衬的寿命。

CAS－OB 包衬迎钢面是承受较大机械冲击和热冲击的部位，且与 CAS－OB 透气砖相邻，改进的方法有：

（1）采用添加少量 Cr_2O_3 的氧化铝或刚玉代替钒土，外加炭和抗氧化剂；

（2）采用碱性材料，考虑成本，选择轻烧镁砖。

透气砖、座砖是薄弱环节之一，CAS－OB 透气砖接近钢流冲击部位，座砖选用板状氧化铝制品。水口及座砖部位，选用添加 Cr_2O_3 的低铝浇注料预制件。

CAS－OB 隔离罩材质如法国拉法吉耐火材料公司研制的高锆质自流浇注料，由于隔离罩外侧的内衬很不容易施工制作，使用该自流浇注料可先从内侧施工成型，再自流至外侧，并达到 1m 高的水平。如出现局部损坏，即使几厘米厚也容易修补，高锆质浇注料制作的隔离罩寿命可达 150～160 次。还有欧洲 Hepworfh 耐火材料公司开发的低水泥浇注料制作的 CAS－OB 隔离罩上部用的是添加 Cr_2O_3 的高铝料，下部（浸入钢水部分）用的是添加 SiC 和 C 的电熔刚玉低水泥浇注料。

我国冶建院研制的浇注料制作的 CAS－OB 隔离罩寿命为 120～130 次，用于宝钢，已替代进口。研制的铝镁碳钢包衬砖，在鞍钢 ANS－OB 炉外精炼 220t 钢包上使用，包龄高达 73 次。

洛耐院研制的钢包底吹氩用铬刚玉整体结构定向透气砖，在鞍钢 180t CAS－OB 炉上使用，寿命超过日本进口产品的 1.5 倍。

CAS－OB 用耐火材料的改进措施如下：

（1）上、下罩内面用浇注料方面。上部罩外侧原来采用和内面相同的氧化铝质浇注料，现分别改为：

1）浸渍部位，考虑到耐蚀性，采用以电熔刚玉为主，配合 MgO 超细粉材料来提高耐渣渗透性和耐蚀性。

2）非浸渍部位，要求具有一定的耐剥落性，故采用以天然原料配合低膨胀原料的 $Al_2O_3-SiO_2$ 系浇注料。

（2）修补技术方面。通过增加精炼间隔期间修补次数和修补量进行强化修补，喷补作业从约 2m 以下设置的喷嘴直接进行喷补。通过调整喷嘴的最佳角度来提高喷补料的附着率；以附着率高和价格低为目的，对喷补料的粒度组成和所用结合剂进行改进，见表 6－21。

表 6－21　改进前后喷补料的性能比较

类别		改进前	改进后
化学组成（w）/%	MgO	84.7	76.0
	SiO_2	2.6	5.7
	Al_2O_3		11.0
	CaO	5.1	2.1
	P_2O_5	3.2	
颗粒尺寸分布/%	4～1mm	15	23
	<0.075mm	30	30
体积密度/g·cm^{-3}	110℃，24h	2.3	2.33
	1500℃，3h	2.3	2.45
显气孔率/%	110℃，24h	34.7	28.3
	1500℃，3h	34.6	30.2
抗折强度/MPa	110℃，24h	11.6	14.7
	1500℃，3h	40.0	40.5
线变化率/%	110℃，24h	－1.20	－0.34
	1500℃，3h	－1.20	－2.64

（3）OB 喷枪结构方面。OB 喷枪为内管吹氧和外管通氩冷却的二层套管，其外侧衬采用 Al_2O_3 质浇注料。

CAS/CAS－OB 法耐火材料精炼罩使用时受到激烈的热震作用、局部的高温作用、钢液湍流的冲刷和合成渣的强烈化学侵蚀作用，要求耐火材料具有优良的耐热震性能和抗侵蚀性能。宝钢的耐火材料保护罩开始使用 $w(Al_2O_3)$ 为 90% 以上的刚玉质耐火浇注料制造，后改用细粉凝聚结合刚玉－尖晶石浇注料制造，平均使用寿命达104次。

6.5.3 喷射精炼技术用耐火材料

随着喷吹技术的进步，国内外相继开发了不同材质的整体式喷枪，以提高其使用寿命。

我国开发的以α－Al_2O_3细粉为基质，刚玉质或高铝质浇注料为主体，采用钢纤维增强，振动成型的整体喷枪，以及组装式铝碳质（纤维增强）的喷枪使用效果良好。

整体喷枪结构为复合式，由枪头、主枪体、辅枪体三部分组成。枪头材质为刚玉质浇注料，主枪体材质为刚玉和高铝浇注料，前者与钢渣接触的是钢水。枪体外表面用1mm薄铁皮包裹，内有ϕ60mm的钢管，中间为钢纤维增强耐火浇注料。辅枪体材质为黏土浇注料，外形为ϕ200mm×1000mm或ϕ200mm×500mm，其枪体结构与主枪相似。喷枪头和主枪体以及主枪体和辅枪体的接缝是一种热硬性泥料，其$w(Al_2O_3)>95\%$，这种泥料塑性和铺展性好，使用方便，结合强度高，抗熔渣侵蚀性好。

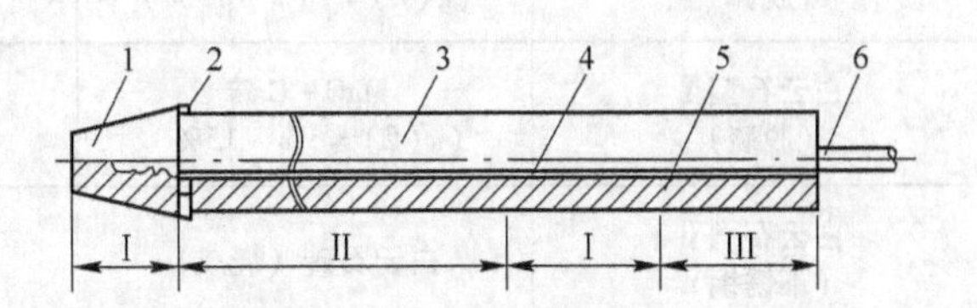

图6－10 整体喷枪的结构与耐火材料材质
1—枪头；2—喷嘴；3—消耗性外壳；4—内芯管；5—耐火浇注料；6—喷管
Ⅰ—纯Al_2O_3-CaO系浇注料；Ⅱ—高Al_2O_3的$Al_2O_3-SiO_2$系浇注料；Ⅲ—中Al_2O_3的$Al_2O_3-SiO_2$系浇注料

图6－10为洛阳耐火材料研究院研制喷射冶金用整体喷枪的结构。它由3种耐火浇注料制成：渣线采用刚玉质浇注料，渣线以下和以上采用Al_2O_3含量较低的耐火浇注料。它应用于齐齐哈尔钢厂40t SL装置，寿命达15～20次。

宝钢KIP喷枪采用国产原料生产的耐热钢纤维增强低水泥刚玉质浇注料替代进口浇注料，制造的喷枪使用寿命15～20次，平均寿命为80min/支，最高达188min/支。

喷射冶金钢包内衬材质一般采用高铝砖、白云砖及镁白云石砖等，渣线处则选用镁炭砖或锆质砖。

【问题探究】

1. 炉外精炼对耐火材料的基本要求如何？
2. 简述炉外精炼用主要耐火材料种类、特点及应用情况。
3. 简述LF用耐火材料选择依据及常用耐火材料种类。
4. 简述AOD炉炉衬材质种类和特点。
5. 真空处理装置对耐火材料有何要求，RH装置各部位常用耐火材料有哪些？
6. 底吹透气砖的类型及特点是什么，国产透气砖常用材质及应用如何？
7. CAS－OB用耐火材料的改进措施有哪些？

【技能训练】

项目1 精炼钢包内衬几种典型的设计方案讨论（见表6－22）

表6-22 几种典型精炼用钢包耐火材料的设计方案

类 型	渣 线	包 壁	包 底
高铝型Ⅰ	$MgO-C$砖（$w(C)=5\%\sim15\%$）	高铝砖（$w(Al_2O_3)=60\%\sim85\%$）	铝尖晶石预制件
高铝型Ⅱ	$MgO-C$砖（$w(C)=10\%\sim15\%$）	Al_2O_3-C砖（$w(Al_2O_3)=60\%\sim91\%$）	Al_2O_3-C
整体衬Ⅰ	Al_2O_3（尖晶石）耐火浇注料	高铝耐火浇注料（铝质黏土）	Al_2O_3（尖晶石）耐火浇注料
整体衬Ⅱ（脱硫）	$MgO-C$砖（$w(C)=10\%\sim15\%$）	Al_2O_3（尖晶石）耐火浇注料	Al_2O_3（尖晶石）耐火浇注料
白云石型Ⅰ（脱硫）	$MgO-C$砖（$w(C)=5\%\sim15\%$）	碳结合白云石砖	碳结合白云石砖
白云石型Ⅱ（不锈钢）	白云石砖（烧成）	碳结合白云石砖	碳结合白云石砖
MgO型	$MgO-C$砖（$w(C)=10\%\sim15\%$）	$MgO-C$砖（$w(C)=10\%\sim15\%$）	碳结合高铝砖
$MgO-Cr_2O_3$型（VOD）	$MgO-Cr_2O_3$砖	$MgO-Cr_2O_3$砖	$MgO-Cr_2O_3$砖

项目2 AOD炉与转炉炉衬材质对比分析（见表6-23）

表6-23 AOD炉与转炉炉衬材质对比

炉型	钢种	吹炼方法	温度/℃	渣	炉衬材质
AOD	不锈钢	氧气脱碳期与还原期两个阶段	1000~1700	氧化期渣： $CaO-SiO_2-Cr_2O_3$-氧化铁系 还原期渣： $CaO-SiO_2$系 $CaO-SiO_2-Al_2O_3$系 $w(CaO)/w(SiO_2)\approx1\sim2$	镁铬砖 白云石砖 （与转炉砖相比，含CaO比较高）
转炉	一般钢种	氧气脱碳期	1650~1700	$CaO-SiO_2$-氧化铁系 $w(CaO)/w(SiO_2)\approx3\sim5$	$MgO-C$砖 浸渍沥青烧成白云石砖（含MgO比较高）

参考文献

[1] 高泽平. 炉外精炼教程 [M]. 北京：冶金工业出版社，2011.
[2] 赵沛. 炉外精炼及铁水预处理实用技术手册 [M]. 北京：冶金工业出版社，2004.
[3] 徐曾啟. 炉外精炼 [M]. 北京：冶金工业出版社，1994.
[4] 知水，王平，侯树庭. 特殊钢炉外精炼 [M]. 北京：原子能出版社，1996.
[5] 王新华. 钢铁冶金（炼钢学）[M]. 北京：高等教育出版社，2007.
[6] 马廷温. 电炉炼钢学 [M]. 北京：冶金工业出版社，1990.
[7] 陈建斌. 炉外处理 [M]. 北京：冶金工业出版社，2008.
[8] 邱绍岐，祝桂华. 电炉炼钢原理及工艺 [M]. 北京：冶金工业出版社，2001.
[9] 刘浏，何平. 二次精炼技术的发展与配置 [J]. 特殊钢，1999，20（2）：1~6.
[10] 战东平，姜周华，梁连科，等. 150t EAF - LF 预熔精炼渣脱硫试验研究 [J]. 炼钢，2003，19（2）：48.
[11] 李永东. 炼钢辅助材料应用技术 [M]. 北京：冶金工业出版社，2003.
[12] 黄希祜. 钢铁冶金原理 [M]. 3 版. 北京：冶金工业出版社，2002.
[13] 曾加庆，罗廷樑，刘浏，等. 转炉出钢过程中脱硫及钢中夹杂物改性 [J]. 钢铁研究学报，2005，17（2）：13~14.
[14] 王立涛，薛正良，张乔英，等. 钢包炉吹氩与夹杂物去除 [J]. 钢铁研究学报，2005，17（3）：36~38.
[15] 李传薪. 钢铁厂设计原理（下册）[M]. 北京：冶金工业出版社，1995.
[16] Yoon R H，Luttrell D H. The Effect of bubble size on fine particle flotation [J]. Mineral Processing and Extractive Metallurgy Review，1989，5（1）：101~122.
[17] Gladman T. Developments in inclusions control and their effects on steel properties [J]. Ironmaking and Steelmaking，1992，19（6）：457~463.
[18] 王德永，姚永宽，王新丽，等. 稀土钢连铸喂丝工艺存在的问题及对策 [J]. 炼钢，2003，19（5）：14~17.
[19] 吕彦，杨吉春，李波，等. Ca - RE 复合处理对钢中硫化物的影响 [J]. 包头钢铁学院学报，2004，23（2）：126~128.
[20] 刘浏. 炉外精炼工艺技术的发展 [J]. 炼钢，2001，17（4）：1~7.
[21] 刘本仁，萧忠敏，刘振清，等. 钢水精炼技术在武钢的开发应用 [J]. 炼钢，2001，17（6）：1~7.
[22] 乐可襄，董元，王世俊，等. 精炼炉熔渣泡沫化的实验研究 [J]. 钢铁研究学报，2000，12（3）：14~16.
[23] 牛四通，成国光，张鉴，等. 精炼渣系的发泡性能 [J]. 北京科技大学学报，1997，2：140~141.
[24] 张鉴. 炉外精炼的理论与实践 [M]. 北京：冶金工业出版社，1999.
[25] 刘川汉. 我国钢包炉（LF）的发展现状 [J]. 特殊钢，2001，22（2）：31~33.
[26] 林功文. 钢包炉（LF）精炼用渣的功能和配制 [J]. 特殊钢，2001，22（6）：28~29.
[27] 贺道中. 衡钢管线用洁净钢 EBT EAF - LF（VD） - HCC 工艺生产实践 [J]. 特殊钢，2003，24（5）：47~48.
[28] 张东力，王晓鸣，匡世波，等. LF 埋弧精炼渣发泡剂实验研究 [J]. 炼钢，2004，20（1）：33~53.
[29] 德国钢铁工程协会. 渣图集 [M]. 王俭，译. 北京：冶金工业出版社，1989：105~106.

[30] 陈迪庆，李小明，胡忠玉．100t VD 精炼对钢液脱气和非金属夹杂的作用［J］．炼钢，2004，20（5）：18~21.

[31] 郭家祺，刘明生．AOD 精炼不锈钢工艺发展［J］．炼钢，2002，18（2）：52~58.

[32] 徐汉明．宝钢 RH 装备技术集成和自主创新［J］．宝钢技术，2006，（5）：21~24.

[33] 虞明全．100t 罐式真空脱气（VD）精炼工艺实践［J］．特殊钢，2001，22（1）：51~53.

[34] 温良英，陈登福，白晨光，等．钢包炉（LF）预熔精炼渣的研究［J］．特殊钢，2003，24（2）：13~15.

[35] 唐萍，文光华，漆鑫，等．LF 埋弧精炼渣的研究［J］．钢铁，2004，39（1）：24~26.

[36] 贺道中．CAS 精炼技术与冶金效果探讨［J］．河南冶金，2006，14（6）：19~21.

[37] 张向娟，陈伟忠，汪文钦．浦钢 30t AOD 智能精炼系统和生产实践［J］．宝钢技术，2002，（5）：4~8.

[38] 王梦君，邵志刚，刘明生．AOD 炉纯氧脱碳工艺（POD）研究［J］．钢铁，2002，37（增刊）：90~92.

[39] 吴燕萍．AOD 设备及工艺设计特点［J］．中国冶金，2007，（4）：45~47.

[40] 刘川汉．RH 与 VD/VOD 比较［J］．钢铁技术，1999，（5）：6~9.

[41] 殷瑞钰．合理选择二次精炼技术，推进高效率低成本“洁净钢平台”建设［J］．炼钢，2010，26（1）：1~6.

[42] 殷瑞钰．合理选择二次精炼技术，推进高效率低成本“洁净钢平台”建设（续）［J］．炼钢，2010，26（2）：1~9.

[43] 徐国群．RH 精炼技术的应用与发展［J］．炼钢，2006，22（1）：12~15.

[44] ［日］梶冈博幸．炉外精炼——向多品种、高质量钢大生产的挑战［M］．李宏，译．北京：冶金工业出版社，2002.

[45] 胡汉涛，魏季和，黄会发，等．吹气管内径对 RH 精炼过程钢液流动和混合特性的影响［J］．特殊钢，2004，5：9~11.

[46] 赵沛，蒋汉华．钢铁节能技术分析［M］．北京：冶金工业出版社，1999.

[47] ［日］萬谷志郎．钢铁冶炼［M］．李宏，译．北京：冶金工业出版社，2001.

[48] 戴云阁，李文秀，龙腾春．现代转炉炼钢［M］．沈阳：东北大学出版社，1998.

[49] 汤曙光，刘国平．洁净钢精炼实践［J］．炼钢，2003，19（5）：10~13.

[50] 李中金，刘芳，王承宽．我国钢水二次精炼技术的发展［J］．特殊钢，2002，23（3）：29~31.

[51] 成国光，赵沛，徐学禄，等．真空下钢液脱氮工艺研究［J］．钢铁，1999，34（1）：17~18.

[52] 阎成雨，刘沛环．利用合成渣对钢水脱氮的研究［J］．东北工学院学报，1989，10（2）：118~122.

[53] 刘中柱，蔡开科．纯净钢生产技术［J］．钢铁，2000，35（2）：64~68.

[54] 刘浏，曾加庆．纯净钢及其生产工艺的发展［J］．钢铁，2000，35（3）：68~71.

[55] 薛正良，李正邦，张家雯．钢的纯净度的评价方法［J］．钢铁研究学报，2003，15（1）：62~66.

[56] 李素芹，李士琦，王雅娜．钢中残余有害元素控制对策的分析与探讨［J］．钢铁，2001，36（12）：70~72.

[57] 林功文，吴杰，李正邦，等．超低碳钢连铸结晶器用保护渣研究现状［J］．钢铁，1999，34（2）：67.

[58] 吴杰，李正邦，林功文，等．超低碳钢连铸过程中增碳机理的探究［J］．钢铁，2000，35（1）：17~19.

[59] 刘浏．超低硫钢生产工艺技术［J］．特殊钢，2000，21（5）：29~33.

[60] 刘浏．超低磷钢的冶炼工艺［J］．特殊钢，2000，21（6）：20～24.
[61] 田志红，艾立群，蔡开科．超低磷钢生产技术［J］．炼钢，2003，19（6）：17.
[62] 蔡开科．转炉—精炼—连铸过程钢中氧的控制［J］．钢铁，2004，39（8）：49～52.
[63] 翁宇庆．超细晶钢——钢的组织细化理论与控制技术［M］．北京：冶金工业出版社，2003.
[64] Schade J. Measurement of steel cleanliness［J］. Steel Technology International，1993：149.
[65] 李正邦．超洁净钢和零非金属夹杂钢［J］．特殊钢，2004，25（4）：24～26.
[66] 王雅贞，张岩，刘术国．新编连续铸钢工艺及设备［M］．北京：冶金工业出版社，1999.
[67] 吴树漂，刘占江，武云峰，等．我国齿轮钢的生产与应用［J］．特殊钢，2003，24（5）：30.
[68] 陆世英，张廷凯，杨长强，等．不锈钢［M］．北京：原子能出版社，1998.
[69] 郝祥寿．不锈钢冶炼设备和工艺路线［J］．特殊钢，2005，26（2）：29.
[70] 战东平，姜周华，王文忠，等．高洁净度管线钢中元素的作用与控制［J］．钢铁，2001，36（6）：67～70.
[71] Yokio Miyata，Mitsuo Kimura，Fumio Murase. Development of martensitic stainless steel seamless pipe for linepipe application［J］. Kawasaki Steel Technical Report，1998，38（4）：53.
[72] 李正邦，薛正良．不锈钢二次精炼的转炉化［J］．钢铁，1999，34（5）：14～18.
[73] Fritz. E. 不锈钢生产技术的发展趋势［J］．钢铁，2003，38（5）：70～71.
[74] 刘川汉．重轨钢炉外精炼技术［J］．炼钢，16（3）：57～59.
[75] 李正邦，薛正良，张家雯．弹簧钢夹杂物形态控制［J］．钢铁，1999，34（4）：22～23.
[76] 徐德祥，尹钟大．高强度弹簧钢的发展现状和趋势［J］．钢铁，2004，39（1）：68～70.
[77] 马春生，林东．新型合成渣精炼技术的开发与应用［J］．炼钢，2010，26（5）：8～10.
[78] 贺道中，苏振江，周志勇．铝脱氧钢水钙处理热力学分析与应用［J］．湖南工业大学学报，2010，24（3）：5～9.
[79] 王敏，包燕平，刘建华，等．LF 喂 Ca－Si 线对 X70 管线钢夹杂物变性的影响［J］．特殊钢，2009，30（5）：50～52.
[80] 郑磊，傅俊岩．高等级管线钢的发展现状［J］．钢铁，2006，41（10）：1～10.
[81] 徐匡迪．中国钢铁工业的发展和技术创新［J］．钢铁，2008，43（2）：1～13.
[82] 齐江华，吴杰，索进平，等．高速重轨钢的脱氧与夹杂物控制［J］．钢铁，2011，46（3）：18～21.
[83] 陈永，杨素波，朱苗勇．高速轨用钢连铸坯内部质量控制的关键技术［J］．钢铁，2006，41（12）：36～39.
[84] 俞海明．转炉钢水的炉外精炼技术［M］．北京：冶金工业出版社，2011.
[85] 俞海明．电炉钢水的炉外精炼技术［M］．北京：冶金工业出版社，2011.
[86] 朱苗勇．现代冶金工艺学［M］．北京：冶金工业出版社，2011.
[87] 李晶．LF 精炼技术［M］．北京：冶金工业出版社，2009.
[88] 殷瑞钰．新世纪炼钢科技进步回顾与“十二五”展望［J］．炼钢，2012，28（5）：1～7.
[89] 国际钢铁协会．洁净钢——洁净钢生产工艺技术［M］．北京：冶金工业出版社，2006.
[90] 徐匡迪．新一代洁净钢生产流程的理论解析［J］．金属学报，2012，48（1）：1～10.
[91] 刘浏．建设高效低成本洁净钢平台的关键技术［J］．山东冶金，2011，33（2）：1～6.
[92] 胡世平，龚海涛，蒋志良，等．短流程炼钢用耐火材料［M］．北京：冶金工业出版社，2000.
[93] 钟香崇，叶方保．中国钢铁工业用高效耐火材料的发展［J］．钢铁研究，2005，33（3）：1～5.
[94] 陈肇友．炉外精炼用耐火材料提高寿命的途径及其发展动向［J］．耐火材料，2007，41（1）：1～12.
[95] 王诚训，张义先．炉外精炼用耐火材料［M］．2 版．北京：冶金工业出版社，2007.